Zur Theorie skalenparametergesplitteter Verteilungen und ihrer Anwendung auf den deutschen Aktienmarkt

SCHRIFTEN ZUR
EMPIRISCHEN WIRTSCHAFTSFORSCHUNG

Herausgegeben von Peter M. Schulze

Band 7

PETER LANG
Frankfurt am Main · Berlin · Bern · Bruxelles · New York · Oxford · Wien

Manfred Scharein

Zur Theorie skalenparametergesplitteter Verteilungen und ihrer Anwendung auf den deutschen Aktienmarkt

PETER LANG
Europäischer Verlag der Wissenschaften

Bibliografische Information Der Deutschen Bibliothek
Die Deutsche Bibliothek verzeichnet diese Publikation in der Deutschen Nationalbibliografie; detaillierte bibliografische Daten sind im Internet über <http://dnb.ddb.de> abrufbar.

Zugl.: Mainz, Univ., Diss., 2005

D 77
ISSN 1437-0697
ISBN 3-631-54564-9

www.peterlang.de

Meinem Bruder

Stefan

Vorwort

„Du meine Güte“, staunte Smeik. „Was ist das denn?“ Kolibril hüstelte verlegen von oben. [...] „Das ist, äh, eine Doktorarbeit.“ [...] „Ich seh mir das mal näher an“, rief Smeik und hielt geradewegs auf die seltsame Wucherung zu. [...] Ein Rumoren kam aus einem der abgehenden Korridore. Smeik sah – er traute seinen Augen kaum –, er sah tatsächlich Professor Doktor Abdul Nachtigaller aus dem Dunkel auf sich zukommen. [...] „War das tatsächlich Nachtigaller?“ fragte er verunsichert. „Nein. Ja. Nein. Also, gewissermaßen ... das war die Verkörperung einer der Doktorarbeiten Nachtigallers: *Die Verwendung von bipolaren Linsen in multiplen Anordnungsformen.* Ich brauche sie dringend für den theoretischen Überbau.“ [...] „Wieso wirkte Nachtigaller so unfreundlich?“ „Die Doktorarbeit ist etwas ungehalten, weil sie sich mit der Grundtheorie meiner Arbeit noch nicht angefreundet hat. Sie ist noch auf der Suche nach einer Schnittstelle, wo sie andocken kann. [...] Wissen Sie, eine Doktorarbeit besteht zum großen Teil aus anderen Doktorarbeiten“, erläuterte Kolibril. „Eine neue Doktorarbeit ist immer auch eine Art Orgie von alten Doktorarbeiten, die sich untereinander, äh, befruchten, damit etwas Neues, etwas noch nie Dagewesenes aus ihnen hervorgeht.“

(Aus: „*RUMO & Die Wunder im Dunkeln*“ von WALTER MOERS, 2003)

Die vorliegende Arbeit entstand vorwiegend während meiner Tätigkeit als wissenschaftlicher Mitarbeiter am Institut für Statistik und Ökonometrie der Johannes Gutenberg-Universität Mainz. Bei dem Direktor dieses Instituts, Herrn Univ.-Prof. Dr. Peter M. Schulze, bedanke ich mich herzlich für die Betreuung und Erstbegutachtung dieser Arbeit. Für die Übernahme des Zweitgutachtens danke ich Herrn Univ.-Prof. Dr. Alois Kneip.

Des Weiteren gilt mein Dank den Menschen, ohne die diese Arbeit in dieser Form niemals entstanden wäre. Dabei ist insbesondere meine

Lebensgefährtin, Frau Dr. Martina Bätzel, hervorzuheben, die mit fast unendlich erscheinender Leidensfähigkeit meine Irrungen und Wirrungen während der letzten 18 Monate der Entstehung dieser Arbeit erduldet und aufgefangen hat. Auch mein Bruder, Herr Dipl.-Physiker Stefan A. C. Scharein, ist hervorheben, der mir auf meinem wissenschaftlichen Weg stets Vorbild, Ansporn und Mentor war. Meiner Lebensgefährtin und meinem Bruder gilt auch mein besonderer Dank für die Durchsicht des Manuskripts und ihre wertvollen Tipps und Anregungen. Ganz herzlichen Dank für ihre große Liebe und Unterstützung während meiner gesamten bisherigen Lebenszeit möchte ich meinen Eltern, Margarete und Helmut Scharein, aussprechen.

Ausdrücklich möchte ich auch Herrn Univ.-Prof. Dr. Walter Krämer für seine Inspiration durch seine ihm eigene und unnachahmliche Interpretation von Statistik als Wissenschaftsdisziplin danken.

Mein weiterer Dank gilt meinem Institutskollegen, Herrn Dr. Robert Skarupke, und meiner Institutskollegin, Frau Dipl.-Volkswirtin Yvonne Lange, deren Wandtafeln und Aufmerksamkeit ich während einiger schwierigen Phasen der Beweisführung „missbrauchen“ durfte.

Last but not least gilt mein Dank den Kolleginnen und Kollegen der volkswirtschaftlichen Abteilung des Fachbereichs Rechts- und Wirtschaftswissenschaften der Johannes Gutenberg-Universität Mainz für die sehr schöne und kollegiale Atmosphäre im Haus, wegen derer ich sehr gerne an die dort verbrachte Zeit zurückdenke und sie niemals missen möchte. Namentlich sind dabei insbesondere Frau Prof. Dr. Margareta E. Kulessa, Herr Prof. Dr. Paul-Günther Schmidt, Frau Dr. Anja Altmann, Frau Dr. Christine M. Helbig, Frau Dr. Alexandra Reichardt, Herr Dr. Frank R. Hochapfel, Herr Dr. Udo Kreikemeier, Herr Dr. Frank Roland, Herr Dr. Jan A. Schwaab, Herr Dr. Mathias Schwarz, Herr Dr. Bernd Werner, Frau Dipl.-Volkswirtin Stephanie Schönwald, Herr Dipl.-Volkswirt Bernd Bracht und Herr Dr. Urban Mauer herauszuheben, wobei Letzterer mir zudem noch ein sehr guter und kaum verzichtbarer Freund geworden ist.

Mainz, im Juni 2005 Manfred G. Scharein

Inhaltsverzeichnis

Abbildungsverzeichnis

Tabellenverzeichnis

Abkürzungsverzeichnis

ACF	Autokorrelationsfunktion
ADF-Test	Augmented Dickey-Fuller-Test
ALV	Allianz AG
ALT	Altana AG
APD	Asymmetric Power Distribution
ARE	Asymptotische relative Effizienz
Aufl.	Auflage
BAS	BASF AG
BAY	Bayer AG
Bd.	Band
BHHH-Algorithmus	Maximierungsalgorithmus nach BERND, HALL, HALL, HAUSMAN (1974)
BMW	Bayerische Motorenwerke AG
bzgl.	bezüglich
bzw.	beziehungsweise
ca.	circa
CBK	Commerzbank AG
CON	Continental AG
d. h.	das heißt
DAFOX	Deutscher Aktienforschungsindex
DAX	Deutscher Aktienindex
DDF-Verteilung	Degenerierte Dickey-Fuller-Verteilung
DDF-Test	Degenerierter Dickey-Fuller-Test
DF-Test	Dickey-Fuller-Test
DGP	Datengenerierender Prozess

Diss.	Dissertation
ed.	edition
erw.	erweiterte
et al.	et alii, lateinisch für „und andere“
evtl.	eventuell
f.	folgende Seite
ff.	folgende Seiten
Gb	Giga-Byte
Ges.	Gesamter
GHz	Giga-Hertz
HOE	Hoechst AG
hrsg.	herausgegeben
hrsg. v.	herausgegeben von
HYP	Bayerische Hypo- und Vereins-Bank AG
i. Allg.	im Allgemeinen
i. d.	in der
i. d. R.	in der Regel
JTB	JOHNSON, TIETJEN, BECKMAN-Verteilung
KAR	KarstadtQuelle AG
KQ-Methode	Kleinste-Quadrate-Methode
KQ-Schätzung	Kleinste-Quadrate-Schätzung
LIN	Linde AG
LR-Test	Likelihood-Quotienten-Test
MAN	MAN AG
Mb	Mega-Byte
ML-Methode	Maximum-Likelihood-Methode
ML-Schätzung	Maximum-Likelihood-Schätzung
MMSE	Matrix Mean Square Error
MSE	Mean Square Error
MUV	Münchner Rückversicherungs-Gesellschaft AG
Nr.	Nummer
o. B. d. A.	ohne Beschränkung der Allgemeinheit
PP	Phillips-Peron-Test
S.	Seite
SCH	Schering AG
SEP	Skewed Exponential-Power-Verteilung
SGT	Skewed Generalized t-Distribution

SGT2	Skewed Generalized t-Distribution Version 2
sic!	lateinisch für „wirklich so“
s. o.	siehe oben
TPN	Two-Piece-Normal-Distribution
TUI	TUI AG
u.	und
u. a.	unter anderem
u. U.	unter Umständen
überarb.	überarbeiterte
unwes.	unwesentlich
veränd.	veränderte
vgl.	vergleiche
vollst.	vollständig
VOW	Volkswagen AG
vs.	versus
Zeitr., Ztr.	Zeitraum
z. B.	zum Beispiel
z. T.	zum Teil
Zugl.	Zugleich

Symbolverzeichnis

Allgemein

α	Signifikanzniveau
AR(p)	Autoregressiver Prozess der Ordnung p
ARMA (p, q)	Autoregressiver Moving Average Prozess der Ordnungen p und q
ARIMA (p, d, q)	Autoregressiver Integrierter Moving Average Prozess der Ordnungen p, d und q
ARFIMA (p, d, q)	Fraktional Integrierter Autoregressiver Moving Average Prozess der Ordnungen p, d und q
β	Parametervektor
C	Eulersche Konstante $C \approx 0.5772156\ldots$
$\mathbb{C}$	Menge der komplexen Zahlen
c_a	Empirisches Schiefemaß
c_b	Empirisches Wölbungsmaß
χ^2	χ^2-Verteilung
$Cov\,(.,.)$	Kovarianz
d	Fraktionaler Differenzenparameter
δ	Wölbungsparameter
det	Determinante
$\text{diag}\,(\omega_1, \ldots, \omega_n)$	Diagonalmatrix mit den Diagonalelementen $\omega_1, \ldots, \omega_n$
$\in$	Element aus
$E(.)$	Erwartungswert
$\widehat{E}\,(.)$	Geschätzter Erwartungswert
$E_+^*\,(.)$	Positives zentrales Moment

ε_t	Störgröße zum Zeitpunkt t
$F_{.}(.)$, $G_{.}(.)$	Verteilungsfunktionen
f, g	Dichtefunktionen f, g zu den Verteilungen F, G
$\mathcal{F}$	Familie der stetigen und mindestens zweimal stetig differenzierbaren Verteilungsfunktionen
$\mathcal{F}_{\sigma_l,\sigma_r}$	Familie skalenparametergesplitteter Verteilungen
$\mathcal{F}_{sym}$	Familie stetiger und symmetrischer Verteilungen
γ	Schiefeparameter
$\hat{\gamma}$	Schätzung des Schiefeparameters
$\Gamma(.)$	Gammafunktion
γ_a	Maßzahl der Schiefe
γ_b	Maßzahl der Wölbung
$\hat{\gamma}_a$	Punktschätzung des klassischen Schiefemaßes
$\hat{\gamma}_b$	Punktschätzung des klassischen Wölbungsmaßes
γ_q	Schiefemaß auf Basis der Quantile einer Verteilung
$>$	größer als
$\geq$	größer gleich
$>_c$	größer im Sinne der c-Ordnung
$>_s$	größer im Sinne der s-Ordnung
$\forall$	für alle
H_0	Nullhypothese
H_1	Alternativhypothese
i	Die imaginäre Zahl mit $i^2 = -1$
$\imath$	Vektor bestehend aus Einsen
$i.i.d.$, $\stackrel{i.i.d.}{\sim}$	Identical Independent Distributed
$\mathbb{1}_A(.)$	Indikatorfunktion auf dem Träger A
I_n	n-dimensionale Einheitsmatrix
$I(d)$	Integriert vom Grade d
JB	Teststatistik nach JARQUE, BERA (1987)
JB_1	Teststatistik für die Schiefe nach JARQUE, BERA
JB_2	Teststatistik für die Wölbung nach JARQUE, BERA
L	Likelihoodfunktion
l	Logarithmierte Likelihoodfunktion
ln	Logarithmus Naturalis
$<$	kleiner als
$\leq$	kleiner gleich
$\xrightarrow{p}$	Konvergenz in Wahrscheinlichkeit

$\xrightarrow{d}$	Konvergenz in Verteilung
$\mathrm{MA}\,(q)$	Moving Average Prozess der Ordnung q
$\mathbb{N}$	Menge der natürlichen Zahlen inklusive der Null
$N\left(\mu, \sigma^2\right)$	Normalverteilung mit Erwartungswert μ und Varianz σ^2
$O_p\,(.)$	Das Landau'sche Symbol
$P\,(.)$	Wahrscheinlichkeit
$P_{H_0}\,(.)$	Wahrscheinlichkeit unter Gültigkeit der Nullhypothese
π	Kreiszahl $\pi \approx 3.1415926\ldots$
Q^*	Ljung-Box-Teststatistik
$\bar{r}$	Durchschnittliche Rendite
$\mathbb{R}$	Menge der reellen Zahlen
$\mathbb{R}_+$	Menge der positiven reellen Zahlen
$\mathbb{R}_-$	Menge der negativen reellen Zahlen
$\mathbb{R}_{\theta-}$	Menge der reellen Zahlen kleiner oder gleich θ
$\mathbb{R}_{\theta+}$	Menge der reellen Zahlen größer θ
$s_{\hat{\gamma}}$	Geschätzte Standardabweichung von γ
$s_{\bar{r}}$	Geschätzte Standardabweichung der Renditen
$\mathrm{SEP}(\theta, \delta, \gamma)$	Skewed Exponential-Power-Verteilung mit den Parametern θ, δ, γ
σ	Skalenparameter
σ_l	linker Skalenparameter
σ_r	rechter Skalenparameter
T	Stichprobenumfang
$\subseteq$	Teilmengenoperator
$\mathrm{TPN}(\theta, \sigma_l, \sigma_r)$	Zweiteilige Normalverteilung mit den Parametern $\theta, \sigma_l, \sigma_r$
$Var(.)$	Varianz
$\cup$	Vereinigung

Kapitel 2.1

$[a, b]$	Reelles abgeschlossenes Zahlenintervall mit Untergrenze a und Obergrenze b
α, τ	Formparameter der JTB-Verteilung
b	Bandbreite
ε	beliebige reelle Zahl
f_1, f_2	Dichtefunktionen f_1 und f_2
F_1, F_2	Verteilungen F_1 und F_2
$f_X(.)$	Dichtefunktion der Zufallsvariablen X
$F^*_{\tilde{X}}(.)$	Verteilungsfunktion von $\tilde{X}$
$f^*_{\tilde{X}}(.)$	Dichtefunktion von $\tilde{X}$
θ, μ, μ^*	Lageparameter
k	Reellwertige Konstante
$K(.)$	Kerndichtefunktion
p	Wölbungsparameter der (schiefen) Exponential-Power-Verteilung
σ_{1l}, σ_{1r}	Skalenparameter der Verteilung F_1
σ_{2l}, σ_{2r}	Skalenparameter der Verteilung F_2
$\sigma^f_l, \sigma^f_r, \theta_f$	Parameter der Verteilung F
$\sigma^g_l, \sigma^g_r, \theta_g$	Parameter der Verteilung G
X	Zufallsvariable X
x	Realisation der Zufallsvariablen X
$x_{(0.5)}$	Median der Zufallsvariablen X
x_M	Modalwert der Zufallsvariablen X
$\tilde{X}$	Symmetrisch verteilte Zufallsvariable $\tilde{X}$
$\tilde{x}$	Realisation von $\tilde{X}$

Kapitel 2.2

n	Stichprobenumfang
n_l, n_r	Stichprobenumfänge
$x_1, \ldots, x_n$	Zufallszahlen vom Umfang n
$X_1, \ldots, X_n$	n Zufallsvariablen

Kapitel 2.3

α	Schiefeparameter der APD-Verteilung
B	Kompakte Teilmenge des $\mathbb{R}^4$
β_0	Wahrer Parametervektor der Grundgesamtheit
$\hat{\beta}_{ML}$	ML-Schätzer von β
c	Reelle Konstante
D	Gradient der Likelihoodfunktion an der Stelle β_0
H	Hesse-Matrix
$I_\nu(.)$	Pearson's unvollständige Gammafunktion
J	Fisher Informationsmatrix
$\hat{J}_{ML}$	ML-Schätzer der Fisher-Informationsmatrix
L_u, K_u, L_o, K_o	Reelle Konstanten
K	Reelle Konstante
$s(\beta)$	Scorevektor
$s(\beta_j)$	Score von Parameter β_j
s_i	Scorevektor von $\ln(f_{X_i}(x_i\|\beta))$
$\hat{s}_i$	Scorevektor an der Stelle $\hat{\beta}_{ML}$
T	Gammaverteilte Zufallsvariable

Kapitel 2.4

$B(.,.)$	Beta-Funktion

Kapitel 2.5

ρ	Korrelationskoeffizient
Σ	Varianz-Kovarianz-Matrix

Kapitel 2.7

γ_1, γ_2	Schiefeparameter zweier Verteilungen
$\hat{\gamma}_1, \hat{\gamma}_2$	ML-Schätzer von γ_1 und γ_2
$s_{\hat{\gamma}_1}, s_{\hat{\gamma}_2}$	Geschätzte Standardabweichungen von γ_1 und γ_2
Sk	Teststatistik zur Prüfung der Schiefe
$T, \tilde{T}, T_K$	Teststatistiken für den Test auf Gleichheit von Schiefeparametern

Kapitel 3.1

$a(z)$	Charakteristisches Polynom
a_u	Gewichte des linearen Filters L
$\alpha(B)$, $\beta(B)$	Lineare Filter
$\alpha(m)$, α_m	Mischungskoeffizient
B	Backshift-Operator
$\mathcal{B}_{-\infty}^{T}, \mathcal{B}_{T+m}^{\infty}$	Borel'sche σ-Algebren
c	Reelle Konstante
δ	Wölbungsparameter der SEP-Verteilung
f	Reelle Zahlenfolge
$f(\lambda)$	Spektraldichtefunktion
$f_{MA}(\lambda)$	Spektrum eines MA-Prozesses
$f_{AR}(\lambda)$	Spektrum eines AR-Prozesses
$f_{ARMA}(\lambda)$	Spektrum eines ARMA-Prozesses
$f_{ARFIMA}(\lambda)$	Spektrum eines ARFIMA-Prozesses
$\gamma(s,t)$	Kovarianzfunktion
γ_0	Varianz eines stochastischen Prozesses
κ, ζ	Regressionskoeffizienten
L	Linearer Filter
λ	Frequenz
μ	Driftparameter
μ_t	Mittelwertfunktion
ρ	Zusammenhangsparameter
$\rho(s,t)$	Autokorrelationsfunktion
σ_z^2	Varianzfunktion
σ_ε^2	Varianz von (ε_t)
τ	Zeitabstand der Zufallsvariablen Y_t und Y_s
X_T	Zufallsvariable
ξ	Unbekannter Parameter einer Grundgesamtheit
$\hat{\xi}(Y_1, \ldots, Y_T)$	Schätzfunktion
$\hat{\xi}_T$	Schätzfunktion
$(Y_t)_{t\in\{1,\ldots,T\}}$	Stochastischer Prozess
Y_0	Startwert des stochastischen Prozesses (Y_t)
(V_t), (W_t), (X_t) (Y_t), (Z_t)	Stochastische Prozesse
V_0	Startwert des stochastischen Prozesses (V_t)

Kapitel 3.2

ARSEP	Autoregressiver Prozess mit SEP-verteilten Störgrößen
ARIMASEP	Integrierter Autoregressiver Moving Average Prozess mit SEP-verteilten Störgrößen
$\alpha_1, \ldots, \alpha_p$	Koeffizienten des AR-Prozesses (Y_t)
α_m	Mischungskoeffizienten
$\text{Bias}\,(.)$, $\widehat{\text{Bias}}\,(.)$	Verzerrung, Geschätze Verzerrung
β_{ij}	KQ-Schätzungen von ARSEP (1) (σ, γ, δ)-Prozessen
η	Absolutglied
$f_{Y_t \mid Y_{t-1}, \ldots, Y_{t-p}}\,(.)$	Bedingte Dichtefunktion von Y_t gegeben $Y_{t-1}, \ldots, Y_{t-p}$
γ_0	Varianz von Y_t
γ_j	Autokovarianz
γ_{ij}	KQ-Schätzungen von AR (1)-Prozessen
θ, γ, δ	Parameter der SEP-Verteilung
μ	Absolutglied
$\tilde{\mu}$	Erwartungswertvektor von $(Y_1, \ldots, Y_T)'$
N	Anzahl Wiederholungen
$N\big(\mu, \sigma^2\Sigma_p\big)$	Multivariate Normalverteilung
ϕ	Parametervektor
$\hat{\phi}$	KQ-Schätzung des Parametervektors ϕ
ρ	Zusammenhangsparameter
$s_{\beta_{ij}}$, $s_{\gamma_{ij}}$	Geschätzte Standardabweichungen
σ_ε^2	Varianz der ε_t
Σ_p	$(p \times p)$ Kovarianzmatrix
$\tilde{Y}$	Zufallsvariablenvektor $(Y_1, \ldots, Y_p)'$
X	Regressormatrix
y	Stichprobenvektor $(y_1, \ldots, y_T)'$
Y	Zufallsvariablenvektor $(Y_1, \ldots, Y_T)'$
y_0	Startwert
Y_0	Anfangszustand des AR-Prozesses (Y_t)
y_*	Vektor $(y_1, \ldots, y_{T-1})'$
(v_t)	Störgrößenprozess

Kapitel 3.3

a_i	Koeffizienten des ADF-Terms
$\alpha_1, \ldots, \alpha_p$	Parameter des AR-Prozesses
β	Parameter des deterministischen Trends
c, d	Reelle Konstanten
c_i	Rechtes unteres Element von $(X_i' X_i)^{-1}$
(ε_t)	Störgrößenprozess
θ, μ, ν	Absolutglied
k	Laglänge
m	Anzahl Realisationen
m^*	Anzahl Elemente der Einschwingphase
M	Anzahl Ziehungen mit Zurücklegen
n	Anzahl Wiederholungen
ρ	Zusammenhangsparameter
$\hat{\Phi}$, $\hat{\Phi}_\mu$, $\hat{\Phi}_\tau$	Normalisierte Einheitswurzelschätzer
$\hat{\rho}$, $\hat{\rho}_\mu$, $\hat{\rho}_\tau$	KQ-Schätzungen des Zusammenhangsparameters ρ
s	Anzahl Tests
s_i^2	Residuenquadratsummen
$\hat{\tau}$, $\hat{\tau}_\mu$, $\hat{\tau}_\tau$	Teststatistiken der Einheitswurzelhypothese
T	Stichprobenumfang $m - m^*$
(ω_t)	Störgrößenprozess
X_1, X_2, X_3	Regressormatrizen
ξ_1, ξ_2, ξ_3	Parametervektoren
$\hat{\xi}_1$, $\hat{\xi}_2$, $\hat{\xi}_3$	KQ-Schätzungen der Parametervektoren ξ_1, ξ_2, ξ_3
y	$(T-1)$-dimensionaler Vektor $(y_2, y_3, \ldots, y_T)'$
y_{-1}	$(T-1)$-dimensionaler Vektor $(y_1, y_2, \ldots, y_{T-1})'$
(Y_t)	Autoregressiver Prozess
$Y_0, Y_{-1}, \ldots, Y_{-p+1}$	Nichtstochastische Anfangszustände von (Y_t)
$y_1, \ldots, y_m$	Realisationen eines Random Walk
$z_1, \ldots, z_p$	Nullstellen des charakteristischen Polynoms
z	$(T-1)$-dimensionaler Vektor $\left(1-\frac{T}{2}, 2-\frac{T}{2}, \ldots, T-1-\frac{T}{2}\right)'$

Kapitel 3.4

$ARE\left(\hat{\beta},\tilde{\beta}\right)$	Asymptotische relative Effizienz der Schätzer $\hat{\beta}$ u. $\tilde{\beta}$
$\widehat{ARE}, \widetilde{ARE}$	Schätzungen der asymptotischen relativen Effizienz
Bias (.)	Verzerrung
β	Unbekannter Parameter der Grundgesamtheit
$\hat{\beta}, \tilde{\beta}$	Schätzer für β
ε_i	Störgröße
γ_τ	Kovarianz für den Zeitabstand τ
$\hat{\gamma}_\tau$	Geschätzte Kovarianz für γ_τ
θ	Lageparameter
$\hat{\theta}$	Schätzer für θ_0
m	Stichprobenumfang
m^*	Stichprobenumfang
$\widehat{MSE}, \widetilde{MSE}$	Schätzung des Mean Square Errors
n	Anzahl Vektoren
N	Anzahl Wiederholungen
$N_m(\theta_0, \Omega_0)$	Multivariate Normalverteilung mit Erwartungswertvektor θ_0 und Varianz-Kovarianzmatrix Ω_0
ρ	Zusammenhangsparameter
σ^2	Varianz
σ_ε^2	Störgrößenvarianz
$\hat{\Omega}$	Schätzer für Ω_0
$\tilde{\Omega}$	Unverzerrter Schätzer für Ω_0
ω_{rs}	Elemente von Ω_0
$\hat{\omega}_{irs}$	Schätzung von ω_{rs} bei der i-ten Wiederholung
$Y_1, \ldots, Y_n$	n Zufallsvektoren
$y_1, \ldots, y_m$	m Realisationen

Kapitel 4

μ, σ^2	Driftrate, Varianzrate
$p_1, \ldots, p_T$	Zeitreihe von Preisen
$r_2, \ldots, r_T$	Renditezeitreihe
T	Indexmenge
(W_t)	Standard-Wiener-Prozess
$(X_t)_T$	Wiener-Prozess
$(Y_t)_T$	Wiener-Prozess mit Drift
$(Z_t)_T$	Geometrische Brownsche Bewegung

Kapitel 4.2

γ_a, γ_b	Drittes, Viertes zentrales Moment
MW	t-Teststatistik
$R_1, \ldots, R_T$	Zufallsvariablen

Kapitel 4.3

η, $\hat{\eta}$	Einheitswurzelparameter, Schätzung von η
θ, μ	Deterministischer Trendparameter, Absolutglied
$\hat{\Phi}_\tau, \hat{\Phi}_{\mu\tau}, \hat{\Phi}_\mu$	LR-Teststatistiken
$\hat{\rho}_\tau$	Autokorrelationskoeffizienten, Schätzung von ρ_τ
$\hat{\tau}_\tau, \hat{\tau}_\mu, \hat{\tau}$	Einheitswurzelteststatistiken
$\hat{\Psi}_\tau, \hat{\Psi}_\mu, \hat{\Psi}$	Normalisierte Einheitswurzelteststatistiken

Kapitel 4.4

$\hat{\sigma}, \hat{\theta}, \hat{\gamma}, \hat{\delta}$	Schätzung der Parameter $\sigma, \theta, \gamma, \delta$

Kapitel 4.5

$\theta_1, \delta_1, \gamma_1,$ $\theta_2, \delta_2, \gamma_2$	Parameter zweier SEP-Verteilungen
$\sigma^2_{\theta_1}, \sigma^2_{\delta_1}, \sigma^2_{\gamma_1},$ $\sigma^2_{\theta_1}, \sigma^2_{\delta_1}, \sigma^2_{\gamma_1}$	Varianzen der Parameter $\theta_1, \delta_1, \gamma_1, \theta_2, \delta_2, \gamma_2$
T_1, T_2, T_3	Teststatistiken zur Prüfung der zeitlichen Stabilität der Parameter δ, γ, σ
$x_1, \ldots, x_n$	Zufallsstichprobe
$X_1, \ldots, X_n$	Zufallsvariablen
$y_1, \ldots, y_m$	Zufallsstichprobe
$Y_1, \ldots, Y_m$	Zufallsvariablen

Kapitel 1

Einführung

Seit der bahnbrechenden Arbeit von MANDELBROT (1963) stellt sich für viele Finanzmarktökonometriker die Frage, welche Verteilung zur Modellierung von Renditen von Kapitalanlagen anzusetzen ist. PREMARATNE, BERA (2001) formulieren für diese Verteilung die Forderung:

„*Therefore, there is a real need to find an asymmetric density that can be easily estimated and whose tails are heavier than the Student's t-distribution.*“
(PREMARATNE, BERA, 2001, S. 1)

In der ökonometrischen Literatur findet man zahlreiche Studien, die sich mit den empirischen Verteilungen der Renditen und möglichen geeigneten theoretischen Verteilungen beschäftigen. Eine endgültige Entscheidung, welche Verteilung die Renditen korrekt spezifiziert, konnte bisher jedoch noch nicht getroffen werden. MANDELBROT (1963) konstatierte in seiner Arbeit über die monatlichen Änderungen von Baumwollpreisen eine leptokurtische Verteilung, d. h. eine Verteilung mit großer Wahrscheinlichkeitsmasse auf den Rändern und in der Nähe des arithmetischen Mittels. Auf Grund der stark erhöhten Wölbung der Verteilung bezweifelte er die Existenz der Varianz der wahren Verteilung und schlug daher die Modellierung mittels stabiler Verteilungen mit ggf. unendlicher Varianz vor. Die

Existenz starker Leptokurtosis in den Renditeverteilungen ist heute kaum noch strittig. Jedoch stehen die Stärke der Wölbung und die Anzahl der existierenden Momente im Fokus der Forschung. Außerdem ist die Art der Leptokurtosis noch umstritten. Als mögliche Varianten werden sowohl in der Mitte runde als auch sehr spitze Verteilungen mit schweren Rändern diskutiert. Zur Existenz von Asymmetrien in den Verteilungen ist noch keine eindeutige Haltung gefunden. ZIMMERMANN (1997, S. 55) sieht Hinweise auf rechtsschiefe Verteilungen, während RYDBERG (2000, S. 240) eher linksschiefe Verteilungen für gegeben hält. BÖNTE (1997, S. 120) und GROTTKE (2002, S. 147) konstatieren hauptsächlich symmetrische Verteilungen.

Die vorliegende Arbeit beschäftigt sich nur mit einem Aspekt der Anforderungen von PREMARATNE, BERA (2001). Es gilt die Frage zu beantworten, ob die Renditen schief verteilt sind. Bevor darauf jedoch eine Antwort gefunden werden kann, muss zuerst ein potentieller Verteilungskandidat entwickelt werden. Vorschläge zur Erzeugung schiefer Verteilungen existieren ebenfalls zahlreich in der ökonometrischen Literatur. So schlagen PREMARATNE, BERA (2001) Pearson's Typ IV-Verteilung als möglichen Kandidaten vor. Viel diskutiert ist auch die auf AZZALINI (1985) zurückgehende „schiefe Normalverteilung", welche sich durch geeignet normierte Multiplikation der Dichtefunktion mit der Verteilungsfunktion einer standardnormalverteilten Zufallsvariablen ergibt. Eine weitere diskutierte Klasse betrifft die Familie skalenparametergesplitteter Verteilungen, die unter diesem Namen von GROTTKE (2002, S. 5) zusammengeführt worden sind. Der zu Grunde liegende Mechanismus zur Konstruktion schiefer Verteilungen ist jedoch bereits wesentlich früher angewendet worden. So liegt dieses Prinzip auch der von MCGILL (1962) verwendeten asymmetrischen Laplace-Verteilung zu Grunde. Da diese Methode zur Generierung schiefer Verteilungen durch ihre Einfachheit überzeugt, wird diese Verteilungsfamilie in dieser Arbeit näher betrachtet. Als Kandidat zur Modellierung der Renditen wird ein Spezialfall, die so genannte schiefe Exponential-Power-Verteilung, herangezogen.

Die Arbeit gliedert sich in drei große Abschnitte. Kapitel Zwei ist ein verteilungstheoretisches Kapitel. In Kapitel 2.1 wird zuerst die Methode des Skalenparametersplittings dargestellt. Die daraus resultierenden Dichte- und Verteilungsfunktionen werden vorgestellt und die höheren Momente für derart verteilte Zufallsvariablen angegeben. In Kapitel 2.1.3 wird gezeigt, dass sich Verteilungen aus der Familie der skalenparametergesplitteten Verteilungen hinsichtlich ihrer Schiefe nach dem allgemeinen c-Ordnungskonzept von VAN ZWET (1970, S. 48) unterscheiden und in eine eindeutige Schiefereihenfolge bringen lassen. In den Kapiteln 2.2 bis 2.5 werden mehrere Spezialfälle, die schiefe Normalverteilung, die schiefe Exponential-Power-Verteilung und die schiefe verallgemeinerte t-Verteilung aus dieser Verteilungsfamilie analysiert. Dabei gelingt es in Kapitel 2.3, die Schätzbarkeit der Parameter mittels Maximum-Likelihood-Methode für Verteilungen aus der Familie der skalenparametergesplitteten Verteilungen zu zeigen. In Kapitel 2.5 wird eine Darstellung der Dichtefunktion für multivariat schief normalverteilte Zufallsvariablen gefunden. Eine Diskussion ausgewählter Schiefemaße in Kapitel 2.6 und die Vorstellung statistischer Tests bzgl. der Schiefe einer Verteilung in Kapitel 2.7 schließen das verteilungstheoretische Kapitel ab.

Das dritte Kapitel analysiert die Konsequenzen für die Schätzung der Parameter von linearen stochastischen Prozessen, wenn statt symmetrischer (Normal-) schiefe Verteilungen für die Störgrößen zugelassen werden. Mittels Simulationsexperimenten wird dies in Kapitel 3.2 für autoregressive Prozesse untersucht. Ebenso werden für diese Prozesse die Eigenschaften der Varianz-Kovarianzmatrix-Schätzung in Kapitel 3.4 mittels Simulationsstudien analysiert. Es ergibt sich, dass schiefe Verteilungen asymptotisch zu keinen Änderungen in der Schätzung der Korrelationsstrukturen führen. Kapitel 3.3 untersucht das Verhalten von Einheitswurzeltests bei der Annahme schief verteilter Störgrößen. Für die normalisierten Einheitswurzelschätzer werden unter diesen Bedingungen mittels Simulationsexperimenten ermittelte kritische Werte angegeben.

Im empirischen Teil der Arbeit, Kapitel Vier, werden nach einer deskriptiven Analyse der Aktienkursrenditen drei Schwerpunkte analysiert. Die für logarithmierte Aktienkursreihen nahe liegende Hypothese einer Einheitswurzel wird in Kapitel 4.3 mit verschiedenen Tests untersucht. In Kapitel 4.4 werden die Renditen an eine schiefe Exponential-Power-Verteilung angepasst. Die daraus erhaltenen Schätzungen der Gestaltungsparameter dieser Verteilung werden abschließend in Kapitel 4.5 auf ihre zeitliche Stabilität überprüft.

Kapitel 2

Schief generierte Verteilungen

In diesem Kapitel wird dargestellt, wie man aus unimodalen und symmetrischen Verteilungen mittels Skalenparametersplitting schiefe Verteilungen generieren kann. Skalenparametersplitting bedeutet, dass für eine bestimmte symmetrische Ausgangsverteilung an einer beliebigen Stelle θ rechts und links von θ der Varianzparameter auf dem Träger der Verteilung neu (und zur Erzeugung von Asymmetrien unterschiedlich) definiert wird. Eine geeignete Normierung liefert eine (schiefe) Wahrscheinlichkeitsverteilung. Durch die Wahl gleicher Skalenparameter erhält man die als Ausgangspunkt gewählte symmetrische Verteilung. Die so erzeugbare Familie von Wahrscheinlichkeitsverteilungen wird im weiteren Verlauf dieses Kapitels vorgestellt und ihre charakteristischen Eigenschaften abgeleitet.

In Kapitel 2.1 wird die Konstruktion schiefer Verteilungen durch das Konzept des Skalenparametersplittings eingeführt. Außerdem werden einige wichtige statistische Eigenschaften von Verteilungen dieser Verteilungsfamilie dargestellt. Bzgl. eines sehr allgemeinen Ordnungskonzeptes (der c-Ordnung von Van Zwet (1970)) wird gezeigt, dass sich diese Verteilungen bzgl. ihrer Schiefe anordnen lassen. Als einfaches und illustratives Beispiel wird in Kapitel 2.2 die „schiefe Normalverteilung“ vorgestellt. Diese Verteilung ist in der Klasse der schiefen Box-Tiao-Verteilungen enthalten, welche in Kapitel 2.3 definiert und analysiert wird. Sowohl für schiefe Normalverteilungen als auch für schiefe Box-Tiao-Verteilungen gelingt es zu zeigen, dass sich ihre unbekannten Parameter mittels Maximum-Likelihood-Methode konsistent und asymptotisch normalverteilt schätzen lassen. In Kapitel 2.4 wird die Verteilungsfamilie der verallgemeinerten und schiefen t-Verteilungen definiert. Für die schiefe Normalverteilung lässt sich zudem eine multivariate Darstellung entwickeln, welche in Kapitel 2.5 definiert und analysiert wird. Es wird sich zeigen, dass diese funktionale Form der von „gewöhnlichen“ multivariaten Normalverteilungen mit einer von einem Schiefeparameter abhängigen Varianz-Kovarianzstruktur entspricht. In Kapitel 2.6 werden ausgewählte Schiefemaße diskutiert und im anschließenden Kapitel 2.7 statistische Tests zur Überprüfung der Symmetriehypothese vorgestellt.

2.1 Skalenparametergesplittete Verteilungen

In diesem Abschnitt werden schiefe Verteilungen aus einer ursprünglich symmetrischen Verteilungsfamilie durch das Zerlegen des Skalenparameters σ in zwei Teile σ_l und σ_r konstruiert. Dabei wirkt jeder dieser Skalenparameter für einen bestimmten Abschnitt des Trägers auf die Dichtefunktion. Diese Verteilungen bestimmen eine eigene Verteilungsfamilie, in der die symmetrische Verteilungsfamilie als Spezialfall enthalten ist. Im Abschnitt 2.1.1 wird die Methode des Skalenparametersplittings vorgestellt. Im anschließenden Abschnitt 2.1.2 werden charakteristische Eigenschaften dieser Verteilungsfamilie abgeleitet. Es wird sich zeigen, dass Verteilungen aus der Familie der skalenparametergesplitteten Verteilungen zum einen schief im Sinne allgemeiner Definitionen sind. Zum anderen lassen sich zwei Verteilungen derselben Verteilungsfamilie hinsichtlich ihre Schiefe eindeutig unterscheiden und hinsichtlich ihres Schiefegrades anordnen, falls die Richtung ihrer Schiefe übereinstimmt. Dazu wird in Kapitel 2.1.3 das Konzept der c-Ordnung für Verteilungen von VAN ZWET (1970) eingeführt und anschließend das Anordnen von Verteilungen der skalenparametergesplitteten Verteilungsfamilie im Sinne dieses Konzeptes bewiesen.

2.1.1 Die Methode des Skalenparametersplittings

Ausgangspunkt der Überlegung ist die Definition der Symmetrie und Eingipfligkeit einer Wahrscheinlichkeitsverteilung. Für die weiteren Erläuterungen sei auf die allgemeine Definition (vgl. z. B. BANDELOW, 1989, S. 124) einer Zufallsvariablen hingewiesen. Im Folgenden ist unter einer Zufallsvariablen stets eine derart definierte reelle Zufallsvariable zu verstehen. Ebenso werden die anderen nicht erläuterten Begriffe wie Wahrscheinlichkeitsverteilung, Verteilungsfunktion, Wahrscheinlichkeits(dichte)funktion, stetige und diskrete Zufallsvariablen im Sinne der Definitionen von BANDELOW (1989, siehe S. 84, 124, 134, 140 und 141) verwendet.

Definition 2.1.
Die Wahrscheinlichkeitsverteilung F_X einer Zufallsvariablen X heißt,

i. symmetrisch um den Punkt μ, wenn $\forall\, x \in \mathbb{R}$ gilt,
$P(X \leq \mu - x) = P(X \geq \mu + x)$,

ii. unimodal (oder eingipflig), wenn für die zugehörige Wahrscheinlichkeits(dichte)funktion f_X ein μ^* existiert, so dass $\forall\, \varepsilon > 0$ gilt,
$f_X(\mu^*) \geq f_X(\mu^* - \varepsilon)$ *und* $f_X(\mu^*) \geq f_X(\mu^* + \varepsilon)$,

iii. eindeutig unimodal, wenn genau ein μ^* existiert, so dass $\forall\, \varepsilon > 0$,
$f_X(\mu^*) > f_X(\mu^* - \varepsilon)$ *, und* $f_X(\mu^*) > f_X(\mu^* + \varepsilon)$ *, gilt.*

Diese Definition ist in dem Sinne allgemeingültig, dass Symmetrie und Eingipfligkeit sowohl für diskrete als auch für stetige reelle Zufallsvariablen bzw. deren Verteilung wohldefiniert sind. Daraus lässt sich leicht die Asymmetrie in einer Verteilung festlegen. Da in dieser Arbeit ausschließlich stetige Verteilungen betrachtet werden, stellt die nächste Definition (vgl. HANDL, 1985, S. 116) Asymmetrie für eine stetige Verteilungsfunktion vor. Die anschließende Definition 2.3 konkretisiert das Konzept für die Dichtefunktion einer eindeutig unimodal verteilten stetigen Zufallsvariablen. Aus Definition 2.3 ist unmittelbar ablesbar, dass für eine linksschiefe Verteilung $F_X(x_M) > 0.5$ und analog für eine rechtsschiefe Verteilung $1 - F_X(x_M) > 0.5$ gelten muss.

Definition 2.2.
Eine stetige Verteilungsfunktion $F_X(x)$ heißt,

i. ***rechtsschief****, wenn gilt,*

$$\begin{aligned} F_X\left(x_{(0.5)}+x\right) &\leq 1-F_X\left(x_{(0.5)}-x\right) && \textit{für alle } x \in \mathbb{R}, \\ F_X\left(x_{(0.5)}+x\right) &< 1-F_X\left(x_{(0.5)}-x\right) && \textit{für mindestens ein } x \in \mathbb{R}, \end{aligned}$$

ii. ***linksschief****, wenn gilt,*

$$\begin{aligned} F_X\left(x_{(0.5)}+x\right) &\geq 1-F_X\left(x_{(0.5)}-x\right) && \textit{für alle } x \in \mathbb{R}, \\ F_X\left(x_{(0.5)}+x\right) &> 1-F_X\left(x_{(0.5)}-x\right) && \textit{für mindestens ein } x \in \mathbb{R}, \end{aligned}$$

wobei $x_{(0.5)}$ der Median von $F_X(x)$ ist.

Definition 2.3.
Eine Dichtefunktion $f_X(x)$ einer stetigen und unimodal verteilten Zufallsvariablen X mit dem Modalwert x_M heißt,

i. ***rechtsschief****, wenn gilt,*

$$\begin{aligned} f_X(x_M+x) &\geq f_X(x_M-x) && \textit{für alle} \quad x \in \mathbb{R}\ , \\ f_X(x_M+x) &> f_X(x_M-x) && \textit{für mindestens ein} \quad x \in \mathbb{R}\ , \end{aligned}$$

ii. ***linksschief****, wenn gilt,*

$$\begin{aligned} f_X(x_M+x) &\leq f_X(x_M-x) && \textit{für alle} \quad x \in \mathbb{R}\ , \\ f_X(x_M+x) &< f_X(x_M-x) && \textit{für mindestens ein} \quad x \in \mathbb{R}\ . \end{aligned}$$

Für die folgenden Überlegungen dieses Kapitels sei mit $\tilde{X}$ eine reelle Zufallsvariable bezeichnet, deren Verteilung $F^*_{\tilde{X}}(\tilde{x})$ aus der Familie der stetigen, symmetrischen und unimodalen Verteilungsfamilie stammt. Die zugehörige Dichtefunktion sei durch $f^*_{\tilde{X}}(\tilde{x})$ symbolisiert. Verteilungen dieser

Verteilungsfamilie lassen sich durch ihre Gestaltungsparameter vollständig charakterisieren. Dabei gilt im Folgenden o. B. d. A. für den Lageparameter $\tilde{\theta} = 0$. Der die Varianz der Zufallsvariablen $\tilde{X}$ steuernde Skalenparameter wird mit $\tilde{\sigma}$ bezeichnet.

Verteilungen der skalenparametergesplitteten Verteilungsfamilie generiert man aus stetigen, symmetrischen und unimodalen Verteilungen durch splitten des Skalenparameters $\tilde{\sigma}$ an einer beliebigen Stelle θ in die Komponenten σ_l und σ_r sowie der Berücksichtigung einer Konstanten zur Normierung. Die Methode des Skalenparametersplittings wurde (unter diesem Namen) zuerst von GROTTKE (2001) vorgestellt, jedoch entstammt auch die von MCGILL (1962) eingeführte asymmetrische Laplace-Verteilung diesem Konstruktionsmechanismus. Gemäß GROTTKE (2001, S. 7) besitzen Dichtefunktionen von Verteilungen der skalenparametergesplitteten Verteilungsfamilie[1] die nachstehende analytische Darstellung,

$$f_X(x) = c \cdot \begin{cases} f^*_{\tilde{X}}\left(\frac{x-\theta}{\sigma_l}\right) & , \quad x \leq \theta \, , \\ f^*_{\tilde{X}}\left(\frac{x-\theta}{\sigma_r}\right) & , \quad x > \theta \, , \end{cases} \tag{2.1}$$

wobei c die Dichtefunktion normiert, d. h. $c = \frac{2}{\sigma_l+\sigma_r}$. Mit Hilfe von Indikationfunktionen, die wie folgt definiert sind,

$$\mathbb{1}_A(x) = \begin{cases} 1 \, , \, x \in A & , \\ 0 \, , \, x \notin A & , \end{cases}$$

lässt sich die Dichtefunktion (2.1) äquivalent darstellen,

$$f_X(x) = c \cdot \left[f^*_{\tilde{X}}\left(\frac{x-\theta}{\sigma_l}\right) \cdot \mathbb{1}_{]-\infty\,,\,\theta]}(x) + f^*_{\tilde{X}}\left(\frac{x-\theta}{\sigma_r}\right) \cdot \mathbb{1}_{]\theta\,,\,\infty]}(x) \right] \; .$$

Dass durch die Funktion (2.1) eine Dichtefunktion definiert wird, ist bereits durch GROTTKE (2001, S. 19) unter der Annahme $\theta = 0$ gezeigt worden. Damit ist die Anwendung des Aufspaltens des Skalenparameters sinnvoll verwendbar. GROTTKE (2001, S. 22 ff.) wies nach, dass derart konstruierte Dichtefunktionen im Sinne der Definition 2.2 schief sind. Wie man sich leicht überlegen kann, erreicht die Dichtefunktion $f_X(x)$ gemäß (2.1) ihr Maximum bei θ. Daraus lässt sich sofort folgern, dass sie für

[1]Diese Verteilungsfamilie wird im Verlauf dieser Arbeit mit $\mathcal{F}_{\sigma_l,\sigma_r}$ bezeichnet.

$\sigma_l \neq \sigma_r$ auch im Sinne der Definition 2.3 schief ist. Der Modalwert einer Zufallsvariablen X, deren Verteilung durch die Dichtefunktion (2.1) definiert ist, liegt bei θ. Der Skalenparameter σ_l bestimmt die Streuung links vom Modalwert, σ_r ist der Streuungsparameter rechts von dieser Stelle. Die zu Grunde liegende symmetrische Verteilung erhält man für $\sigma_l = \sigma_r$. Der Fall, dass einer dieser beiden Skalenparameter gleich Null ist, sei für die weiteren Überlegungen ausgeschlossen, d. h. σ_l, $\sigma_r > 0$.

Das vorgestellte Verfahren zur Konstruktion schiefer Verteilungen besticht durch seine Einfachheit. Anwendbar ist es für alle (symmetrischen) Verteilungen, die durch einen Lage- und einen Skalenparameter (sowie andere Formparameter) definiert sind. Als Spezialfälle wird das Skalenparametersplitting im Verlauf dieses Kapitels auf die Normal- und die Exponential-Power-Verteilung angewendet und die resultierenden Verteilungen studiert. Im nächsten Abschnitt werden die statistischen Eigenschaften von Verteilungen aus der Verteilungsfamilie $\mathcal{F}_{\sigma_l,\sigma_r}$ abgeleitet.

2.1.2 Statistische Eigenschaften

Die von Grottke (2001, S. 19-44) bewiesenen elementaren Eigenschaften einer durch die Dichtefunktion (2.1) definierten Verteilung werden in Satz 2.1 zusammengefasst. Für dessen Beweis wird auf die angegebene Literatur verwiesen, wobei anzumerken ist, dass Grottke (2001) die Beweise stets für den Spezialfall $\theta = 0$ führt. Jedoch lassen sich die Beweise ohne weitere Schwierigkeiten für ein beliebiges $\theta \in \mathbb{R}$ verallgemeinern.

Satz 2.1.
Es sei X eine stetige Zufallsvariable mit einer gemäß Gleichung (2.1) definierten Dichtefunktion $f_X\left(x \mid \theta, \sigma_l, \sigma_r, f^*_{\tilde{X}}(x)\right)$, die von zwei Skalenparametern, $\sigma_l > 0$ und $\sigma_r > 0$, der Stelle θ und der funktionalen Form einer symmetrischen Ausgangsverteilung mit der Dichtefunktion $f^*_{\tilde{X}}(x)$ abhängt. Die Dichtefunktion der Ausgangsverteilung sei stetig, unimodal und auf jedem kompakten Intervall $[a, b] \subseteq \mathbb{R}$ zweimal differenzierbar und es gelte o. B. d. A. für den Symmetriepunkt $\tilde{\theta} = 0$. Dann gilt,

(a) *die durch Gleichung (2.1) definierte Funktion ist eine Dichtefunktion,*

(b) $f_X(x)$ *ist unimodal mit Maximum in* θ*, stetig und auf* $[a,b] \subseteq \mathbb{R}$ *zweimal differenzierbar,*

(c) *die zugehörige Verteilungsfunktion* $F_X(x)$ *lässt sich wie folgt darstellen,*

$$F_X(x) = c \cdot \begin{cases} \sigma_l \cdot F^*_{\tilde{X}}\left(\frac{x-\theta}{\sigma_l}\right) & , \quad x \leq \theta \quad , \\ \frac{1}{2} \cdot (\sigma_l - \sigma_r) + \sigma_r \cdot F^*_{\tilde{X}}\left(\frac{x-\theta}{\sigma_r}\right) & , \quad x > \theta \quad , \end{cases}$$

mit $c = \frac{2}{\sigma_l + \sigma_r}$.

(d) $F_X(x)$ *ist im Sinne der Definition (2.2) rechtsschief für* $\sigma_l < \sigma_r$*, linksschief für* $\sigma_l > \sigma_r$ *und symmetrisch für* $\sigma_l = \sigma_r$.

Der folgende Satz beschreibt die Momente einer Zufallsvariablen, die eine durch das Skalenparametersplitten generierte Verteilung besitzt.

Satz 2.2.
Es gelten dieselben Voraussetzungen wie in Satz 2.1. Zusätzlich sei allgemein das s-te positive zentrale Moment einer Zufallsvariablen $\tilde{X}$ *definiert durch* $E^*_+(\tilde{X}^s) = \int_0^\infty \tilde{x}^s f^*_{\tilde{X}}(\tilde{x})\, d\tilde{x}$. *Außerdem sei* $c = \frac{2}{\sigma_l + \sigma_r}$.

(a) *Für das s-te zentrale Moment der Zufallsvariablen X gilt,*

$$E(X^s) = c \cdot \left[\sum_{k=0}^{s} \binom{s}{k} \theta^k \, E^*_+(\tilde{X}^{s-k}) \left[(-1)^{s-k} \, {\sigma_l}^{s-k+1} + {\sigma_r}^{s-k+1} \right] \right] .$$

(b) *Im Speziellen gilt für den Erwartungswert,*

$$E(X) = \theta + 2 \cdot E^*_+(\tilde{X}) \cdot (\sigma_r - \sigma_l) \ ,$$

(c) *und für die Varianz,*

$$Var(X) = 2 \cdot \frac{\sigma_l^3 + \sigma_r^3}{\sigma_l + \sigma_r} \cdot E^*_+(\tilde{X}^2) - 4 \cdot (\sigma_r - \sigma_l)^2 \cdot \left[E^*_+(\tilde{X}) \right]^2 .$$

Beweis von Satz 2.2:
zu (a):

$$
\begin{aligned}
E(X^s) &= \int\limits_{-\infty}^{\infty} x^s \cdot f(x)\, dx \\
&= c \cdot \left[\int\limits_{-\infty}^{\theta} x^s \cdot f^*\left(\frac{x-\theta}{\sigma_l}\right) dx + \int\limits_{\theta}^{\infty} x^s \cdot f^*\left(\frac{x-\theta}{\sigma_r}\right) dx \right]
\end{aligned}
$$

In beiden Integralen ist eine Substitution vorzunehmen:

$$
\boxed{\tilde{x}_i = \tfrac{x-\theta}{\sigma_i} \quad \Rightarrow \quad \tfrac{dx}{d\tilde{x}_i} = \sigma_i \quad , \quad \theta \to \tfrac{\theta-\theta}{\sigma_i} = 0 \text{ , mit } i = l, r}
$$

Daraus folgt nun,

$$
E(X^s) = c \cdot [\sigma_l \cdot A_1 + \sigma_r \cdot A_2] \quad ,
$$

mit $A_1 = \int\limits_{-\infty}^{0} (\sigma_l\, \tilde{x}_l + \theta)^s\, f^*(\tilde{x}_l)\, d\tilde{x}_l$ und $A_2 = \int\limits_{0}^{\infty} (\sigma_r\, \tilde{x}_r + \theta)^s\, f^*(\tilde{x}_r)\, d\tilde{x}_r$. Die beiden Integrale A_1 und A_2 werden nun einzeln betrachtet:

$$
\begin{aligned}
A_1 &= \int\limits_{0}^{\infty} \left(\sum_{k=0}^{s} \binom{s}{k} (\sigma_r\, \tilde{x}_r)^{s-k}\, \theta^k \right) f^*(\tilde{x}_r)\, d\tilde{x}_r \\
&= \sum_{k=0}^{s} \binom{s}{k} \theta^k \sigma_r^{s-k} \int\limits_{0}^{\infty} \tilde{x}_r^{s-k} f^*(\tilde{x}_r)\, d\tilde{x}_r \\
&= \sum_{k=0}^{s} \binom{s}{k} \theta^k \sigma_r^{s-k}\, E_+^*\left(\tilde{X}^{s-k}\right)
\end{aligned}
$$

$$
\begin{aligned}
A_2 &= \int_{-\infty}^{0} \left(\sum_{k=0}^{s} \binom{s}{k} (\sigma_l \, \tilde{x}_l)^{s-k} \, \theta^k \right) f^*(\tilde{x}_l) \, d\tilde{x}_l \\
&= \sum_{k=0}^{s} \binom{s}{k} \theta^k \sigma_l^{s-k} \int_{-\infty}^{0} \tilde{x}_l^{s-k} f^*(\tilde{x}_l) \, d\tilde{x}_l \\
&= \sum_{k=0}^{s} \binom{s}{k} \theta^k \sigma_l^{s-k} \, (-1)^{s-k} \int_{0}^{\infty} \tilde{x}_l^{s-k} f^*(\tilde{x}_l) \, d\tilde{x}_l \\
&= \sum_{k=0}^{s} \binom{s}{k} \theta^k \sigma_l^{s-k} \, (-1)^{s-k} \; E_+^*\left(\tilde{X}^{s-k}\right)
\end{aligned}
$$

Daraus ergibt sich nun:

$$
\begin{aligned}
E(X^s) &= c \cdot \left(\sigma_l \sum_{k=0}^{s} \binom{s}{k} \theta^k \sigma_l^{s-k} \, (-1)^{s-k} \; E_+^*\left(\tilde{X}^{s-k}\right) \right. \\
&\qquad \left. + \sigma_r \sum_{k=0}^{s} \binom{s}{k} \theta^k \sigma_r^{s-k} E_+^*\left(\tilde{X}^{s-k}\right) \right) \\
&= c \cdot \left(\sum_{k=0}^{s} \binom{s}{k} \theta^k \sigma_l^{s-k+1} \, (-1)^{s-k} \; E_+^*\left(\tilde{X}^{s-k}\right) \right. \\
&\qquad \left. + \sum_{k=0}^{s} \binom{s}{k} \theta^k \sigma_r^{s-k+1} \; E_+^*\left(\tilde{X}^{s-k}\right) \right) \\
&= c \cdot \left(\sum_{k=0}^{s} \binom{s}{k} \theta^k \; E_+^*\left(\tilde{X}^{s-k}\right) \left[(-1)^{s-k} \, \sigma_l^{s-k+1} + \sigma_r^{s-k+1} \right] \right)
\end{aligned}
$$

Damit ist Teil a) des Satzes 2.2 bewiesen.

zu (b):

Für $s = 1$ erhält man aus Teil (a),

$$
\begin{aligned}
E(X) &= c \cdot \left[E_+^*(\tilde{X}) \cdot (\sigma_r^2 - \sigma_l^2) + \theta \cdot E_+^*(1) \cdot (\sigma_l + \sigma_r) \right] \\
&= c \cdot \left[E_+^*(\tilde{X}) \cdot (\sigma_r^2 - \sigma_l^2) + \frac{\theta}{2} \cdot (\sigma_l + \sigma_r) \right] \; ,
\end{aligned}
$$

wobei die erste Bemerkung im Anschluss an diesen Beweis ausgenutzt wird. Durch Ausmultiplizieren und Kürzen erhält man das gesuchte Ergebnis,

$$E(X) = \theta + 2 \cdot E_+^*(\tilde{X}) \cdot (\sigma_r - \sigma_l) \quad .$$

Somit ist auch (b) bewiesen.

zu (c):

Es wird von der Beziehung $Var(X) = E(X^2) - (E(X))^2$ ausgegangen und die entsprechenden Formeln für $s = 1$ und $s = 2$ aus Teil (a) eingesetzt. Es sei $E_1 = E_+^*(\tilde{X})$ und $E_2 = E_+^*(\tilde{X^2})$. Dann gilt,

$$\begin{aligned} E(X^2) &= 2 \cdot E_2 \cdot \frac{\sigma_l^3 + \sigma_r^3}{\sigma_l + \sigma_r} + 4 \cdot \theta \cdot E_1 \cdot \frac{\sigma_r^2 - \sigma_l^2}{\sigma_l + \sigma_r} + \theta^2 \cdot \frac{2}{2} \cdot \frac{(\sigma_l + \sigma_r)}{(\sigma_l + \sigma_r)} \\ &= 2 \cdot E_2 \cdot \frac{\sigma_l^3 + \sigma_r^3}{\sigma_l + \sigma_r} + 4 \cdot \theta \cdot E_1 \cdot \frac{(\sigma_l + \sigma_r)(\sigma_r - \sigma_l)}{\sigma_l + \sigma_r} + \theta^2 \\ &= 2 \cdot E_2 \cdot \frac{\sigma_l^3 + \sigma_r^3}{\sigma_l + \sigma_r} + 4 \cdot \theta \cdot E_1 \cdot (\sigma_r - \sigma_l) + \theta^2 \ , \end{aligned}$$

und

$$\begin{aligned} [E(X)]^2 &= [\theta + 2 \cdot E_1 \cdot (\sigma_r - \sigma_l)]^2 \\ &= \theta^2 + 4 \cdot \theta \cdot E_1 \cdot (\sigma_r - \sigma_l) + 4 \cdot E_1^2 \cdot (\sigma_r - \sigma_l)^2 \ . \end{aligned}$$

Damit erhält man schließlich die gesuchte Beziehung,

$$\begin{aligned} Var(X) &= E(X^2) - (E(X))^2 \\ &= \left[2 \cdot E_2 \cdot \frac{\sigma_l^3 + \sigma_r^3}{\sigma_l + \sigma_r} + 4 \cdot \theta \cdot E_1 \cdot (\sigma_r - \sigma_l) + \theta^2\right] \\ &\quad - \left[\theta^2 + 4 \cdot \theta \cdot E_1 \cdot (\sigma_r - \sigma_l) + 4 \cdot E_1^2 \cdot (\sigma_r - \sigma_l)^2\right] \\ &= 2 \cdot \frac{\sigma_l^3 + \sigma_r^3}{\sigma_l + \sigma_r} \cdot E_2 - 4 \cdot (\sigma_r - \sigma_l)^2 \cdot E_1^2 \ , \end{aligned}$$

womit Satz 2.2 bewiesen ist. □

Zum Konzept des s-ten positiven zentralen Moments sind zwei erläuternde Bemerkungen festzuhalten.

1. Falls *o. B. d. A.* f^* eine um den Nullpunkt symmetrische Dichtefunktion und $a \in \mathbb{R}_+$ ist, so gilt, $E_+^*(a) = \frac{a}{2}$.

2. Ist f^* die Dichtefunktion einer Standardnormalverteilung, so erhält man $E_+^*(\tilde{X}) = \frac{1}{\sqrt{2\pi}}$ und $E_+^*(\tilde{X}^2) = \frac{1}{2}$.

Das im ersten Augenblick überraschende Ergebnis aus Punkt Eins wird ersichtlich, wenn man sich klar macht, dass die Fläche unterhalb einer symmetrischen Dichtefunktion rechts vom Symmetriezentrum gleich 0.5 ist. Der Erwartungswert der Konstanten ist gleich dem halben Anteil der Konstanten, da sich nun die ganze Wahrscheinlichkeitsmasse (die gleich 0.5 ist) an der Stelle der Konstanten verdichtet.

Die Erkenntnisse bzgl. Erwartungswert und Varianz aus dem zweiten Punkt der Anmerkung erhält man leicht mit Hilfe der Beziehung (entnommen aus BRONŠTEIN, SEMENDJAJEW, 1991, S. 66),

$$\int_0^\infty x^n e^{-ax^2}\, dx = \frac{\Gamma\left(\frac{n+1}{2}\right)}{2 \cdot a^{\left(\frac{n+1}{2}\right)}} , \quad \text{für } a > 0 , n > -1 ,$$

und den Rechenregeln für die Gammafunktion, $\Gamma(1) = 1$, $\Gamma(x+1) = x \cdot \Gamma(x)$ und $\Gamma\left(\frac{1}{2}\right) = \sqrt{\pi}$ (vgl. BRONŠTEIN, SEMENDJAJEW, 1991, S. 103).

Nun sind zur weiteren Charakterisierung durch Skalenparametertrennung erzeugter schiefer Verteilungen noch zwei Aussagen bzgl. des Medians und der Modalwertes im nächsten Satz aufzuführen.

Satz 2.3.
X sei eine stetige Zufallsvariable mit einer unimodalen und skalenparametergesplitteten Verteilung. Die Ausgangsverteilung sei stetig, unimodal, symmetrisch und auf der Menge der reellen Zahlen definiert; die zugehörige Dichtefunktion sei mit $f_{\tilde{X}}^*(\tilde{x})$ *und die Verteilungsfunktion mit* $F_{\tilde{X}}^*(\tilde{x})$ *bezeichnet. Die Dichtefunktion* $f_{\tilde{X}}^*(\tilde{x})$ *sei auf* $[a, b] \subseteq \mathbb{R}$ *zweimal differenzierbar und habe ihr Maximum an der Stelle* θ. *Zusätzlich existieren ihre ersten beiden Momente. Dann gilt,*

(a) *die Wahrscheinlichkeit, eine Realisation der Zufallsvariablen X links vom Modalwert zu bekommen, ist unabhängig von θ, und man erhält,*

$$P(X \le \theta) = \frac{\sigma_l}{\sigma_l + \sigma_r} \quad ,$$

(b) *für den Median $x_{(0.5)}$ der Zufallsvariablen X,*

$$x_{(0.5)} = \begin{cases} F^{*^{-1}}_{\tilde{X}}\left(\frac{3}{4} - \frac{1}{4} \cdot \frac{\sigma_l}{\sigma_r}\right) \cdot \sigma_r + \theta & \text{, wenn } \sigma_l < \sigma_r \quad , \\ F^{*^{-1}}_{\tilde{X}}\left(\frac{1}{4} + \frac{1}{4} \cdot \frac{\sigma_r}{\sigma_l}\right) \cdot \sigma_l + \theta & \text{, wenn } \sigma_l > \sigma_r \quad , \\ \theta & \text{, wenn } \sigma_l = \sigma_r \quad . \end{cases}$$

Beweis:

zu (a):

$$\begin{aligned} P(X \le \theta) &= \int_{-\infty}^{\theta} f_X(x)\, dx \\ &= \frac{2}{\sigma_l + \sigma_r} \cdot \int_{-\infty}^{\theta} f^*_{\tilde{X}}\left(\frac{x-\theta}{\sigma_l}\right) dx \end{aligned}$$

Substitution: $y = \frac{x-\theta}{\sigma_l} \quad \Rightarrow \quad \frac{dx}{dy} = \sigma_l \quad , \quad \theta \to \frac{\theta-\theta}{\sigma_l} = 0$

Somit gilt:

$$\begin{aligned} P\,(X \le \theta) &= \frac{2\,\sigma_l}{\sigma_l + \sigma_r} \cdot \int_{-\infty}^{0} f^*_{\tilde{X}}(y)\, dy \\ &= \frac{2\,\sigma_l}{\sigma_l + \sigma_r} \cdot F^*_{\tilde{X}}(0) \\ &= \frac{2\,\sigma_l}{\sigma_l + \sigma_r} \cdot \frac{1}{2} \\ &= \frac{\sigma_l}{\sigma_l + \sigma_r} \end{aligned}$$

zu (b):
Gesucht ist das λ, für das gilt: $P(X \leq \lambda) = 0.5$.

Fall 1: $\sigma_l = \sigma_r$, d. h. X hat eine symmetrische Verteilung, nämlich die Ausgangsverteilung. Da ihre beiden Momente existieren, setzt man $E\,(X) = \theta$ und $Var\,(X) = \sigma_l^2 = \sigma_r^2 = \sigma^2$. Bekannter Weise gilt, $\lambda = E\,(X) = \theta$.

Fall 2: $\sigma_l > \sigma_r$, d. h. X hat eine linksschiefe Verteilung.

In diesem Fall ist $\lambda < \theta$ und es gilt,

$$P(X \leq \lambda) = \int_{-\infty}^{\lambda} f_X(x)\,dx = \frac{2}{\sigma_l + \sigma_r} \cdot \int_{-\infty}^{\lambda} f_{\tilde{X}}^{*}\left(\frac{x-\theta}{\sigma_l}\right) dx$$

Substitution:	$y = \frac{x-\theta}{\sigma_l}$	$\Rightarrow$	$\frac{dx}{dy} = \sigma_l$,	$\lambda \to \frac{\lambda-\theta}{\sigma_l}$

$$\begin{aligned}
\Leftrightarrow \quad P(X \leq \lambda) &= \frac{2\,\sigma_l}{\sigma_l + \sigma_r} \cdot \int_{-\infty}^{\frac{\lambda-\theta}{\sigma_l}} f_{\tilde{X}}^{*}(y)\,dx \\
&= \tfrac{2\,\sigma_l}{\sigma_l+\sigma_r} \cdot F_{\tilde{X}}^{*}\left(\tfrac{\lambda-\theta}{\sigma_l}\right) \stackrel{!}{=} \tfrac{1}{2} \\
\Leftrightarrow \quad F_{\tilde{X}}^{*}\left(\frac{\lambda-\theta}{\sigma_l}\right) &= \frac{1}{4} + \frac{1}{4} \cdot \frac{\sigma_r}{\sigma_l} \\
\Leftrightarrow \quad \lambda &= F_{\tilde{X}}^{*^{-1}}\left(\frac{1}{4} + \frac{1}{4} \cdot \frac{\sigma_r}{\sigma_l}\right) \cdot \sigma_l + \theta \quad .
\end{aligned}$$

Fall 3: $\sigma_l < \sigma_r$, d. h. X hat eine rechtsschiefe Verteilung.

Wegen $\lambda > \theta$ gilt,

$$P(X \leq \lambda) = \int_{-\infty}^{\lambda} f_X(x)\,dx = \int_{-\infty}^{\theta} f_X(x)\,dx + \int_{\theta}^{\lambda} f_X(x)\,dx \quad .$$

Aus Teil (a) ist bekannt, dass $\int\limits_{-\infty}^{\theta} f_X(x)\,dx = \frac{\sigma_l}{\sigma_l+\sigma_r}$ gilt.

Deshalb wird nun das zweite Integral betrachtet,

$$\int\limits_{\theta}^{\lambda} f_X(x)\,dx = \frac{2}{\sigma_l+\sigma_r} \cdot \int\limits_{\theta}^{\lambda} f^*_{\tilde{X}}\left(\frac{x-\theta}{\sigma_r}\right)\,dx \quad .$$

Substitution:	$y = \frac{x-\theta}{\sigma_r}$
	$\Rightarrow \frac{dx}{dy} = \sigma_r \quad , \quad \theta \to 0 \quad , \quad \lambda \to \frac{\lambda-\theta}{\sigma_r}$

Damit erhält man folgende Vereinfachung,

$$\begin{aligned} \int\limits_{\theta}^{\lambda} f_X(x)\,dx &= \frac{2\,\sigma_r}{\sigma_l+\sigma_r} \cdot \int\limits_{0}^{\frac{\lambda-\theta}{\sigma_r}} f^*_{\tilde{X}}(y)\,dy \\ &= \frac{2\,\sigma_r}{\sigma_l+\sigma_r} \cdot \left[F^*_{\tilde{X}}\left(\frac{\lambda-\theta}{\sigma_r}\right) - F^*_{\tilde{X}}(0)\right] \\ &= \frac{\sigma_r}{\sigma_l+\sigma_r} \cdot \left[2\,F^*_{\tilde{X}}\left(\frac{\lambda-\theta}{\sigma_r}\right) - 1\right] \quad . \end{aligned}$$

Zusammengefasst gilt nun,

$$P(X \leq \lambda) = \frac{\sigma_l + 2\,\sigma_r\,F^*_{\tilde{X}}\left(\frac{\lambda-\theta}{\sigma_r}\right) - \sigma_r}{\sigma_l+\sigma_r} \overset{!}{=} \frac{1}{2} \quad ,$$

und durch elementare Umformungen erhält man das gesuchte Ergebnis,

$$\lambda = F^{*^{-1}}_{\tilde{X}}\left(\frac{3}{4} - \frac{1}{4}\cdot\frac{\sigma_l}{\sigma_r}\right) \cdot \sigma_r + \theta \quad .$$

Da λ in allen drei Fällen die Gleichung $P(X \leq \lambda) = 0.5$ erfüllt, ist λ der gesuchte Median $x_{(0.5)}$ der Zufallsvariablen X. □

Aus Satz 2.3 erhält man leicht die folgenden drei Schlussfolgerungen:

1. $P(X > \theta) = \frac{\sigma_r}{\sigma_l + \sigma_r}$,

2. $x_{(0.5)} \leq \theta \quad \Rightarrow \quad \frac{\sigma_l}{\sigma_l + \sigma_r} \geq \frac{1}{2} \quad \Rightarrow \quad \sigma_l \geq \sigma_r$,

3. $x_{(0.5)} > \theta \quad \Rightarrow \quad \frac{\sigma_l}{\sigma_l + \sigma_r} < \frac{1}{2} \quad \Rightarrow \quad \sigma_l < \sigma_r$.

Nachdem einige wichtige statistische Eigenschaften skalenparametergesplitteter Verteilungen untersucht sind und diese Verteilungsfamilie in der Tat im Sinne der Definitionen 2.2 und 2.3 schief ist, ist zu untersuchen, ob zwei (verschiedene) Verteilungen dieser Verteilungsfamilie hinsichtlich ihres Schiefegrades vergleichbar sind. Die Anwort auf die Frage zur Vergleichbarkeit von skalenparametergesplitteten Verteilungen liefert der nächste Abschnitt.

2.1.3 Vergleich der Schiefegrade

In diesem Kapitel gilt es die Frage zu beantworten, ob und wie man zwei Verteilungen bzgl. ihres Schiefegrades in eine Reihenfolge bringen kann. Die zumeist gewählte Methode zum Vergleich besteht in der Wahl eines klassischen Schiefemaßes. Mit Schiefe wird die Größe γ_a und mit Wölbung die Größe γ_b bezeichnet. Gemäß den Standard-Lehrbüchern sind diese beiden Maßzahlen wie folgt definiert,

$$\gamma_a = \frac{E\left[(X) - E(X)\right]^3}{\left[\sqrt{Var(X)}\right]^3} \quad , \tag{2.2}$$

$$\gamma_b = \frac{E\left[(X) - E(X)\right]^4}{\left[\sqrt{Var(X)}\right]^4} \quad . \tag{2.3}$$

Somit stehen das dritte und vierte standardisierte Moment einer Zufallsvariablen als Maßzahlen für die Schiefe und die Wölbung. Es ist bekannt (vgl. HARTUNG, 1999, S. 118), dass für eine $N(\mu, \sigma^2)$-verteilte Zufallsvariable gilt,

$$E\left[(X) - E(X)\right]^k = \begin{cases} \sigma^k \cdot \prod_{i=1}^{k-1} i & , \text{ falls } k \text{ gerade,} \\ 0 & , \text{ falls } k \text{ ungerade.} \end{cases}$$

Daher besitzt eine standardnormalverteilte Zufallsvariable eine Schiefe von Null und eine Wölbung der Größe 3. Jedoch sind diese beiden Maßzahlen für die Schiefe und die Wölbung einer Zufallsvariablen in ihrer Interpretation problematisch. An eine Maßzahl, mit der man eine Aussage über Schiefe treffen möchte, sind zwei Anforderungen zu stellen. Sie muss nämlich

- zwischen rechts- und linksschiefer Verteilung diskriminieren,
- Verteilungen in unterschiedliche Schiefegrade abstufen können.

Außerdem sollte diese Maßzahl lage- und skaleninvariant sein.

Das Schiefemaß γ_a erfüllt diese Anforderungen, jedoch ist es ausreißerempfindlich. Die Interpretation der durch (2.2) definierten Schiefe ist klar und einleuchtend. Ist der Wert der Schiefe kleiner Null, ist die zugehörige Verteilung linksschief, bei einem Wert von Null symmetrisch und für Werte größer Null liegt eine rechtsschiefe Verteilung vor. Die Aussage, je negativer das Schiefemaß, desto linksschiefer die Verteilung, bzw. analog, je positiver γ_a, desto rechtsschiefer ist die Verteilung, erscheint plausibel. Jedoch ergibt sich für dieses Maß ein größerer Nachteil durch die Konstruktionsart.

„*Eine Klassifizierung von Verteilungen bezüglich mehrerer Maßzahlen ist nämlich nur dann sinnvoll, wenn diese alle dasselbe Konstruktionsprinzip aufweisen.*“
(HANDL, 1985, S. 123)

Wegen der Nachteile der Maßzahl γ_b bzgl. einer Aussage über die Wölbung einer Verteilung, die z. T. in der nachstehenden Diskussion aufgezeigt werden sollen, bietet sich auch γ_a als Maß für die Schiefe einer Verteilung wenig an.

Ähnliche Anforderungen wie an ein Maß für die Schiefe werden an ein Wölbungsmaß gestellt. Auch dieses sollte sowohl lage- und skaleninvariant sein als auch die Fähigkeit besitzen, in mehr oder weniger stark gewölbte Verteilungen zu unterscheiden. Die Interpretation der Wölbung durch das Maß γ_b erfolgt durch den Vergleich dieses Wertes einer beliebigen, jedoch bestimmten Verteilung mit dem Wert der Wölbung einer Standardnormalverteilung. Ist der Wert der berechneten Wölbung kleiner als 3, so ist die Verteilung schwächer gewölbt als eine Standardnormalverteilung, bzw. Werte größer 3 bedeuten eine stärker gewölbte Verteilung.

Die Wölbung ist als Maßzahl nur zum Vergleich einer Verteilung mit einer Normalverteilung geeignet. Die Normalverteilung ist eine symmetrische und unimodale Verteilung. Somit sollte die Zufallsvariable, deren Verteilung bzgl. der Wölbung mit der einer Normalverteilung verglichen werden soll, ebenfalls eine symmetrische und unimodale Verteilung besitzen. Nach HANDL (1985, S. 69) ist die Kurtosis „*die klassische Maßzahl zur Beschreibung der Form symmetrischer Verteilungen*“. Ein weiterer Kritikpunkt gegen die Wölbung als Maßzahl ist die Uneinigkeit darüber, was sie eigentlich misst. So betrachten BOX, TIAO (1992, S. 156-159), die Exponential-Power-Verteilung (auch mit Box-Tiao-Verteilung bezeichnet). Diese besitzt folgende Dichtefunktion,

$$f_X(x;\theta,\sigma,\delta) = \frac{\delta}{2\,\sigma\,\Gamma(\frac{1}{\delta})} \cdot e^{-\left(\frac{|x-\theta|}{\sigma}\right)^{\delta}} \quad , \quad \text{mit } \sigma,\delta > 0,\, x \in \mathbb{R} \quad . \tag{2.4}$$

BOX, TIAO (1992) schließen, dass je nach Wahl von δ das Steigungsverhalten der Dichtefunktion im Zentrum differiert. Anzumerken ist, dass Formel (2.4) in dem Sinne erweitert ist, als das BOX, TIAO (1992) nur einen Wertebereich von $\delta \in [1,\infty]$ betrachteten. Sie erhielten für $\delta = 1$ die Doppel-Exponential- und somit eine sehr leptokurtische Verteilung, für $\delta = 2$ die Normalverteilung und für $\delta = \infty$ eine immer platykurtischer werdende Verteilung. Dabei heißt leptokurtisch, dass die Dichtefunktion im zentralen Bereich stärker gewölbt und somit steiler ansteigt als die Dichtefunktion einer Normalverteilung. Gleichzeitig ist an den Rändern der Verteilung die Wahrscheinlichkeitsmasse größer als bei einer Normalverteilung. Der Begriff platykurtisch ist im Sinne der Formbeschreibung einer Dichtefunktion umgedreht zu verstehen.

JOHNSON, TIETJEN und BECKMAN (1980) untersuchten in ihrer Studie folgende Dichtefunktion,

$$f_X(x;\theta,\sigma,\alpha,\tau) = \frac{A}{2\,\sigma\,\Gamma(\alpha)} \int\limits_{[A\cdot\frac{(|x-\theta|)}{\sigma}]^{\frac{1}{\tau}}}^{\infty} w^{\alpha-\tau-1} e^{-w}\,dw\ , \qquad (2.5)$$

mit $\sigma, \alpha, \tau > 0$, $-\infty < x$, $\theta < \infty$ und $A = \sqrt{[\Gamma(\alpha + 2\tau)/3\Gamma(\alpha)]}$, wobei α der Lage-, σ der Skalen- und α, τ Formparameter sind. Sie konstatieren,

„*it is clear that kurtosis is a measure of tail behavior.*"
(JOHNSON, TIETJEN, BECKMAN, 1980, S. 277)

Innerhalb der Familie von Verteilungen mit einer Dichtefunktion gemäß (2.5) sind die Spezialfälle Normal- ($\alpha = 1,5$, $\tau = 0.5$), Doppel-Exponential- ($\alpha = 2$, $\tau = 1$), Gleich- ($\alpha = 1$, $\lim_{\tau\to 0}$) sowie die Exponential-Power-Verteilung ($\forall\, \alpha$, τ, mit $\alpha - \tau = 1$) enthalten.

Exemplarisch zeigt Abbildung 2.1 (S. 24) vier Dichtefunktionen der JTB-Verteilung (Johnson-Tietjen-Beckman-Verteilung mit der Dichtefunktion gemäß Gleichung (2.5)) mit $\theta = 0$ und $\sigma = 1$. Die Werte für α sind frei gewählt. τ ist so bestimmt, dass sich das Maß für die Wölbung (vgl. JOHNSON, TIEJEN, BECKMAN, 1980, S. 276) zu Drei ergibt. Die Koeffizienten für τ wurden mit Maple V Release 4 des Programms Scientific WorkPlace 3.0 berechnet. Die verwendeten Koeffizienten für α und τ enthält die nachstehende Tabelle.

α	0.1	0.5	1.5	30
τ	0.086075	0.27394	0.5	2.0701

Tabelle 2.1: Wahl der Parameter α und τ für die Simulation von vier JTB-Dichtefunktionen mit der Wölbung Drei.

Da die Dichtefunktion der JTB-Verteilung analytisch nicht berechenbar ist, sind mit dem von JOHNSON, TIETJEN, BECKMAN (1980, S. 278) vorgestellten Algorithmus 100000 Realisationen einer Zufallsvariablen mit den aufgeführten Parametern simuliert worden. Anschließend ist die zugehörige Dichtefunktion mittels nichtparametrischer Kerndichteschätzung[2] (für weiterführenden Erläuterungen zu diesem Verfahren wird z. B. auf BÜNING, TRENKLER, 1994, S. 260-265, verwiesen) unter der Wahl des Epanechnikow-Kerns[3] geschätzt worden.

Die Wahl der Bandbreite spielt bei der Kerndichteschätzung einer Dichtefunktion stets eine entscheidene Rolle, da diese in erheblichen Maße die Glattheit der resultierenden Schätzung beeinflusst. Die zur Schätzung benutzte Kerndichtefunktion besitzt hinsichtlich ihrer Optimalität dagegen nur eine untergeordenete Rolle, obgleich „*der Epa-Kern ein Minimum* [liefert]" (BÜNING, TRENKLER, 1994, S. 262). Für diese Simulation, die mit der Software RATS (Regression Analysis of Time Series) - Version 5 durchgeführt worden ist, ist die bei RATS voreingestellte Bandbreite – ein Viertel des Interquartilsabstandes der (simulierten) Werte (vgl. ESTIMA (2000), RATS Version 5 - Reference Manual, S. 66) – gewählt worden.

Der Widerspruch, dass die Wölbung zum einen als Maß für den Anstieg einer Verteilung in ihrem Zentrum und zum anderen als Maß für das Verhalten einer Verteilung an ihrem Rand angesehen wird, findet sich auch in anderen Arbeiten (vgl. z. B. FINUCAN (1963) oder CHISSOM (1970)). Eine allgemeingültige Interpretation der Wölbung als viertes zentriertes und standardisiertes Moment existiert bis heute nicht. Jedoch ist es möglich, eine Partialordnung auf der Klasse der symmetrischen und stetigen Verteilungen zu definieren, für die sich die dieser Klasse zugehörigen Verteilungen hinsichtlich ihrer Steilheit im Zentrum und des Verhaltens am Rande eindeutig durch die Wölbung anordnen lassen. Diese Partialordnung, die so genannte s-Ordnung ist von VAN ZWET (1970, S. 65) definiert worden.

---

[2]Die Klasse der Kerndichteschätzer hat die folgende funktionale Form,

$$\hat{f}_T(x) = \frac{1}{Tb}\sum_{t=1}^{T} K\left(\frac{x - x_t}{b}\right) \quad .$$

Dabei besitzt die Kernfunktion $K(\omega)$ formal die Eigenschaften einer Dichtefunktion. $b > 0$ ist der vom Anwender frei wählbare Parameter der „Bandbreite".

[3]D. h. $K(\omega) = \begin{cases} \frac{3}{4}\left(1 - \omega^2\right) & , \text{ für } -1 < \omega < 1 \\ 0 & , \text{ sonst} \end{cases} \quad .$

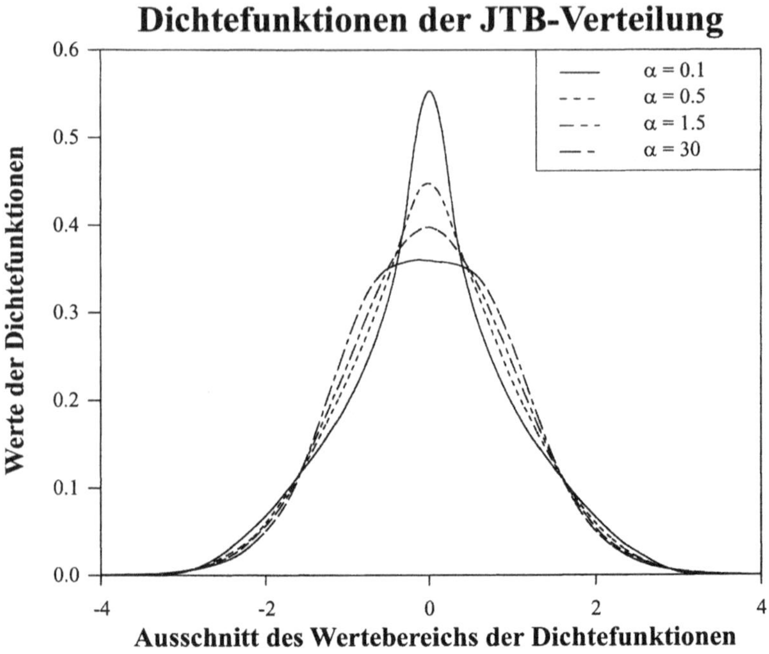

Abbildung 2.1: Vier Dichtefunktionen der JTB-Verteilung mit Wölbung Drei bei unterschiedlicher Wahl der Parameter α und τ.

Definition 2.4 (s-Ordnung von van Zwet (1970)).
Es seien die Wahrscheinlichkeitsverteilungen F und G aus der Klasse der symmetrischen und stetigen Verteilungsfunktionen $\mathcal{F}_{sym}$ und x_M das Symmetriezentrum von F, dann heißt G bzgl. der s-Ordnung größer als F (bezeichnet mit $G >_s F$), wenn $G^{-1}(F(x))$, $\forall x > x_M$ konvex ist.

Diese Definition ist für die Klasse der symmetrischen und stetigen Verteilungsfunktionen sehr mächtig, da für zwei Verteilungsfunktionen F und G, die sich gemäß $G >_s F$ anordnen lassen, $\gamma_b(G) \geq \gamma_b(F)$ gilt (van Zwet, 1970, S. 20). Der Umkehrschluss ist jedoch unzulässig. Dies lässt sich durch die Überlegung verdeutlichen, dass implizit für zwei Verteilungen, die im Sinne der s-Ordnung in einer Reihenfolge stehen, ein spezielles Verhalten der Verteilungen zueinander gefordert ist. Da die s-Ordnung invariant bzgl. Skalen- und Lageparameter ist, sind zwei stetige und symmetrische Dichtefunktionen $f(x)$ und $g(x)$ so normierbar, dass ihr Symmetriezentrum bei Null liegt und $f(0) = g(0)$ gilt. $G >_s F$ erzwingt dann $F(x) \geq G(x)\ \forall x \geq 0$ (vgl. HANDL, 1985, S. 76). Wie man am Beispiel der JTB-Verteilung (s. o.) erkennt, sind selbst für gleiche Wölbungsmaße unterschiedlichste Verhaltensweisen von Dichtefunktionen in den Rändern und im Zentrum erzeugbar.

Um Verteilungen bzgl. ihrer Schiefe einordnen zu können, führt VAN ZWET (1970, S. 48) die c-Ordnung ein, welche eine Partialordnung auf der Familie stetiger, lage- und skaleninvarianter Verteilungen ist.

Definition 2.5 (c-Ordnung von van Zwet (1970)).
Es seien die Wahrscheinlichkeitsverteilungen F und G aus der Klasse der stetigen (und auch zweimal stetig differenzierbaren) Verteilungsfunktionen $\mathcal{F}$, dann heißt G bezüglich der c-Ordnung größer als F (bezeichnet durch $G >_c F$), wenn $G^{-1}(F(x))$, $\forall x \in I = \{x \mid 0 < F(x) < 1\}$ konvex ist.

Dabei heißt $G >_c F$, dass die Verteilung G mindestens genauso rechtsschief wie die Verteilung F ist. Gemäß VAN ZWET (1970, S. 49) ist die c-Ordnung eine Partialordnung der Familie stetiger, lage- und skaleninvarianter Verteilungen, da zwei Verteilungen F und G genau dann im Sinne der c-Ordnung gleich schief sind, wenn $F(x) = G(ax + b)\ \forall a > 0$ gilt.

Die c-Ordnung ist eine sehr mächtige Definition zur Einordnung von Verteilungen hinsichtlich ihres Schiefegrades, da sie für eine allgemeine Verteilungsfamilie eine generelle Einordnung in unterschiedliche Schiefegrade ermöglicht. Zu untersuchen bleibt, ob auch Verteilungen der skalengesplitteten Verteilungsfamilie im Sinne der c-Ordnung in eine eindeutige Rangfolge zu bringen sind. GROTTKE (2002, S. 32-40) gelang es, dies für einen Spezialfall für zwei aus der Familie der skalengesplitteten Verteilungen stammenden Verteilungen mit den Dichtefunktionen f_1 und f_2 zu zeigen. Danach lassen sich zwei Verteilungen aus der Familie der skalengesplitteten Verteilungen genau dann bezüglich der c-Ordnung anordnen, wenn die Quotienten der Skalenparameter zueinander umgekehrt proportional sind. Dies bedeutet formal $\frac{\sigma_{1l}}{\sigma_{1r}} \cdot \frac{\sigma_{2r}}{\sigma_{2l}} = k$, wobei k eine Konstante ist und die Indizierung der Skalenparameter die Zugehörigkeit zur jeweiligen Dichtefunktion symbolisiert. Bei gleichem Schiefegrad der Verteilungen F_1

und F_2, aber unterschiedlicher Schieferichtung, oder wenn beide Verteilungen identisch sind, ist nach GROTTKE (2002) für zwei Verteilungen aus der skalenparametergesplitteten Verteilungsfamilie die c-Ordnung gegeben.

Es wird nun gezeigt, dass es über diesen Spezialfall hinaus gelingt, Verteilungen aus $\mathcal{F}_{\sigma_l,\sigma_r}$, deren „Schieferichtung" übereinstimmt, im Sinne der c-Ordnung in eine Reihenfolge zu bringen. Unter „gleiche Schieferichtung" ist zu verstehen, dass zum c-Ordnen zweier schiefer Verteilungen $F, G \in \mathcal{F}_{\sigma_l,\sigma_r}$ mit identischen symmetrischen Grundverteilungen beide Verteilungen linksschief oder beide Verteilungen rechtsschief sein müssen. Zum Beweis dieser Aussage wird in Satz 2.4 die nach Definition 2.5 benötigte analytische Darstellung der Funktion $G^{-1}(F(x))$ hergeleitet. Da nur die Aussage gleichgerichteter schiefer Verteilungen untersucht wird, führt der anschließende Satz diese Funktion unter geeigneten Normierungsgesichtspunkten auf. Abschließend wird durch Satz 2.6 das eindeutige Anordnen solcher Verteilungen im Sinne der c-Ordnung festgestellt.

Satz 2.4.
Die Funktion $G^{-1}(F(x))$ zweier Verteilungen F und G mit Dichtefunktionen gemäß Gleichung (2.1), wobei σ_l^g, σ_r^g, θ_g die Parameter von G und σ_l^f, σ_r^f, θ_f die Parameter von F sind, besitzt die nachstehende allgemeine Darstellung.[4]

1. Fall: $\frac{d}{d+e} = \frac{a}{a+b} \quad \Leftrightarrow \quad \frac{d}{e} = \frac{a}{b}$

$$G^{-1}(F(x)) = \frac{a}{d} \cdot (x-h) + c$$

2. Fall: $\frac{d}{d+e} < \frac{a}{a+b} \quad \Leftrightarrow \quad \frac{d}{e} < \frac{a}{b}$

$$G^{-1}(F(x)) =$$

$$\begin{cases} a \cdot F^{*^{-1}}\left(\frac{a+b}{d+e} \cdot \frac{d}{e} \cdot F^*\left(\frac{x-h}{d}\right)\right) + c & , \ x \in I_1 \\ a \cdot F^{*^{-1}}\left(\frac{a+b}{d+e} \cdot \frac{1}{a} \cdot \left[\frac{d-e}{2} + e \cdot F^*\left(\frac{x-h}{e}\right)\right]\right) + c & , \ x \in I_2 \\ b \cdot F^{*^{-1}}\left(\frac{d \cdot b - e \cdot a}{d+e} \cdot \frac{1}{b} + \frac{a+b}{d+e} \cdot \frac{e}{b} \cdot F^*\left(\frac{x-h}{e}\right)\right) + c & , \ x \in I_3 \end{cases}$$

[4] Zwecks Übersichtlichkeit der Darstellung werden im Folgenden (auch für die Sätze 2.5 und 2.6) $a = \sigma_l^g$, $b = \sigma_r^g$, $c = \theta_g$, $d = \sigma_l^f$, $e = \sigma_r^f$, $h = \theta_f$ gesetzt.

$$
\begin{aligned}
\textit{mit} \quad & I_1 =]-\infty\,,\, h] \\
& I_2 =]\, h\,,\, h + e \cdot F^{*^{-1}}\left(1 - \tfrac{1}{2} \cdot \tfrac{b}{e} \cdot \tfrac{d+e}{a+b}\right)] \\
& I_3 =]\, h + e \cdot F^{*^{-1}}\left(1 - \tfrac{1}{2} \cdot \tfrac{b}{e} \cdot \tfrac{d+e}{a+b}\right), \infty[
\end{aligned}
$$

3. Fall: $\frac{d}{d+e} > \frac{a}{a+b} \quad \Leftrightarrow \quad \frac{d}{e} > \frac{a}{b}$

$$G^{-1}(F(x)) =$$

$$
\begin{cases}
a \cdot F^{*^{-1}}\left(\frac{a+b}{d+e} \cdot \frac{d}{a} \cdot F^*\left(\frac{x-h}{d}\right)\right) + c & , \ x \in I_4 \\
b \cdot F^{*^{-1}}\left(\frac{a+b}{d+e} \cdot \frac{d}{b} \cdot F^*\left(\frac{x-h}{d}\right) \cdot \frac{a-b}{d+e} \cdot \frac{1}{b}\right) + c & , \ x \in I_5 \\
b \cdot F^{*^{-1}}\left(\frac{d \cdot b - e \cdot a}{d+e} \cdot \frac{1}{b} + \frac{a+b}{d+e} \cdot \frac{e}{b} \cdot F^*\left(\frac{x-h}{e}\right)\right) + c & , \ x \in I_6
\end{cases}
$$

$$
\begin{aligned}
\textit{mit} \quad & I_4 =]-\infty\,,\, h + d \cdot F^{*^{-1}}\left(\tfrac{1}{2} \cdot \tfrac{a}{d} \cdot \tfrac{d+e}{a+b}\right)] \\
& I_5 =]\, h + d \cdot F^{*^{-1}}\left(\tfrac{1}{2} \cdot \tfrac{a}{d} \cdot \tfrac{d+e}{a+b}\right), h + d \cdot h] \\
& I_6 =]\, h + d \cdot h\,,\, \infty[
\end{aligned}
$$

Beweis: Ausgangspunkt sind die beiden Verteilungen F und G,

$$
F(x) = \frac{2}{d+e} \cdot \begin{cases} d \cdot F^*\left(\frac{x-h}{d}\right) & , \quad x \le h\,, \\ \frac{1}{2} \cdot (d-e) + e \cdot F^*\left(\frac{x-h}{e}\right) & , \quad x > h\,, \end{cases}
$$

$$
G(x) = \frac{2}{a+b} \cdot \begin{cases} a \cdot F^*\left(\frac{x-c}{a}\right) & , \quad x \le c\,, \\ \frac{1}{2} \cdot (a-b) + b \cdot F^*\left(\frac{x-c}{e}\right) & , \quad x > c\,. \end{cases}
$$

Zunächst wird die Umkehrfunktion von G gebildet,

$$
G^{-1}(F(x)) = \begin{cases} a \cdot F^{*^{-1}}\left(\frac{a+b}{2 \cdot a} \cdot F(x)\right) + c & , \ F(x) < \frac{a}{a+b}\,, \\ b \cdot F^{*^{-1}}\left(\frac{a+b}{2 \cdot b} \cdot F(x) - \frac{a-b}{2 \cdot b}\right) + c & , \ F(x) \ge \frac{a}{a+b}\,, \end{cases}
$$

Aus der Aussage von Satz 2.3 (a) wird für das Einsetzen der Funktion $F(x)$ die Unterscheidung in drei Fälle ersichtlich.

1. Fall: $\frac{d}{d+e} = \frac{a}{a+b} \quad \Leftrightarrow \quad \frac{d}{e} = \frac{a}{b}$

Hier besitzt die Inverse $G^{-1}(F(x))$ maximal zwei funktional unterschiedliche Äste, je nachdem, ob $x \leq h$ oder $x > h$ ist:

$$G^{-1}(F(x)) =$$

$$\begin{cases} a \cdot {F^*}^{-1}\left(\frac{a+b}{d+e} \cdot \frac{d}{a} \cdot F^*\left(\frac{x-h}{d}\right)\right) + c & , x \leq h \\ b \cdot {F^*}^{-1}\left(\frac{a+b}{d+e} \cdot \frac{1}{b} \cdot \left[\frac{d-e}{2} + e \cdot F\left(\frac{x-h}{e}\right)\right] - \frac{a-b}{2 \cdot b}\right) + c & , x > h \end{cases}$$

$$= \begin{cases} \frac{a}{d} \cdot (x-h) + c & , x \leq h \\ b \cdot {F^*}^{-1}\left(\frac{1}{2} - \frac{e \cdot a}{b \cdot d} \cdot \left[1 - F\left(\frac{x-h}{e}\right)\right]\right) + c & , x > h \end{cases}$$

$$= \begin{cases} \frac{a}{d} \cdot (x-h) + c & , x \leq h \\ b \cdot {F^*}^{-1}\left(F\left(\frac{x-h}{e}\right) - \frac{1}{2}\right) + c & , x > h \end{cases}$$

$$= \begin{cases} \frac{a}{d} \cdot (x-h) + c & , x \leq h \\ \frac{b}{e} \cdot (x-h) + c & , x > h \end{cases} = \frac{a}{d} \cdot (x-h) + c$$

2. Fall: $\frac{d}{d+e} < \frac{a}{a+b} \quad \Leftrightarrow \quad \frac{d}{e} < \frac{a}{b}$

Für diesen Fall besitzt die Funktion $G^{-1}(F(x))$ drei Teiläste. Bevor die funktionale Form dieser drei Äste hergeleitet wird, ist deren jeweiliger Träger festzustellen. Den linken Träger erhält man aus der Überlegung, dass aus $F(x) \leq \frac{d}{d+e}$ direkt $x \leq h$ folgt. Dieser Träger entspricht somit I_1. Für den mittleren Träger muss $x > h$ und $F(x) \leq \frac{d}{d+e}$ gelten. Somit kann $F(x)$ in diesem Bereich nur noch aus ihrem rechten Teilast stammen.

$$\Rightarrow \quad \frac{d-e}{d+e} + \frac{2 \cdot e}{d+e} \cdot F^*\left(\frac{x-h}{e}\right) \leq \frac{a}{a+b}$$

$$\Rightarrow \quad F^*\left(\frac{x-h}{e}\right) \leq \frac{d+e}{a+b} \cdot \frac{a}{2 \cdot e} - \frac{d}{2 \cdot e} + \frac{e}{2 \cdot e}$$

$$\Rightarrow \quad F^*\left(\frac{x-h}{e}\right) \leq \frac{1}{2} + \frac{1}{2} \cdot \left(\frac{e \cdot a - d \cdot b}{e \cdot a + e \cdot b}\right)$$

$$\Rightarrow \quad F^*\left(\frac{x-h}{e}\right) \leq \frac{1}{2} + \frac{1}{2} \cdot \left(\frac{e \cdot a - d \cdot b + e \cdot b - e \cdot b}{e \cdot a + e \cdot b}\right)$$

$$\Rightarrow \quad F^*\left(\frac{x-h}{e}\right) \leq 1 - \frac{1}{2} \cdot \frac{b}{e} \cdot \frac{d+e}{a+b}$$

Somit ergibt sich schließlich, $x \in I_2 =]\,h\,,\, h + e \cdot {F^*}^{-1}\left(1 - \frac{1}{2} \cdot \frac{b}{e} \cdot \frac{d+e}{a+b}\right)]$, für den mittleren Träger. I_3 als Träger des rechten Funktionsastes ist nun offensichtlich. Mit Hilfe der drei Träger kann nun die gesuchte Funktion aus ihren drei Teilästen entwickelt werden:

$$G^{-1}(F(x)) =$$

$$\begin{cases} a \cdot {F^*}^{-1}\left(\frac{a+b}{d+e} \cdot \frac{d}{e} \cdot F^*\left(\frac{x-h}{d}\right)\right) + c & , x \in I_1 \\ a \cdot {F^*}^{-1}\left(\frac{a+b}{d+e} \cdot \frac{d-e}{2 \cdot a} + \frac{a+b}{d+e} \cdot \frac{e}{a} \cdot F^*\left(\frac{x-h}{e}\right)\right) + c & , x \in I_2 \\ b \cdot {F^*}^{-1}\left(\frac{a+b}{d+e} \cdot \frac{d-e}{2 \cdot b} + \frac{a+b}{d+e} \cdot \frac{e}{b} \cdot F^*\left(\frac{x-h}{e}\right) - \frac{a-b}{2 \cdot b}\right) + c & , x \in I_3 \end{cases}$$

$$= \begin{cases} a \cdot {F^*}^{-1}\left(\frac{a+b}{d+e} \cdot \frac{d}{e} \cdot F^*\left(\frac{x-h}{d}\right)\right) + c & , x \in I_1 \\ a \cdot {F^*}^{-1}\left(\frac{a+b}{d+e} \cdot \frac{1}{a} \cdot \left[\frac{d-e}{2} + e \cdot F^*\left(\frac{x-h}{e}\right)\right]\right) + c & , x \in I_2 \\ b \cdot {F^*}^{-1}\left(\frac{d \cdot b - e \cdot a}{d+e} \cdot \frac{1}{b} + \frac{a+b}{d+e} \cdot \frac{e}{b} \cdot F^*\left(\frac{x-h}{e}\right)\right) + c & , x \in I_3 \end{cases}$$

3. Fall: $\frac{d}{d+e} > \frac{a}{a+b} \quad \Leftrightarrow \quad \frac{d}{e} > \frac{a}{b}$

Wie im zweiten Fall besitzt die Funktion $G^{-1}(F(x))$ drei Teiläste. Auch hier sind zunächst die Träger festzuhalten. Den linken Träger erhält man aus der Überlegung, dass wegen $F(x) \leq \frac{a}{a+b}$ die Funktion $F(x)$ nur aus ihrem linken Teilast stammen kann. Daraus erhält man Träger I_4:

$$\frac{2 \cdot d}{d+e} \cdot F^*\left(\frac{x-h}{d}\right) \leq \frac{a}{a+b} \qquad \Rightarrow \qquad F^*\left(\frac{x-h}{d}\right) \leq \frac{1}{2} \cdot \frac{a}{d} \cdot \frac{d+e}{a+b}$$

Für den mittleren Träger muss nun $\frac{d}{d+e} \leq F(x) \leq \frac{d}{d+e}$ gelten. Daraus folgt, dass $F(x)$ in diesem Bereich nur aus ihrem linken Teilast stammen kann. Deshalb gilt in diesem Bereich:

$$\frac{2 \cdot d}{d+e} \cdot F^*\left(\frac{x-h}{d}\right) \leq \frac{d}{d+e} \qquad \Rightarrow \qquad x \leq {F^*}^{-1}\left(\tfrac{1}{2}\right) \cdot d + h$$

Mit ${F^*}^{-1}\left(\frac{1}{2}\right) = h$ erhält man direkt das Intervall I_5. Die Ableitung des rechten Teilträgers I_6 im Anschluß ist nun trivial.

Nun erhält man, wie in Fall Zwei, die gesuchte Funktion durch Einsetzen der entsprechenden Funktionsäste und analogen Umformungen:

$G^{-1}(F(x)) =$

$$\begin{cases} a \cdot F^{*^{-1}}\left(\frac{a+b}{d+e} \cdot \frac{d}{a} \cdot F^{*}\left(\frac{x-h}{d}\right)\right) + c & , x \in I_4 \\ b \cdot F^{*^{-1}}\left(\frac{a+b}{d+e} \cdot \frac{d}{b} \cdot F^{*}\left(\frac{x-h}{d}\right) - \frac{a-b}{d+e} \cdot \frac{1}{b}\right) + c & , x \in I_5 \\ b \cdot F^{*^{-1}}\left(\frac{a+b}{d+e} \cdot \frac{d-e}{2 \cdot b} + \frac{a+b}{d+e} \cdot \frac{e}{b} \cdot F^{*}\left(\frac{x-h}{e}\right) - \frac{a-b}{2 \cdot b}\right) + c & , x \in I_6 \end{cases}$$

$$= \begin{cases} a \cdot F^{*^{-1}}\left(\frac{a+b}{d+e} \cdot \frac{d}{a} \cdot F^{*}\left(\frac{x-h}{d}\right)\right) + c & , x \in I_4 \\ b \cdot F^{*^{-1}}\left(\frac{a+b}{d+e} \cdot \frac{d}{b} \cdot F^{*}\left(\frac{x-h}{d}\right) - \frac{a-b}{d+e} \cdot \frac{1}{b}\right) + c & , x \in I_5 \\ b \cdot F^{*^{-1}}\left(\frac{d \cdot b - e \cdot a}{d+e} \cdot \frac{1}{b} + \frac{a+b}{d+e} \cdot \frac{e}{b} \cdot F^{*}\left(\frac{x-h}{e}\right)\right) + c & , x \in I_6 \end{cases}$$

□

Das eindeutige c-Ordnen gelingt nur für Verteilungen mit gleicher Schieferichtung. Deshalb wird nun die Funktion $G^{-1}(F(x))$ für geeignet normierte Verteilungen dargestellt, wobei o. B. d. A. $\sigma_r^g = \sigma_r^f = 1$ bzw. $b = e = 1$ gesetzt wird.[5]

Satz 2.5.
Die Funktion $G^{-1}(F(x))$ zweier Verteilungen mit Dichtefunktionen gemäß Satz 2.4, wobei die Dichtefunktionen so normiert sind, dass $\sigma_r^g = \sigma_r^f = 1$ bzw. $b = e = 1$ gilt, besitzt die nachstehende allgemeine Darstellung.

1. Fall: $d = a$

$$G^{-1}(F(x)) = x - h + c$$

2. Fall: $1 \leq d < a$

$$G^{-1}(F(x)) = \begin{cases} a \cdot F^{*^{-1}}\left(\frac{a+1}{d+1} \cdot d \cdot F^{*}\left(\frac{x-h}{d}\right)\right) + c & , x \in I_1 \\ a \cdot F^{*^{-1}}\left(\frac{a+1}{d+1} \cdot \frac{d-1}{2 \cdot a} + \frac{a+1}{d+1} \cdot \frac{1}{a} \cdot F^{*}(x-h)\right) + c & , x \in I_2 \\ F^{*^{-1}}\left(\frac{d-a}{d+1} + \frac{a+1}{d+1} \cdot F^{*}(x-h)\right) + c & , x \in I_3 \end{cases}$$

[5]Transformiert man die Zufallsvariable X durch Skalenverschiebung (d. h. $Y = \sigma_l X$) und betrachtet die Verteilungsfunktion aus Satz 2.1 (c), so kürzt sich der Skalenparameter σ rechts des Gleichheitszeichens bis auf die Ursprungsverteilung weg. Die Ausgangsverteilungen sind jedoch skaleninvariant, so dass $F(X) = F(\sigma X)$ ersichtlich wird. Damit ist Normierung zulässig.

mit

$I_1 =]-\infty\,,\,h]$

$I_2 =]\,h\,,\,h + F^{*^{-1}}\left(1 - \frac{1}{2}\cdot\frac{d+1}{a+1}\right)]$

$I_3 =]\,h + F^{*^{-1}}\left(1 - \frac{1}{2}\cdot\frac{d+1}{a+1}\right),\,\infty[$

3. Fall: $d > a \geq 1$

$$G^{-1}(F(x)) = \begin{cases} a\cdot F^{*^{-1}}\left(\frac{a+1}{d+1}\cdot\frac{d}{a}\cdot F^*\left(\frac{x-h}{d}\right)\right) + c & , x \in I_4 \\ F^{*^{-1}}\left(\frac{a+1}{d+1}\cdot\frac{a-1}{d+1}\cdot d\cdot F^*\left(\frac{x-h}{d}\right)\right) + c & , x \in I_5 \\ F^{*^{-1}}\left(\frac{d-a}{d+1} + \frac{a+1}{d+1}\cdot F^*(x-h)\right) + c & , x \in I_6 \end{cases}$$

mit

$I_4 =]-\infty\,,\,h + d\cdot F^{*^{-1}}\left(\frac{1}{2}\cdot\frac{a}{d}\cdot\frac{d+1}{a+1}\right)]$

$I_5 =]\,h + d\cdot F^{*^{-1}}\left(\frac{1}{2}\cdot\frac{a}{d}\cdot\frac{d+1}{a+1}\right),\,h + d\cdot h]$

$I_6 =]\,h + d\cdot h\,,\,\infty[$

Beweis: Das Ergebnis von Satz 2.5 erhält man direkt durch das Einsetzen von $\sigma_r^g = \sigma_r^f = 1$ in das Ergebnis von Satz 2.4. □

Satz 2.6.
Die Verteilungen F und G gemäß Satz 2.5 lassen sich nach OJA *in eine eindeutige Schiefeordnung bringen. Daraus folgend ist nach* VAN ZWET *für Fall 2 von Satz 2.5 G linkssschiefer als F.*

Beweis: Ausgangspunkt dieses Beweises sind die Verteilungsfunktionen F und G.

$$F(x) = \frac{2}{1+\frac{1}{d}}\begin{cases} F^*\left(\frac{x-h}{d}\right) & , \textit{für} \quad x \leq h \quad , \\ \left(\frac{1}{2} - \frac{1}{2d}\right) + \frac{1}{d}\cdot F^*(x-h) & , \textit{für} \quad x > h \quad , \end{cases}$$

$$G(x) = \frac{2}{1+\frac{1}{a}}\begin{cases} F^*\left(\frac{x-c}{a}\right) & , \textit{für} \quad x \leq c \quad , \\ \left(\frac{1}{2} - \frac{1}{2a}\right) + \frac{1}{a}\cdot F^*(x-c) & , \textit{für} \quad x > c \quad . \end{cases}$$

Da Fall Zwei aus Satz 2.5 betrachtet wird, gilt $d < a$. Zwei Verteilungsfunktionen F und G sind nach OJA (1981, S. 160) genau dann eindeutig in eine Schiefeordnung zu bringen, wenn sich $F(x)$ und $G(mx+n)$ $\forall\, m > 0,\, n \in \mathbb{R}$ maximal zweimal schneiden.[6] Zunächst ist $G(mx+n)$ aufzustellen,

$$G(mx+n) = \frac{2}{1+\frac{1}{a}} \begin{cases} F^*\left(\frac{mx+n-c}{a}\right) & , \quad x \leq \frac{c-n}{m} \quad , \\ \left(\frac{1}{2} - \frac{1}{2a}\right) + \frac{1}{a} \cdot F^*(mx+n-c) & , \quad x > \frac{c-n}{m} \quad . \end{cases}$$

1. Fall: $h < \frac{c-n}{m}$

Für diesen Fall findet zunächst bei $x = h$ ein Wechsel des Funktionsastes bei der Verteilung $F(x)$ statt. Danach befindet sich die Verteilung $G(mx+n)$ noch bis zur Stelle $x = \frac{c-n}{m}$ auf ihrem linken Funktionsast und wechselt erst genau an dieser Stelle auf ihren rechten Ast. Somit gibt es drei Kombinationen der Teiläste von $F(x)$ und $G(mx+n)$, die gleichzeitig auftreten können. Da $F(x)$ und $G(mx+n)$ nur an der jeweiligen Stelle des Funktionsastwechsels einen Wendepunkt haben (an allen anderen Stellen ist die zweite Ableitung jeweils größer als Null), kann in jedem der drei genannten Bereiche maximal ein Schnittpunkt existieren. Somit existieren für diesen Fall maximal drei Schnittpunkte. Jedoch gilt für $x \in]\, h\,,\, \frac{c-n}{m}\, [$,

$$F(x) = \frac{d-1}{d+1} + \frac{2}{d+1} \cdot F^*(x-h) > \frac{d}{d+1} \quad ,$$

$$G(mx+n) = \frac{2\,a}{a+1} \cdot F^*\left(\frac{mx+n-c}{a}\right) < \frac{a}{a+1} \quad .$$

Da aber $a > d$ ist, folgt daraus,

$$G(mx+n) < \frac{a}{a+1} < \frac{d}{d+1} < F(x) \quad .$$

Damit kann es für diesen Fall im mittleren Bereich keine Schnittstelle geben und die Bedingung von OJA ist erfüllt.

[6]Genauer sagt OJA (1981) auf S. 160, dass wenn sich die Funktionen $F(x)$ und $G(mx+n)$ $\forall\, m > 0,\, n \in \mathbb{R}$ maximal zweimal schneiden, dies dazu äquivalent ist, dass die Funktion $G^{-1}(F(x))$ entweder $\forall\, x$ konkav oder aber $\forall\, x$ konvex ist.

2. Fall: $h = \frac{c-n}{m}$

Hier gibt es nur zwei Bereiche, d. h. die Funktionen $F(x)$ und $G(mx+n)$ stammen entweder gleichzeitig aus ihrem jeweils linken Funktionsast oder aber gleichzeitig aus ihrem rechten Funktionsast. Deshalb kann es für diesen Fall maximal zwei Schnittpunkte dieser beiden Verteilungsfunktionen geben.[7]

3. Fall: $h > \frac{c-n}{m}$

Analog der Argumentation für Fall Eins gibt es auch hier drei Kombinationen der Teiläste, die gleichzeitig auftreten können. Betrachtet wird wieder der mittlere Teil, d. h. $x \in \left] \frac{c-n}{m}, h \right[$,

$$G(mx+n) = \frac{a-1}{a+1} + \frac{2}{a+1} \cdot F^*\left(\frac{mx+n-c}{a}\right) > \frac{a}{a+1} \quad ,$$

$$F(x) = \frac{2d}{d+1} \cdot F^*\left(\frac{x-h}{d}\right) < \frac{d}{d+1} \quad .$$

Da aber $a > d$ ist, folgt nun daraus,

$$F(x) < \frac{d}{d+1} < \frac{a}{a+1} < G(mx+n) \quad .$$

Damit kann es auch in diesem Fall im mittleren Bereich keine Schnittstelle geben und die Bedingung von OJA ist wiederum erfüllt.

Somit ergibt sich, dass sich zwei Verteilungen aus der Familie der stetigen und skalengesplitteten Verteilungsfamilie mit $\sigma_r^f = \sigma_r^g = 1$ und $\sigma_l^g > \sigma_l^f$ (bzw. $a > d$) gemäß OJA in eine eindeutige Schiefeordnung bringen lassen.

G ist im Sinne der Definition nach VAN ZWET linksschiefer als F, wenn die Funktion $G^{-1}(F(x))$ für alle $x \in \mathbb{R}$ konkav ist. Dies gilt nach BRONŠTEIN, SEMENDJAEV (1991, S. 271) für eine zweimal differenzierbare Funktion genau dann, wenn ihre zweite Ableitung stets kleiner als Null ist. Zunächst

[7] An der Stelle h könnte nur dann ein Schnittpunkt liegen, wenn $\sigma_l^f = \sigma_l^g$ bzw. $d = a$ gilt. Dieser Fall ist aber per Annahme ausgeschlossen.

einmal wird die Funktion $G^{-1}(F(x))$ mit den bisher in diesem Beweis verwendeten Notationen nochmals aufgeschrieben,

$$G^{-1}(F(x)) = \begin{cases} a \cdot F^{*^{-1}}\left(\frac{a+1}{d+1} \cdot d \cdot F^*\left(\frac{x-h}{d}\right)\right) + c & , x \in I_1 , \\ a \cdot F^{*^{-1}}\left(\frac{a+1}{d+1} \cdot \frac{d-1}{2 \cdot a} + \frac{a+1}{d+1} \cdot \frac{1}{a} \cdot F^*(x-h)\right) + c & , x \in I_2 , \\ F^{*^{-1}}\left(\frac{d-a}{d+1} + \frac{a+1}{d+1} \cdot F^*(x-h)\right) + c & , x \in I_3 , \end{cases}$$

mit
$I_1 =]-\infty, h]$
$I_2 =]h, h + F^{*^{-1}}\left(1 - \frac{1}{2} \cdot \frac{d+1}{a+1}\right)]$
$I_3 =]h + F^{*^{-1}}\left(1 - \frac{1}{2} \cdot \frac{d+1}{a+1}\right), \infty[$

Es ist bereits gezeigt worden, dass die Funktionen $F(x)$ und $G(mx+n)$ maximal zwei Schnittpunkte haben. Nach OJA kann somit $\forall\, x$ die Funktion $G^{-1}(F(x))$ entweder konkav oder konvex sein. Deshalb reicht es zu zeigen, dass $G^{-1}(F(x))$ im mittleren Intervall konkav ist. Somit wird nun die zweite Ableitung der Funktion $G^{-1}(F(x))$ im Intervall I_2 betrachtet. Dazu sei,

$$\gamma = a \cdot F^{*^{-1}}\left(\frac{a+1}{d+1} \cdot \frac{d-1}{2 \cdot a} + \frac{a+1}{d+1} \cdot \frac{1}{a} \cdot F^*(x-h)\right) + c \quad .$$

Dann gilt mit $k = \frac{a+1}{d+1}$ für die erste Ableitung von γ,

$$\frac{\partial \gamma}{\partial x} = k \cdot \frac{f^*(x-h)}{f^*\left(\frac{\gamma - c}{a}\right)} \quad .$$

Die zweite Ableitung von γ berechnet sich zu,

$$\frac{\partial^2 \gamma}{\partial x^2} = k \cdot \frac{f^*\left(\frac{\gamma-c}{a}\right) \cdot f^{*'}(x-h) - \frac{f^{*'}\left(\frac{\gamma-c}{a}\right)}{f^*\left(\frac{\gamma-c}{a}\right)} \cdot \frac{a+1}{a \cdot (d+1)} \cdot [f^*(x-h)]^2}{\left[f^*\left(\frac{\gamma-h}{a}\right)\right]^2} \overset{!}{<} 0$$

$$\Leftrightarrow \qquad \frac{f^*\left(\frac{\gamma-c}{a}\right) \cdot f^{*'}(x-h)}{f^*(x-h) \cdot f^*(x-h)} - \frac{k}{a} \cdot \frac{f^{*'}\left(\frac{\gamma-c}{a}\right)}{f^*\left(\frac{\gamma-c}{a}\right)} \overset{!}{<} 0 \quad \forall x \in I_2 \quad ,$$

mit $k = \frac{a+1}{d+1}$.

Nun gilt jedoch,

- $\gamma < c \quad \Rightarrow \quad f^{*'}\left(\frac{\gamma-c}{a}\right) > 0$,
- $x > h \quad \Rightarrow \quad f^{*'}(x-h) < 0$.

Daraus wird ersichtlich, dass die zweite Ableitung von $\gamma \, \forall \, x \in I_2$ kleiner als Null ist, womit die Behauptung des Satzes 2.6 vollständig gezeigt ist. □

Die Aussage aus Satz 2.6, dass sich zwei Verteilungen F und G gemäß Satz 2.5 im Sinne des Schiefekonzeptes von OJA (1961, S. 160) in eine eindeutige Schiefereihenfolge bringen lassen, lässt sich für beliebige Verteilungen $F, G \in \mathcal{F}_{\sigma_l,\sigma_r}$ erweitern. Dies stellt eine Verallgemeinerung dar, da Satz 2.6 für die beiden Verteilungen F und G die identische zu Grunde liegende Verteilung F^* fordert. Der Beweis dieser Aussage ist identisch zum ersten Teil des Beweises von Satz 2.6. Somit lassen sich sämtliche gleichgerichteten Verteilungen aus $\mathcal{F}_{\sigma_l,\sigma_r}$ eindeutig hinsichtlich der Schiefe anordnen lassen. Die naheliegende Vermutung, dass sich zwei so verallgemeinerte Verteilungen ebenfalls im Sinne des Schiefekonzeptes von VAN ZWET anordnen lassen, konnte bisher nicht bewiesen werden. Die Schwierigkeit des Beweises besteht darin, für diesen Fall die Konkavität der Funktion $G^{-1}(F(x))$ über die Negativität ihrer zweiten Ableitung zu zeigen. Dies gelingt wegen der Allgemeinheit der Darstellung bisher nicht. Deswegen muss diese Frage offen gelassen werden.

Satz 2.6, bzw. der zugehörige Beweis, gibt keinen allgemeinen Nachweis zur c-Ordnung von skalenparametergesplitteten Verteilungen für beliebige Konstallationen der Skalenparameter σ_l und σ_r. Vielmehr sind, wie gezeigt, zwei Verteilungen so zu restringieren, dass sie dieselbe Schieferichtung haben. Trotzdem ist es ohne weitere Schwierigkeiten möglich, das Kriterium der c-Ordnung mit einem kleinem Kunstgriff auf beliebige Schiefeorientierungen zu erweitern. Wie bereits bekannt, steuert allein das Verhältnis der Skalenparameter die Schiefe der Verteilung. Zwei Verteilungen mit ungleicher Schieferichtung, d. h. $\frac{\sigma_l^f}{\sigma_r^f} < 1$ (die Verteilung F ist rechtsschief) und $\frac{\sigma_l^g}{\sigma_r^g} > 1$ (die Verteilung G ist linksschief), lassen sich im Sinne ihrer Schieferichtung gleich orientieren, indem man eine der beiden Verteilungen am Nullpunkt spiegelt. Das ist gleichbedeutend mit einem

Tausch der Skalenparameter auf den beiden Trägerabschnitten einer Verteilung. Konkret ist z. B. für die Verteilung F der links des Lageparameters θ_f definierte Skalenparameter σ_l^f durch σ_r^f zu ersetzen. Auf der anderen Seite des Lageparameters geschieht dies genau umgekehrt. Somit ist die Schieforientierung von F gerade umgedreht worden, der Schiefegrad ist jedoch nicht verändert worden. Die so entstandene „neue" Verteilung $\tilde{F}$ ist bzgl. der c-Ordnung mit der Verteilung G vergleichbar, der Rückschluss auf die Verteilung F ist ohne weitere Schwierigkeiten möglich und zulässig.

2.1.4 Identifikation eines Schiefeparameters

Im letzten Abschnitt konnte gezeigt werden, dass zwei Verteilungen F und G der skalenparametergesplitteten Verteilungsfamilie, die dieselbe symmetrische Ausgangsverteilung F^* besitzen und deren Schiefe in dieselbe Richtung zeigt, hinsichtlich der c-Ordnung in eine eindeutige Reihenfolge zu bringen sind. Im Sinne des Schiefekonzeptes von Oja (1961, S. 160) lassen sich sogar beliebige gleich orientierte (im Sinne der Schieferichtung) Verteilungen F und G aus $\mathcal{F}_{\sigma_l,\sigma_r}$ eindeutig bzgl. ihrer Schiefe anordnen. Offenbar (vgl. die Beweise zu den Sätzen 2.4 - 2.6) spielt hierfür jedoch nur der Quotient $\frac{\sigma_l}{\sigma_r}$ der beiden Skalenparameter die entscheidende Rolle. Die Normierung eines Skalenparameters auf den Wert Eins in Satz 2.5 dient dabei lediglich der Vereinfachung der Darstellung und ändert an der entscheidenden Wichtigkeit des Skalenparameterquotienten nichts. Wie aus dem Beweis von Satz 2.6 bekannt, ist die Funktion $G^{-1}(F(x))$ für zwei linksschiefe Verteilungen konkav (bzw. analog für zwei rechtsschiefe Verteilungen konvex), d. h. sie erfüllen die Definition der c-Ordnung von Van Zwet. Ihm folgend (siehe Van Zwet, 1970, S. 53) ist die Ordnung ebenfalls im dritten standardisierten Moment, welches als Maß der Schiefe einer Verteilung dient, erhalten. Deshalb beeinflusst eine Änderung beider Skalenparameter bei Beibehaltung ihres Quotienten nicht die Schiefe der Verteilung. Daraus ergibt sich die Möglichkeit, die Schiefe einer Verteilung der skalenparametergesplitteten Verteilungsfamilie durch einen einzigen Schiefeparameter zu beschreiben.

„*Folglich genügt es, wenn man* σ_1 *und* σ_2 [hier: σ_l und σ_r] *von einem Parameter* γ *abhängig macht und eine eventuell gewünschte Skalenveränderung durch einen Skalenparameter* σ *steuert.*“
(GROTTKE, 2002, S. 11)

Die Funktionen $\sigma_l(\gamma)$ und $\sigma_r(\gamma)$ sind sinnvoller Weise so zu wählen, dass sie nur einen Schnittpunkt besitzen und ihre Steigungen nicht dasselbe Vorzeichen haben.

Die Reduzierbarkeit der zwei Skalenparameter auf einen Schiefeparameter bietet einen entscheidenen Vorteil. Bei der Schätzung der Parameter für eine Verteilung aus der Familie der skalenparametergesplitteten Verteilungsfamilie sind zwei Skalenparameter nicht identifizierbar. Dagegen sind ein Schiefeparameter und ein Skalenparameter identifizierbar. Zur Begründung der fehlenden Identifizierbarkeit zweier Skalenparameter sei auf die Überlegungen zur Maximum-Likelihoodschätzung der Parameter der schiefen Normalverteilung im folgenden Abschnitt verwiesen (genauer Abschnitt 2.2.2, S. 43 ff.). Dort wird klar, dass sich die Parameter gegenseitig bedingen (dies gilt generell für die Lage- und Skalenparameter θ, σ_l, σ_r der skalenparametergesplitteten Verteilungsfamilie). Auswege bieten sich über die Restriktion von Parametern oder durch die Reduzierung auf einen Schiefeparameter an.

Die Arbeiten von GROTTKE (2002) und KOMUNJER (2003) bieten jeweils eine Spezifizierung für die Funktionen $\sigma_l(\gamma)$ und $\sigma_r(\gamma)$ an. GROTTKE (2002, S. 15) wählt $\sigma_l = \frac{1}{\gamma}$ und $\sigma_r = \gamma$, wobei $\gamma \in]\,0\,,\infty[$ zugelassen ist, und KOMUNJER (2003, S. 5) verwendet $\sigma_l = \gamma$ und $\sigma_r = 1 - \gamma$ mit $\gamma \in]\,0\,,1\,[$.

Im Rahmen dieser Arbeit werden eine linear steigende und eine konstante Funktion für die Skalenparameter gewählt. Genauer wird hier i. d. R. $\sigma_l = \gamma$ und $\sigma_r = 1$ gesetzt. In diesem Fall besitzt γ den Wertebereich $\gamma \in]\,0\,,\infty[$. Diese Festlegung der funktionalen Form der Skalenparameter hat den Vorteil einer sehr intuitiven Interpretation. Wenn $\sigma_l < 1$ ist die Verteilung linksschief, bei $\sigma_l > 1$ rechtsschief und im Falle $\sigma_l = 1$ symmetrisch.

2.2 Schiefe Normalverteilung

Die populärste Verteilung ist die Normalverteilung. Deswegen wird in diesem Kapitel das Skalenparametersplitting auf der Grundlage einer Normalverteilung mit dem Erwartungswert θ und der Varianz σ^2 vorgeführt.

2.2.1 Definition und Momente

Die schiefe Normalverteilung ist unimodal mit dem Maximum an der Stelle θ. Ihre Dichtefunktion ergibt sich direkt aus (2.1),

$$f_X(x) = \frac{2}{\sqrt{2\pi}\cdot(\sigma_l+\sigma_r)} \cdot \begin{cases} e^{-\frac{1}{2}\cdot\left(\frac{x-\theta}{\sigma_l}\right)^2} & , \quad x \leq \theta \quad , \\ e^{-\frac{1}{2}\cdot\left(\frac{x-\theta}{\sigma_r}\right)^2} & , \quad x > \theta \quad . \end{cases} \tag{2.6}$$

Die ersten beiden zentralen Momente einer Zufallsvariablen X, die derart verteilt ist, berechnen sich gemäß Satz 2.2 wie folgt,

$$E(X) = \theta + \frac{2}{\sqrt{2\,\pi}} \cdot (\sigma_r - \sigma_l) \quad , \tag{2.7}$$

$$Var(X) = \frac{\sigma_l^3 + \sigma_r^3}{\sigma_l + \sigma_r} - \frac{2}{\pi} \cdot (\sigma_r - \sigma_l)^2 \quad . \tag{2.8}$$

Erstmalig erwähnt wurde diese Verteilung von GIBBONS, MYLROIE (1973). Wiederentdeckt wurde sie durch JOHN (1982), wobei er Schätzer der unbekannten Parameter dieser Verteilung per Maximum-Likelihood- und der Verallgemeinerten Momenten-Methode vorstellte. KIMBER (1985) entwickelte diese Verteilung weiter und schlug einen Test bzgl. des Vorliegens einer Normalverteilung gegen die Alternative TPN[8] vor. Da bei ihnen Herleitungen dieser Ergebnisse fehlen, werden hier im Folgenden die wichtigsten Ergebnisse nochmals aufgeführt und abgeleitet.

---

[8] JOHN (1982) nannte diese Verteilung *Two-Piece Normal Distribution* (TPN).

Für die Gleichung (2.8) der Varianz ist das zweite zentrale positive Moment einer $N(0,1)$-verteilten Zufallsvariablen zu berechnen (vgl. BRONŠTEIN, SEMENDJAJEW, 1991, S. 66, Formel 2.),

$$E_+^*(\tilde{X}^2) = \int_0^\infty \tilde{x}^2 f_{\tilde{X}}^*(\tilde{x})\, d\tilde{x} = \frac{1}{\sqrt{2\pi}} \int_0^\infty \tilde{x}^2 e^{-\frac{1}{2}\tilde{x}^2}\, d\tilde{x} = \frac{1}{\sqrt{2\pi}} \cdot \frac{\Gamma(\frac{3}{2})}{2 \cdot (\frac{1}{2})^{\frac{3}{2}}} = \frac{1}{2}\,.$$

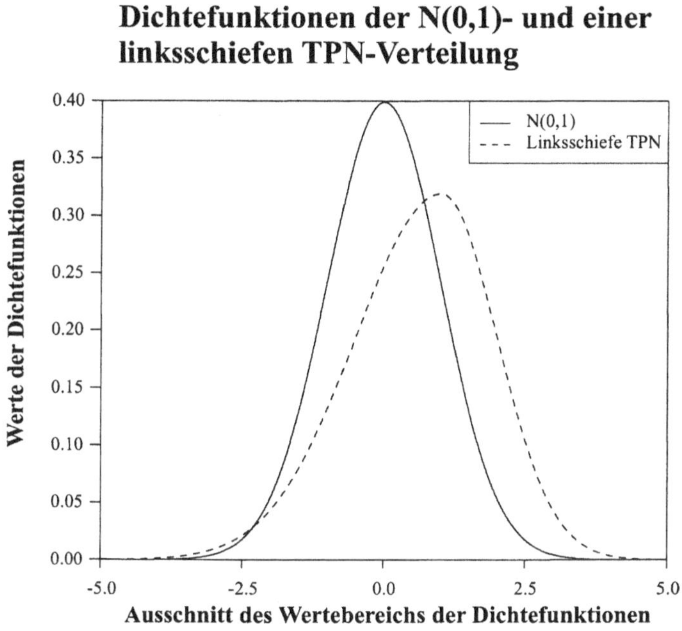

Abbildung 2.2: Dichtefunktionen einer Standardnormal- und einer linksschiefen Normalverteilung mit $\theta = 1.0$, $\sigma_l = 1.5$, $\sigma_r = 1.0$.

In Abbildung 2.2 sieht man zum Vergleich die Dichtefunktionen einer Standardnormalverteilung und einer linksschiefen Normalverteilung. Die schiefe Verteilung ist in diesem Beispiel durch die Wahl der Parameter so konstruiert, dass der Erwartungswert der zugehörigen Zufallsvariablen gleich Null ist. Ihre Standardabweichung beträgt 2.5. Man erkennt, dass die Werte der Dichtefunktion der schiefen Verteilung in ihrem Maximum kleiner sind als die der Standardnormalverteilung. Dies kommt durch die Wahl der Varianzanteile $\sigma_l = 1.5$ und $\sigma_r = 1.0$. Damit wird der Term $\frac{2}{\sigma_l+\sigma_r}$ in der Dichtefunktion der schiefen Verteilung kleiner als der zugehörige vergleichbare Term[9] in der Standardnormalverteilung. Wählt man die Varianzanteile unter Gleichsetzen dieser beiden Terme und unter der Bedingung, dass der Erwartungswert der zugrunde liegenden Zufallsvariablen gleich Null ist, so erhält man vergleichbare Dichtefunktionen. In Abbildung 2.3 wird dies verdeutlicht.

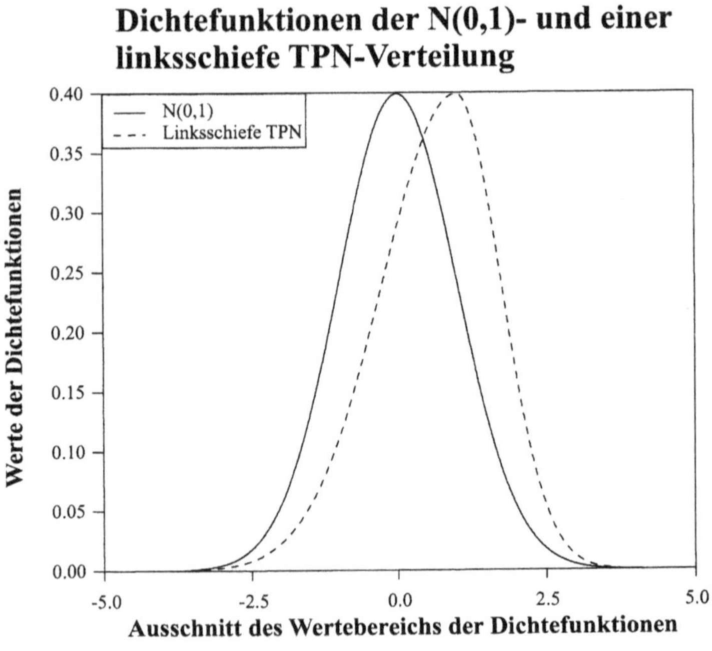

Abbildung 2.3: Dichtefunktionen einer $N(0,1)$- und einer linksschiefen Normalverteilung mit $\theta = 1.0$, $\sigma_l = 1.25$, $\sigma_r = 0.75$.

[9] Bei einer Normalverteilung wäre dies der Term $\frac{1}{\sigma}$.

Die Varianzanteile sind mit $\sigma_l = 1.25$ und $\sigma_r = 0.75$ festgelegt. Die Standardabweichung der zu Abbildung 2.3 gehörenden Zufallsvariablen errechnet sich zu 2.136, welche größer als der zugehörige Wert der Standardnormalverteilung ist. Dies lässt sich damit begründen, dass im Gegensatz zur symmetrischen Verteilung Erwartungswert und Modalwert nicht übereinstimmen.

Um eine Zufallsstichprobe aus einer TPN-verteilten Grundgesamtheit zu ziehen, benötigt man die analytische Darstellung der inversen Verteilungsfunktion der TPN-Verteilung. In der allgemeinen Form sind sowohl die Verteilungsfunktion (siehe Satz 2.1, S. 10 f.) als auch die inverse Verteilungsfunktion (siehe Beweis zu Satz 2.4, S. 27) bekannt, so dass diese beiden Funktionen für die schiefe Normalverteilung direkt aufgeschrieben werden können. Die Verteilungsfunktion $F(x)$ der TPN-Verteilung, die durch die Dichtefunktion $f(x)$ gemäß (2.6) definiert ist, ergibt sich wie folgt,

$$F(x) = \frac{2}{\sigma_l + \sigma_r} \cdot \begin{cases} \sigma_l \cdot F^*\left(\frac{x-\theta}{\sigma_l}\right) & \text{, für} \quad x \leq \theta \,, \\ \frac{1}{2} \cdot (\sigma_l - \sigma_r) + \sigma_r \cdot F^*\left(\frac{x-\theta}{\sigma_r}\right) & \text{, für} \quad x > \theta \,. \end{cases} \tag{2.9}$$

Dabei ist $F^*(x) \sim N(\theta, \sigma^2)$. Die inverse Verteilungsfunktion zu (2.9) lässt sich wie folgt darstellen,

$$F^{-1}(x) = \begin{cases} \sigma_l \cdot {F^*}^{-1}\left(\frac{\sigma_l+\sigma_r}{2\cdot\sigma_l} \cdot x\right) + \theta \,, \text{ für } x < \frac{\sigma_l}{\sigma_l+\sigma_r} \,, \\ \sigma_r \cdot {F^*}^{-1}\left(\frac{\sigma_l+\sigma_r}{2\cdot\sigma_r} \cdot x - \frac{\sigma_l-\sigma_r}{2\cdot\sigma_r}\right) + \theta \,, \text{ für } x \geq \frac{\sigma_l}{\sigma_l+\sigma_r} \,. \end{cases} \tag{2.10}$$

Über die inverse Verteilungsfunktion gelingt es, eine Zufallsstichprobe einer TPN-verteilten Grundgesamtheit zu gewinnen. Dazu müssen zuerst n im Intervall $]\,0\,,\,1\,[$ gleichverteilte Zufallszahlen $x_1, \ldots, x_n$ erzeugt werden. Ein Generator solcher Zufallszahlen ist in jeder gängigen statistisch-ökonometrischen Software enthalten. Anschließend berechnet man über $z_i = F^{-1}(x_i)$, $\forall\, i = 1, \ldots, n$ die Zufallsstichprobe einer TPN-verteilten Grundgesamtheit.

Wie man aus (2.10) erkennt, muss man bei der Berechnung von $F^{-1}(x_i)$ die Inverse einer Normalverteilung bilden. Dies ist analytisch jedoch nicht möglich. In den meisten statistisch-ökonometrischen Softwarepaketen existieren vorgefertigte Programme (so genannte Makros), die zu einem beliebigen Wert aus dem Intervall $]0,1[$ den zugehörigen Wert der Inversen einer Standardnormalverteilung ermitteln. Die Software RATS (Version 5.10), mit der die meisten Berechnungen dieser Arbeit durchgeführt wurden, besitzt ebenfalls ein solches Makro. Dieses ist jedoch mit einem Programmierfehler behaftet. Dieser wirkt sich so aus, dass es u. U. vorkommen kann, dass das Programm einen so genannten fehlenden Wert als Ergebnis der Rechnung wiedergibt. Nach Rücksprache mit den Entwicklern von RATS, ESTIMA, existieren bestimmte (nicht näher definierte) Zahlen, bei denen dieser Fehler im Programm auftreten kann, jedoch sei dieses sehr selten (in der Sprache der Statistik gesprochen, mit einer Wahrscheinlichkeit von Null). Simuliert man jedoch sehr viele solcher Zufallszahlen, so wird das Auftreten des Softwarefehlers immer wahrscheinlicher.[10] Dieser Softwarefehler wird bei der Betrachtung von Simulationsstudien erneut thematisiert werden.

Im Verlaufe dieser Arbeit werden u. a. die Konsequenzen von TPN-verteilten Restgrößen bei linearen stochastischen Prozessen untersucht und mit den Ergebnissen mit symmetrisch (und zumeist auch normal-) verteilten Restgrößen verglichen. Zur besseren Vergleichbarkeit dieser Modelle ist es wünschenswert, das Konzept des Skalenparametersplittings für den multivariaten Fall weiter zu entwickeln. Dazu wird eine Darstellung einer multivariaten schiefen Verteilung benötigt, deren Randdichtefunktionen den bisher vorgestellten Dichtefunktionen, die mittels Skalenparametersplittings aus einer symmetrischen Verteilung erzeugt werden können, entsprechen. Wie in Abschnitt 2.5 gezeigt wird, ist diese multivariate Erweiterung für den Fall einer schiefen Normalverteilung möglich. Vorher muss jedoch die Schätzbarkeit der unbekannten Parameter näher analysiert werden. Es wird sich im nächsten Abschnitt zum einen zeigen, dass die Parameter der TPN-Verteilung unter der Berücksichtigung gewisser Restriktionen mittels Maximum-Likelihood-Methode konsistent schätzbar sind. Zum anderen sind diese Schätzer asymptotisch normalverteilt.

[10] Eigene Versuche ergaben, dass bei einem Stichprobenumfang von zehn Millionen Elementen und mehr der Softwarefehler in RATS fast immer auftritt.

2.2.2 Schätzung der Parameter

Die wichtige Frage, wie sich die unbekannten Parameter einer skalenparametergesplitteten Verteilung schätzen lassen und welche Qualitätseigenschaften diese Schätzungen besitzen, gilt es in diesem Abschnitt zu untersuchen. JOHN (1982) schlug zwei alternative Schätzer vor. Dabei handelt es sich zum einen um die Maximum-Likelihood-Schätzung[11] und zum anderen um den Schätzer mittels Momentenmethode von σ_l^2, σ_r^2 und θ. Ausgangspunkt bei der ML-Schätzung ist die gemeinsame Dichtefunktion von n stochastisch unabhängigen Zufallsvariablen $X_1, \ldots, X_n$, wobei die Zufallsvariablen X_i, $\forall i = 1, \ldots n$, identische TPN-Dichtefunktionen $f_{X_i}(x_i)$ besitzen,

$$\begin{aligned} L &= L(x_1, \cdots, x_n) = \prod_{i=1}^{n} f_{X_i}(x_i) \\ &= \frac{2^n}{(2\pi)^{\frac{n}{2}} \cdot (\sigma_l + \sigma_r)^n} \\ &\cdot \prod_{i=1}^{n} \left[e^{-\frac{1}{2} \cdot \left(\frac{x_i - \theta}{\sigma_l}\right)^2} \cdot \mathbb{1}_l(x_i) + e^{-\frac{1}{2} \cdot \left(\frac{x_i - \theta}{\sigma_r}\right)^2} \cdot \mathbb{1}_r(x_i) \right] \quad , \end{aligned}$$

mit $\mathbb{1}_l(x_i) = \mathbb{1}_{]-\infty, \theta]}(x_i)$ und $\mathbb{1}_r(x_i) = \mathbb{1}_{]\theta, \infty[}(x_i)$. Da die Werte x_i sich eindeutig dem jeweiligen linken oder rechten Teilast ihrer Verteilung zuordnen lassen, gibt es n_l Werte aus dem linken und $n_r = n - n_l$ Werte aus dem rechten Teilast. Somit reduziert sich die Likelihoodfunktion,

$$L = \frac{2^n}{(2\pi)^{\frac{n}{2}} \cdot (\sigma_l + \sigma_r)^n} \cdot \left[e^{-\frac{A_l}{2 \cdot \sigma_l^2}} + e^{-\frac{A_r}{2 \cdot \sigma_r^2}} \right] \quad , \tag{2.11}$$

mit $A_l := \sum_{i=1}^{n_l} (x_i - \theta)^2$ und $A_r := \sum_{i=1}^{n_r} (x_i - \theta)^2$. Äquivalent zur Maximierung von (2.11) kann die so genannte Log-Likelihoodfunktion[12] l maximiert werden,

$$l = c(n) - n \cdot \ln(\sigma_l + \sigma_r) - \frac{A_l}{2 \cdot \sigma_l^2} - \frac{A_r}{2 \cdot \sigma_r^2}, \tag{2.12}$$

[11] Maximum-Likelihood-Schätzer werden im Weiteren mit ML-Schätzer abgekürzt.

[12] Die Log-Likelihoodfunktion l erhält man durch logarithmieren von L.

mit $c(n) = n \cdot \ln(2) - \frac{n}{2} \cdot \ln(2\pi)$ als Konstante, die bei Maximierung von (2.12) bzgl. der unbekannten Parameter vernachlässigbar ist.

Jedoch misslingt an Hand der Gleichungen (2.11) oder (2.12) die analytische Herleitung der drei unbekannten Parameter θ, σ_l^2 und σ_r^2. Als Ausweg, wie ihn auch JOHN (1982, S. 882) vorgeschlagen hat, bietet es sich an, θ und damit implizit n_l und n_r als gegeben vorauszusetzen. Für dieses θ werden mittels Maximierung von (2.12) Schätzer von σ_l und σ_r ermittelt und der zugehörige Wert der Log-Likelihoodfunktion berechnet. Wiederholt man diese Prozedur für alle $\theta \in \mathbb{R}$, so erhielte man schließlich als Maximum-Likelihood-Schätzer diejenigen Werte $\hat{\theta}$, $\widehat{\sigma_l^2}$ und $\widehat{\sigma_r^2}$ für θ, σ_l^2 und σ_r^2, für die die Log-Likelihoodfunktion maximal wird. Unter Berücksichtigung des fixen Parameters θ gelingt eine analytische Darstellung von $\widehat{\sigma_l^2}$ und $\widehat{\sigma_r^2}$,

$$\frac{\partial l}{\partial \sigma_l^2} = -\frac{n}{2 \cdot \sigma_l \cdot (\sigma_l + \sigma_r)} + \frac{A_l}{2 \cdot \sigma_l^4} \stackrel{!}{=} 0 \quad , \tag{2.13}$$

$$\frac{\partial l}{\partial \sigma_r^2} = -\frac{n}{2 \cdot \sigma_r \cdot (\sigma_l + \sigma_r)} + \frac{A_r}{2 \cdot \sigma_r^4} \stackrel{!}{=} 0 \quad . \tag{2.14}$$

Eine einfache Umformung von (2.13) und (2.14) führt zu den Darstellungen,

$$\frac{\sigma_l + \sigma_r}{\sigma_l^3} \cdot \frac{A_l}{n} = 1 \quad , \tag{2.15}$$

$$\frac{\sigma_l + \sigma_r}{\sigma_r^3} \cdot \frac{A_r}{n} = 1 \quad . \tag{2.16}$$

Gleichsetzen von (2.15) und (2.16) und Auflösen nach σ_l ergibt,

$$\sigma_l = \sigma_r \cdot \left(\frac{A_l}{A_r}\right)^{\frac{1}{3}} \quad . \tag{2.17}$$

Nun wird das Ergebnis für σ_l in die durch Multiplikation von $2 \cdot \sigma_l$ auf beiden Seiten modifizierte Gleichung (2.13) eingesetzt und nach σ_r^2 umgeformt:

$$-\frac{n}{\sigma_r \cdot \left(1 + \left(\frac{A_l}{A_r}\right)^{\frac{1}{3}}\right)} + \frac{A_l}{\sigma_r^3 \cdot \left(\frac{A_l}{A_r}\right)} = 0$$

$$\Leftrightarrow \quad \sigma_r^2 \cdot \frac{n}{1 + \left(\frac{A_l}{A_r}\right)^{\frac{1}{3}}} = A_r$$

$$\Rightarrow \quad \widehat{\sigma_r^2} = \frac{A_r}{n} \cdot \left(1 + \left(\frac{A_l}{A_r}\right)^{\frac{1}{3}}\right) \quad .$$

Multipliziert man diese Gleichung noch aus, kürzt geeignet und führt analoge Überlegungen für σ_l^2 durch, so erhält man schließlich die Maximum-Likelihood-Schätzer für die beiden quadrierten Skalenparameter σ_l^2 und σ_r^2,

$$\widehat{\sigma_l^2} = \frac{1}{n} \cdot A_l^{\frac{2}{3}} \cdot \left(A_l^{\frac{1}{3}} + A_r^{\frac{1}{3}}\right), \tag{2.18}$$

$$\widehat{\sigma_r^2} = \frac{1}{n} \cdot A_r^{\frac{2}{3}} \cdot \left(A_l^{\frac{1}{3}} + A_r^{\frac{1}{3}}\right), \tag{2.19}$$

Werden diese Ergebnisse in (2.12) eingesetzt, so resultiert folgende zu maximierende Log-Likelihoodfunktion:

$$\begin{aligned} l^* = \; & - \; n \cdot \ln\left(\frac{A_l^{\frac{1}{3}}}{\sqrt{n}} \cdot \left(A_l^{\frac{1}{3}} + A_r^{\frac{1}{3}}\right)^{\frac{1}{2}} + \frac{A_r^{\frac{1}{3}}}{\sqrt{n}} \cdot \left(A_l^{\frac{1}{3}} + A_r^{\frac{1}{3}}\right)^{\frac{1}{2}}\right) \\ & - \; \frac{n \cdot A_l^{-\frac{2}{3}} \cdot A_l}{2} \cdot \left(A_l^{\frac{1}{3}} + A_r^{\frac{1}{3}}\right)^{-1} \\ & - \; \frac{n \cdot A_r^{-\frac{2}{3}} \cdot A_r}{2} \cdot \left(A_l^{\frac{1}{3}} + A_r^{\frac{1}{3}}\right)^{-1} \end{aligned} \tag{2.20}$$

Durch einfaches Ausmultiplizieren von (2.20) ergibt sich,

$$\begin{aligned} l^* = \; & - \; n \cdot \ln\left(\frac{1}{\sqrt{n}} \cdot \left(A_l^{\frac{1}{3}} + A_r^{\frac{1}{3}}\right) \cdot \left(A_l^{\frac{1}{3}} + A_r^{\frac{1}{3}}\right)^{\frac{1}{2}}\right) \\ & - \; \frac{n}{2} \cdot \left(A_l^{\frac{1}{3}} + A_r^{\frac{1}{3}}\right) \cdot \left(A_l^{\frac{1}{3}} + A_r^{\frac{1}{3}}\right)^{-1} \quad . \end{aligned} \tag{2.21}$$

(2.21) läßt sich weiter durch Kürzen und Wegstreichen der für das Maximierungsproblem irrelevanten Funktionsteile vereinfachen:

$$l^* = -\ln\left(\frac{1}{\sqrt{n}} \cdot \left(A_l^{\frac{1}{3}} + A_r^{\frac{1}{3}}\right) \cdot \left(A_l^{\frac{1}{3}} + A_r^{\frac{1}{3}}\right)^{\frac{1}{2}}\right) \quad . \tag{2.22}$$

Wendet man nun für (2.22) die bekannte Rechenregel für den Logarithmus an und streicht wiederum die zur Maximierung unwichtigen Funktionsterme, so resultiert schließlich folgendes Maximierungsproblem,

$$\max_{\theta} \quad -\ln\left(A_l^{\frac{1}{3}} + A_r^{\frac{1}{3}}\right) \quad . \tag{2.23}$$

Das Maximierungsproblem (2.23) ist äquivalent zu folgendem Minimierungsproblem,

$$\min_{\theta} \quad l^*\left(x_1, \ldots, x_n \,|\, \theta, \widehat{\sigma_l^2}, \widehat{\sigma_r^2}\right) = \min_{\theta} \quad A_l^{\frac{1}{3}} + A_r^{\frac{1}{3}} \quad . \tag{2.24}$$

Die Parameter einer $TPN\,(\theta, \sigma_l, \sigma_r)$-Verteilung können somit für eine Stichprobe geschätzt werden. Dabei sind folgende Punkte zu beachten:

1. Aus rechentechnischen Gründen ist es nicht sinnvoll, $\theta \in \mathbb{R}$ zuzulassen. Stattdessen ist θ auf das Intervall der in der Stichprobe vorkommenden Werte zu begrenzen, d. h. $\theta \in [\min_{i=1,\ldots,n} \{x_i\}; \max_{i=1,\ldots,n} \{x_i\}]$.

2. Um numerisch ML-Schätzer für $\theta, \sigma_l^2, \sigma_r^2$ zu ermitteln, scheinen mehrere Wege gangbar. Möglich ist es, eine große Menge an Werten für θ, beginnend beim kleinsten Wert der Stichprobe und in sehr kleinen Schritten (vorstellbar sind hier z. B. Schrittlängen λ der Größenordnung 0.01 oder 0.001) entlang der x-Achse bis zum maximalen Stichprobenwert fortschreitend, zu wählen. Für jedes θ wird der zugehörige Wert der reduzierten Log-Likelihoodfunktion gemäß (2.24) berechnet. Der minimale Wert von l^* über alle verwendeten θ induziert den ML-Schätzer $\hat{\theta}$ des Lageparameters. Mit diesem und den Formeln (2.18) und (2.19) erhält man die ML-Schätzer der quadrierten Skalenparameter $\widehat{\sigma_l^2}$ und $\widehat{\sigma_r^2}$. Dieses Vorgehen ist jedoch bei kleinen Stichprobenumfängen mit Vorsicht zu betrachten, da die Wahrscheinlichkeit wächst, dass die Log-Likelihoodfunktion mehrere lokale Maxima mit u. U. nahe beieinander liegenden $l^*(\theta)$-Werten besitzt.

> In diesem Fall ist es schwierig, sich für den „besten" Schätzwert $\hat{\theta}$ zu entscheiden. Dadurch wächst die Wahrscheinlichkeit, einen „weit" neben dem wahren Lageparameter der Grundgesamtheit liegenden Schätzwert zu erhalten. Ähnlich liegt der Fall, wenn das Histogramm (oder auch die geschätzte Dichtefunktion) bei kleinen Stichprobenumfängen mehrere lokale Maxima (und somit auch mehrere lokale Minima) aufweist. So verzerrt z. B. ein durch Zufall zu erklärendes, eher am Rand der Verteilung liegendes, lokales Maximum die Schätzung des Lageparameters. Für große Stichproben ($n \rightarrow \infty$) und kleine Schrittlängen ($\lambda \rightarrow 0$) hingegen gilt die Konsistenzeigenschaft des ML-Schätzverfahrens, d. h. die wahren Parameter werden (mit einer Wahrscheinlichkeit von Eins) immer genauer erkannt, wenn die Stichprobe aus der unterstellten (hier die $TPN(\theta, \sigma_l, \sigma_r)$) Verteilung entstammt. Dabei steigt aber der numerische Rechenaufwand. Als Ausweg, welcher in den gängigen statistisch-ökonometrischen Softwarepaketen i. d. R. implementiert ist, kann auf einen Maximierungsalgorithmus für nichtlineare Funktionen, wie z. B. den Gauss-Newton- oder den BHHH-Algorithmus (nach BERNDT, HALL, HALL, HAUSMAN, 1974), ausgewichen werden.[13]

Bisher ist in diesem Abschnitt der (z. T. analytische und z. T. numerische) Weg zur Ermittlung der ML-Schätzer für die unbekannten Parameter einer $TPN(\theta, \sigma_l, \sigma_r)$-Verteilung vorgestellt worden. Es fehlt noch der Nachweis der Konsistenz und asymptotischen Normalität. JOHN (1982) konstatierte diese beiden Eigenschaften ohne weitere Nachweise. Dagegen zeigt KIMBER (1985, S. 239) unter dem Verweis auf RAO (1973, S. 364), dass der Schätzer $\hat{\theta}$ konsistent und asymptotisch normalverteilt ist, wobei die Skalenparameter σ_l und σ_r als gegeben vorausgesetzt werden. Unter der Erwähnung und den theoretischen Ausführungen zur asymptotischen Normalität von Schätzfunktionen gemäß LECAM (1970) kam er zu dem Schluss,

„*asymptotic normality of the MLE's in the more general case* [der Fall, dass auch die Skalenparameter unbekannt sind] *follows from this in a straightforward way.*"
(KIMBER, 1985, S. 239)

[13]Vgl. auch ESTIMA, (2000), „RATS, Version 5, User's Guide", S. 210 - 214.

Dies ist jedoch wegen der fehlenden Identifizierbarkeit der Parameter nicht korrekt.

Sowohl die von JOHN (1982) getroffene Annahme, dass der Lageparameter bekannt ist, als auch die durch KIMBER (1985) als bekannt vorausgesetzten Skalenparameter stellen sehr strenge Restriktionen dar. Durch die Erkenntnisse aus Kapitel 2.1.4 ist bekannt, dass sich die beiden Skalenparameter auf einen Schiefeparameter (und einen zusätzlichen Skalenparameter) reduzieren lassen. Es ist zu überprüfen, ob die ML-Methode durch die Reduktion auf einen Schiefeparameter ohne weitere Restriktionen anwendbar ist.

Da bei der Reduktion auf einen Schiefeparameter sowohl dieser als auch ein Skalenparameter bei der Schätzung identifizierbar sind, können relativ einfach die interessierenden Eigenschaften Konsistenz und asymptotische Normalität der Schätzfunktionen für die unbekannten Parameter einer TPN-Verteilung nachgewiesen werden. Dazu sind die Voraussetzungen der Theoreme 2.5 und 3.3 aus NEWEY, MCFADDEN (1994, S. 2131 und S. 2146) zu prüfen. Gelingt dieser Nachweis für die TPN-Verteilung, so sind diese Theoreme auch für diese Klasse von Verteilungen anwendbar. Daraus folgt dann direkt, dass sowohl die Anwendung des ML-Verfahrens zulässig ist als auch die Konsistenz und asymptotische Normalität der Schätzfunktionen gilt.

Das im vorherigen Absatz erwähnte Theorem 2.5 gibt einfache Bedingungen vor, für die die ML-Schätzer konsistent sind. Theorem 3.3 zeigt die Annahmen zur asymptotischen Normalität der Schätzer auf. Diese Annahmen werden an dieser Stelle jedoch nicht überprüft, da im nächsten Kapitel, in dem die schiefe Box-Tiao-Verteilung vorgestellt wird, zum einen gezeigt wird, dass in dieser Verteilungsfamilie die Normalverteilung als Spezialfall enthalten ist. Zum anderen wird für die ML-Schätzung der unbekannten Parameter der schiefen Box-Tiao-Verteilung die Eigenschaften der Konsistenz und asymptotischen Normalität nachgewiesen (siehe S. 64 f., Satz 2.9). Diese Eigenschaften gelten damit auch für die TPN-Verteilung. An dieser Stelle werden noch die so genannten Scores aufgeführt. Unter den Scores versteht man die ersten Ableitungen der Log-Likelihoodfunktion nach den unbekannten Parametern der ihr zu Grunde liegenden Verteilung. Bisher ist diese Funktion der Darstellung von JOHN

(1982) und KIMBER (1985) folgend nach den Parametern σ_l^2 und σ_r^2 abgeleitet worden. Entgegen dieser Darstellung werden nun die ersten Ableitungen der Log-Likelihoodfunktion nach σ_l bzw. σ_r aufgelistet. Diese Abweichung von der bisherigen Regel geschieht aus zweierlei Gründen. Zum einen werden in Kapitel 2.3 die Scores bzgl. der Skalenparameter der schiefen Box-Tiao-Verteilung ebenfalls nach σ_l und σ_r entwickelt. Zum anderen wird bei dem Verfahren des Skalenparametersplittings der Parameter σ in die beiden Skalenparameter σ_l und σ_r, mit $\sigma = \frac{\sigma_l+\sigma_r}{2}$, zerlegt. JOHN (1982) und KIMBER (1985) wählten wohl aus historischen Gründen die Darstellung bzgl. der Quadrate der Skalenparameter. Außerdem führt dies bei Symmetrie (also $\sigma_l = \sigma_r$) zu dem bekannten Schätzer für die Varianz.[14]

Die Scores bzgl. der Parameter σ_l, σ_r und θ einer $TPN(\sigma_l, \sigma_r, \theta)$-Verteilung mit der Dichtefunktion (2.6) und der Log-Likelihoodfunktion (2.12) ergeben sich wie folgt (vgl. dazu auch die Darstellung der Scores der Box-Tiao-Verteilung und die zugehörigen Erläuterungen S. 63 f.),

$$\begin{aligned}
\frac{\partial l}{\partial \theta} &= \sum_{i=1}^{n} (x_i - \theta) \cdot \left[\frac{1}{\sigma_r^2} + \left(\frac{1}{\sigma_l^2} - \frac{1}{\sigma_r^2} \right) \cdot \mathbb{1}_{]-\infty,\theta]}(x_i) \right] \quad , \\
\frac{\partial l}{\partial \sigma_l} &= -\frac{n}{\sigma_l + \sigma_r} + \sum_{i=1}^{n} (x_i - \theta)^2 \cdot \left[\frac{1}{\sigma_l^3} \cdot \mathbb{1}_{]-\infty,\theta]}(x_i) \right] \quad , \\
\frac{\partial l}{\partial \sigma_r} &= -\frac{n}{\sigma_l + \sigma_r} + \sum_{i=1}^{n} (x_i - \theta)^2 \cdot \left[\frac{1}{\sigma_r^3} \cdot \mathbb{1}_{]\theta,\infty[}(x_i) \right] \quad .
\end{aligned}$$

JOHN (1982, S. 883 f.) stellte zudem die Schätzung mittels Momentenmethode vor. Das interessanteste Ergebnis ist, dass man mit Hilfe der Momentenmethode Schätzer für die Parameter der TPN-Verteilung erhält, indem man ein kubisches Gleichungssystem nach den Parametern auflöst. Dieses Resultat wird hier unter der Verwendung der allgemeinen Darstel-

[14] Es seien $x_1, \ldots, x_n$ Realisationen der n stochastisch unabhängig und identisch normalverteilten Zufallsvariablen $X_1, \ldots, X_n$ mit dem unbekannten Erwartungswert θ und der unbekannten Varianz σ^2. Dann erhält man als Schätzer für die Varianz, $\widehat{\sigma^2} = \frac{1}{n}\sum_{i=1}^{n}(x_i - \bar{x})^2$, mit $\bar{x} = \frac{1}{n}\sum_{i=1}^{n} x_i$.

lung der Momente gemäß Satz 2.2 (siehe auch S. 11) skizziert,

$$\begin{aligned}
E(X) &= \theta + 2 \cdot a \cdot (\sigma_r - \sigma_l) \ , && (2.25)\\
Var(X) &= 2 \cdot \frac{\sigma_l^3 + \sigma_r^3}{\sigma_l + \sigma_r} \cdot b - 4 \cdot (\sigma_r - \sigma_l)^2 \cdot a^2 \ , && (2.26)\\
E\Big[(X - E(X))^3\Big] &= 2 \cdot c \cdot \left(\sigma_r^3 + \sigma_r \sigma_l^2 - \sigma_r^2 \sigma_l - \sigma_l^3\right)\\
&\quad - 12 \cdot a \cdot b \cdot \left(\sigma_r^3 + 2\,\sigma_r \sigma_l^2 - 2\,\sigma_r^2 \sigma_l - \sigma_l^3\right)\\
&\quad + 16 \cdot a^3 \cdot (\sigma_r - \sigma_l)^3 \quad , && (2.27)
\end{aligned}$$

mit $a = E_+^*(\tilde{X})$, $b = E_+^*(\tilde{X}^2)$ und $c = E_+^*(\tilde{X}^3)$. Die Gleichungen (2.25)-(2.27) überführt man durch elementare Umformungen zu folgenden Gleichungen,

$$\begin{aligned}
E(X) &= \theta + d\,\sigma_r - d\,\sigma_l && (2.28)\\
Var(X) &= e\,\sigma_r^2 + f\,\sigma_r\,\sigma_l + e\,\sigma_l^2 && (2.29)\\
E\Big[(X - E(X))^3\Big] &= g\,\sigma_l^3 + h\,\sigma_r^2\,\sigma_l - h\,\sigma_r\,\sigma_l^2 - g\,\sigma_l^3 \quad , && (2.30)
\end{aligned}$$

mit $d = 2a$, $e = d(1-d)$, $f = d(2d-1)$, $g = 2c - 6db + 2d^3$ und $h = 12db - 2c - 6d^3$. Man erkennt, dass der Erwartungswert linear, die Varianz quadratisch und das dritte zentrale Moment kubisch von den Parametern abhängt. Die Schätzung der unbekannten Parameter der Verteilung mittels Momentenmethode für eine gegebene Stichprobe $x_1, \ldots, x_n$ erhält man, indem man die ersten drei empirischen zentralen Momente[15] den zugehörigen theoretischen Momenten[16] gleich setzt und das resultierende Gleichungssystem bzgl. der unbekannten Parameter (u. U. numerisch) löst.[17]

[15] Die ersten drei empirischen Momente ermittelt man über die Schätzer, $\bar{x} = n^{-1} \sum_{i=1}^n x_i$, $m_2 = n^{-1} \sum_{i=1}^n (x_i - \bar{x})^2$ und $m_3 = n^{-1} \sum_{i=1}^n (x_i - \bar{x})^3$.

[16] Für das für die Ermittlung der Momentenschätzer der TPN-Verteilung benötige dritte zentrale positive Moment gilt, $E_+^*\left(\tilde{X}^3\right) = \frac{2}{\sqrt{2\,\pi}}$.

[17] Zum Nachweis der asymptotischen Eigenschaften Konsistenz und Normalverteilung der Momentenschätzer sind die Voraussetzungen von Lemma 2.3 sowie der Theoreme 2.6 und 3.4 (siehe NEWEY, MCFADDEN (1994, S. 2126, S. 2132 und S. 2148) nachzuweisen. Da die Momentenschätzer im Verlauf der Arbeit nicht weiter betrachtet werden, wird auf der Nachweis der asymptotischen Eigenschaften verzichtet. Weiterführende Erläuterungen zur Momentenmethode sind im Speziellen bei JOHN (1982, S. 885) und im Allgemeinen z. B. bei GREENE (2000, S. 137 ff.) oder NEWEY, MCFADDEN (1994, S. 2126 ff.) zu finden.

2.3 Schiefe Exponential-Power-Verteilung

In diesem Kapitel wird eine weitere spezielle Verteilung aus der Verteilungsfamilie $\mathcal{F}_{\sigma_l,\sigma_r}$ analysiert. Durch die Einführung eines weiteren Parameters wird die Gestalt der Dichtefunktion kontrolliert. Im Gegensatz zur TPN-Verteilung, die unabhängig von der Wahl der Skalenparameter um den Modalwert recht „rund“ erscheint, können durch den neuen Parameter sowohl wesentlich „spitzere“ als auch „flachere“ Verteilungen erzeugt werden. Die TPN ist als Spezialfall in dieser Verteilung enthalten.

2.3.1 Definition, Momente und zugehörige Funktionen

Ausgehend von der Box-Tiao-Verteilung (vgl. Box, Tiao, 1992, S. 157, bzw. siehe (2.4), S. 21) entwickelten Fernández, Osiewalski und Steel (1995, S. 1333) die schiefe Box-Tiao-Verteilung. Sie besitzt folgende Dichtefunktion,

$$f(x;\theta,\sigma,\gamma,\delta) = \frac{\delta}{\Gamma(\frac{1}{\delta})\cdot\left(\gamma+\frac{1}{\gamma}\right)\cdot\sigma}\cdot\begin{cases} e^{-\left(-\frac{(x-\theta)\cdot\gamma}{\sigma}\right)^{\delta}} & , \quad x\leq\theta\,, \\ e^{-\left(\frac{x-\theta}{\sigma\cdot\gamma}\right)^{\delta}} & , \quad x>\theta\,, \end{cases} \tag{2.31}$$

wobei $\sigma, \gamma, \delta > 0$ vorausgesetzt wird.

Da die Box-Tiao-Verteilung unter dem Namen Exponential-Power-Verteilung bekannter ist, nannten Fernández, Osiewalski und Steel ihre Verteilung Skewed-Exponential-Power-Verteilung (SEP). Für $\sigma_l = \frac{\sigma}{\gamma}$ und $\sigma_r = \sigma\cdot\gamma$ erhält man die Dichtefunktion der SEP-Verteilung im Sinne des Skalenparametersplittings. Wie man leicht sieht, ist die schiefe Normalverteilung in der SEP-Verteilung durch $\delta = 2$ enthalten. Die Schiefeeigenschaft der SEP-Verteilung wird durch das Verhältnis der Skalenparameter $\frac{\sigma_l}{\sigma_r} = \frac{1}{\gamma^2}$ beschrieben. Ist $\gamma < 1$, so ist die Verteilung linksschief, für $\gamma = 1$ ist sie symmetrisch. Rechtsschief ist sie für $\gamma > 1$.

Wie es bereits in Kapitel 2.1.3 gezeigt worden ist, können Verteilungen, die aus der Familie der skalenparametergesplitteten Verteilungen stammen, hinsichtlich ihres Schiefegrades eindeutig angeordnet werden.

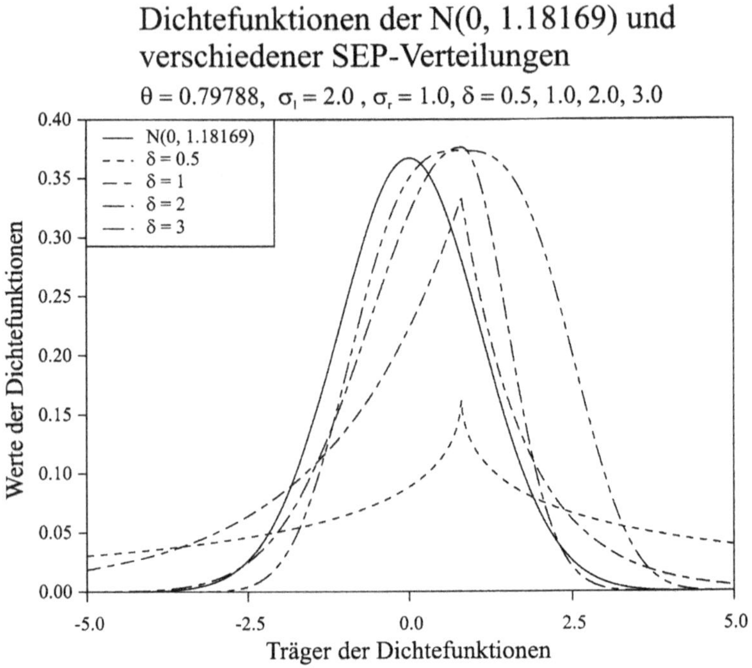

Abbildung 2.4: Beispiele linksschiefer SEP-Dichtefunktionen ($\theta = 0.79788$, $\sigma_l = 2.0$, $\sigma_r = 1.0$ und $\delta = 0.5, 1.0, 2.0, 3.0$) sowie die Dichtefunktion einer $N(0,\ 1.18169)$-Verteilung.

„*Für den Vergleich der Schiefe zweier Funktionen ist* [...] *der Quotient der beiden Schiefeparameter* σ_1 *und* σ_2 [hier: σ_l und σ_r] *entscheidend. Eine Niveauänderung bei konstantem Quotienten hat lediglich die Wirkung einer Änderung eines Skalenparameters. Somit steuert eigentlich nur ein Parameter die Schiefe.*"
(Grottke, 2002, S. 11).

Bei Box-Tiao-Verteilungen mit Dichtefunktionen (2.31) ist dies der Parameter γ. Die Skalenparameter σ_l und σ_r stehen über diesen Schiefeparameter in einem (umgekehrt proportionalen) Zusammenhang. Möglich sind jedoch beliebige Funktionen $\sigma_l(\gamma)$ und $\sigma_r(\gamma)$. Jedoch ist es ratsam, die

Funktionen so zu wählen, dass sie nur einen Schnittpunkt besitzen. Bei der SEP-Verteilung ist dieses erfüllt, und sie schneiden sich bei $\gamma = 1$.

Die Abbildung 2.4 zeigt linksschiefe Dichtefunktionen von SEP-Verteilungen unter der Vorgabe der Skalenparameter $\sigma_l = 2.0$ und $\sigma_r = 1.0$ bei unterschiedlicher Wahl des Parameters δ.

KOMUNJER (2003, S. 5) definiert in ihrer Arbeit eine Familie von Wahrscheinlichkeitsdichten[18], die äquivalent zur Familie von Wahrscheinlichkeitsdichten von SEP-Verteilungen ist. Letztendlich unterscheiden sich diese beiden Familien in der Darstellung nur durch die Wahl der Funktionen für $\sigma_l(\gamma)$ und $\sigma_r(\gamma)$. APD-Dichtefunktionen besitzen die funktionale Darstellung,

$$f(x;\theta,\alpha,\lambda,\delta) = \frac{\delta \cdot \lambda_{\alpha,\delta}^{\frac{1}{\delta}}}{\Gamma\left(\frac{1}{\delta}\right)} \cdot \begin{cases} e^{-\lambda_{\alpha,\delta}\cdot\left|\frac{x-\theta}{\alpha}\right|^{\delta}} & , \quad x \leq \theta\,, \\ e^{-\lambda_{\alpha,\delta}\cdot\left|\frac{x-\theta}{1-\alpha}\right|^{\delta}} & , \quad x > \theta\,, \end{cases} \tag{2.32}$$

mit $\lambda_{\alpha,\delta} = \frac{2\cdot\alpha^{\delta}\cdot(1-\alpha)^{\delta}}{\alpha^{\delta}+(1-\alpha)^{\delta}}$ sowie den Definitionsbereichen $0 < \alpha < 1$ und $\delta > 0$.

Während bei der SEP-Verteilung (unter Vernachlässigung des Skalenparameters σ) $\sigma_l(\gamma) = \frac{1}{\gamma}$ und $\sigma_r(\gamma) = \gamma$ die Funktionen für σ_l und σ_r beschreiben, sind diese bei der APD durch $\sigma_l(\alpha) = \alpha$ und $\sigma_r(\alpha) = 1 - \alpha$ festgesetzt. Ebenso wie bei Festsetzung der Funktionen der SEP-Verteilung schneiden sich diese bei der APD nur einmal, nämlich bei $\alpha = \frac{1}{2}$. Man sieht leicht, dass $\sigma_l(\alpha)+\sigma_r(\alpha) = 1$ gilt. Setzt man nun noch $\frac{1}{\sigma} = \lambda_{\alpha,\delta}^{\frac{1}{\delta}}$, so ist die Äquivalenz von SEP-Verteilung und APD gezeigt. Die einfachste und übersichtlichste Darstellung der SEP-Verteilung ist die in der Variante des Skalenparametersplittings. Mit ihr gelingt es, sämtliche Darstellungen dieser Verteilung in einer zu subsummieren. Man erhält jede andere durch geeignete Wahl der Skalenparameter $\sigma_l(\gamma)$ und $\sigma_r(\gamma)$. Um die Ergebnisse von KOMUNJER (2003) zur Maximum-Likelihood-Schätzung der unbekannten Parameter einer SEP-Verteilung direkt übernehmen zu können, muss jedoch unterstellt werden, dass die vom Schiefeparameter γ abhängenden

[18] KOMUNJER (2003, S. 5) nennt diese *„Asymmetric Power Distribution (APD) family of densities"*.

Funktionen der Skalenparameter stetig und stetig differenzierbar sind. Außerdem dürfen sie nur einen gemeinsamen Schnittpunkt besitzen. An der Stelle dieses Schnittpunktes ist die SEP-Verteilung symmetrisch.

Es folgt die Darstellung der Verteilungsfunktion und ihrer Inversen für die SEP-Verteilung in der Form des Skalenparametersplittings. Die Dichtefunktion einer Zufallsvariablen X dieser Verteilung ist wie folgt definiert,

$$f(x;\theta,\sigma_l,\sigma_r,\delta) = \frac{\delta}{\Gamma\left(\frac{1}{\delta}\right)\cdot(\sigma_l+\sigma_r)} \cdot \begin{cases} e^{-\frac{|x-\theta|^\delta}{\sigma_l^\delta}} , & x \leq \theta , \\ e^{-\frac{(x-\theta)^\delta}{\sigma_r^\delta}} , & x > \theta , \end{cases} \tag{2.33}$$

mit $\sigma_l, \sigma_r, \delta > 0$.

Satz 2.7.
Eine SEP-verteilte Zufallsvariable X, wobei die SEP-Verteilung durch die Dichtefunktion (2.33) definiert ist, besitzt

(a) die Verteilungsfunktion,

$$F(x) = \frac{\sigma_l}{\sigma_l+\sigma_r} \cdot \begin{cases} 1 - I_{\frac{1}{\delta}}\left(\sqrt{\delta}\cdot\left|\frac{x-\theta}{\sigma_l}\right|^\delta\right) , & x \leq \theta , \\ 1 + \frac{\sigma_r}{\sigma_l}\cdot I_{\frac{1}{\delta}}\left(\sqrt{\delta}\cdot\left|\frac{x-\theta}{\sigma_r}\right|^\delta\right) , & x > \theta , \end{cases} \tag{2.34}$$

(b) die inverse Verteilungsfunktion,

$$F^{-1}(y) = \delta^{-\frac{1}{2\delta}} \cdot \begin{cases} \theta - \sigma_l \cdot a^{\frac{1}{\delta}} , & y \leq \frac{\sigma_l}{\sigma_l+\sigma_r} , \\ \theta + \sigma_r \cdot b^{\frac{1}{\delta}} , & y > \frac{\sigma_l}{\sigma_l+\sigma_r} , \end{cases} \tag{2.35}$$

mit $a := I_{\frac{1}{\delta}}^{-1}\left(1 - \frac{\sigma_l+\sigma_r}{\sigma_l}\cdot y\right)$ und $b := I_{\frac{1}{\delta}}^{-1}\left(\frac{\sigma_l+\sigma_r}{\sigma_r}\cdot y - \frac{\sigma_l}{\sigma_r}\right)$, Dabei ist $I_\nu(z) = [\Gamma(\nu)]^{-1}\cdot\int_0^{z\cdot\sqrt{\nu}} t^{\nu-1}e^{-t}\,dt$ PEARSONs (1922) unvollständige Gammafunktion.[19]

[19]Vgl. dazu z. B. JOHNSON, KOTZ und BALAKRISHNAN, 1994, S. 338.

Beweis:
zu (a): Für die Verteilungsfunktion einer SEP-verteilten Zufallsvariablen mit Dichtefunktion (2.33) gilt:

$$
\begin{aligned}
F(x) &= \frac{\delta}{\Gamma(\frac{1}{\delta}) \cdot (\sigma_l + \sigma_r)} \\
&\cdot \left[\int_{-\infty}^{x} e^{-\left|\frac{y-\theta}{\sigma_l}\right|^{\delta}} \mathbb{1}_{]-\infty,\theta]}(y)\, dy + \int_{-\infty}^{x} e^{-\left|\frac{y-\theta}{\sigma_r}\right|^{\delta}} \mathbb{1}_{]\theta,\infty[}(y)\, dy \right]
\end{aligned}
$$

Für die weitere Betrachtung werden zwei Fälle unterschieden.

Sei $x \leq \theta$:

$$F(x) = \frac{\delta}{\Gamma(\frac{1}{\delta})\, (\sigma_l + \sigma_r)} \int_{-\infty}^{x} e^{-\left|\frac{y-\theta}{\sigma_l}\right|^{\delta}} dy$$

Substitution:	$z = \left\|\frac{y-\theta}{\sigma_l}\right\|^{\delta}$		
	$\Rightarrow \quad \frac{dy}{dz} = -\frac{\sigma_l \cdot z^{\frac{1}{\delta}-1}}{\delta}$	,	$x \to t = \left\|\frac{x-\theta}{\sigma_l}\right\|^{\delta}$

$$\Leftrightarrow \quad F(x) = \frac{\delta}{\Gamma(\frac{1}{\delta})\, (\sigma_l + \sigma_r)} \cdot \frac{\sigma_l}{\delta} \cdot (-1) \int_{\infty}^{t} z^{\frac{1}{\delta}-1} e^{-z} dz$$

$$\Leftrightarrow \quad F(x) = \frac{\sigma_l}{(\sigma_l + \sigma_r)} \cdot \frac{1}{\Gamma(\frac{1}{\delta})} \int_{t}^{\infty} z^{\frac{1}{\delta}-1} e^{-z} dz$$

Nun gilt $\left[\Gamma\left(\frac{1}{\delta}\right)\right]^{-1} \cdot \int_{t}^{\infty} z^{\frac{1}{\delta}-1} e^{-z} dz = P\,(T > t)$, wobei T eine gammaverteilte Zufallsvariable ist (vgl. JOHNSON, KOTZ, BALAKRISHNAN, 1994, S. 337).

$$\Rightarrow \quad F(x) = \frac{\sigma_l}{(\sigma_l + \sigma_r)} \cdot \left[1 - \frac{1}{\Gamma(\frac{1}{\delta})} \int_0^t z^{\frac{1}{\delta}-1} e^{-z} dz \right] \quad .$$

Mit $t = t \cdot \frac{\sqrt{\delta}}{\sqrt{\delta}}$ und der Darstellung von PEARSONs (1922) unvollständiger Gammafunktion (siehe Satz 2.7, bzw. vgl. auch JOHNSON, KOTZ und BALAKRISHNAN, 1994, S. 338) folgt der gesuchte Ausdruck für $\theta \leq 0$.

Sei nun $x > \theta$:

Mit analogen Überlegungen wie vorher oder aber auch durch die Aussage von Satz 2.3 (a) erhält man $P(X \leq \theta) = \frac{\sigma_l}{\sigma_l + \sigma_r}$. Damit ergibt sich:

$$F(x) = \frac{\sigma_l}{\sigma_l + \sigma_r} + \frac{\delta}{\Gamma(\frac{1}{\delta})\,(\sigma_l + \sigma_r)} \int_\theta^x e^{-\left|\frac{y-\theta}{\sigma_r}\right|^\delta} dy$$

Substitution: $\quad z = \left\lvert\frac{y-\theta}{\sigma_r}\right\rvert^\delta$ $\Rightarrow \quad \frac{dy}{dz} = \frac{\sigma_r \cdot z^{\frac{1}{\delta}-1}}{\delta} \quad , \quad x \to t^* = \left\lvert\frac{x-\theta}{\sigma_r}\right\rvert^\delta \quad , \quad \theta \to 0$

$$\Leftrightarrow \quad F(x) = \frac{\sigma_l}{\sigma_l + \sigma_r} + \frac{\sigma_r}{(\sigma_l + \sigma_r)} \cdot \frac{1}{\Gamma(\frac{1}{\delta})} \int_0^{t^*} z^{\frac{1}{\delta}-1} e^{-z} dz$$

$$\Leftrightarrow \quad F(x) = \frac{\sigma_l}{\sigma_l + \sigma_r} \cdot \left[1 + \frac{\sigma_r}{\sigma_l} \cdot I_{\frac{1}{\delta}}\left(\sqrt{\delta} \cdot \left| \frac{x-\theta}{\sigma_r} \right|^\delta \right) \right]$$

Damit ist Behauptung (a) von Satz 2.7 bewiesen.

zu (b): Auch für den Beweis von (b) werden nacheinander die beiden Teiläste der inversen Verteilungsfunktion abgeleitet,

$$\begin{aligned}
& x \leq \theta \quad \wedge \quad y = F(x) \\
\Leftrightarrow \quad & x \leq \theta \quad \wedge \quad y = \frac{\sigma_l}{\sigma_l + \sigma_r}\left[1 - I_{\frac{1}{\delta}}\left(\sqrt{\delta} \cdot \left|\frac{x-\theta}{\sigma_l}\right|^{\delta}\right)\right] \\
\Leftrightarrow \quad & x \leq \theta \quad \wedge \quad |x-\theta| = \delta^{-\frac{1}{2\delta}} \cdot \sigma_l \cdot a^{\frac{1}{\delta}} \\
\Leftrightarrow \quad & y \leq \frac{\sigma_l}{\sigma_l + \sigma_r} \quad \wedge \quad x = \theta - \delta^{-\frac{1}{2\delta}} \cdot \sigma_l \cdot a^{\frac{1}{\delta}}
\end{aligned}$$

mit $a := I_{\frac{1}{\delta}}^{-1}\left(1 - \frac{\sigma_l+\sigma_r}{\sigma_l} \cdot y\right)$.

Nach der Herleitung des linken Teilastes der inversen SEP-Verteilungsfunktion folgt analog der rechte Teilast,

$$\begin{aligned}
& x > \theta \quad \wedge \quad y = F(x) \\
\Leftrightarrow \quad & x > \theta \quad \wedge \quad y = \frac{\sigma_l}{\sigma_l + \sigma_r} \cdot \left[1 + \frac{\sigma_r}{\sigma_l} \cdot I_{\frac{1}{\delta}}\left(\sqrt{\delta} \cdot \left|\frac{x-\theta}{\sigma_r}\right|^{\delta}\right)\right] \\
\Leftrightarrow \quad & x > \theta \quad \wedge \quad |x-\theta| = \delta^{-\frac{1}{2\delta}} \cdot \sigma_r \cdot b^{\frac{1}{\delta}} \\
\Leftrightarrow \quad & x > \theta \quad \wedge \quad x-\theta = \delta^{-\frac{1}{2\delta}} \cdot \sigma_r \cdot b^{\frac{1}{\delta}} \\
\Leftrightarrow \quad & y > \frac{\sigma_l}{\sigma_l + \sigma_r} \quad \wedge \quad x = \theta + \delta^{-\frac{1}{2\delta}} \cdot \sigma_r \cdot b^{\frac{1}{\delta}}
\end{aligned}$$

mit $b := \left[I_{\frac{1}{\delta}}^{-1}\left(\frac{\sigma_l+\sigma_r}{\sigma_r} \cdot y - \frac{\sigma_l}{\sigma_r}\right)\right]$.

Satz 2.7 ist somit vollständig bewiesen. □

In der durch die Dichtefunktion (2.33) definierten SEP-Verteilung sind eine ganze Reihe spezieller Verteilungen enthalten. Für identische Skalenparameter erhält man wieder die symmetrische Verteilung, also hier die Exponential-Power- bzw. Box-Tiao-Verteilung. Mit $\delta = 1$ gelangt man zur schiefen Laplace-Verteilung und $\delta = 2$ führt zur zweiteiligen Normalverteilung (TPN).

Im Folgenden werden die höheren Momente einer SEP-verteilten Zufallsvariablen X mit der Dichtefunktion (2.33) angeführt (vgl. FERNÁNDEZ, OSIEWALSKI und STEEL 1995, S. 1333 f. bzw. KOMUNJER, 2003, S. 9).

Satz 2.8.
Der Erwartungswert und die Varianz einer SEP-verteilten Zufallsvariablen X mit der Dichtefunktion (2.33) und $\theta = 0$ besitzen die folgende analytische Darstellung,

$$\begin{aligned} E(X) &= \frac{\Gamma(\frac{2}{\delta})}{\Gamma(\frac{1}{\delta})} \cdot (\sigma_r - \sigma_l) \quad , \\ Var(X) &= (a-b) \cdot (\sigma_r - \sigma_l)^2 + a \cdot \sigma_l \cdot \sigma_r \quad , \end{aligned}$$

mit $a = \frac{\Gamma(\frac{3}{\delta}) \cdot \Gamma(\frac{1}{\delta})}{(\Gamma(\frac{1}{\delta}))^2}$ *und* $b = \frac{(\Gamma(\frac{2}{\delta}))^2}{(\Gamma(\frac{1}{\delta}))^2}$.

Für höhere Momente mit $m \in \mathbb{N} \setminus \{0\}$ gilt,

$$E(X^m) = \frac{\Gamma(\frac{m+1}{\delta})}{\Gamma(\frac{1}{\delta})} \cdot \frac{\sigma_r^{m+1} + (-1)^m \cdot \sigma_l^{m+1}}{\sigma_r + \sigma_l} \quad .$$

Beweis: Zuerst wird die Beziehung für $E(X^m)$ hergeleitet.

$$\begin{aligned} E(X^m) &= \int_{-\infty}^{\infty} x^m \, f(x) \, dx \\ &= \frac{\delta}{\Gamma(\frac{1}{\delta}) \, (\sigma_l + \sigma_r)} \\ &\quad \cdot \left[\int_{-\infty}^{0} x^m \, e^{-\left|\frac{x}{\sigma_l}\right|^\delta} dx + \int_{0}^{\infty} x^m \, e^{-\left|\frac{x}{\sigma_r}\right|^\delta} dx \right] \end{aligned}$$

Mit $y = -x$ bzw. $y = x$ ergibt sich:

$$\begin{aligned} E(X^m) &= \frac{\delta}{\Gamma(\frac{1}{\delta}) \, (\sigma_l + \sigma_r)} \\ &\quad \cdot \left[(-1)^m \int_{0}^{\infty} y^m \, e^{-\left(\frac{y}{\sigma_l}\right)^\delta} dy + \int_{0}^{\infty} y^m \, e^{-\left(\frac{y}{\sigma_r}\right)^\delta} dy \right] \end{aligned}$$

Näher betrachtet wird nun eines der Integrale $\int_0^\infty y^m \, e^{-\left(\frac{y}{\sigma_l}\right)^\delta} \, dy$:

Substitution: $z = \left(\frac{y}{\sigma_l}\right)^\delta \quad \Rightarrow \quad y = \sigma_l \cdot z^{\frac{1}{\delta}} \quad , \; dy = \frac{\sigma_l}{\delta} \cdot z^{\frac{1}{\delta}-1} \, dz$

$$\int_0^\infty y^m \, e^{-\left(\frac{y}{\sigma_l}\right)^\delta} \, dy = \frac{\sigma_l^{m+1}}{\delta} \int_0^\infty z^{\left(\frac{m+1}{\delta}-1\right)} e^{-z} \, dz$$

Wegen $\int_0^\infty t^{\alpha-1} e^{-t} \, dt = \Gamma(\alpha)$ folgt:

$$\int_0^\infty y^m \, e^{-\left(\frac{y}{\sigma_l}\right)^\delta} \, dy = \frac{\sigma_l^{m+1}}{\delta} \cdot \Gamma\left(\frac{m+1}{\delta}\right)$$

Somit ergibt sich schließlich:

$$\begin{aligned} E(X^m) &= \frac{\Gamma\left(\frac{m+1}{\delta}\right)}{\Gamma\left(\frac{1}{\delta}\right)} \cdot \frac{\sigma_l^{m+1}}{\sigma_l + \sigma_r} \cdot (-1)^m + \frac{\Gamma\left(\frac{m+1}{\delta}\right)}{\Gamma\left(\frac{1}{\delta}\right)} \cdot \frac{\sigma_r^{m+1}}{\sigma_l + \sigma_r} \\ &= \frac{\Gamma\left(\frac{m+1}{\delta}\right)}{\Gamma\left(\frac{1}{\delta}\right)} \cdot \frac{\sigma_r^{m+1} + (-1)^m \, \sigma_l^{m+1}}{\sigma_l + \sigma_r} \end{aligned}$$

Aus dieser Beziehung erhält man direkt,

$$E(X) = \frac{\Gamma\left(\frac{2}{\delta}\right)}{\Gamma\left(\frac{1}{\delta}\right)} \cdot (\sigma_r - \sigma_l) \quad , \quad E(X^2) = \frac{\Gamma\left(\frac{3}{\delta}\right)}{\Gamma\left(\frac{1}{\delta}\right)} \cdot \frac{\sigma_r^3 + \sigma_l^3}{\sigma_r + \sigma_l}$$

Daraus lässt sich die Darstellung für die Varianz nachrechnen,

$$\begin{aligned} Var(X) &= E(X^2) - (E(X))^2 \\ &= a \cdot \frac{\sigma_r^3 + \sigma_l^3}{\sigma_r + \sigma_l} - b \cdot \frac{(\sigma_r - \sigma_l)^2 \cdot (\sigma_r + \sigma_l)}{\sigma_r + \sigma_l} \, , \end{aligned}$$

mit $a := \frac{\Gamma\left(\frac{3}{\delta}\right) \cdot \Gamma\left(\frac{1}{\delta}\right)}{\left(\Gamma\left(\frac{1}{\delta}\right)\right)^2}$ und $b := \frac{\left(\Gamma\left(\frac{2}{\delta}\right)\right)^2}{\left(\Gamma\left(\frac{1}{\delta}\right)\right)^2}$.

Das gesuchte Resultat ergibt sich durch einige elementare Umformungen:

$$\begin{aligned} Var(X) &= a \cdot \frac{\sigma_r^3 + \sigma_l^3}{\sigma_r + \sigma_l} - b \cdot \frac{(\sigma_r - \sigma_l)^2 \cdot (\sigma_r + \sigma_l)}{\sigma_r + \sigma_l} \\ &= a \cdot (\sigma_r - \sigma_l)^2 + a \cdot \frac{\sigma_r \sigma_l^2}{\sigma_r + \sigma_l} \\ &\quad + a \cdot \frac{\sigma_r^2 \sigma_l}{\sigma_r + \sigma_l} - b \cdot (\sigma_r - \sigma_l)^2 \\ &= (a - b) \cdot (\sigma_r - \sigma_l)^2 + a\,\sigma_l\,\sigma_r \end{aligned}$$

□

Momente höherer Ordnung für $\theta \neq 0$ erhält man über die Beziehung:

$$E[(X-\theta)^m] = \begin{cases} \sum\limits_{k=0}^{m} (-1)^k \binom{m}{k} \theta^k E(X^{m-k}) & \text{für} \quad \theta < 0 \quad , \\ \sum\limits_{k=0}^{m} \binom{m}{k} \theta^k E(X^{m-k}) & \text{für} \quad \theta > 0 \quad , \end{cases}$$

Aus der Darstellung der Verteilungsfunktion und der zugehörigen inversen Verteilungsfunktion kann man einen Algorithmus zur Ziehung einer Zufallsstichprobe einer SEP-verteilten Zufallsvariablen entwickeln. Dies ermöglicht mittels Simulationsstudien Vergleiche der Schätzungen und der statistischen Inferenz von ökonometrischen Modellen, in denen symmetrische (und i. d. R. normalverteilte) Zufallsvariablen zu Grunde gelegt sind, mit solchen, die sowohl mit Schiefe als auch mit einem ggf. abweichenden Formparameter δ (im Sinne der Dichtefunktion (2.33)) behaftet sind.

Eine Zufallsstichprobe $z_1, \ldots, z_n$ einer SEP-verteilten Zufallsvariablen Z mit den Parametern σ_l, σ_r, θ und δ erhält man über folgende Schritte (Dieser Algorithmus basiert auf KOMUNJER, 2003, S. 12):

(1) Es sind n Elemente, $w_1, \ldots, w_n$, einer gammaverteilten Zufallsvariablen W mit dem Parameter $\frac{1}{\delta}$ und der Wahrscheinlichkeitsdichtefunktion $f_W(w) = \left(\Gamma\left(\frac{1}{\delta}\right)\right)^{-1} w^{\frac{1}{\delta}-1} e^{-w}$ zu erzeugen.

(2) Nun muss die Zufallsvariable W durch Potenzieren mit dem Formparameter $\frac{1}{\delta}$ in die Zufallsvariable X überführt werden, d. h. $X = W^{\frac{1}{\delta}}$.

(3) Als Drittes sind n Elemente einer auf dem Intervall $[0.0, 1.0]$ gleichverteilten Zufallsvariablen Y zu generieren. Daraus konstruiert man zwei Indikatorfunktionen gemäß,

$$\mathbb{1}_{[0,s]}(y_i) = \begin{cases} 1, & y_i \in [0, s] \\ 0, & y_i \in]s, 1] \end{cases} ,$$

und $\mathbb{1}_{]s,1]}(y_i) = 1 - \mathbb{1}_{[0,s]}(y_i)$, $\forall i = 1, \ldots, n$, mit $s = \frac{\sigma_l}{\sigma_l + \sigma_r}$.

(4) $Z = \left[-\sigma_l \cdot X \cdot \mathbb{1}_{[0,s]}(y_i) + \sigma_r \cdot X \cdot \mathbb{1}_{]s,1]}(y_i)\right] + \theta$ liefert schließlich eine Zufallsstichprobe einer SEP-verteilten Zufallsvariablen.

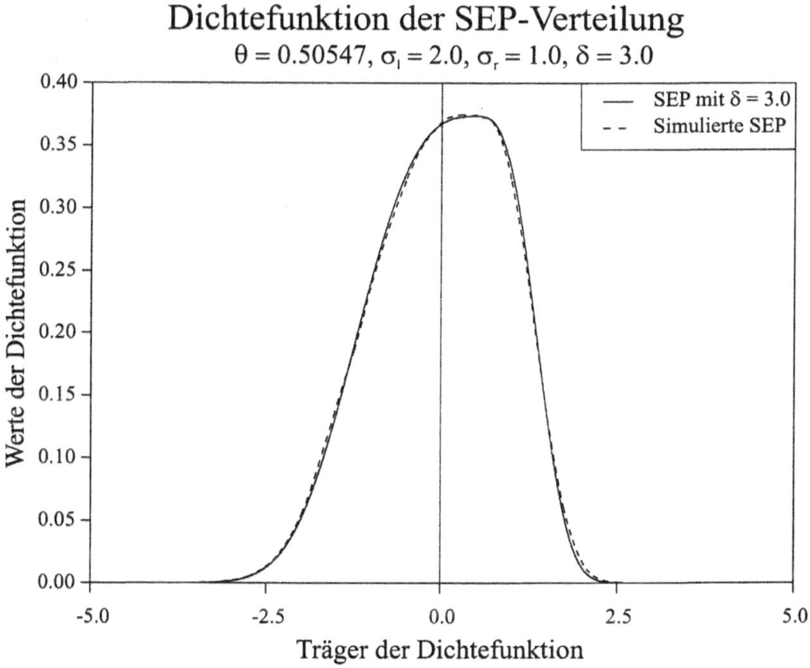

Abbildung 2.5: SEP-Dichtefunktion mit $\theta = 0.50547$, $\sigma_l = 2.0$, $\sigma_r = 1.0$ und $\delta = 3.0$, sowie die Schätzung der Kerndichtefunktion für $n = 20000$ Zufallsausprägungen dieser Verteilung.

In der Abbildung 2.5 ist die Dichtefunktion einer SEP-Verteilung mit den Parametern $\sigma_l = 2.0$, $\sigma_r = 1.0$, $\delta = 3.0$ dargestellt. Zusätzlich ist eine Kerndichteschätzung abgebildet, die für 20000 durch obigen Algorithmus simulierte Stichprobenelemente dergleichen Verteilung ermittelt wurden.[20] Der Parameter θ ist so gewählt worden, dass die zugehörige Zufallsvariable einen Erwartungswert von Null hat (also in diesem Fall $\theta = 0.50547$). Die Abbildung 2.5 verdeutlicht sehr gut, dass die Kerndichteschätzung für die 20000 Stichprobenelemente, die mittels des vorgestellten Simulationsalgorithmus zur Ziehung von SEP-verteilten Zufallsstichproben realisiert wurden, eine sehr gute Annäherung an die wahre SEP-Dichtefunktion darstellt. Dies bestätigt die Funktionsweise des Algorithmus.

Wie schon bei der TPN-Verteilung, ist auch für die SEP-Verteilung die Schätzbarkeit der Parameter zu betrachten. Der folgende Abschnitt diskutiert die Anwendbarkeit der Maximum-Likelihood-Methode.

2.3.2 Schätzung der Parameter

KOMUNJER (2003) entwickelte einen Algorithmus zur Simulation von asymmetrischen Power-Verteilungen mit der Dichtefunktion (2.32). Außerdem gelang ihr der Beweis der Konsistenz der Maximum-Likelihood-Schätzer der unbekannten Parameter dieser Verteilung sowie deren asymptotischer Konvergenz gegen eine Normalverteilung. Diese Ergebnisse können ohne Verlust ihrer Gültigkeit für die Darstellung der SEP-Verteilung verallgemeinert werden. Ausgangspunkt dafür ist ihre Dichtefunktion (2.33), mit $\sigma_l, \sigma_r, \delta > 0$. Um die Identifizierbarkeit der Parameter zu garantieren, muss diese zuerst auf die Darstellungsform mit einem Schiefeparameter und einem Skalenparameter umgeschrieben werden. D. h. aus den beiden Skalenparametern σ_l und σ_r werden, wie in Abschnitt 2.1.4 beschrieben, Funktionen $\sigma_l(\gamma)$ und $\sigma_l(\gamma)$ in Abhängigkeit eines Schiefeparameters $\gamma \in]0, \infty[$ gebildet und ein zusätzlicher Skalenparameter $\sigma \in]0, \infty[$ eingefügt. Daraus

[20] Zur Kerndichteschätzung gelten dieselben Aussagen wie bei der Simulation der JTB-Verteilung, vgl. Abschnitt 2.1.3, S. 23 f.

ergibt sich die final zu betrachtende SEP-Dichtefunktion,

$$f(x;\theta,\sigma,\gamma,\delta) = \frac{\delta}{\sigma\,\Gamma\left(\frac{1}{\delta}\right)\left(\sigma_l\left(\gamma\right)+\sigma_r\left(\gamma\right)\right)}\cdot\begin{cases} e^{-\frac{|x-\theta|^{\delta}}{(\sigma\cdot\sigma_l(\gamma))^{\delta}}} & ,\, x\leq\theta\,, \\ e^{-\frac{(x-\theta)^{\delta}}{(\sigma\cdot\sigma_r(\gamma))^{\delta}}} & ,\, x>\theta\,, \end{cases} \tag{2.36}$$

mit $\sigma,\gamma\in\,]\,0\,,\,\infty\,[\,,\,\delta\in\,]\,1\,,\,\infty\,[$ und $\theta\,\in\mathbb{R}$.

Für eine Stichprobe $x_1,\ldots,x_n$ identisch und unabhängig SEP-verteilter Zufallsvariablen $X_1,\ldots,X_n$ mit Dichtefunktionen gemäß (2.36) ergibt sich bzgl. des Parametervektors $\beta=(\theta,\gamma,\delta,\sigma)'$ die Log-Likelihoodfunktion,

$$\begin{aligned} l(\beta) &= n^{-1}\sum_{i=1}^{n}\ln\left(f_{X_i}(x_i\,|\,\beta)\right) \quad , & (2.37)\\ &= \ln\left(\delta\right)-\ln\left(\sigma\right)-\ln\left(\Gamma\left(\frac{1}{\delta}\right)\right)-\ln\left(\sigma_l\left(\gamma\right)+\sigma_r\left(\gamma\right)\right) \\ &- \sum_{i=1}^{n}\left[\frac{|x_i-\theta|^{\delta}}{\left(\sigma\cdot\sigma_l\left(\gamma\right)\right)^{\delta}}\cdot\mathbb{1}_l\left(x_i\right)+\frac{\left(x_i-\theta\right)^{\delta}}{\left(\sigma\cdot\sigma_r\left(\gamma\right)\right)^{\delta}}\cdot\mathbb{1}_r\left(x_i\right)\right] , & (2.38) \end{aligned}$$

mit $\mathbb{1}_l\left(x_i\right)=\mathbb{1}_{]-\infty\,,\,\theta\,]}\left(x_i\right)$ und $\mathbb{1}_r\left(x_i\right)=\mathbb{1}_{]\,\theta\,,\,\infty\,[}\left(x_i\right)$.

Die Komponenten des Vektors $s(\beta)=\left(\frac{\partial\,l(\beta)}{\partial\,\theta}\,,\,\frac{\partial\,l(\beta)}{\partial\,\sigma}\,,\,\frac{\partial\,l(\beta)}{\partial\,\gamma}\,,\,\frac{\partial\,l(\beta)}{\partial\,\delta}\right)'$ der ersten Ableitung bzgl. jedes Parameters der Log-Likelihoodfunktion, der Score, wird nachstehend analytisch dargestellt. Aus Gründen der länglichen Darstellung der Scores wird nicht $s(\beta_j)$ sondern stattdessen $s_{i,\,j}$ von $\ln\left(f_{X_i}(x_i\,|\,\beta)\right)$ für $j=1,\ldots,4$ aufgeführt,[21]

$$\begin{aligned} s_{i,\,1} &= \frac{\delta}{\sigma}\cdot|x_i-\theta|^{\delta-1} \\ &\cdot\left[\frac{1}{\left(\sigma_r\left(\gamma\right)\right)^{\delta}}-\left(\frac{1}{\left(\sigma_r\left(\gamma\right)\right)^{\delta}}+\frac{1}{\left(\sigma_l\left(\gamma\right)\right)^{\delta}}\right)\cdot\mathbb{1}_{]-\infty\,,\,\theta\,]}\left(x_i\right)\right] , \quad (2.39) \end{aligned}$$

---

[21] Die analytische Darstellung des Scores $s_{i,\,1}$ erhält man, indem nach dem Differenzieren der Funktion $\ln\left(f_{X_i}\left(x_i\,|\,\beta\right)\right)$ bzgl. des Parameters θ dieser Ableitung eine Null in der Form $+\frac{\delta}{(\sigma\,\sigma_r(\gamma))^{\delta}}\cdot(x_i-\theta)^{\delta-1}\cdot\mathbb{1}_{]-\infty\,,\,\theta\,]}\left(x_i\right)-\frac{\delta}{(\sigma\,\sigma_r(\gamma))^{\delta}}\cdot(x_i-\theta)^{\delta-1}\cdot\mathbb{1}_{]-\infty\,,\,\theta\,]}\left(x_i\right)$ hinzugefügt wird. Der gesuchte Ausdruck ergibt sich nach einigen elementaren Umformungen.

$$s_{i,2} = -\frac{1}{\sigma} + \delta \cdot \sigma^{-(\delta+1)} \cdot \left[\frac{|x_i - \theta|^\delta}{(\sigma_l(\gamma))^\delta} \mathbb{1}_{]-\infty,\theta]}(x_i) + \frac{|x_i - \theta|^\delta}{(\sigma_r(\gamma))^\delta} \mathbb{1}_{]\theta,\infty[}(x_i) \right], \tag{2.40}$$

$$s_{i,3} = -\frac{\sigma_l'(\gamma) + \sigma_r'(\gamma)}{\sigma_l(\gamma) + \sigma_r(\gamma)} + \frac{\delta}{\sigma} \cdot \frac{\sigma_l'(\gamma)}{(\sigma_l(\gamma))^{\delta+1}} \cdot |x_i - \theta|^\delta \cdot \mathbb{1}_{]-\infty,\theta]}(x_i) + \frac{\delta}{\sigma} \cdot \frac{\sigma_r'(\gamma)}{(\sigma_r(\gamma))^{\delta+1}} \cdot |x_i - \theta|^\delta \cdot \mathbb{1}_{]\theta,\infty[}(x_i) \quad , \tag{2.41}$$

$$s_{i,4} = \frac{1}{\delta} + \frac{1}{\delta^2} \cdot \frac{\Gamma'(\frac{1}{\delta})}{\Gamma(\frac{1}{\delta})} - |x_i - \theta|^\delta \cdot \left[\frac{1}{(\sigma_l(\gamma))^\delta} \cdot (\ln|x_i - \theta| - \ln(\sigma_l(\gamma))) \cdot \mathbb{1}_{]-\infty,\theta]}(x_i) + \frac{1}{(\sigma_r(\gamma))^\delta} \cdot (\ln(x_i - \theta) - \ln(\sigma_r(\gamma))) \cdot \mathbb{1}_{]\theta,\infty[}(x_i) \right]. \tag{2.42}$$

Der Score $s_{i,4}$ braucht nicht weiter vereinfacht zu werden. Nach der Cauchyschen Formel (vgl. BRONŠTEIN, SEMENDJAEV (1991), S. 332) gilt für den Quotienten aus Ableitung der Gammafunktion und der Gammafunktion im zweiten Summanden von (2.42), $\frac{\Gamma'(\frac{1}{\delta})}{\Gamma(\frac{1}{\delta})} = \int_0^1 \frac{1-t^{\frac{1}{\delta}}}{1-t}\, dt - C$, mit der Eulerschen Konstanten $C = \lim\limits_{n\to\infty} \sum\limits_{\nu=1}^{n} \frac{1}{\nu} - \ln(n) \approx 0.5772156\ldots$

Satz 2.9.
$X_1, \ldots, X_n$ seien identisch und stochastisch unabhängig SEP-verteilte Zufallsvariablen mit Dichtefunktionen gemäß (2.36) und dem Parametervektor $\beta \in B \subset \mathbb{R}^4$, wobei B kompakt sei. Mit $x_1, \ldots, x_n$ sei eine zugehörige Zufallsstichprobe bezeichnet. Der Vektor der Scores zu $\ln(f_{X_i}(x_i \mid \beta))$ sei mit $s_i = (s_{i,1}\ , s_{i,2}\ , s_{i,3}\ , s_{i,4})'$ und $\hat{s}_i = (\hat{s}_{i,1}\ , \hat{s}_{i,2}\ , \hat{s}_{i,3}\ , \hat{s}_{i,4})'$ sei der Vektor der geschätzten Scores (d. h. dieser ermittelt sich durch das Einsetzen der Schätzwerte für die unbekannten Parameter). Die Scores haben die Darstellung (2.39)-(2.42).

Unter diesen Bedingungen sind die Maximum-Likelihood-Schätzer $\hat{\beta}_{ML}$ *von* β *konsistent und asymptotisch normalverteilt. Die Fisher Informationsmatrix,* $J = E(s_i s_i')$, *ist durch* $\hat{J}_{ML} = \frac{1}{n} \sum_{i=1}^{n} \hat{s}_i \hat{s}_i'$, *konsistent schätzbar und es gilt,*

$$\sqrt{n}\left(\hat{\beta}_{ML} - \beta\right) \quad \xrightarrow{d} \quad N(0, J^{-1}) \quad .$$

Beweis: Basierend auf KOMUNJER, 2003, S. 28-33 wird der Beweis in einer etwas verkürzten Version für die allgemeine SEP-Verteilung geführt. Gezeigt werden muss, dass eine Lösung $\hat{\beta}_{ML}$ des Maximierungsproblems,

$$\max_{\beta \in B} \quad l(\beta) \quad ,$$

sowohl ein konsistenter als auch asymptotisch normalverteilter Schätzer für β ist. Zusätzlich ist zu zeigen, dass $\hat{J}_{ML} = \frac{1}{n} \sum_{i=1}^{n} \hat{s}_i \hat{s}_i'$ eine konsistente Schätzung der Informationsmatrix liefert. Für den Beweis dieser Behauptungen wird die Gültigkeit der Voraussetzungen für allgemeine und bekannte Aussagen zur Asymptotik von ML-Schätzern nachgewiesen. Da die Log-Likelihoodfunktion (2.38) nicht bzgl. aller Parameter zweimal stetig differenzierbar ist, dies aber in der Standard-Maximum-Likelihood-Theorie vorausgesetzt wird (vgl. dazu z. B. CROWDER, 1976), werden hier die unter schwächeren Bedingungen gültigen Theoreme 2.5 und 7.1 von NEWEY und MCFADDEN, (1994, S. 2131 und S. 2186 f.) zum Nachweis der Konsistenz und der asymptotischen Normalität verwendet. Im Weiteren bezeichne β_0 den wahren Parametervektor der Grundgesamtheit.

Zuerst wird die Konsistenz der Schätzer betrachtet. Dazu müssen die folgenden Annahmen des Theorems 2.5 überprüft werden.

1. $\beta \neq \beta_0$ mit $\beta, \beta_0 \in B \quad \Rightarrow \quad f_{X_i}(x_i \,|\, \beta) \neq f_{X_i}(x_i \,|\, \beta_0) \quad .$
2. $\beta_0 \in B$, wobei B eine kompakte Menge ist.
3. Mit einer Wahrscheinlichkeit von 1 ist $\ln(f_{X_i}(x_i \,|\, \beta))$ stetig $\forall \beta \in B$.
4. $E\left[\sup_{\beta \in B} |\ln(f_{X_i}(x_i \,|\, \beta))|\right] < \infty \quad .$

Die Gültigkeit der ersten drei Bedingungen ist leicht einzusehen (vgl. KOMUNJER, 2003, S. 28 f.). Die zweite Bedingung ist erfüllt, da sie per Annahme in Satz 2.9. enthalten ist. Jedoch widerspricht diese Annahme der Definition der SEP-Verteilung durch die Dichtefunktion (2.36). Dort wurde nämlich $\sigma_l, \sigma_r, \delta > 0$ und $\theta \in \mathbb{R}$ zugelassen, d. h. diese vier Parameter sind auf einer offenen und somit nicht kompakten Menge definiert. Die ML-Methode ist daraus folgend nur dann anwendbar, wenn man die unbekannten Parameter derart beschränkt, dass $\sigma_l, \sigma_r, \delta \in [K_u, K_o]$ und $\theta \in [L_u, L_o]$ mit $K_u > 0, K_o, L_o < \infty$ und $L_u > -\infty$ sowie K_u, L_u, K_o, L_o fest aber beliebig gilt. In diesem Sinne seien die unbekannten Parameter der SEP-Verteilung für die Anwendbarkeit der ML-Methode restringiert. Für den Beweis der vierten Annahme wird mit der Funktion,

$$\begin{aligned}\ln\left(f_{X_i}(x_i \,|\, \beta)\right) &= \ln(\delta) - \ln(\sigma) - \ln\left(\Gamma\left(\frac{1}{\delta}\right)\right) \\ &\quad - \ln\left(\sigma_l(\gamma) + \sigma_r(\gamma)\right) \\ &\quad - \left[\frac{|x_i - \theta|^\delta}{(\sigma_l(\gamma))^\delta} \cdot \mathbb{1}_l(x_i) + \frac{(x_i - \theta)^\delta}{(\sigma_r(\gamma))^\delta} \cdot \mathbb{1}_r(x_i)\right], \end{aligned} \tag{2.43}$$

mit $1_l(x_i) = \mathbb{1}_{]-\infty,\theta]}(x_i)$ und $1_r(x_i) = \mathbb{1}_{]\theta,\infty[}(x_i)$ begonnen. Nun kann man $|\ln(f_{X_i}(x_i \,|\, \beta))|$ leicht nach oben abschätzen:

$$\begin{aligned}|\ln(f_{X_i}(x_i \,|\, \beta))| &\le +\left(\frac{1}{(\sigma \cdot \sigma_l(\gamma))^\delta} + \frac{1}{(\sigma \cdot \sigma_r(\gamma))^\delta}\right) \cdot |x_i - \theta|^\delta \\ &\quad + |\ln(\sigma_l(\gamma) + \sigma_r(\gamma))| \\ &\quad + |\ln(\delta)| + |\ln(\sigma)| + \left|\ln\left(\Gamma\left(\frac{1}{\delta}\right)\right)\right| \end{aligned} \tag{2.44}$$

Da die unbekannten Parameter auf dem kompakten Intervall $B \subset \mathbb{R}^4$ im Sinne der obigen Erläuterungen definiert sind, und wegen der Linearität des Erwartungswertes reduziert sich der Nachweis von,

$$E\left[\sup_{\beta \in B} |\ln(f_{X_i}(x_i \,|\, \beta))|\right] \le K < \infty \quad ,$$

zu,

$$E\left[\left|\frac{X_i - \theta}{\sigma}\right|^\delta\right] \le K < \infty \quad . \tag{2.45}$$

Wegen des allgemeinen Transformationssatzes für streng monotone und stetig differenzierbare Transformationen von stetigen Zufallsvariablen (vgl. z. B. SCHAICH, 2001, S. 37) folgt,

$$E\left[\left|\frac{X_i-\theta}{\sigma}\right|^{\delta}\right] = \sigma \cdot E\left[\,|Y_i|^{\delta}\right] \quad .$$

Es bleibt zu zeigen, dass für eine SEP-verteilte Zufallsvariable Y mit den Parametern γ, δ aus der kompakten Menge $\tilde{B} \subset \mathbb{R}^2$ (mit $\tilde{B} \subset B$) gilt,

$$E\left[\,|Y_i|^{\delta}\right] \leq K < \infty \quad . \tag{2.46}$$

Zum Beweis von (2.46) wird zur formalen Abkürzung auf die Darstellung mit zwei Skalenparametern zurückgegangen.

$$\begin{aligned}
E\left[\,|Y_i|^{\delta}\right] &= \int_{-\infty}^{\infty} |y_i|^{\delta} f_{Y_i}(y_i)\, dy_i \\
&= \frac{\tilde{\delta}}{\Gamma\left(\frac{1}{\tilde{\delta}}\right)(\tilde{\sigma}_l+\tilde{\sigma}_r)} \\
&\quad \cdot \left[\int_{-\infty}^{0} |y_i|^{\delta} \cdot e^{-\left|\frac{y_i}{\tilde{\sigma}_l}\right|^{\tilde{\delta}}} dy_i + \int_{0}^{\infty} |y_i|^{\delta} \cdot e^{-\left|\frac{y_i}{\tilde{\sigma}_r}\right|^{\tilde{\delta}}} dy_i\right] \\
&= \frac{\tilde{\delta}}{\Gamma\left(\frac{1}{\tilde{\delta}}\right)(\tilde{\sigma}_l+\tilde{\sigma}_r)} \\
&\quad \cdot \left[\int_{0}^{\infty} z_i^{\delta} \cdot e^{-\left(\frac{z_i}{\tilde{\sigma}_l}\right)^{\tilde{\delta}}} dz_i + \int_{0}^{\infty} y_i^{\delta} \cdot e^{-\left(\frac{y_i}{\tilde{\sigma}_r}\right)^{\tilde{\delta}}} dy_i\right] \quad ,
\end{aligned}$$

wobei die Substitution $z_i = -y_i$ angewendet worden ist. Nun wird die Substitution $v_i = \left(\frac{z_i}{\tilde{\sigma}_l}\right)^{\tilde{\delta}}$ bzw. $\tilde{v}_i = \left(\frac{y_i}{\tilde{\sigma}_r}\right)^{\tilde{\delta}}$ durchgeführt (vgl. Beweis von Satz 2.8, S. 59) und $\int_0^{\infty} t^{\alpha-1}e^{-t}\,dt = \Gamma(\alpha)$ ausgenutzt.

Deswegen erhält man,

$$\int_0^\infty z_i^\delta \cdot e^{-\left(\frac{z_i}{\tilde{\sigma}_l}\right)^{\tilde{\delta}}} dz_i = \frac{\tilde{\sigma}_l^{\delta+1}}{\tilde{\delta}} \cdot \Gamma\left(\frac{\delta+1}{\tilde{\delta}}\right)$$

und

$$\int_0^\infty y_i^\delta \cdot e^{-\left(\frac{y_i}{\tilde{\sigma}_r}\right)^{\tilde{\delta}}} dz_i = \frac{\tilde{\sigma}_r^{\delta+1}}{\tilde{\delta}} \cdot \Gamma\left(\frac{\delta+1}{\tilde{\delta}}\right) .$$

$$\Rightarrow \qquad E\Big[\,|\,Y_i\,|^\delta\Big] = \frac{\tilde{\sigma}_l^{\delta+1} + \tilde{\sigma}_r^{\delta+1}}{\tilde{\sigma}_l + \tilde{\sigma}_r} \cdot \frac{\Gamma\left(\frac{\delta+1}{\tilde{\delta}}\right)}{\Gamma\left(\frac{1}{\tilde{\delta}}\right)} . \tag{2.47}$$

Da aber alle Parameter aus Gleichung (2.47) aus einer beschränkten und abgeschlossenen Menge stammen, folgt direkt die Aussage (2.46). Damit ist die vierte Annahme ebenfalls gezeigt und das Theorem 2.5 von NEWEY und MCFADDEN (1994, S. 2131) anwendbar. Deshalb sind die unter den Annahmen von Satz 2.9 resultierenden ML-Schätzer konsistent, d. h.,

$$\hat{\beta}_{ML} \quad \xrightarrow{p} \quad \beta_0 \quad .$$

Im nächsten Schritt wird gezeigt, dass $\hat{\beta}_{ML}$ asymptotisch normalverteilt mit der Varianz-Kovarianzmatrix $J = E(s_i s_i')$ ist. Dazu wird die Gültigkeit des Theorems 7.1 von NEWEY, MCFADDEN (1994, S. 2185 f.) nachgewiesen. Im Folgenden werden dessen Annahmen aufgeführt.

(i) Die Funktion $l(x_i) = E\left[\ln\left(f_{X_i}(x_i\,|\,\beta)\right)\right]$ erreicht ihr Maximum bei β_0.

(ii) Der Punkt β_0 ist kein Randpunkt von B.

(iii) Die Funktion $l(x_i)$ ist an der Stelle β_0 zweimal differenzierbar; die Hesse-Matrix der zweimaligen Ableitungen J ist nichtsingulär.[22]

[22]Genauer müsste es heißen, dass die Hesse-Matrix $H = \frac{\partial^2 l_0(x_i)}{\partial\beta\,\partial\beta'}$ nichtsingulär ist. Im Fall der Maximum-Likelihood-Methode ist hier jedoch $J = H$; Die Fisher-Informationsmatrix stimmt mit der Hesse-Matrix überein.

(iv) Für den Gradienten $D = \frac{1}{n} \sum_{i=1}^{n} \frac{\partial l(\beta)}{\partial \beta}\Big|_{\beta_0}$ von $l(\beta)$ an der Stelle β_0 gilt,

$$\sqrt{n} \cdot D \quad \stackrel{d}{\to} \quad N(0, J)$$

(v) Diese Annahme bedeutet die *stochastische Differenzierbarkeit* von (2.38). Details zu dieser Annahme sowie weiterführende Erläuterungen sind bei NEWEY, MCFADDEN (1994, S. 2185 f.) zu finden.

Sind diese Annahmen erfüllt, so gilt:

$$\sqrt{n} \cdot \left(\hat{\beta}_{ML} - \beta_0\right) \quad \stackrel{d}{\to} \quad N\left(0, J^{-1}\right) \tag{2.48}$$

Bedingung (i) verlangt, dass alle Zufallsvariablen $X_1, \ldots, X_n$ identisch und stochastisch unabhängig SEP-verteilt sind. Das ist gemäß Voraussetzung erfüllt. Bedingung (ii) verlangt innere Punkte von β aus dem Parameterraum B und wird nicht überprüft. Die zweimalige Differenzierbarkeit von $l\,(x_i)$ an der Stelle β_0 aus Annahme (iii) ist erfüllt. Die Nichtsingularität der Hesse-Matrix J wird nicht überprüft, da die entstehenden analytischen Ausdrücke extrem komplex werden. Stattdessen wird auf die numerische Überprüfung dieser Annahme bei KOMUNJER (2003, S. 31) verwiesen. Dort wird ebenfalls gezeigt, dass die Annahme (iv) gilt, wenn die Diagonalelemente der Hesse-Matrix aus (iii) nicht unendlich groß werden können, d. h.,

$$E\left[\left|\frac{\partial \ln\left(f_{X_i}(x_i \mid \beta)\right)}{\partial \beta_j}\right|^2\right]\Bigg|_{\beta_0} < \infty \quad \forall j = 1, \ldots, 4 \quad . \tag{2.49}$$

In (2.49) steht eine Funktion der Scores (2.39) - (2.42). Da die unbekannten Parameter der SEP-Verteilung aus der kompakten Menge B stammen, kann man die Scores nach oben abzuschätzen. Es gilt,

$$s_{i,j} \leq c \cdot \left|\frac{x_i - \theta}{\sigma}\right|^{2\delta} \quad \forall i = 1, \ldots, 4 \quad , \tag{2.50}$$

wobei $c < \infty$ ist. Unter der Vernachlässigung der Konstanten c reduziert sich der Nachweis der Richtigkeit von (2.49) auf den Beweis von Folgendem,

$$E\left[\left|\frac{X_i-\theta}{\sigma}\right|^{4\delta}\right] \leq K < \infty \quad . \tag{2.51}$$

Diese Aussage ist richtig, wie es bereits bei dem Beweis von Gleichung (2.45) gezeigt worden ist. Somit ist Annahme (iv) erfüllt. Bedingung (v) ist korrekt, da die Ergebnisse von ANDREWS (1994)[23] für den Spezialfall $\delta_0=1$ auch allgemeiner für $\delta_0 > 0$ verwendet werden können.[24] Aus der Anwendung von Theorem 2 (ANDREWS, 1994, S. 2272) erfüllt sich Bedingung (v).

Da die Annahmen des Theorems 7.1 von NEWEY und MCFADDEN (1994, S. 2185 f.) erfüllt sind, ist die asymptotische Normalität der ML-Schätzer gezeigt. Die Behauptung von Satz 2.9, dass die Informationsmatrix durch $\hat{J}_{ML} = \frac{1}{n}\sum_{i=1}^{n} \hat{s}_i\hat{s}_i'$ konsistent schätzbar ist, lässt sich durch die Anwendung von Theorem 4.4 aus NEWEY und MCFADDEN (1994, S. 2158) nachweisen. Damit sind alle Aussagen von Satz 2.9 nachgewiesen. □

Dieser Beweis kann analog für allgemeine Verteilungen aus der Familie der skalenparametergesplitteten Verteilungen geführt werden. Die Nichtsingularität der Hesse-Matrix an der Stelle β_0 muss jedoch zusätzlich vorausgesetzt werden. Es werden nun die hinreichenden Annahmen zur Schätzung der Parameter skalenparametergesplitteter Verteilungen mittels ML-Methode und die Eigenschaften dieser Schätzer in einem Satz zusammengefasst.

[23] Für eine heuristische Einführung in das Prinzip der stochastischen Differenzierbarkeit für auf nichtdifferenzierbaren Zielfunktionen basierende M-Schätzer siehe ANDREWS (1994, S. 2255 ff.).

[24] D. h., dass die Dichtefunktion einer SEP-Verteilung gemäß der Definition von ANDREWS (1994, S. 2270) aus der Klasse der Typ I (Dichte-)Funktionen stammt.

Satz 2.10.
Gegeben seien n Zufallsvariablen $X_1, \ldots, X_n$ und n zufällige Realisationen $x_1, \ldots, x_n$ dieser Zufallsvariablen. Außerdem gelten folgende Annahmen:

1. *Die Zufallsvariablen $X_1, \ldots, X_n$ sind identisch und stochastisch unabhängig verteilt. Die Verteilung F_{X_i} einer Zufallsvariablen X_i ist für alle $i = 1, \ldots, n$ aus der Familie skalenparametergesplitteter Verteilungen mit einer Dichtefunktion f_{X_i} gemäß (2.1).*

2. *Die Lage von F_{X_i} wird für alle $i = 1, \ldots, n$ durch den Parameter θ und die Schiefe durch den Parameter γ gesteuert. Die Skalenparameter $\sigma_l(\gamma)$ und $\sigma_r(\gamma)$ sind stetige und zweimal differenzierbare Funktionen auf dem Intervall $[a, b]$ mit $a > 0$ und $b < \infty$.*

3. *Lage-, Schiefe- und alle anderen die Verteilung beschreibenden Parameter lassen sich zu dem Vektor $\beta_0 \in B \subset \mathbb{R}^k$ zusammenfassen. Die Menge B sei kompakt und β_0 sei kein Randpunkt von B. Außerdem seien alle Parameter identifizierbar.*

4. *Es gilt* $E\left[\sup_{\beta \in B} |\ln(f_{X_i}(x_i \mid \beta))|\right] \leq K < \infty.$

5. *Die Hesse-Matrix der zweimaligen Ableitungen der Log-Likelihoodfunktion ist an der Stelle β_0 nichtsingulär.*

6. *Die Log-Likelihoodfunktion ist stochastisch differenzierbar.*

s_i sei der Vektor der Scores zu $\ln(f_{X_i}(x_i \mid \beta))$ und $\hat{s}_i$ sei der Vektor der geschätzten Scores, $i = 1, \ldots, n$. Dann sind die Maximum-Likelihood-Schätzer $\hat{\beta}_{ML}$ von β_0 konsistent und asymptotisch normalverteilt. Es gilt,

$$\sqrt{n}\left(\hat{\beta}_{ML} - \beta_0\right) \quad \xrightarrow{d} \quad N(0, J^{-1}) \quad .$$

Die Fisher-Informationsmatrix, $J = E(s_i s_i')$, ist durch $\hat{J}_{ML} = \frac{1}{n} \sum_{i=1}^{n} \hat{s}_i \hat{s}_i'$ konsistent schätzbar.

Beweis: Der Beweis verläuft analog zu dem Beweis von Satz 2.9. □

Bemerkung: Die vierte Annahme lässt sich auf die Existenz der Varianz der Zufallsvariablen X_i (dann existiert auch der Erwartungswert von X_i), $i = 1, \ldots, n$, reduzieren. Mit analogen Überlegungen wie in dem Beweis von Satz 2.9 (vgl. S. 64 ff.) folgt dann daraus ihre Gültigkeit.

2.4 Schiefe verallgemeinerte t-Verteilung

Nun wird ein weiterer Spezialfall von skalenparametergesplitteten Verteilungen vorgestellt, die schiefe verallgemeinerte t-Verteilung. Die SGT-Verteilung (skewed-generalized-t-distribution) wurde 1998 erstmals von THEODOSSIOU vorgestellt. GROTTKE (2002, S. 16) schlug eine zweite Variante dieser Verteilung vor (er kürzt diese mit SGT2-Verteilung ab). Beide Varianten sind (theoretisch) interessante Spezialfälle der Familie der skalenparametergesplitteten Verteilungen.

Definition 2.6 (Skewed Generalized T Distribution nach Theodossiou, 1998). *Eine Zufallsvariable X heißt skewed generalized t-verteilt (kurz: SGT-vereilt) mit den Parametern $k > 0$, $n > 2$, $-1 < \lambda < 1$, $\sigma^2 > 0$ und $\theta \in \mathbb{R}$, wenn sie die folgende Dichtefunktion besitzt,*

$$f\left(x; k, n, \lambda, \sigma^2, \theta\right) = c \cdot \begin{cases} \left(1 + a \cdot \nu^{-k} \cdot |x_l|^k\right)^{-b} & , \quad x \leq \theta \ , \\ \left(1 + a \cdot \nu^{-k} \cdot |x_r|^k\right)^{-b} & , \quad x > \theta \ , \end{cases}$$

mit $a = \frac{k}{n-2}$, $b = \frac{n+1}{k}$, $x_l = \frac{x-\theta}{\sigma\cdot(1-\lambda)}$ und $x_r = \frac{x-\theta}{\sigma\cdot(1+\lambda)}$. c und ν sind normierende Konstanten, so dass $f(x)$ eine Dichtefunktion ist.

Die analytische Darstellung der Konstanten c und ν ist unübersichtlich (vgl. THEODOSSIOU, 1998, S. 1651)). Durch die Wahl der linearen Funktionen $\sigma_l = 1 - \lambda$ und $\sigma_r = 1 + \lambda$ für die Skalenparameter in Abhängigkeit des Schiefeparameters λ ist die Schreibweise einer skalenparametergesplitteten Dichtefunktion erzeugbar. Für eine SGT-verteilte Zufallsvariable X gilt $E\left(X\right) = 0$ und $Var\left(X\right) = \sigma^2$. Für seine Variante der schiefen verallgemeinerten t-Verteilung wandte GROTTKE (2002, S. 16) das Skalenparametersplitting auf die symmetrische verallgemeinerte t-Verteilung, die von MCDONALD, NEWEY (1988) vorgestellt worden ist, an.

Definition 2.7 (Skewed Generalized T Distribution - Version 2 nach Grottke, 2002). *Eine Zufallsvariable X heißt skewed generalized t-verteilt, Version 2, (kurz: SGT2-vereilt) mit den Parametern $k > 0$, $n > 0$, $\lambda > 0$, $\sigma > 0$ und $\theta \in \mathbb{R}$, wenn sie die Dichtefunktion,*

$$f(x; k, n, \lambda, \sigma, \theta) = c \cdot \begin{cases} \left(1 + \frac{1}{n} \cdot \left|\frac{x-\theta}{\sigma \cdot \lambda}\right|^k\right)^{-b} & , x \leq \theta , \\ \left(1 + \frac{1}{n} \cdot \left|\frac{(x-\theta) \cdot \lambda}{\sigma}\right|^k\right)^{-b} & , x > \theta , \end{cases}$$

mit $c = \frac{k}{\sigma \cdot n^{\frac{1}{k}} \cdot B(\frac{1}{k}, n) \cdot (\lambda + \frac{1}{\lambda})}$ *und* $b = \frac{n+1}{k}$ *besitzt.*[25]

Die SGT- und die SGT2-Verteilung werden nur zur Vollständigkeit durch die Definitionen 2.6 und 2.7 vorgestellt. In der empirischen Anwendung werden sie jedoch aus zwei Gründen nicht berücksichtigt. Zum einen nahmen weder THEODOSSIOU (1998) noch GROTTKE (2002) eine Überprüfung der Anwendbarkeit der Maximum-Likelihood-Methode vor (wegen Satz 2.10, S. 71, ist diese aber zulässig). Stattdessen unterstellten sie dies und führten Schätzungen mittels eines numerischen Näherungsalgorithmus durch. Wie GROTTKE (2002, S. 65) richtig feststellt,

„bietet sich beispielsweise der Newton-Raphson- oder der BHHH-Algorithmus an.“
(GROTTKE, 2002, S. 65)

Insbesondere der BHHH-Algorithmus (vgl. BERNDT, HALL, HALL, HAUSMAN, 1974) wird häufig bei der nichtlinearen Schätzung verwendet. Den fehlenden Nachweis der Anwendbarkeit der ML-Methode umgeht GROTTKE (2002) mit der Begründung auf S. 65, dass seine Schätzungen

„mit Hilfe der Routine „nlminb“ des Programmpaketes S-Plus durchgeführt [wurden]. [...] *Diese Routine basiert auf einem Quasi-Newton-Algorithmus und benötigt nicht unbedingt die hier aufgeführten Ableitungen der Likelihoodfunktion nach den Parametern.“*
(GROTTKE, 2002, S. 65)

[25] $B(\frac{1}{k}, n)$ bezeichnet die Beta-Funktion, die mit der Gammafunktion wie folgt zusammenhängt (vgl. BRONŠTEIN, SEMENDJAEV, 1991, S. 331):
$B(x, y) = \frac{\Gamma(x) \cdot \Gamma(y)}{\Gamma(x+y)}$.

Dieser Argumentation ist jedoch zu widersprechen, da SÜSELBECK (1997) die Existenz der zweimaligen stetigen Differenzierbarkeit fordert:

„nlminb is intended for functions that have at least two continuous derivatives on all of the feasible region“.
(SÜSELBECK, 1997)[26]

Aus der bisherigen Argumentation ist hingegen bekannt, dass sowohl der SGT- als auch der SGT2-Verteilung die Eigenschaft der zweimaligen stetigen Differenzierbarkeit fehlt. Zum anderen ergaben eigene Versuche zur ML-Schätzung der Parameter der SGT- und der SGT2-Verteilung massive numerische Probleme, die auch schon THEODOSSIOU (1998) feststellte:

„The maximization of the above log-likelihood function is troublesome, however. In many occasions, the iterative algorithm "overshoots" and assigns values to σ^2, (which are negative) and to λ (which lie outside the unit interval), resulting in a breakdown of the algorithm.“
(THEODOSSIOU, 1998, S. 1654-1655)

Auf Grund der erheblichen numerischen Schätzprobleme wird in dieser Arbeit auf eine empirische Anwendung dieser Verteilungen verzichtet.

2.5 Multivariate schiefe Normalverteilung

Nachdem in Kapitel 2.2 die durch die Aufspaltung des Skalenparameters erzeugte schiefe Normalverteilung definiert und analysiert worden ist, wird in den beiden folgenden Abschnitten die Erweiterung für den zwei- und n-dimensionalen Fall vorgestellt. Dabei wird in Kapitel 2.5.1 der Fall stochastisch unabhängiger Variablen betrachtet. Stochastische Abhängigkeiten zwischen den Variablen werden daran anschließend erörtert.

[26] aus der Internet-Hilfe zu S-Plus von SÜSELBECK, BENNO (1997), siehe: www.uni-muenster.de/ZIV/Mitarbeiter/BennoSueselbeck/s-html/helpfiles/nlminb.html

2.5.1 Stochastisch unabhängige Zufallsvariablen

Durch die folgende Definition, in der die multivariate skalenparametergesplittete Normalverteilung eingeführt wird, gelingt es, eine analytische Darstellung der gemeinsamen Dichtefunktion von mehreren stochstisch unabhängigen $TPN\left(\theta, \sigma_l, \sigma_r\right)$-verteilten Zufallsvariablen zu finden.

Definition 2.8.

(a) *Die Zufallsvariable* $Z = (X, Y)$, $Z \in \mathbb{R}^2$ *heißt skalenparametergesplittet zweidimensional normalverteilt, falls sie die folgende Dichtefunktion mit* $c = \frac{4}{2\pi(\sigma_l+\sigma_r)^2}$ *und* $\sigma_l, \sigma_r > 0$ *besitzt,*

$$f_{XY}(x,y) = c \cdot \begin{cases} e^{-\frac{1}{2}\cdot\left[\left(\frac{x-\theta}{\sigma_l}\right)^2+\left(\frac{y-\theta}{\sigma_l}\right)^2\right]} & , x \leq \theta,\ y \leq \theta \\ e^{-\frac{1}{2}\cdot\left[\left(\frac{x-\theta}{\sigma_l}\right)^2+\left(\frac{y-\theta}{\sigma_r}\right)^2\right]} & , x \leq \theta,\ y > \theta \\ e^{-\frac{1}{2}\cdot\left[\left(\frac{x-\theta}{\sigma_r}\right)^2+\left(\frac{y-\theta}{\sigma_l}\right)^2\right]} & , x > \theta,\ y \leq \theta \\ e^{-\frac{1}{2}\cdot\left[\left(\frac{x-\theta}{\sigma_r}\right)^2+\left(\frac{y-\theta}{\sigma_r}\right)^2\right]} & , x > \theta,\ y > \theta \end{cases}$$

(b) *Die Zufallsvariable* $Z \in \mathbb{R}^n$ *heißt skalenparametergesplittet multivariat normalverteilt, falls sie die Dichtefunktion besitzt:*

$$f_Z(z) = c \cdot e^{-\frac{1}{2}\cdot(z-\imath\theta)'\mathrm{diag}\left(\frac{1}{\sigma_l^2}\mathbb{1}_{]-\infty,\theta]}(z)+\frac{1}{\sigma_r^2}\mathbb{1}_{]\theta,\infty[}(z)\right)(z-\imath\theta)},$$

mit $c = \frac{2^n}{(2\pi)^{\frac{n}{2}}(\sigma_l+\sigma_r)^n}$. $\imath$ *ist ein* $(n \times 1)$*-Vektor bestehend aus Einsen,* $\mathrm{diag}\,(\omega)$ *ordnet einem* $(n \times 1)$ *Vektor* ω *eine Diagonalmatrix zu, deren Hauptdiagonale aus Einträgen von* $\frac{1}{\sigma_l}$ *oder* $\frac{1}{\sigma_r}$ *besteht und alle anderen Werte Null sind.* $\mathbb{1}_A(z) = \left(\mathbb{1}_A(z_1), \mathbb{1}_A(z_2), \ldots, \mathbb{1}_A(z_n)\right)'$ *ist der Vektor von Indikatorfunktionen mit* $\mathbb{1}_A(z_i) = \begin{cases} 1 , & z_i \in A \\ 0 , & z_i \notin A \end{cases}$ $\forall\, i = 1, \ldots, n$.

Satz 2.11. *Die Funktionen* $f_{XY}(x,y)$ *und* $f_Z(z)$ *gemäß Definition 2.8 sind Dichtefunktionen.*

Es ist bekannt, dass man für n stochastisch unabhängige Zufallsvariablen $X_1, \ldots, X_n$ mit den Dichtefunktionen $f_{X_1}(x_1), \ldots, f_{X_n}(X_n)$ die gemeinsame Dichtefunktion über folgenden Zusammenhang erhält (vgl. z. B. BANDELOW, 1989, S. 142),

$$f_{X_1,\ldots,X_n}(x_1, \ldots, x_n) = \prod_{i=1}^{n} f_{X_i}(x_i) \quad . \tag{2.52}$$

Damit reicht es für den Beweis von Satz 2.11 aus, die Gültigkeit von (2.52) zu zeigen. Um in Abschnitt 2.5.2 den Zusammenhang zwischen den Darstellungen der gemeinsamen Dichtefunktion der schiefen multivariaten Normalverteilung im Fall stochastisch unabhängiger und im Fall stochastisch abhängiger Zufallsvariablen herausarbeiten zu können, wird hier ein anderer Weg beschritten.[27]

Beweis von Satz 2.11: Es ist klar, dass die Funktion $f_{XY}(x, y)$ gemäß Definition 2.8 (a) der Spezialfall der Funktion $f_Z(z)$ für $n = 2$ ist. Deshalb wird der Beweis nur für den multivariaten Fall geführt. Es ist zu zeigen,

(i) $f_Z(z) \geq 0, \forall\, z \in \mathbb{R}^n$ und (ii) $\int_{\mathbb{R}^n} f_Z(z)\, dz = 1$.

Teil (i) des Beweises ist trivial. Zum Beweis von Teil (ii) muss zuerst eine wichtige Gleichung aus der Dichtefunktion eines n-dimensional normalverteilten Zufallsvektors Z^* abgeleitet werden. Unter der Annahme, dass die Zufallsvariablen $Z_1, \ldots, Z_n$ dieses Zufallsvektors stochastisch unabhängig sind, besitzt dieser folgende Dichtefunktion (o. B. d. A. wird hier das Symmetriezentrum bei Null unterstellt),

$$f_Z^*(z^*) = (2\pi)^{-\frac{n}{2}} \cdot \sigma^{-n} \cdot e^{-\frac{1}{2\sigma} \cdot z^{*\prime} z^*} \quad .$$

Aus der Definition, dass die Fläche unterhalb einer Dichtefunktion gleich Eins ist, und der Symmetrie der Normalverteilung folgt die nachstehende Beziehung:

[27] Jedoch wird der Beweis über (2.52) für die zweidimensionale Dichtefunktion aus Definition 2.8 (a) im Anhang A, S. 217 f., vorgestellt. Der Beweis des n-dimensionalen Falls verläuft analog.

$$\int_{-\infty}^{0} \ldots \int_{-\infty}^{0} e^{-\frac{1}{2\sigma}\cdot z^{*\prime} z^{*}} dz^{*} = \int_{0}^{\infty} \ldots \int_{0}^{\infty} e^{-\frac{1}{2\sigma}\cdot z^{*\prime} z^{*}} dz^{*}$$
$$= 2^{-n} \cdot (2\pi)^{\frac{n}{2}} \cdot \sigma^{n} \quad . \qquad (2.53)$$

Wegen der Symmetrie der Normalverteilung ist es für die Gültigkeit von (2.53) irrelevant, ob für eine Komponente z_i^* die Fläche unterhalb der Funktion $e^{-\frac{1}{2}\cdot z^{*\prime} z^{*}}$ im Bereich des Trägers $]-\infty, 0]$ oder für $]0, \infty[$ betrachtet wird, solange man die Aufspaltung dieser Funktion im Symmetriezentrum (hier bei Null) vornimmt. D. h., für die Gültigkeit von (2.53) ist die Betrachtung der Fläche rechts oder links des Symmetriezentrums gleichgültig. Zur Vereinfachung der Darstellung gelte,

$$g(z) = e^{-\frac{1}{2}\cdot(z-\imath\theta)'\mathrm{diag}\left(\frac{1}{\sigma_l^2}\mathbb{1}_{]-\infty,\theta]}(z)+\frac{1}{\sigma_r^2}\mathbb{1}_{]\theta,\infty[}(z)\right)(z-\imath\theta)} \quad .$$

Für den Beweis von (ii) genügt es, folgende Beziehung zu zeigen,

$$\int_{\mathbb{R}^n} g(z)\, dz = 2^{-n}\,(2\pi)^{\frac{n}{2}}\,(\sigma_l + \sigma_r)^n \quad . \qquad (2.54)$$

Nun wird der $\mathbb{R}^n$ in $n \cdot 2^n$ Teile zerlegt und in einer geeigneten (anderen) Weise wieder zusammengesetzt. Dazu wird für jede Komponente die Menge der reellen Zahlen an der Stelle θ in zwei Teile gesplittet. Die Menge der links von θ liegenden reellen Zahlen wird mit $\mathbb{R}_{\theta-}$ bezeichnet. Analog kürzt $\mathbb{R}_{\theta+}$ die Menge der rechts von θ liegenden reellen Zahlen ab. Es resultieren $\binom{n}{0}$ Teilmengen des $\mathbb{R}^n$ der Form $\mathbb{R}^n_{\theta-}$, $\binom{n}{1}$ mal $\mathbb{R}^{n-1}_{\theta-} \cup \mathbb{R}_{\theta+}$, $\binom{n}{2}$ mal $\mathbb{R}^{n-2}_{\theta-} \cup \mathbb{R}^2_{\theta+}$, ..., $\binom{n}{n-1}$ mal $\mathbb{R}_{\theta-} \cup \mathbb{R}^{n-1}_{\theta+}$, $\binom{n}{n}$ mal $\mathbb{R}^n_{\theta+}$. Die Anzahlen $\binom{n}{i}$, $i = 0, \ldots, n$, dieser Teilmengen begründen sich aus ihrer Anzahl an Kombinationen ohne Wiederholungen. Die Flächen unterhalb der Funktion $g(z)$ sind innerhalb jeder dieser Teilmengen $\mathbb{R}^{n-i}_{\theta-} \cup \mathbb{R}^i_{\theta+}, \forall\, i = 1, \ldots, n$ identisch, so dass es jede dieser Flächen $\binom{n}{i}$ mal gibt. Da $\sum_{i=0}^{n} \binom{n}{i} = 2^n$ und jede Fläche eine n-dimensionale Teilmenge des $\mathbb{R}^n$ ist, ist der gesamte n-dimensionale reelle Zahlenraum in $n \cdot 2^n$ Teile zerlegt. Daraus folgt,

$$\int_{\mathbb{R}^n} g(z)\, dz = \sum_{i=0}^{n} \binom{n}{i} \int \cdots \int_{\mathbb{R}^{n-i}_{\theta-} \cup \mathbb{R}^i_{\theta+}} g(z)\, dz \quad .$$

Für jeden Summenterm und jede Komponente von z wird nun die Substitution, $z_i^* = \frac{z_i - \theta}{\sigma_j}$, $j = l, r$ und $i = 1, \ldots, n$, nach bekanntem Schema vorgenommen. Damit resultiert,

$$\int_{\mathbb{R}^n} g(z)\, dz = \sum_{i=0}^{n} \binom{n}{i} \sigma_l^{n-i} \cdot \sigma_r^i \int \cdots \int_{\mathbb{R}_-^{n-i} \cup \mathbb{R}_+^i} g(z^*)\, dz^* \quad .$$

Da $g(z^*)$ eine symmetrische Funktion ist, gilt mit (2.53),

$$\begin{aligned} \int \cdots \int_{\mathbb{R}_-^{n-i} \cup \mathbb{R}_+^i} g(z^*)\, dz^* &= \int \cdots \int_{\mathbb{R}_-^{n-i} \cup \mathbb{R}_-^i} g(z^*)\, dz^* \\ &= \int_{\mathbb{R}^n} g(z^*)\, dz^* \\ &= 2^{-n} (2\pi)^{\frac{n}{2}} \quad . \end{aligned}$$

Aus der Anwendung des Binomischen Satzes (vgl. BRONŠTEIN, SEMENDJAEV, 1991, S. 106), $\sum_{i=0}^{n} \binom{n}{i} \sigma_l^{n-i} \cdot \sigma_r^i = (\sigma_l + \sigma_r)^n$, folgt Gleichung (2.54). □

Abbildung 2.6 dient der Verdeutlichung der Gestalt der Dichtefunktion einer zweidimensionalen skalengesplitteten und somit schiefen Normalverteilung. Hierbei sind die Skalenparameter $\sigma_l = 1.5$ und $\sigma_r = 1.0$ gewählt worden. Damit der Erwartungswert einer derart verteilten Zufallsvariablen im Nullpunkt liegt, resultiert für die Wahl des zugehörigen Parameters θ der Wert 0.39894. Zum anderen soll durch die Darstellung einer vergleichbaren Dichtefunktion einer zweidimensionalen (nichtschiefen) Normalverteilung mit dem Erwartungswertvektor $\theta = (0, 0)'$ und dem Skalenparameter $\sigma = 0.625$ in der Abbildung 2.8 der Unterschied zwischen schiefer und nichtschiefer bivariater Normalverteilung herausgestellt werden. In den Abbildungen 2.7 und 2.9 sind jeweils die Höhenliniensysteme dieser Dichtefunktionen visualisiert. Durch die Isoquanten derselben Dichtefunktion wie in Abbildung 2.6 wird durch Abbildung 2.7 die Schiefe in Richtung $-x$ und $-y$ ersichtlich.

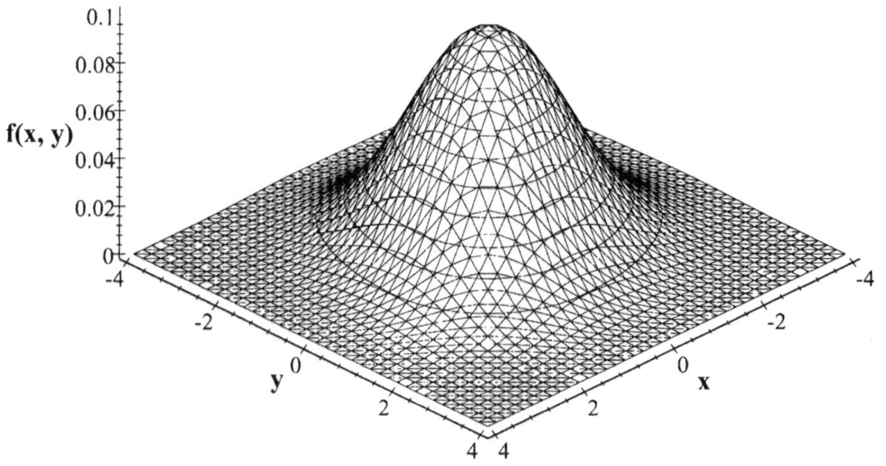

Abbildung 2.6: Zweidimensionale skalenparametergesplittete Normalverteilung mit $\sigma_l = 1.5$, $\sigma_r = 1.0$ und $\theta = 0.39894$.

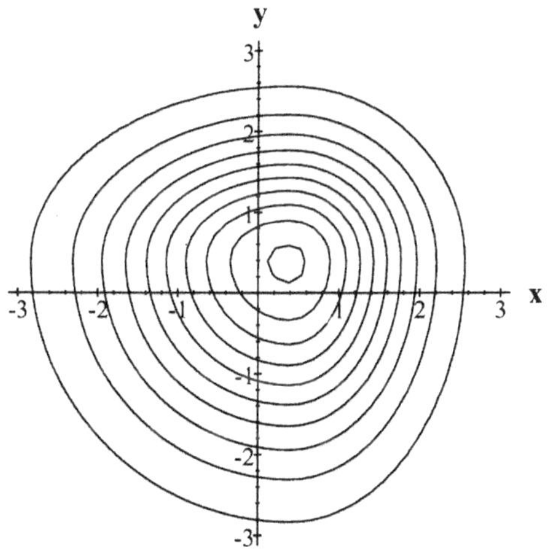

Abbildung 2.7: Höhenlinien der zweidimensionalen skalenparametergesplitteten Normalverteilung ($\sigma_l = 1.5$, $\sigma_r = 1.0$, $\theta = 0.39894$).

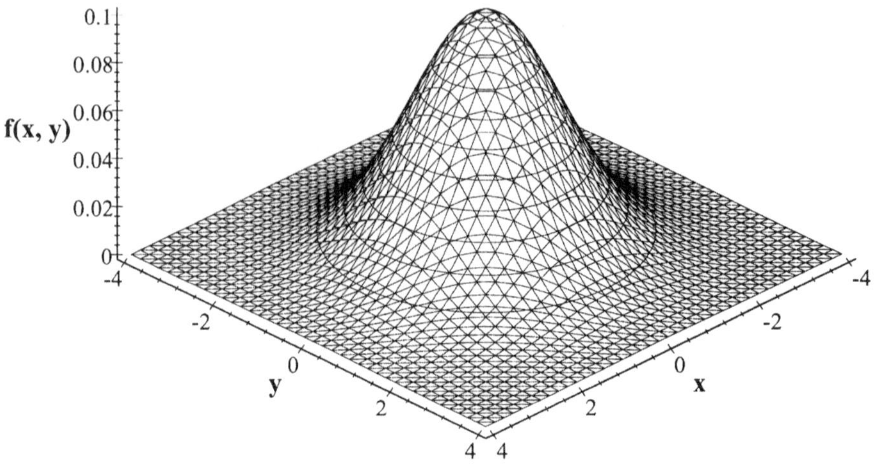

Abbildung 2.8: Dichtefunktion einer zweidimensionalen Normalverteilung mit $\theta = (0, 0)$ und $\sigma = 1.25$.

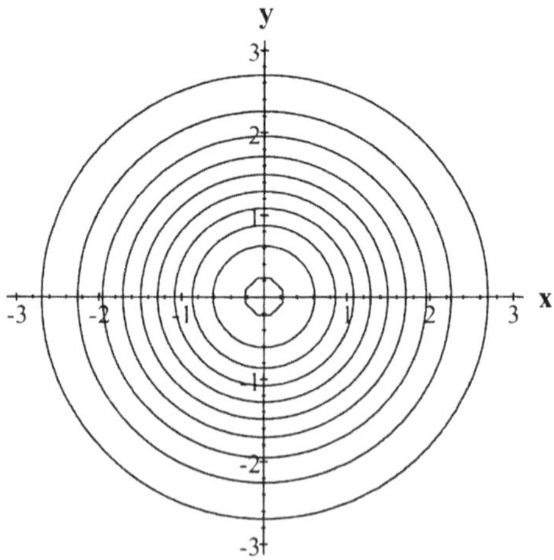

Abbildung 2.9: Höhenliniensystem einer zweidimensionalen Normalverteilung mit $\theta = (0, 0)$ und $\sigma = 1.254$.

Zum Vergleich der funktionalen Darstellungsformen wird zum Abschluss die Dichtefunktion einer zweidimensional normalverteilten Zufallsvariablen $X = (X_1, X_2)$ aufgeführt (vgl. z. B. SCHAICH, 2001, S. 80 ff.),

$$f_X(x_1, x_2) = c \cdot e^{-\frac{1}{2} \cdot \frac{1}{1-\rho^2} \cdot \left[\left(\frac{x_1 - \theta_1}{\sigma_1} \right)^2 - 2\rho \left(\frac{x_1 - \theta_1}{\sigma_1} \right) \left(\frac{x_2 - \theta_2}{\sigma_2} \right) + \left(\frac{x_2 - \theta_2}{\sigma_2} \right)^2 \right]}$$

mit $\sigma_1 > 0$, $\sigma_2 > 0$, $|\rho| < 1$ und $c = \frac{1}{2\pi\, \sigma_1 \sigma_2 \sqrt{1-\rho^2}}$. Die Skalenparameter bzw. σ_1^2, σ_2^2 sind die Varianzen der Zufallsvariablen X_1, X_2 und ρ stellt den Korrelationskoeffizienten dar.

Wie es im folgenden Abschnitt gezeigt wird, gelingt für die skalenparametergesplittete Normalverteilung die analytische Darstellung der Dichtefunktion für stochastisch abhängige Zufallsvariablen.

2.5.2 Stochastisch abhängige Zufallsvariablen

In diesem Abschnitt wird der bisher vorgestellte Fall durch das Zulassen von Abhängigkeiten zwischen den Variablen erweitert. Schließlich gelingt die allgemeinste Darstellung der multivariaten skalenparametergesplitteten Normalverteilung für den Fall, dass die Skalenparameter für unterschiedliche Zufallsvariablen differieren dürfen.

Definition 2.9.

(a) *Die Zufallsvariable* $Z = (X, Y)$, $Z \in \mathbb{R}^2$ *heißt (einheitlich) skalenparametergesplittet bivariat normalverteilt, falls ihre Dichtefunktion durch folgenden Ausdruck mit* $\sigma_l, \sigma_r > 0$, $|\rho| < 1$ *sowie* $x_l = \frac{x-\theta}{\sigma_l}$, $x_r = \frac{x-\theta}{\sigma_r}$ *bzw.* $y_l = \frac{y-\theta}{\sigma_l}$, $y_r = \frac{y-\theta}{\sigma_r}$ *bestimmt ist,*

$$f_Z(z) = \frac{1}{2\,\pi\,\sigma_l\,\sigma_r \sqrt{1-\rho^2}} \cdot \begin{cases} \frac{\sigma_r}{\sigma_l} \cdot e^{-\frac{1}{2\cdot(1-\rho^2)} \cdot \left[x_l^2 - 2\,\rho\,x_l\,y_l + y_l^2\right]} & , x \leq \theta,\ y \leq \theta\ , \\ e^{-\frac{1}{2\cdot(1-\rho^2)} \cdot \left[x_l^2 - 2\,\rho\,x_l\,y_r + y_r^2\right]} & , x \leq \theta,\ y > \theta\ , \\ e^{-\frac{1}{2\cdot(1-\rho^2)} \cdot \left[x_r^2 - 2\,\rho\,x_r\,y_l + y_l^2\right]} & , x > \theta,\ y \leq \theta\ , \\ \frac{\sigma_l}{\sigma_r} \cdot e^{-\frac{1}{2\cdot(1-\rho^2)} \cdot \left[x_r^2 - 2\,\rho\,x_r\,y_r + y_r^2\right]} & , x > \theta,\ y > \theta\ . \end{cases}$$

(b) *Die Zufallsvariable $Z \in \mathbb{R}^n$ heißt (einheitlich) skalenparametergesplittet multivariat normalverteilt, falls sie die nachstehende Dichtefunktion besitzt,*

$$f_Z(z) = c \cdot e^{-\frac{1}{2}(z-\imath\theta)' S^{-1} \Sigma^{-1} S^{-1} (z-\imath\theta)} \quad .$$

Dabei gilt $c = \frac{\sigma_l^{\mathbb{1}'_R(z)\mathbb{1}_R(z)} \cdot \sigma_r^{\mathbb{1}'_L(z)\mathbb{1}_L(z)}}{(2\pi)^{\frac{n}{2}} \sigma_l^n \sigma_r^n \sqrt{\det(\Sigma)}}$ *und* $S = \operatorname{diag}\left(\sigma_l^{\mathbb{1}_L(z)} \cdot \sigma_r^{\mathbb{1}_R(z)}\right)$. $\Sigma \in \mathbb{R}^{n \times n}$ *ist die um die Skalenparameter bereinigte positiv definite Varianz-Kovarianz-Matrix. Es gelte* $\sigma_l, \sigma_r > 0$. *L und R sind Trägerintervalle mit* $L =]-\infty, \theta]$ *bzw.* $R =]\theta, \infty[$. $\imath = (1, 1, \ldots, 1)'$ *ist ein* $(n \times 1)$*-Vektor und durch* $\mathbb{1}_A(z) = (\mathbb{1}_A(z_1), \ldots, \mathbb{1}_A(z_n))'$ *ist der Vektor von Indikatorfunktionen mit* $\mathbb{1}_A(z_i) = \begin{cases} 1\,, & z_i \in A \\ 0\,, & z_i \notin A \end{cases}$ $\forall i = 1, \ldots, n$ *und* $A = L, R$ *definiert.*

Bemerkung:

(i) Wie es sich durch den folgenden Satz zeigen wird, ist $S\Sigma S$ die Varianz-Kovarianz-Matrix der Zufallsvariablen Z. Daraus folgend ist Σ die Varianz-Kovarianz-Matrix der multivariaten Normalverteilung $N(\theta, \Sigma)$, die der in Definition 2.9 (b) definierten Verteilung zu Grunde liegt.

(ii) Der Zusatz „einheitlich" in Definition 2.9 soll begrifflich verdeutlichen, dass $\forall Z_i, i = 1, \ldots, n$ die Skalen- und Lageparameter übereinstimmen. In Satz 2.13 (siehe S. 88) wird die Verallgemeinerung für den Fall $\sigma_{li} \neq \sigma_{rj}$ und $\theta_i \neq \theta_j$, $\forall i, j = 1, \ldots, n$ und $i \neq j$ herausgearbeitet.

Satz 2.12.

(a) *$f_{XY}(x, y)$ und $f_Z(z)$ gemäß Definition 2.9 sind Dichtefunktionen.*

(b) *Für die Kovarianzmatrix von Z gilt, $Cov(Z) = S\,\Sigma\,S$.*

Beweis:
zu (a): Es wird nur der Beweis für $f_Z(z)$ geführt, da sich die Gültigkeit von Definition 2.9 (a) durch Einsetzen mit $n = 2$ ergibt.

- Setze, $\tilde{\Sigma}^{-1} = S^{-1}\Sigma^{-1}S^{-1} = (S\Sigma S)^{-1}$.
- Nach KOTZ, BALAKRISHNAN und JOHNSON (2000, S. 107 f.) ist jede Funktion der Form $C \cdot e^{-\frac{1}{2}(z-\theta)' A^{-1}(z-\theta)}$, wobei A eine positiv definite Matrix und $C = (2\pi)^{-\frac{n}{2}} \cdot (\det(A))^{-\frac{1}{2}}$ eine geeignete Konstante ist, die Dichtefunktion einer multivariaten Normalverteilung.
- Es gilt (vgl. FISCHER, 1989, S. 139),
$$\det\left(\tilde{\Sigma}\right) = \det\left(S^{-1}\Sigma^{-1}S^{-1}\right) = \left(\det(S)\det(\Sigma)\det(S)\right)^{-1} \quad .$$
- Da innerhalb der Matrix S auf der Hauptdiagonalen die Einträge $\sigma_l^{\mathbb{1}_L(z_i)} \cdot \sigma_r^{\mathbb{1}_R(z_i)}$ stehen und alle anderen Werte gleich Null sind, ist die Determinante von S (vgl. FISCHER, 1989, S. 138) gleich dem Produkt der Elemente der Hauptdiagonalen. Daraus ergibt sich für diese Determinante:
$$\begin{aligned}
\det(S) &= \prod_{i=1}^{n} \sigma_l^{\mathbb{1}_L(z_i)} \cdot \sigma_r^{\mathbb{1}_R(z_i)} \\
&= \sigma_l^n \sigma_r^n \cdot \prod_{i=1}^{n} \sigma_l^{-(n-\mathbb{1}_L(z_i))} \sigma_r^{-(n-\mathbb{1}_R(z_i))} \\
&= \sigma_l^n \sigma_r^n \cdot \sigma_l^{-\left(n-\sum_{i=1}^{n}\mathbb{1}_L(z_i)\right)} \sigma_r^{-\left(n-\sum_{i=1}^{n}\mathbb{1}_R(z_i)\right)} \\
&= \sigma_l^n \sigma_r^n \cdot \sigma_l^{-\left(\sum_{i=1}^{n}\mathbb{1}_R(z_i)\right)} \sigma_r^{-\left(\sum_{i=1}^{n}\mathbb{1}_L(z_i)\right)} \\
&= \sigma_l^n \sigma_r^n \cdot \sigma_l^{-\mathbb{1}_R'(z_i)\mathbb{1}_R(z_i)} \sigma_r^{-\mathbb{1}_L'(z_i)\mathbb{1}_L(z_i)} \\
&= \frac{\sigma_l^n \sigma_r^n}{\sigma_l^{\mathbb{1}_R'(z_i)\mathbb{1}_R(z_i)} \sigma_r^{\mathbb{1}_L'(z_i)\mathbb{1}_L(z_i)}} \quad .
\end{aligned}$$
- Setzt man nun $\tilde{\Sigma} = A$, so erhält man,
$$f_Z(z) = (2\pi)^{-\frac{n}{2}} \cdot \left(\det\left(\tilde{\Sigma}\right)\right)^{-\frac{1}{2}} \cdot e^{-\frac{1}{2}(z-\imath\theta)'\tilde{\Sigma}^{-1}(z-\imath\theta)} \quad .$$

In die letzte Gleichung müssen die Ergebnisse für $\tilde{\Sigma}$ bzw. $\det\left(\tilde{\Sigma}\right)$ eingesetzt werden, um die Behauptung aus Satz 2.11 (a) abschließend zu beweisen.

zu (b): Den Beweis zu (b) erhält man durch die Aussage aus (a), dass $f_Z(z)$ eine Dichtefunktion und im Besonderen sogar die Dichtefunktion einer multivariaten Normalverteilung ist (vgl. KOTZ, BALAKRISHNAN und JOHNSON, 2000, S. 107). Für diese gilt demnach, dass $Cov\,(Z) = \tilde{\Sigma}$ ist (KOTZ, BALAKRISHNAN und JOHNSON, 2000, S. 108). □

Es ist auffällig, dass sich die Schreibweisen der Dichtefunktionen der skalenparametergesplitteten multivariaten Normalverteilung recht stark voneinander unterscheiden (vgl. die Definitionen 2.8 und 2.9). Deswegen müssen an dieser Stelle noch einige Erläuterungen dazu folgen. Setzt man in Definition 2.9 (b) die Kovarianzmatrix Σ gleich der Einheitsmatrix I_n, so folgt, dass $S^{-1}S^{-1} = \text{diag}\left(\frac{1}{\sigma_l^2}\mathbb{1}_{]-\infty,\theta]}(z) + \frac{1}{\sigma_r^2}\mathbb{1}_{]\theta,\infty[}(z)\right)$ aus Definition 2.8 (b) und $S^{-1}S^{-1} = \text{diag}\left(\frac{1}{\sigma_l^{2\cdot\mathbb{1}_L(z)}\cdot\sigma_r^{2\cdot\mathbb{1}_R(z)}}\right)$ aus Definition 2.9 (b) äquivalent sind. Somit unterscheiden sich die Dichtefunktionen (augenscheinlich) aus diesen Definitionen für den Spezialfall stochastisch unabhängiger Zufallsvariablen noch durch ihre Normierungskonstanten. Diese sind analytisch nicht gleichzusetzen. Trotzdem sind die Dichtefunktionen für den stochastisch unabhängigen Fall äquivalent. Zur Verdeutlichung dieser Aussage wird nochmals die Berechnung der Normierungskonstante im bivariaten Fall betrachtet. Ausgangspunkt ist folgende Funktion,

$$g_{XY}(x,y) = \frac{c}{2\pi}\begin{cases} e^{-\frac{1}{2}\cdot\left[\left(\frac{x-\theta}{\sigma_l}\right)^2+\left(\frac{y-\theta}{\sigma_l}\right)^2\right]} & , x \le \theta,\, y \le \theta\ , \\ e^{-\frac{1}{2}\cdot\left[\left(\frac{x-\theta}{\sigma_l}\right)^2+\left(\frac{y-\theta}{\sigma_r}\right)^2\right]} & , x \le \theta,\, y > \theta\ , \\ e^{-\frac{1}{2}\cdot\left[\left(\frac{x-\theta}{\sigma_r}\right)^2+\left(\frac{y-\theta}{\sigma_l}\right)^2\right]} & , x > \theta,\, y \le \theta\ , \\ e^{-\frac{1}{2}\cdot\left[\left(\frac{x-\theta}{\sigma_r}\right)^2+\left(\frac{y-\theta}{\sigma_r}\right)^2\right]} & , x > \theta,\, y > \theta\ . \end{cases} \tag{2.55}$$

Damit (2.55) eine Dichtefunktion ist, muss $\int_{\mathbb{R}^2} g_{XY}(x,y)\,dx\,dy = 1$ gelten. Zur Ermittlung des Integrals berechnet man einzeln die Flächen unterhalb der Funktion der vier Trägerbereiche und addiert diese. Benennt man die Teilflächen mit $G_{ll}, G_{lr}, G_{rl}, G_{rr}$ mit den Trägerbereichen in der Reihenfolge aus Gleichung (2.55), so kommt man zu dem Ergebnis,

$$\int_{\mathbb{R}^2} g_{XY}(x,y)\,dx\,dy = \sigma_l^2\,G_{ll} + \sigma_l\,\sigma_r\,G_{lr} + \sigma_l\,\sigma_r\,G_{rl} + \sigma_r^2\,G_{rr} \quad .$$

Käme man nun in der Rechnung nicht mehr weiter, so kennte man immerhin die Normierungskonstanten für jede Einzelfläche und man endete in der Darstellung der Dichtefunktion gemäß Definition 2.9 (a) (mit $\rho = 0$). Nützt man hingegen das Wissen aus, dass jede der Flächen G_{ij}, mit $i, j = l, r$, dem Viertel des Wertes der Fläche einer bivariaten Normalverteilung entspricht (also gleich 0.25 ist), ergibt sich die Darstellung gemäß Definition 2.8 (a),

$$\int_{\mathbb{R}^2} g_{XY}(x, y)\, dx\, dy = \frac{(\sigma_l + \sigma_r)^2}{4} \quad .$$

Auch für stochastisch abhängige multivariat skalenparametergesplittet normalverteilte Zufallsvariable werden durch die folgenden Abbildungen auf S. 86 und 87 die Konsequenzen in den Dichtefunktionen verdeutlicht. Abbildung 2.10 zeigt die Dichtefunktion einer zweidimensionalen linksschiefen Zufallsvariablen mit den Skalenparametern $\sigma_l = 3.0$ und $\sigma_r = 2.0$, dem Lageparameter $\theta = 1.0$ sowie einer Korrelation von $\rho = 0.8$. Das zugehörige Isoquantensystem wird durch Abbildung 2.11 veranschaulicht. Um die Unterschiede zwischen schiefer und symmetrischer Normalverteilung herauszustellen, zeigen die Abbildungen 2.12 und 2.13 die Dichtefunktion bzw. deren Höhenlinien einer zweidimensionalen Normalverteilung mit einer Varianz $\sigma^2 = 6.25$ und $\theta = 1.0$ sowie $\rho = 0.8$.

Man erkennt deutlich die Unterschiede in den Dichtefunktionen. Damit die folgende Beschreibung kürzer und verständlicher wird, seien die vier unterschiedlichen Trägerquadranten mit $I = \{(x, y) \mid x > \theta, y > \theta\}$, $II = \{(x, y) \mid x > \theta,\ y \leq \theta\}$, $III = \{(x, y) \mid x \leq \theta,\ y \leq \theta\}$ sowie $IV = \{(x, y) \mid x \leq \theta,\ y > \theta\}$ (hier mit $\theta = 1.0$) bezeichnet. Die nicht durch das Skalenparametersplitting erzeugte Normalverteilung zeigt sich recht rund. In den Quadranten I und III verläuft die Kurve etwas flacher, d. h. dort liegt etwas mehr Wahrscheinlichkeitsmasse, dagegen stehen die Quadranten II und IV, in denen die Funktion steiler ist. Bei der skalenparametergesplitteten zweidimensionalen Normalverteilung verändert sich das Bild. In den Quadranten II und IV verhält sich die Funktion symmetrisch in dem Sinne, dass in beiden Quadranten die gleiche Wahrscheinlichkeitsmasse dieser Verteilung zu finden ist. Außerdem wird die Dichtefunktion in beiden Quadranten Richtung Quadrant III flacher. Die Dichtefunktion ist in Quadrant I wesentlich steiler als im Quadranten III.

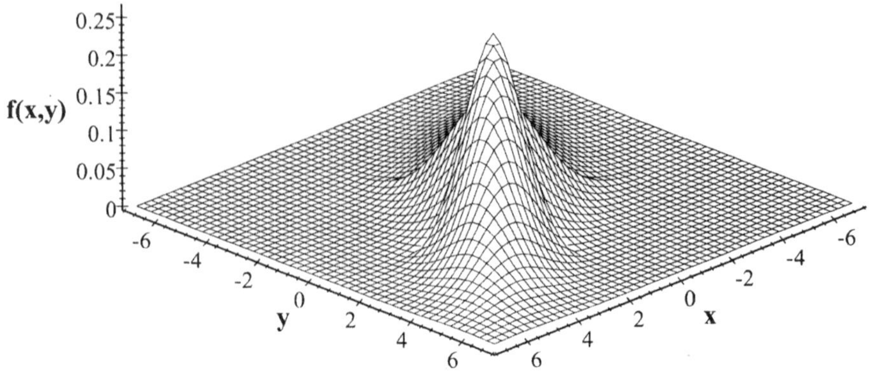

Abbildung 2.10: Dichtefunktion einer 2-dimensionalen skalenparametergesplitteten Normalverteilung ($\sigma_l = 3.0$, $\sigma_r = 2.0$, $\theta = 1.0$ $\rho = 0.8$).

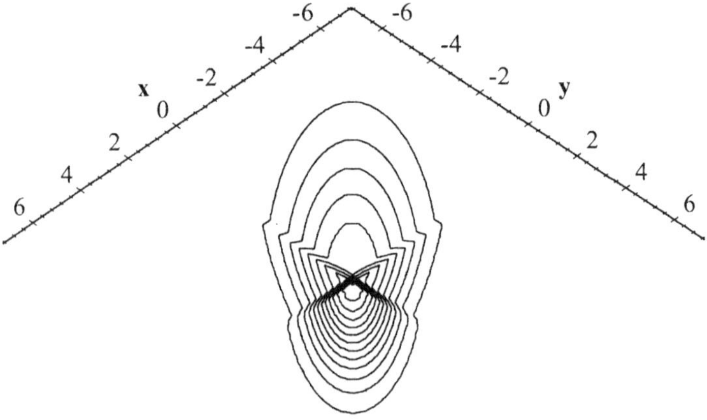

Abbildung 2.11: Höhenlinien der Dichtefunktion einer zweidimensionalen skalenparametergesplitteten Normalverteilung mit $\sigma_l = 3.0$, $\sigma_r = 2.0$ sowie $\theta = 1.0$ und $\rho = 0.8$.

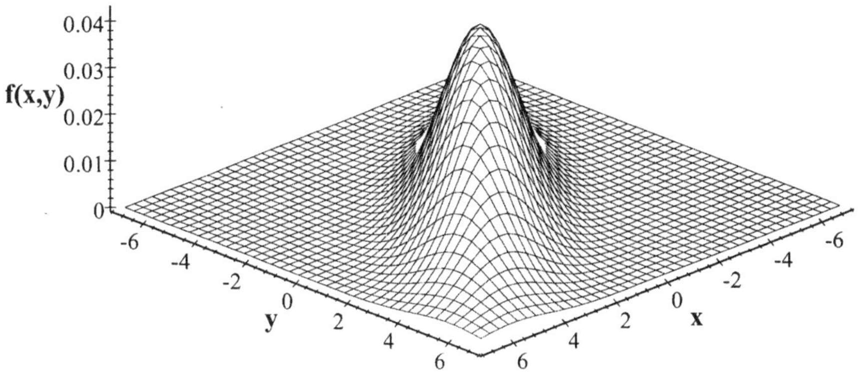

Abbildung 2.12: Dichtefunktion einer zweidimensionalen Normalverteilung mit $\sigma = 2.5$, $\theta = 1.0$ und $\rho = 0.8$.

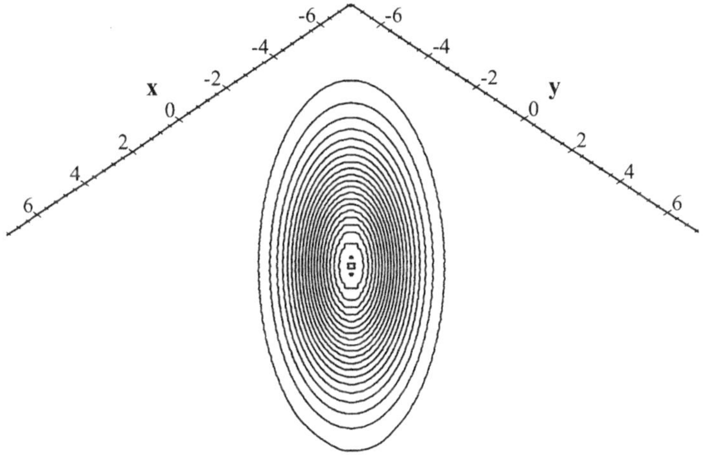

Abbildung 2.13: Isoquanten der Dichtefunktion einer zweidimensionalen Normalverteilung mit $\sigma = 2.5$, $\theta = 1.0$ und $\rho = 0.8$.

Nun wird der im voranstehenden Abschnitt erwähnte Begriff der Symmetrie etwas ausführlicher betrachtet. Ausgangspunkt ist die bivariate Normalverteilung als gemeinsame Verteilung zweier Zufallsvariablen X_1 und X_2 mit den Parametern $\theta_1, \theta_2, \sigma_1, \sigma_2$ (der Index der Parameter signalisiert die Zugehörigkeit zu X_1 oder X_2). Abbildung 2.12 zeigt so eine Dichtefunktion ($\theta_1 = \theta_2 = 2.5$, $\sigma_1 = \sigma_2 = 2.5$). Ihre Höhenlinien sind funktional als Ellipse beschreibbar (vgl. z. B. SCHAICH, 2001, S. 87) und besitzen zwei Spiegelachsen (die für alle Isoquanten derselben Verteilung identisch sind und den Schnittpunkt (θ_1, θ_2) besitzen). Der Korrelationskoeffizient wirkt zusammen mit den Varianzen auf das Ausmaß und die Richtung der Drehung der Spiegelachsen (und damit der Ellipsen) (SCHAICH, 2001, S. 87). Im Sinne der Spiegelung der Ellipsen an den beiden Hauptachsen behält die bivariate Normalverteilung ihre Symmetrieeigenschaft.

Offensichtlich (siehe Abbildung 2.11) verlieren die Höhenlinien der bivariaten skalenparametergesplitteten Normalverteilung für $\sigma_{l1} = \sigma_{l2}$ und $\sigma_{r1} = \sigma_{r2}$ eine Hauptachse und die funktionale Darstellung als Ellipse. Bei der isolierten Betrachtung der funktionalen Darstellung der Isoquanten in jedem Quadranten bleibt die Darstellung als Ellipse bestehen. Somit setzt sich für diesen Fall jede Isoquante aus vier Teilellipsen zusammen.[28]

Bisher ist für die multivariate skalenparametergesplittete Normalverteilung der Spezialfall betrachtet worden, dass für die einzelnen Zufallsvariablen stets $\sigma_{li} = \sigma_{lj}$, $\sigma_{ri} = \sigma_{rj}$ und $\theta_i = \theta_j$, $\forall\, i, j = 1, \ldots, n$ und $i \neq j$, gilt. Aus den bisherigen Erörterungen kommt man jedoch schnell zu einer letzten Verallgemeinerung, in der auch diese Restriktion aufgehoben ist.

Satz 2.13. *Die Zufallsvariable $Z \in \mathbb{R}^n$ heißt skalenparametergesplittet multivariat normalverteilt, wobei jeder Zufallsvariablen $Z_i \in \mathbb{R}$ das Parametertripel $(\sigma_{li}, \sigma_{ri}, \theta_i)$ mit σ_{li}, $\sigma_{ri} > 0$, $\forall\, i = 1, \ldots, n$, zugeordnet ist, falls sie mit $c = \frac{1}{(2\,\pi)^{\frac{n}{2}} \sqrt{\det(\Sigma)} \prod_{i=1}^{n} \sigma_{li}^{\mathbb{1}_L(z_i)} \sigma_{ri}^{\mathbb{1}_R(z_i)}}$ die Dichtefunktion,*

$$f_Z(z) = c \cdot e^{-\frac{1}{2}(z-\imath\theta)' S^{-1} \Sigma^{-1} S^{-1} (z-\imath\theta)} \quad .$$

besitzt. Dabei ist $\Sigma \in \mathbb{R}^{n \times n}$ die positiv definite Varianz-Kovarianz-Matrix. $S, L, R, \imath$ und $\mathbb{1}_A(z)$ sind genauso wie in Definition 2.9 (b) festgelegt.

[28] Es ist zu vermuten, dass die Isoquantenlinien bzgl. der verbleibenden Hauptachse spiegelbar sind. Der Nachweis bleibt zukünftigen Forschungsarbeiten überlassen.

Beweis: Der Beweis verläuft analog zu dem Beweis von Satz 2.11. □

In den Abbildung 2.14 und 2.15 sind die Dichtefunktion und das zugehörige Isoquantensystem für $\theta_1 = \theta_2 = 1.0$, $\sigma_{l1} = 3.0$, $\sigma_{l2} = 5.0$, $\sigma_{r1} = 2.0$, $\sigma_{r2} = 2.5$ und $\rho = 0.8$ veranschaulicht. Es ist zu erkennen, dass die skalenparametergesplittete bivariate Normalverteilung die Eigenschaft der Spiegelung an den Hauptachsen nicht besitzt. Vielmehr werden diese in den vier Quadranten in unterschiedliche Richtungen gedreht, was zu den Verzerrungen des Isoquantensystems führt.

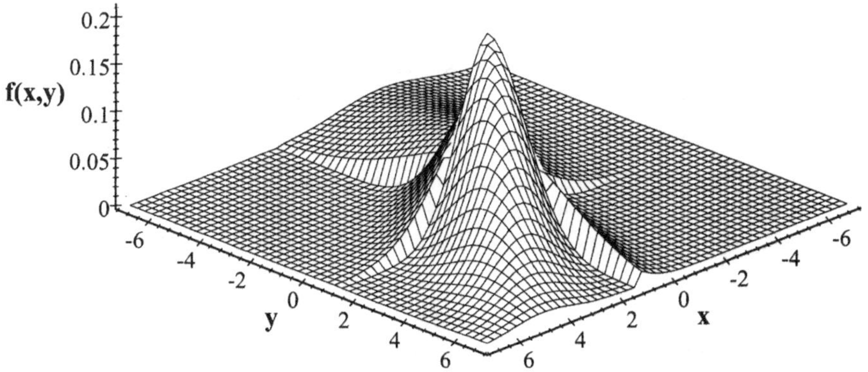

Abbildung 2.14: Dichtefunktion einer skalenparametergesplitteten zweidimensionalen Normalverteilung ($\sigma_{l1} = 3.0$, $\sigma_{l2} = 5.0$, $\sigma_{r1} = 2.0$, $\sigma_{r2} = 2.5$, $\theta_1 = \theta_2 = 1.0$ und $\rho = 0.8$).

An Hand der Definition der Dichtefunktion einer skalenparametergesplitteten multivariaten Normalverteilung gelingt es (vgl. Definition 2.9 (b) und Satz 2.12) unmittelbar einige Konsequenzen der durch die Aufspaltung des Skalenparameters induzierten Schiefe abzuleiten. Deshalb werden an dieser Stelle sowohl die bisherigen Ergebnisse zusammengefasst als auch die Konsequenzen im multivariaten Fall aufgeführt.

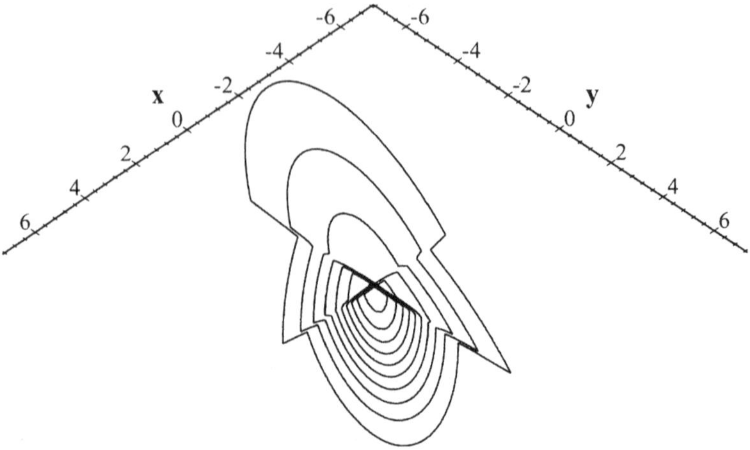

Abbildung 2.15: Höhenliniensystem einer skalenparametergesplitteten zweidimensionalen Normalverteilung mit $\sigma_{l1} = 3.0$, $\sigma_{l2} = 5.0$, $\sigma_{r1} = 2.0$, $\sigma_{r2} = 2.5$, $\theta_1 = \theta_2 = 1.0$ und $\rho = 0.8$.

(a) Durch die Methode des Skalenparametersplittings gelingt es, bestimmte, ursprünglich symmetrische Verteilungen in schiefe Verteilungen zu überzuführen. Die Eigenschaften, die zur Durchführung dieses Verfahrens an die Ausgangsverteilung gestellt werden, sind relativ einfach und für eine breite Klasse von Verteilungen gültig. Vorausgesetzt werden muss eine stetige, zweimal stetig differenzierbare, unimodale sowie lage- und skaleninvariante Verteilung. Die Invarianz von Lage- und Skalenparameter bedeutet, dass für eine Zufallsvariable X einer solchen symmetrischen Verteilung mit dem Lageparameter θ und dem Skalenparameter σ $P(X \leq x) = P\left(\frac{X-\theta}{\sigma} \leq \frac{x-\theta}{\sigma}\right)$ gilt. D. h., die Wahrscheinlichkeit für diese Zufallsvariable X, einen Wert kleiner oder gleich x anzunehmen, ändert sich durch die Normierung nicht. Jedoch ist Form und Position der zugehörigen Dichtefunktion direkt abhängig von diesen beiden Parametern. Das Verfahren des Aufspaltens des Skalenparameters zerlegt die Dichtefunktion an der Stelle des Lageparameters in zwei Teile und weist jedem Teil einen eigenen Skalenparameter zu. Die Eigenschaft der Skalen- und

Lageinvarianz bleibt für jeden Teilast der resultierenden Dichtefunktion erhalten.

(b) Es gelingt nachzuweisen, dass jede durch das Verfahren des Skalenparametersplittings konstruierte Verteilung im Sinne einer allgemeinen Definition schief ist. Des Weiteren sind mehrere Verteilungen der gleichen Verteilungsfamilie und derselben Schieferichtung im Sinne der c-Ordnung von VAN ZWET eindeutig in eine Reihenfolge zu bringen.

(c) Für die beiden Spezialfälle der zweiteiligen schiefen Normalverteilung (TPN) und der schiefen Exponential-Power-Verteilung (SEP) wurden einige theoretisch-statistische Eigenschaften hergeleitet. Es gelingt für beide Verteilungen zu beweisen, dass die unbekannten Parameter dieser Verteilungen konsistent und asymptotisch normalverteilt mittels ML-Methode schätzbar sind. Ein Algorithmus, um aus einer TPN- oder SEP-verteilten Grundgesamtheit eine Zufallsstichprobe zu ziehen, ist über die inversen Verteilungsfunktionen entwickelt worden. Damit sind Simulationsstudien auf Basis dieser beiden Verteilungen durchführbar.

(d) Falls n Zufallsvariablen X_i, $i = 1, \dots, n$, mit Verteilungen aus der Familie der skalenparametergesplitteten Verteilungen stochastisch unabhängig sind, gelingt über $f_{X_1,\dots,X_n}(x_1,\dots,x_n) = \prod_{i=1}^{n} f_{X_i}(x_i)$ ohne weitere Schwierigkeiten die Darstellung der gemeinsamen Dichtefunktion.

(e) Die analytische Darstellung der gemeinsamen Dichtefunktion für stochastisch abhängige Zufallsvariablen aus der Familie der skalenparametergesplitteten Verteilungen gelingt bisher nur für die zweiteilige schiefe Normalverteilung.

(f) Obwohl durch die Aufspaltung des Skalenparameters Schiefe induziert worden ist, resultiert eine „gewöhnliche“ multivariate Normalverteilung. Jedoch ist ihre Varianz-Kovarianz-Matrix in allen Einträgen durch eine multiplikative Kombination der Skalenparameter konterminiert.

(g) Unterstellt man für die ursprüngliche multivariate Normalverteilung, dass alle univariaten Zufallsvariablen die gleiche Varianz haben („homoskedastisch sind"), so resultiert nach dem Skalenparametersplitting eine multivariate schiefe Normalverteilung mit ungleichen („heteroskedastischen") Varianzen der univariaten Zufallsvariablen.

(h) Es ist erörtert worden, dass der Grad der Schiefe einer skalenparametergesplitteten Verteilung durch den Quotienten der Skalenparameter bestimmt ist. Dadurch lässt sich die Steuerung dieses Schiefegrades durch einen funktionalen Zusammenhang der Schiefeparameter mit einem Schiefeparameter γ reduzieren. Wählt man z. B. wie von FERNÁNDEZ, STEEL (1998, S. 360) vorgeschlagen, $\sigma_l(\gamma) = \gamma$ und $\sigma_r(\gamma) = \frac{1}{\gamma}$ für die multivariate schiefe Normalverteilung, so erhält man eine Varianz-Kovarianz-Matrix, bei der nur noch ausschließlich die Hauptdiagonale durch unterschiedliche quadrierte Skalenparameter konterminiert sind. Per Konstruktion kürzen sich nämlich die Skalenparameter auf den Nebendiagonalen gegenseitig weg (wegen $\sigma_l(\gamma) \cdot \sigma_r(\gamma) = 1$).

2.6 Diskussion ausgewählter Schiefemaße

Es konnte bisher gezeigt werden, dass eine skalenparametergesplittete Verteilung für $\sigma_l \neq \sigma_r$ in der Tat schief im Sinne von Definition 2.2 ist. Außerdem gelang der Nachweis, dass sich skalenparametergesplittete Verteilungen, die in die gleiche Richtung schief sind, im Sinne der c-Ordnung von VAN ZWET in eine Schiefereihenfolge bringen lassen. Es bleibt die Frage, welches Schiefemaß geeignet ist, um die Verteilungen bzgl. ihres Schiefegrades zu diskriminieren.

Wie bereits erörtert wurde, besitzt das klassische Schiefemaß, die Skewness, welches über das normierte dritte Moment einer Verteilung definiert ist und über das normierte dritte zentrierte empirische Moment zu schätzen wäre, zwei Nachteile. Zum einen ist es empfindlich gegen statistische Ausreißer in der Stichprobe. Zum anderen ist das zugehörige, auf dem gleichen Konstruktionsprinzip beruhende Maß für die Wölbung einer Verteilung widersprüchlich in seiner Interpretation. Trotzdem besitzt die

Skewness einen großen Vorteil. Nach VAN ZWET (1970, Theorem 4.2.3, S. 54) ordnet es asymptotisch zwei Stichproben, deren zugehörige Zufallsvariablen Verteilungen besitzen, die im Sinne der c-Ordnung in eine Schiefereihenfolge zu bringen sind, hinreichend und notwendig richtig an. Mit anderen Worten setzt sich das Kriterium der c-Ordnung von Verteilungen auf das dritte zentrale Moment dieser Verteilungen (die Skewness) fort.

Ein Maß, welches sich schon durch die voranstehende Diskussion aufdrängt, ist das Verhältnis der beiden Skalenparameter,

$$\gamma = \frac{\sigma_l}{\sigma_r} \quad . \tag{2.56}$$

Es ist ersichtlich, dass die Verteilung für $\gamma > 1$ linksschief, für $\gamma = 1$ symmetrisch und für $\gamma < 1$ rechtsschief ist. Dies gilt jedoch nur für die bisher betrachtete Familie von skalenparametergesplitteten Verteilungen. Es liegt nahe, dass dieses Maß Verteilungen, deren Dichtefunktionen mehrere nicht gleich hohe Maxima besitzen, sehr schnell (zu unrecht) als schief deklariert. Es muss weiter in Betracht gezogen werden, dass dieses Maß ausreißerempfindlich sein könnte. Wie es sich in Kapitel 2.3.2 gezeigt hat, kann man die Schiefe (2.56) mittels Maximum-Likelihood-Methode konsistent schätzen. Mit dieser Methode werden Schätzungen bzgl. der zu Grunde gelegten (aber mit unbekannten Parametern behafteten) Verteilung generiert,

„*welcher der gewonnenen Zufallsstichprobe die größte [...] Wahrscheinlichkeit zuweist.*“
(SCHAICH, 2001, S. 208)

Dies impliziert jedoch eine große Sensibilität der ML-Schätzungen auf statistische Ausreißer in der Stichprobe. Zusätzlich ist gegen dieses Schiefemaß anzubringen, dass bisher hierfür keine auf demselben Konstruktionsprinzip existierende Kennzahl für die Wölbung existiert. Trotzdem ist es auf Grund seiner direkten Herkunft aus der Verteilung ein sehr naheliegendes Maß.

Als letztes Maß für die Schiefe einer Verteilung wird eine aus der nichtparametrischen Statistik kommende Kennzahl vorgestellt. Dieses Maß zur Klassifizierung von Verteilungen hinsichtlich ihrer Schiefe basiert auf den Quantilen einer Verteilung. Neben seinen Robustheit gegen Ausreißer ist als weiterer Vorteil zu nennen, dass bzgl. seines Konstruktionsprinzips ebenfalls Maßzahlen für die Wölbung einer Verteilung existieren. Bzgl. der Schiefe ist eine solche Kennzahl in der Arbeit von HANDL (1985, S. 127) und für die Wölbung bei HOGG, LENTH (1984, S. 1572) zu finden. Die Kennzahl γ_q für die Schiefe ist für eine Verteilung F folgendermaßen definiert,

$$\gamma_q = \frac{F^{-1}(\alpha) - F^{-1}(0.5)}{F^{-1}(0.5) - F^{-1}(1-\alpha)} \quad \text{mit} \quad 0.5 < \alpha < 1 \quad . \tag{2.57}$$

Basierend auf den Kennzahlen gemäß HANDL (1985) und HOGG, LENTH (1984) haben HOGG, YUH (1988, S. 434 f.) ein Klassifikationsverfahren entwickelt, welches Verteilungen gleichzeitig bzgl. Schiefe und Wölbung einteilt. Mittels einer Simulationsstudie hat BÖNTE (1987, S. 116) die Eignung zur Klassifikation von Verteilungen überprüft und bestätigt. Dieses Klassifikationsverfahren wird im Rahmen dieser Arbeit jedoch nicht weiter betrachtet.

2.7 Statistische Inferenz bzgl. der Schiefe einer Verteilung

Es gibt eine ganze Reihe von statistischen Tests, mit denen man Verteilungen auf das Vorliegen einer signifikanten Asymmetrie überprüfen kann. Zumeist basieren diese Tests auf dem dritten zentralen Moment und lehnen dann die Nullhypothese, H_0 : *Die Verteilung ist symmetrisch*, ab, falls das empirische dritte zentrale Moment einer Stichprobe wesentlich vom dem dritten zentralen Moment einer Normalverteilung abweicht. Das zugehörige Hypothesenpaar lässt sich wie folgt formulieren,

$$H_0: \quad \gamma_a = 0 \quad \text{vs.} \quad H_1: \quad \gamma_a \neq 0 \quad . \tag{2.58}$$

Verwendet man als Teststatistik den Punktschätzer für das dritte zentrale und standardisierte Moment der den Beobachtungswerten $x_1, \ldots, x_n$ zu Grunde liegenden Verteilung (vgl. z. B. HARTUNG ET AL., 1999, S. 189),

$$\hat{\gamma}_a = \frac{\frac{1}{n}\sum_{i=1}^{n}(x_i - \bar{x})^3}{\left(\sqrt{\frac{1}{n}\sum_{i=1}^{n}(x_i - \bar{x})^2}\right)^3} \quad ,$$

so ist die Nullhypothese H_0 aus (2.58) zum Signifikanzniveau α dann abzulehnen, falls

$$|\hat{\gamma}_a| > g_{\frac{\alpha}{2}}$$

gilt, wobei die kritschen Werte $g_{\frac{\alpha}{2}}$ z. B. bei PEARSON, HARTLEY (1970, S. 207) vertafelt sind.

Als eine weitere Teststatistik zur Überprüfung des Hypothesenpaares (2.58) kann die folgende Statistik verwendet werden,

$$\mathrm{JB}_1 = \frac{n}{6} \cdot \hat{\gamma}_a^2 \quad ,$$

welche einen Teil der Teststatistik des Jarque-Bera-Tests zur Überprüfung der Annahme, dass die einer Stichprobe zu Grunde liegende Verteilung eine Normalverteilung ist, darstellt (vgl. JARQUE, BERA (1987, S. 165)). Die Statistik JB_1 ist unter der Nullhypothese χ^2-verteilt mit einem Freiheitsgrad.

Diesen beiden Tests haben einige Nachteile. Die Grenzverteilungen beider Teststatistiken basieren auf der Verteilung der Nullhypothese, der Normalverteilung. Somit sind sie für Tests bzgl. des Hypothesenpaares,

$$H_0: \quad \gamma = 1 \quad \text{vs.} \quad H_1: \quad \gamma \neq 1 \quad , \tag{2.59}$$

also Tests gegen die Symmetrie von skalenparametergesplitteten Verteilungen, nur für den Spezialfall der Normalverteilung geeignet. Des Weiteren ist den beiden genannten Tests als Nachteil gemeinsam, dass eine Ablehnung der Nullhypothese nicht zu der Aussage „Die der Stichprobe zu Grunde liegende Verteilung ist schief" führt, sondern vielmehr durch „Die Schiefe der Stichprobe stimmt signifikant nicht mit der Schiefe einer Normalverteilung überein" zu interpretieren ist. Mit anderen Worten bleibt es bei der Ablehnung der Nullhypothese offen, welcher Verteilungseffekt (oder genauer, welcher Verteilungsdefekt) zu dieser Ablehnung führt.

Auf Grund der allgemeinen Aussagen zur ML-Schätzung der unbekannten Parameter einer skalenparametergesplitteten Verteilung aus Satz 2.10

(S. 71) kann ohne größere Schwierigkeiten ein allgemeiner Test für das Hypothesenpaar (2.59) konstruiert werden. So ist es leicht einzusehen, dass die Teststatistik,

$$\text{Sk} = \frac{\hat{\gamma} - \gamma}{s_{\hat{\gamma}}}, \tag{2.60}$$

unter der Nullhypothese asymptotisch $N(0,1)$-verteilt ist. Dabei ist $\hat{\gamma}$ der ML-Schätzer des Schiefeparameters und $s_{\hat{\gamma}}$ seine zugehörige geschätzte Standardabweichung.

Ebenso einfach gelingt es, einen Test für die Gleichheit des Schiefeparameters für zwei Stichproben zu entwickeln. Gegeben seien zwei Zufallsstichproben $x_1, \ldots, x_n$ und $y_1, \ldots, y_m$. Die zugehörigen Zufallsvariablen $X_1, \ldots, X_n$ und $Y_1, \ldots, Y_m$ seien jeweils identisch sowie stochastisch unabhängig verteilt. Die Zufallsvariable X_i besitze $\forall\, i = 1, \ldots, n$ die Verteilung $F_{X_i}(x_i \,|\, \theta_1, \sigma_1, \gamma_1)$, und die der Zufallsvariablen Y_j zugehörige Verteilung sei $\tilde{F}_{Y_j}(y_j \,|\, \theta_2, \sigma_2, \gamma_2)$, $j = 1, \ldots, m$. Die X_i und Y_j seien für alle $i = 1, \ldots, n$ und $j = 1, \ldots, m$ stochastisch unabhängig. Außerdem gelte $F, \tilde{F} \in \mathcal{F}_{\sigma_l, \sigma_r}$, und die ihnen zu Grunde liegenden symmetrischen Verteilungen stimmen bis auf die Lage- und Skalenparameter $\theta_1, \theta_2, \sigma_1$ und σ_2 überein. Diese sei mit F^* bezeichnet. Die die Form von F^* zusätzlich bestimmenden Parameter seien mit $\beta_1, \ldots, \beta_k$ bezeichnet.[29] Ansonsten erfüllen die Verteilungen F und $\tilde{F}$ die Annahmen von Satz 2.10 zur Maximum-Likelihood-Schätzung der Parameter. Das zu testende Problem ist die Frage, ob die Schiefeparameter der Verteilungen F und $\tilde{F}$ gleich sind, d. h. es wird das Hypothesenpaar,

$$H_0: \quad \gamma_1 = \gamma_2 = \gamma \quad \text{vs.} \quad H_1: \quad \gamma_1 \neq \gamma_2 \quad , \tag{2.61}$$

betrachtet. Mit $\hat{\gamma}_1$ und $\hat{\gamma}_2$ seien die ML-Schätzer der Schiefeparameter und mit $s_{\hat{\gamma}_1}$ sowie $s_{\hat{\gamma}_2}$ die zugehörigen aus der geschätzten Fisher-Informationsmatrix resultierenden geschätzten Standardabweichungen bezeichnet.

Gesucht ist zur Lösung des Testproblems (2.61) eine Teststatistik, für die zum Signifikanzniveau α gilt,

$$\lim_{n,m \to \infty} P_{H_0}\left(|\hat{\gamma}_1 - \hat{\gamma}_2| > c_{\frac{\alpha}{2}}\right) = \alpha \quad . \tag{2.62}$$

[29] Falls F^* eine Normalverteilung ist, gibt es keine zusätzlichen Parameter. Im Falle der Exponential-Power-Verteilung ist dies der die Wölbung steuernde Parameter δ.

Da unter der Nullhypothese die wahren Schiefeparameter und die zugehörige Standardabweichung identisch sind, lässt sich (2.62) umformen,

$$\lim_{n,m\to\infty} P_{H_0}\left(\frac{1}{\sqrt{2}}\cdot\left|\frac{\hat{\gamma}_1-\gamma}{\sigma_\gamma}-\frac{\hat{\gamma}_2-\gamma}{\sigma_\gamma}\right|>\frac{1}{\sqrt{2}}\cdot\frac{c_{\frac{\alpha}{2}}}{\sigma_\gamma}\right)=\alpha \quad . \tag{2.63}$$

Bei der Gültigkeit der Nullhypothese entspricht $\frac{c_{\frac{\alpha}{2}}}{\sqrt{2}\cdot\sigma_\gamma}$ dem $\frac{\alpha}{2}$-Quantil einer $N(0,1)$-Verteilung.

Betrachtet wird nun die Teststatistik aus (2.63). Diese sei mit T bezeichnet und lässt sich umformen zu,

$$\begin{aligned} T &= \frac{1}{\sqrt{2}}\left(\frac{\hat{\gamma}_1-\gamma_1}{\sigma_\gamma}-\frac{\hat{\gamma}_2-\gamma_2}{\sigma_\gamma}\right) \\ &= \frac{1}{\sqrt{2}}\left[\left(\frac{\hat{\gamma}_1}{\sigma_\gamma}-\frac{\hat{\gamma}_2}{\sigma_\gamma}\right)+\left(\frac{\gamma_1}{\sigma_\gamma}-\frac{\gamma_2}{\sigma_\gamma}\right)\right] . \end{aligned} \tag{2.64}$$

Unter H_0 ist der zweite Summand rechts des Gleichheitszeichen von (2.64) gleich Null. Ersetzt man nun σ_γ durch die konsistenten ML-Schätzungen der Standardabweichungen $s_{\hat{\gamma}_1}$ und $s_{\hat{\gamma}_2}$, so konvergiert der zweite Summand in Wahrscheinlichkeit gegen Null. Deshalb besitzt die Teststatistik,

$$\tilde{T}=\frac{1}{\sqrt{2}}\cdot\left(\frac{\hat{\gamma}_1}{s_{\hat{\gamma}_1}}-\frac{\hat{\gamma}_2}{s_{\hat{\gamma}_2}}\right) \quad , \tag{2.65}$$

ebenfalls als Grenzverteilung eine Standardnormalverteilung. Somit ist eine einfache Teststatistik für das Testproblem (2.61) gefunden. Ohne weitere Schwierigkeiten kann die Alternativhypothese aus (2.61) auch einseitig formuliert werden.

Kimber (1985, S. 241) gibt für den Spezialfall der TPN-Verteilung einen Likelihood-Ratio-Test für das Testproblem (2.59) an. Diese Teststatistik,

$$T_K = 2\cdot\ln\left(\frac{2\cdot\hat{\sigma}}{\sigma_l(\hat{\gamma})+\sigma_r(\hat{\gamma})}\right) \quad , \tag{2.66}$$

ist unter der Nullhypothese χ^2-verteilt mit einem Freiheitsgrad, wobei $\hat{\sigma}$ der Schätzer der Standardabweichung unter der Nullhypothese ist.

Ebenso ist bei JOHN (1982, S. 883) eine Teststatistik für das Problem (2.59) zu finden. Diese stimmt von der Art der Konstruktion mit der Teststatistik (2.60) überein. Der Test von KIMBER (1985) kann unter den Annahmen von Satz 2.10 verwendet werden. KIMBER (1985, S. 241) untersuchte mit einem Simulationsexperiment die Güte beider Tests und konstatierte,

„*that the likelihood ratio test is preferable to John's procedure.*"
(KIMBER 1985, S. 241)

Bezogen auf seine Ergebnisse ist dies für kleine Stichprobenumfänge und größere Schiefegrade richtig. Seine Ergebnisse weisen für kleine Schiefegrade und (oder) größere Stichprobenumfänge auf vergleichbare Testgüten hin.

Kapitel 3

Anwendung für lineare stochastische Prozesse

In diesem Kapitel werden für lineare stochastische Prozesse die Eigenschaften bestimmter Schätzer für die unbekannten Parameter untersucht, wenn in dem Datengenerierenden Prozess[1] eine skalenparametergesplittete Verteilung modelliert wird. Die Resultate werden mit den Eigenschaften der zugehörigen Schätzer unter Standardannahmen verglichen.

Zunächst wird eine kurze Einführung in die Theorie linearer stochastischer Prozesse unter Standardannahmen gegeben. In dem anschließenden Abschnitt werden mittels Simulationsstudien statistische Eigenschaften der Parameterschätzer wie Unverzerrtheit und Konsistenz unter der Annahme schiefer Verteilungen analysiert. Danach wird ein Spezialfall, der Random-Walk (mit Drift) betrachtet, wobei besonders Augenmerk auf die statistische Inferenz gelegt wird. Statistische Tests bzgl. der Überprüfung des Vorliegens eines Random-Walks sind unter dem Namen Einheitswurzeltests in die Literatur eingegangen, deren kritische Werte bzw. deren Grenzverteilung zuerst von DICKEY (1976, S. 373), bzw. DICKEY und FULLER (1979, S. 429) simuliert bzw. abgeleitet wurden. Unter der Annahme

[1] Im Folgenden wird der Begriff Datengenerierender Prozess mit DGP abgekürzt

schiefer Verteilungen wird in Abschnitt 3.3 gezeigt, dass die Grenzverteilung nach DICKEY/FULLER u. U. nicht mehr gültig ist. Stattdessen muss die Schiefe bei der statistischen Inferenz berücksichtigt werden und die kritischen Werte sind unter diesen Annahmen zu simulieren. In Abschnitt 3.4 wird durch Simulationsstudien die Qualität der Kovarianzschätzung für autoregressive Prozesse mit SEP-verteilten Störgrößen mit dem Standardfall verglichen.

3.1 Einführung in die Theorie linearer stochastischer Prozesse

Unter einem stochastischem Prozess wird die Folge $(Y_t)_{t \in \{1,\dots,T\}}$ von Zufallsvariablen Y_t über die Zeit verstanden (zu einer allgemeineren Definition vgl. z. B. SCHLITTGEN, STREITBERG, 2001, S. 90). Da die Indexmenge im Rahmen dieses Kapitels unverändert bleibt, wird im weiteren Verlauf ein stochastischer Prozess abkürzend durch (Y_t) bezeichnet. $\mu_t = E(Y_t)$ definiert die Mittelwertfunktion und $\sigma_t^2 = Var(Y_t)$ die Varianzfunktion des stochastischen Prozesses (Y_t). Die Kovarianzfunktion $\gamma(s,t) = Cov(Y_s, Y_t)$ ordnet jedem Paar von Zeitpunkten $s, t \in \{1, \dots, T\}$ die Kovarianz der Zufallsvariablen Y_s und Y_t zu (siehe SCHLITTGEN, STREITBERG, 2001, S. 95 und S. 97). Für $s = t$ entspricht die Kovarianzfunktion der Varianzfunktion. Die Autokorrelationsfunktion (ACF) ist die Funktion der durch die Standardabweichungen normierten Kovarianzfunktion $\rho(s,t) = \frac{\gamma(s,t)}{\sigma_s \cdot \sigma_t}$.

Ein stochastischer Prozess (Y_t) heißt (schwach) stationär, wenn zum einen $\mu_t = \mu \, \forall \, t \in \{1, \dots, T\}$ und zum anderen $\gamma(s,t) = \gamma(s-t) \; \forall \, s, t \in \{1, \dots, T\}$ gilt. Die erste Eigenschaft nennt man Mittelwertstationarität; die zweite Eigenschaft heißt Kovarianzstationarität, welche die so genannte Varianzstationarität, d. h. $\sigma_t^2 = \sigma^2$ für alle $t \in \{1, \dots, T\}$, impliziert (vgl. SCHLITTGEN, STREITBERG, 2001, S. 100). Die Kovarianzstationarität besagt, dass die Kovarianzfunktion des stochastischen Prozesses nur von der Entfernung $\tau = s - t$ abhängt. Statt $\gamma(\tau)$ wird im Folgenden γ_τ geschrieben.

Man nennt einen stochastischen Prozess (Y_t) streng stationär, wenn die gemeinsame Verteilungsfunktionen jedes endlichen Systems von Zufallsvariablen $(Y_{t_1}, \ldots, Y_{t_n})$ des Prozesses identisch ist mit der gemeinsamen Verteilungsfunktion des um s Zeitpunkte verschobenen Systems $(Y_{t_1+s}, \ldots, Y_{t_n+s})$. Da diese Definition der Stationarität eines stochastischen Prozesses für empirische Analysen keine große Bedeutung besitzt, werden im Rahmen dieser Arbeit schwach stationäre stochastische Prozesse stationär genannt (vgl. SCHLITTGEN, STREITBERG, 2001, S. 104).

In der Praxis versucht man, die Bewegungsdynamik einer Zeitreihe durch einen stochastischen Prozess abzubilden. Häufig werden lineare Prozesse betrachtet (vgl. z. B. SCHLITTGEN, STREITBERG, 2001, S. 105 ff.), bei denen eine Zufallsvariable Y_t zu einem bestimmten Zeitpunkt t durch eine lineare Verknüpfung mit Zufallsvariablen Y_{t-i} anderer (i. d. R. vorhergehender) Zeitpunkte und Zufallsschocks modelliert werden kann. Wichtige Spezialfälle sind die so genannten ARMA(p,q)-Prozesse.

Definition 3.1. *Ein stochastischer Prozess (Y_t) heißt,*

i. Autoregressiver Prozess der Ordnung p, wenn,

$$Y_t = \theta + \alpha_1 Y_{t-1} + \ldots + \alpha_p Y_{t-p} + \varepsilon_t \quad , \tag{3.1}$$

ii. Movering-Average-Prozess der Ordnung q, falls,

$$Y_t = \theta + \varepsilon_t - \beta_1 \varepsilon_{t-1} - \ldots - \beta_q \varepsilon_{t-q} \quad , \tag{3.2}$$

iii. Autoregressiver-Moving-Average-Prozess der Ordnung p und q, wenn,

$$Y_t = \theta + \alpha_1 Y_{t-1} + \ldots + \alpha_p Y_{t-p} + \varepsilon_t - \beta_1 \varepsilon_{t-1} - \ldots - \beta_q \varepsilon_{t-q} \quad . \tag{3.3}$$

erfüllt ist.

Dabei ist (ε_t) ein so genannter White-Noise-Prozess, d. h. alle ε_t besitzen identische Verteilungen mit $E(\varepsilon_t) = \mu$ und $Var(\varepsilon_t) = \sigma^2$ für alle t.

Man nennt diese auch AR(p)-, MA(q)- und ARMA(p, q)-Prozesse. In den meisten Lehrbüchern wird bei der Darstellung dieser linearen Prozesse auf die Darstellung des Absolutgliedes verzichtet und stattdessen $E(\varepsilon_t) = 0$ gefordert. Hier wird hingegen obige Darstellung beibehalten, da dieser Unterschied bei der Betrachtung der statistischen Inferenz unter der Annahme schiefer Verteilungen noch eine besondere Rolle spielen wird.

Die Prozesse (3.1)-(3.3) lassen sich durch die Anwendung linearer Filter beschreiben. Das Konzept des linearen Filters entstammt in der Anwendung einer linearen Transformation L auf eine Zeitreihe (x_t) gemäß,

$$y_t = Lx_t = \sum_{u=-q}^{s} a_u x_{t-u} \quad , \quad t = s+1, \ldots, T-q \quad .$$

L wird als linearer Filter bezeichnet. Die Folge der Gewichte a_u heißt Impulsantwortfunktion (vgl. Schlittgen, Streitberg, 2001, S. 36 und S. 107). Ein wichtiger linearer Filter ist der Backshift-Operator B, der durch $Bx_t = x_{t-1}$ definiert ist, da damit jeder Filter durch die Darstellung $a(B) = \sum a_u B^u$ beschreibbar ist (Schlittgen, Streiberg, 2001, S. 43). Man nennt die Funktion $a(z) = \sum a_u z^u$ mit $z \in \mathbb{C}$ das charakteristische Polynom des Filters (siehe Schlittgen, Streiberg, 2001, S. 111).

Man kann die Prozesse (3.1)-(3.3) umschreiben zu,

$$Y_t = \theta + \alpha(B) Y_t + \varepsilon_t \quad , \tag{3.4}$$
$$Y_t = \theta + \beta(B) \varepsilon_t \quad , \tag{3.5}$$
$$Y_t = \theta + \alpha(B) Y_t + \beta(B) \varepsilon_t \tag{3.6}$$

mit den Filtern,

$$\alpha(B) = \alpha_1 B + \alpha_2 B^2 + \ldots + \alpha_p B^p \quad , \tag{3.7}$$
$$\beta(B) = 1 - \beta_1 B - \beta_2 B^2 - \ldots - \beta_q B^q \quad . \tag{3.8}$$

Für Filter der Form (3.8) nennt man $1 - \beta_1 z - \beta_2 z^2 - \ldots - \beta_q z^q = 0$ die charakteristische Gleichung. Da man die Prozesse (3.4)-(3.6) analytisch mittels derart strukturierter Filter schreiben kann, ergeben sich die nachstehenden Aussagen zur Stationarität von ARMA-Prozessen.

(a) Ein AR(p)-Prozess ist stationär, wenn alle Nullstellen der charakteristischen Gleichung außerhalb des Einheitskreises liegen.

(b) Ein MA(q)-Prozess ist per definitionem stationär. Er ist invertierbar, wenn alle Nullstellen des charakteristischen Polynoms außerhalb des Einheitskreises liegen.

(c) Ein ARMA(p, q)-Prozess ist stationär, wenn die Nullstellen des charakteristischen Polynoms des AR-Teils außerhalb des Einheitskreises liegen. Liegen die Nullstellen des charakterischen Polynoms des MA-Teils außerhalb des Einheitskreises, so spricht man von einem invertierbaren ARMA-Prozess.

Das Kriterium der Invertierbarkeit eines MA(q)-Prozesses verknüpft diesen mit der Autokorrelationsfunktion, so dass für invertierbare MA(q)-Prozesse eindeutig von der Autokorrelationsfunktion auf die Modellparameter zurückgeschlossen werden kann (vgl. SCHLITTGEN, STREITBERG, 2001, S. 177 f.). Dasselbe gilt analog für stationäre AR(p)-Prozesse. Formal bedeutet die Invertierbarkeit des MA(q)-Prozesses (3.5), dass dieser sich auch in der Form $\varepsilon_t = \theta + \beta^{-1}(B) \cdot Y_t$ schreiben lässt, wobei $\beta^{-1}(B)$ ebenfalls ein Filter (mit unendlich vielen Summanden) ist. Somit ist ein invertierbarer MA(q)-Prozess als AR(∞)-Prozess darstellbar. Stationäre AR(p)-Prozesse lassen sich als MA(∞)-Prozesse darstellen. ARMA(p, q)-Prozesse, die sowohl stationär als auch invertierbar sind, sind sowohl als AR(∞)- als auch als MA(∞)-Prozess ausdrückbar.

Es ist bekannt, dass MA(q)- bzw. AR(p)-Prozesse, deren Restgrößen zudem normalverteilt sind, an Hand der Struktur der Autokorrelationsfunktion erkennbar sind (was für Prozesse höherer Modellordnung sehr komplex wird). Es stellt sich die Frage, wie stark diese Strukturen von der Verteilung der Restgrößen, und hierbei vor allem von Wölbung und Schiefe der Verteilung, abhängen. Deshalb wird nun die im Zusammenhang mit dem Verhalten der Autokorrelationsfunktion von ARMA(p, q)-Prozessen wichtige Eigenschaft des starken Mischens eines stationären Prozesses eingeführt. Die folgende Definition legt in einer sehr allgemeinen wahrscheinlichkeitstheoretischen Ausdrucksweise die approximative stochastische Unabhängigkeit für „weit voneinander entfernte“ Zufallsvariablen des stochastischen Prozesses (Y_t) fest (vgl. z. B. MICHELS, 1995, S. 28 f.).

Definition 3.2 (Starke Mischungseigenschaft). *Die Folge von Zufallsvariablen* (Y_t) *mit den durch* $(Y_a, \ldots, Y_T)$ *bzw.* $(Y_{T+m}, \ldots, Y_b)$ *für* $a \to -\infty$ *bzw.* $b \to \infty$ *erzeugten Borelschen* σ*-Algebren* $\mathcal{B}_{-\infty}^{T}$ *und* $\mathcal{B}_{T+m}^{\infty}$*, heißt stark mischend, wenn,*

$$\lim_{m\to\infty} \alpha(m) = \lim_{m\to\infty} \sup_{T} \alpha\big(\mathcal{B}_{-\infty}^{T}, \mathcal{B}_{T+m}^{\infty}\big) = 0 \quad ,$$

gilt, wobei für zwei σ*-Algebren* $\mathcal{G}$ *und* $\mathcal{K}$ *der Mischungskoeffizient* $\alpha(\mathcal{G}, \mathcal{K})$ *wie folgt definiert ist,*

$$\alpha(\mathcal{G}, \mathcal{K}) = \sup_{\{G\in\mathcal{G}, K\in\mathcal{K}\}} |P(G \cap K) - P(G) \cdot P(K)| \quad .$$

„Die starke Mischungseigenschaft sagt [...], daß die Abhängigkeit nur über einen kurzen Zeitbereich wesentlich wirksam ist. Für Normalprozesse ist dies gleichwertig damit, daß die ACF gegen Null geht [...]. Demzufolge sind stationäre ARMA Prozesse mit normalverteilten Störungen stark mischend.“
(SCHLITTGEN, STREITBERG, 2001, S. 248)

Da die TPN-Verteilung sich im multivariaten Fall analytisch als „einfache“ Normalverteilung darstellen lässt, besitzen stochastische Prozesse, deren Störterme TPN-verteilt sind, wobei die Skalenparameter aus einem kompakten Intervall $[a, b]$ mit $a > 0$ und $b < \infty$ kommen müssen, ebenfalls die starke Mischungseigenschaft. Daraus kann gefolgert werden, dass sich für alle stochastischen Prozesse, deren Restgrößenprozesse aus einer Verteilung der Klasse von SEP-Verteilungen entstammen, die starke Mischungseigenschaft aus den stochastischen Prozessen, deren Störterme gemäß der zugrunde liegenden symmetrischen Exponential-Power-Verteilung verteilt sind, überträgt. Die Skalenparameter müssen dazu wieder auf ein kompaktes Intervall $[a, b]$ mit $a > 0$ und $b < \infty$ eingeschränkt werden. Der Frage, ob stochastische Prozesse mit Exponential-Power-verteilten Restgrößen generell stark mischend sind, wird hier nicht weiter untersucht. Eigene Untersuchungen mittels Simulationsexperimenten widerlegte dies zumindest für die im Rahmen dieser Arbeit betrachteten Spezialfälle $\delta \in [1.0, 3.0]$ nicht. Somit kann auch für (streng stationäre) stochastische Prozesse mit SEP-verteilten Restgrößenprozessen die ACF zur Identifikation der Parameter herangezogen werden.

Zum Verhalten der Kovarianzfunktion bzw. der Autokorrelationsfunktion stationärer Prozesse sind nun noch die Begriffe des langen Gedächnisses und der Spektraldichtefunktion einzuführen (siehe dazu auch SCHLITTGEN, STREITBERG, 2001, S. 141 und S. 156).

Definition 3.3 (Gedächnis eines stochastischen Prozesses). *Ein stationärer stochastischer Prozess (Y_t) mit der Kovarianzfunktion (γ_τ) und $\gamma_0 > 0$ besitzt,*

- *ein langes Gedächnis, falls* $\sum\limits_{\tau=0}^{\infty} |\gamma_\tau| = \infty$,
- *ein kurzes Gedächnis, falls* $\sum\limits_{\tau=0}^{\infty} |\gamma_\tau| < \infty$,
- *kein Gedächnis für den Fall* $\gamma_\tau = 0, \forall\, \tau \neq 0$.

Moving-Average-Prozesse besitzen ebenso wie stationäre autoregressive Prozesse ein kurzes Gedächnis. Bei MA(q)-Prozessen läuft die Autokorrelationsfunktion schnell gegen Null, für Lags $\tau > q$ sind deren Werte gleich Null. Die ACF von stationären AR(p)-Prozessen konvergiert exponentiell gegen Null (vgl. dazu SCHLITTGEN, STREITBERG, 2001, S. 117 und S. 127).

„*Eine stationäre Zeitreihe x_t hat ein langes Gedächnis, wenn die Autokorrelationsfunktion nicht etwa wie bei ARMA-Prozessen exponentiell, sondern hyperbolisch abklingt, und zwar so langsam, daß sie nicht summierbar ist.*“
(KRÄMER, 2002, S. 223)

Allgemein sagt also das Gedächnis etwas über die Konvergenzgeschwindigkeit der Autokorrelationsfunktion aus. Intuitiver beschreibt es, ob ein einmaliger Störimpuls (ein so genannter Schock) „ewig“ in dem stochastischen Prozess nachhallt, oder ob dieser nach einer „kurzen“ Zeitdauer vom Prozess „vergessen“ wird. Die Eigenschaft des kurzen Gedächnisses lässt sich elegant über das Spektrum eines stationären Prozesses formulieren.

Definition 3.4 (Spektraldichtefunktion). *Für einen schwach stationären Prozess* (Y_t) *mit absolut summierbarer Kovarianzfunktion, d. h.* $\sum_{\tau=-\infty}^{\infty} \gamma_\tau < \infty$, *wird die Fouriertransformierte der Kovarianzfunktion,*

$$f(\lambda) = \sum_{\tau=-\infty}^{\infty} \gamma_\tau \cdot e^{i2\pi\lambda\tau} = \gamma_0 + 2 \cdot \sum_{\tau=1}^{\infty} \gamma_\tau \cdot \cos(2\pi\lambda\tau) \quad ,$$

Spektraldichtefunktion oder auch Spektrum genannt.

Das Spektrum ist nicht-negativ, stetig und liefert an der Stelle $\lambda = 0$ die Summe der Kovarianzen. Das Spektrum ist eine Funktion der Frequenz λ. Die Varianz eines stochastischen Prozesses lässt sich über das Spektrum darstellen,

$$\gamma_0 = \int_{-0.5}^{0.5} f(\lambda)\, d\lambda \quad .$$

Deshalb ist das Spektrum als Zerlegung der gesamten Prozessvarianz in Frequenzanteile zu verstehen. Die Fläche über dem Frequenzband $[\lambda_0, \lambda_1]$,

$$\gamma_0 = \int_{-0.5}^{0.5} f(\lambda)\, d\lambda \quad ,$$

gibt den Anteil der Prozessvarianz an, der auf die Schwingungskomponenten mit den Frequenzen $\lambda \in [\lambda_0, \lambda_1]$ liegt. Außerdem garantiert $f(\lambda) < \infty$, dass ein stationärer stochastischen Prozess (Y_t) kein langes Gedächnis besitzt.

Zum Abschluss dieser Einführung in die Theorie der linearen stochastischen Prozesse sind noch zwei weitere, weitergehende Modelle vorzustellen, mit denen vor allem Zeitreihen mit Trend mit den Standardmodellen behandelt werden können. Eine Anpassung einer Zeitreihe an die bisher vorgestellten Prozesse ist nur für Zeitreihen ohne Trend sinnvoll. Deshalb ist der Trend zuerst in geeigneter Weise zu eliminieren, so dass der bereinigte stochastische Prozess schließlich einem geeigneten ARMA(p, q)-Prozess folgt. Dabei bereitet schon die Trendbereinigung erhebliche Probleme. Dies liegt bereits darin begründet, dass keine allgemeingültige Definition für einen Trend existiert. KRÄMER (1985, S. 17) gibt durch,

$$\frac{1}{T}\sum_{t=1}^{T} Y_t^2 \xrightarrow{p} \infty \quad , \tag{3.9}$$

eine Möglichkeit zur Definition eines Trends. Dabei steht „$\xrightarrow{p}$“ für Konvergenz in Wahrscheinlichkeit. Eine Schätzfunktion $\hat{\xi}(Y_1, \ldots, Y_T)$ (bzw. $\hat{\xi}_T$) ist konsistent für einen Parameter ξ, wenn folgende Gleichung gültig ist (vgl. z. B. JUDGE ET AL. , 1988, S. 84),

$$\lim_{T\to\infty} P\left(\left|\hat{\xi}_T - \xi\right| < \varepsilon\right) = 1 \quad , \forall \varepsilon > 0 \, . \tag{3.10}$$

Wenn es eine Konstante ξ gibt, für die (3.10) korrekt ist, so spricht man davon, dass $\hat{\xi}_T$ in Wahrscheinlichkeit gegen ξ konvergiert.

Wie man sich an Hand eines einfachen Beispiels überlegen kann, kann auch die von KRÄMER (1985) gelieferte Definition keine Allgemeingültigkeit beanspruchen, da für die Folge $(1, 2, 0, 3, 0, 0, 4, 0, 0, 0, 5, 0, 0, 0, 0, 6, \ldots)$ zwar $\frac{1}{T}\sum_{t=1}^{T} Y_t^2 < \infty$ gilt, diese Folge aber offensichtlich einen Trend besitzt.[2]

„Falls kein einfacher linearer Trend unterstellt werden kann, bieten sich als nächsteinfache Funktionen Polynome an, da sich genügend glatte Funktionen in einem endlichen Zeitintervall gut durch Polynome approximieren lassen.“
(SCHLITTGEN, STREITBERG, 2001, S. 15)

Ein (nichtstochastischer) polynomialer Trend besitzt die Darstellung,

$$x_t = \beta_0 + \beta_1 t + \ldots + \beta_p t^p \quad . \tag{3.11}$$

[2]Die Beispielfolge (y_t) ist allgemein durch,

$$y_t^2 = \begin{cases} n \quad , & t = 1 + \sum\limits_{j=0}^{n-1} j \text{ , mit } n \in \mathbb{N} \setminus \{0\}, \\ 0 \quad , & \text{sonst,} \end{cases}$$

definiert. Es gilt $\lim\limits_{T\to\infty} \frac{1}{T}\sum_{t=1}^{T} y_t^2 = \lim\limits_{T\to\infty} \frac{1}{T} \cdot \frac{N\cdot(N+1)}{2} = 1$ gilt, wobei $N = \max\limits_t\{y_t^2\}$ ist. Zum Beweis dieser Aussage siehe Anhang A, S. 219 f.

Daraus ergibt sich, dass ein stochastischer Prozess der Form $Y_t = x_t + \varepsilon_t$ mit x_t aus (3.11) und (ε_t) als White-Noise-Prozess einen polynomialen Trend besitzt. Solche Prozesse nennt man auch trendstationär, da Realisationen dieses Prozesses zufällig um den deterministischen (polynomialen) Trendterm x_t schwanken, diese Zufallsabweichungen vom Trend jedoch keinen Einfluss auf die weitere Entwicklung der Zeitreihe besitzen. Allgemeiner ist die folgende Definition des polynomialen Trends (vgl. KRÄMER, 1985, S. 11).

Definition 3.5. *Der stochastische Prozess (y_t) enthält einen polynomialen Trend der Ordnung p, wenn ein $\theta \in]0, \infty[$ existiert, so dass gilt:*

$$\lim_{T\to\infty} P\left(\left|\frac{1}{T^{2p+1}}\sum_{t=1}^{T} Y_t^2 - \theta\right| < \varepsilon\right) = 1 \quad , \forall \varepsilon > 0 \, .$$

Stochastische Prozesse (Y_t) mit $Y_t = x_t + \varepsilon_t$, wobei x_t ein polynomialer Trend gemäß (3.11) und (ε_t) ein White-Noise-Prozess ist, besitzen bei der Schätzung der Parameter mittels der Kleinste-Quadrate-Methode „optimale“ Eigenschaften. Die Parameter werden wesentlich schneller wesentlich genauer geschätzt, als dies bei stationären Modellen der Fall sein kann. Diese Eigenschaft wird auch „Superkonsistenz“ genannt. Dabei bringt der Begriff „Superkonsistenz“ eines Schätzers seine wesentlich höhere Konvergenzgeschwindigkeit zum wahren Parameter zum Ausdruck. Die „normale“ Konsistenz eines Schätzers ist durch die Gültigkeit von Gleichung (3.10) definiert. Gemäß JUDGE ET AL. (1988, S. 85) sind die asymptotische Unverzerrtheit sowie eine asymptotische Varianz von Null eines Schätzers $\hat{\theta}_T$ hinreichende (aber nicht notwendige) Bedingungen für seine Konsistenz. In der ökonometrischen Literatur ist die so genannte Landau'sche Notation $O_p(f(T))$ (kurz: $O_p(f_T)$) zur Beschreibung der Konvergenzgeschwindigkeit eines konsistenten Schätzers gebräuchlich, wobei f eine beliebige reelle Zahlenfolge in Abhängigkeit von T ist. Eine beliebige reelle Zufallsvariable X_T ist $O_p(f_T)$, wenn die Zufallsvariable $\frac{X_T}{f_T}$ konsistent gegen Null konvergiert. Ist die Zufallsvariable X_T konsistent gegen eine Konstante c, so ist sie als $X_T = c + O_p(f_T)$ schreibbar. Der Begriff „Superkonsistenz“ lässt sich nun durch die Betrachtung der folgenden zwei linearen Regressionsmodelle (unter Standardannahmen) plausibilisieren,

$$\begin{aligned} y_t &= \kappa + \varepsilon_t \qquad t = 1, \ldots, T \ , \\ y_t &= \zeta \cdot t + \varepsilon_t \qquad t = 1, \ldots, T, \ . \end{aligned}$$

Wenn beide Modelle mittels KQ-Methode geschätzt werden, so gilt zum einen $\hat{\kappa} = \kappa + O_p\left(\frac{1}{\sqrt{T}}\right)$ und zum anderen $\hat{\zeta} = \zeta + O_p\left(\frac{1}{T}\right)$. Wegen der höheren Konvergenzgeschwindigkeit nennt man $\hat{\zeta}$ einen superkonsistenten Schätzer.

Stochastische Prozesse mit einem polynomialen Trend werden langsam wachsend genannt. Verallgemeinert wird diese Art des Trends durch die folgende Definition (vgl. z. B. MICHELS, 1995, S. 17).

Definition 3.6 (Langsam wachsende stochastische Prozesse). *Ein stochastischer Prozess* (Y_t) *heißt langsam wachsend, falls* $\forall \varepsilon > 0$ *gilt,*

$$\lim_{T \to \infty} P\left(\max_{t=1,\ldots,T} \left| \frac{Y_t}{\sqrt{\sum_{t=1}^{T} Y_t^2}} \right| < \varepsilon \right) = 1 \quad .$$

Wesentlich komplizierter stellt sich das Bild bei den so genannten differenzstationären stochastischen Prozessen dar. Diese haben seit der fundamentalen Arbeit von NELSON, PLOSSER (1982) viele die Zeitreihen-Ökonometrie betreffende wissenschaftliche Arbeiten bestimmt.

Definition 3.7 (Integrierte stochastische Prozesse). *Ein stochastischer Prozess* (Y_t) *heißt integriert vom Grade d, falls der nach d-maligem Bilden der Differenz* $W_t = (1 - B)^d$ *resultierende stochastische Prozess* (W_t) *stationär ist. Hierbei wird* $d \in \mathbb{N}$ *vorausgesetzt. Man schreibt dann auch,* $(Y_t) \sim I(d)$. *Ist* (W_t) *insbesondere aus der Klasse der ARMA(p, q)-Prozesse, so wird* (Y_t) *als Autoregressiver-Integrierter-Moving-Average-Prozess der Ordnungen p, d und q, kurz ARIMA* (p, d, q)*-Prozess, bezeichnet.*

Die notwendige Summation, um aus dem (stationären) ARMA-Modell den Prozess (Y_t) zu generieren, wird auch „Integration" genannt. Integrierte stochastische Prozesse werden auch grenzinstationär oder differenzstationär genannt. Für solche Prozesse liegt mindestens eine Nullstelle des charakteristischen Polynoms auf dem Einheitskreis (siehe dazu SCHLITTGEN, STREIBERG, 2001, S. 289 f.).

Grenzinstationäre stochastische Prozesse besitzen immer einen so genannten stochastischen Trend. Das wohl bekannteste Beispiel eines $I(1)$-Prozesses ist der so genannte Random Walk (oder im Deutschen auch die Irrfahrt),

$$Y_t = \mu + \rho \cdot Y_{t-1} + \varepsilon_t \quad \text{für } t = 1, \dots, T \quad , \tag{3.12}$$

mit $\rho = 1$, (ε_t) als White-Noise-Prozess und dem Startwert Y_0.

Man nennt μ den Drift der Irrfahrt. Einen Random Walk mit Drift kann man sukzessive umformen, bis man schließlich die Darstellung,

$$Y_t = Y_0 + \mu \cdot t + \sum_{i=1}^{t} \varepsilon_i \quad , \tag{3.13}$$

erhält. Hieraus wird ersichtlich, dass die Irrfahrt einen deterministischen Trend impliziert. Im Gegensatz zu trendstationären Prozessen sind die stochastischen Zuwächse $\sum_{i=1}^{t} \varepsilon_i$ instationär, da die Varianz dieses Prozesses zum Zeitpunkt t gleich $t \cdot \sigma^2$ und deshalb wachsend über die Zeit ist. An Hand der Darstellung (3.13) erklärt sich deutlicher der Begriff der „Integration“, da die Abweichung des stochastischen Prozesses von dem deterministischen Trend der Summe von Zufallsfehlern entspricht. Genau dies erschwert in der Praxis die Unterscheidung zwischen differenz- und trendstationären stochastischen Prozessen. Erlaubt man für das Modell (3.12) nur $|\rho| < 1$, so entspricht dieses Modell einem stationären AR(1)-Prozess. Für $|\rho| > 1$ erhält man einen explosionsartig ansteigenden (oder fallenden) instationären AR(1)-Prozess. Der Random Walk erklärt seine herausragende Stellung im Rahmen differenzstationärer Prozesse zum einen durch seine einfache Modellstruktur und zum anderen durch folgenden Satz (zum Beweis siehe BEVERIDGE, NELSON, 1981, S. 154 ff.).

Satz 3.1 (Beveridge-Nelson-Zerlegung). *Es sei (Y_t) ein $I(1)$-Prozess. Dann lässt er sich wie folgt darstellen,*

$$Y_t = Y_0 + Z_t + V_t - V_0 \quad , t = 1, \dots, T,$$

wobei Y_0 und V_0 die Anfangsbedingungen der stochastischen Prozesse (Y_t) und (V_t) sind. Zudem ist (Z_t) ein Random-Walk und (V_t) ein stationärer Prozess.

Dies besagt, dass ein $I(1)$-Prozess stets als Random-Walk plus einem stationären Prozess beschreibbar ist.

Eine weitere Verallgemeinerung der ARIMA-Modelle basiert auf der Bildung von fraktionellen Differenzen $(1-B)^d$ mit $d \in \mathbb{R}$. Sie dienen dazu, Zeitreihen mit langem Gedächnis nach der Anwendung von fraktionellen Differenzen als stationäre Zeitreihe zu modellieren, und gehen auf HOSKING (1981) zurück.

Definition 3.8 (Fraktionell integrierte ARMA-Prozesse). *Der Prozess (Y_t) heißt fraktionell integrierter ARMA-Prozess der Ordnungen p, d und q mit $d \in \mathbb{R}$, kurz ARFIMA (p,d,q)-Prozess, falls $(1-B)^d Y_t$ ein ARMA(p,q)-Prozess ist.*

Durch die Filter $\alpha(B)$, $\beta(B)$ und $(1-B)^d$ lassen sich ARFIMA (p,d,q)-Prozesse auch durch,

$$\alpha(B)(1-B)^d Y_t = \beta(B)\varepsilon_t \quad , \tag{3.14}$$

darstellen. Für $0 < d < \frac{1}{2}$ besitzt der Prozess (3.14) ein langes Gedächnis. Seine Autokorrelationsfunktion verläuft hyperbolisch abnehmend (siehe HOSKING, 1981, S. 170 f.),

$$\rho_\tau \sim \tau^{(2d-1)} \quad . \tag{3.15}$$

„Der zentrale Parameter d steuert dabei die Stärke des langen Gedächnisses: Je größer d, desto stärker hängen weit auseinanderliegende Zeitreihenwerte voneinander ab.“
(KRÄMER, 2002, S. 223)

Falls $-\frac{1}{2} < d < \frac{1}{2}$ gilt, sind ARFIMA (p,d,q)-Prozesse stationär. Liegen zudem alle Wurzeln der charakteristischen Polynome von $\alpha(B)$ und $\beta(B)$ außerhalb des Einheitskreises, so sind diese Prozesse invertierbar (HOSKING, 1981, S. 170 f.).

Nachdem in Definition 3.4 (S. 106) das Spektrum allgemeiner schwach stationärer Prozesse eingeführt worden ist, werden nun zur Vollständigkeit die Spektren der in diesem Abschnitt speziell erörterten linearen Prozesse aufgelistet.

- Ein MA(q)-Prozess besitzt das Spektrum,

$$f_{MA}(\lambda) = \left| \sum_{u=0}^{q} \beta_u e^{i2\pi\lambda u} \right|^2 \sigma_\varepsilon^2 \quad .$$

- Für einen stationären AR(p)-Prozess erhält man das Spektrum,

$$f_{AR}(\lambda) = \frac{\sigma_\varepsilon^2}{|1 - \alpha_1 e^{i2\pi\lambda} - \ldots \alpha_p e^{i2\pi p\lambda}|^2} \quad .$$

- Das Spektrum eines ARMA(p, q)-Prozesses mit stationärem AR-Teil ergibt sich zu,

$$f_{ARMA}(\lambda) = \frac{\left| 1 - \sum\limits_{u=0}^{q} \beta_u e^{i2\pi\lambda u} \right|^2}{\left| 1 - \sum\limits_{v=0}^{p} \alpha_v e^{i2\pi\lambda v} \right|^2} \sigma_\varepsilon^2 \quad .$$

- ARFIMA (p, d, q)-Prozesse mit der Darstellung (3.12), deren Wurzeln des charakteristischen Polynoms $\alpha(z)$ außerhalb des Einheitskreises liegen und zudem $-\frac{1}{2} < d < \frac{1}{2}$ gilt, besitzen die folgende Darstellung des Spektrums,

$$f_{ARFIMA}(\lambda) = |F_d(\lambda)|^{-2d} \cdot f_{ARMA}(\lambda) \quad .$$

  Dabei ist $F_d(\lambda)$ die Fouriertransformierte des Filters $(1 - B)^d$ und $f_{ARMA}(\lambda)$ das Spektrum des nach der Differenzenbildung resultierenden ARMA-Prozesses.

Zum Nachweis dieser Aussagen vgl. z. B. SCHLITTGEN, STREITBERG (2001, S. 178-186).

3.2 Schätzung der Parameter

In diesem Abschnitt wird untersucht, ob die Ergebnisse zur Schätzung der Parameter in AR(p)-Modellen mit Standardannahmen auch beim Vorliegen schiefer Verteilungen erhalten bleiben. Die Betrachtung wird auf stationäre bzw. grenzinstationäre autoregressive Prozesse beschränkt, da durch die Darstellbarkeit von stationären AR(p)-Prozessen als (invertierbare) MA(∞)-Prozesse der Erkenntnisgewinn gering ist. Zu Beginn wird kurz die Schätzung der Parameter mittels der (bedingten) Maximum-Likelihood-Methode vorgestellt (vgl. dazu z. B. HAMILTON, 1994, S. 123-126).

Ausgangspunkt ist ein AR(p)-Prozess unter Standardbedingungen,

$$Y_t = \eta + \alpha_1 Y_{t-1} + \alpha_2 Y_{t-2} + \ldots + \alpha_p Y_{t-p} + \varepsilon_t \quad , \qquad (3.16)$$

mit $\varepsilon_t \overset{i.i.d.}{\sim} N\left(0, \sigma^2\right)$. Außerdem sei mit $\sigma^2\Sigma_p$ die $(p \times p)$ Varianz-Kovarianzmatrix von $(Y_1, Y_2, \ldots, Y_p)$ bezeichnet, d. h.,

$$\sigma^2\Sigma_p = \begin{pmatrix} \gamma_0 & \gamma_1 & \gamma_2 & \cdots & \gamma_{p-1} \\ \gamma_1 & \gamma_0 & \gamma_1 & \cdots & \gamma_{p-2} \\ \gamma_2 & \gamma_1 & \gamma_0 & \cdots & \gamma_{p-3} \\ \vdots & \vdots & \vdots & \ddots & \vdots \\ \gamma_{p-1} & \gamma_{p-2} & \gamma_{p-3} & \cdots & \gamma_0 \end{pmatrix} ,$$

wobei γ_j die j-te Autokovarianz des AR(p)-Prozesses beschreibt. Der $(p \times 1)$ Vektor $\tilde{\mu} = (\mu_1, \mu_2, \ldots, \mu_p)'$ enthält die (identischen) Erwartungswerte von $\tilde{Y} = (Y_1, Y_2, \ldots, Y_p)'$, die durch,

$$\mu_j = \frac{\eta}{1 - \alpha_1 - \alpha_2 - \ldots - \alpha_p} \quad , j = 1, \ldots, p, \qquad (3.17)$$

gegeben sind. $\tilde{Y}$ ist eine $N\left(\mu, \sigma^2\Sigma_p\right)$-verteilte Zufallsvariable. Für eine Stichprobe $y = (y_1, y_2, \ldots, y_T)'$ des AR(p)-Prozesses mit $T > p$ erhält man die Dichtefunktion von $Y = (Y_1, Y_2, \ldots, Y_T)'$ über die Prognosefehler-Zerlegung,

$$f_Y(y) = f_{\tilde{Y}}(\tilde{y}) \cdot \prod_{t=p+1}^{T} f_{Y_t|Y_{t-1},\ldots,Y_{t-p}}\left(y_t|y_{t-1}, \ldots, y_{t-p}\right) \quad . \qquad (3.18)$$

Daraus ergibt sich schließlich die für die Anwendung des ML-Verfahrens zu maximierende Log-Likelihoodfunktion,

$$\begin{aligned} l = & - \frac{T}{2} \cdot \ln(2\,\pi) - \frac{T}{2} \cdot \ln\left(\sigma^2\right) + \frac{1}{2} \cdot \ln\left(\det\left(\Sigma_p^{-1}\right)\right) \\ & - \frac{1}{2\,\sigma^2} \left(\tilde{y} - \tilde{\mu}\right)' \Sigma_p^{-1} \left(\tilde{y} - \tilde{\mu}\right) \\ & - \frac{1}{2\,\sigma^2} \cdot \sum_{t=p+1}^{T} \left(y_t - \eta - \sum_{i=1}^{p} \alpha_i y_{t-i} \right)^2 \quad . \end{aligned} \tag{3.19}$$

Gemäß GALBRAITH, GALBRAITH (1974, S. 70, Gleichung 16) lassen sich die Elemente v_{ij} der in der Log-Likelihoodfunktion (3.19) zu invertierenden symmetrischen $(p \times p)$ Varianz-Kovarianzmatrix Σ_p^{-1} über,

$$v_{ij} = \sum_{k=0}^{i-1} \alpha_k\, \alpha_{k+j-i} - \sum_{k=p+1-j}^{p+i-j} \alpha_k\, \alpha_{k+j-i} \quad , \text{für } 1 \leq i \leq j \leq p \quad , \tag{3.20}$$

mit $\alpha_0 = -1$ ermitteln. Für die Berechnung exakter ML-Schätzer ist die Funktion (3.19) numerisch zu minimieren. Da dies häufig zu erheblichem Rechenaufwand führt, kommt zumeist die bedingte ML-Methode zum Einsatz. Dabei wird die Log-Likelihoodfunktion bei den gegebenen ersten p Beobachtungen ermittelt (vgl. HAMILTON, 1994, S. 125),

$$\begin{aligned} & \ln\left(f_{Y_T,\ldots,Y_{p+1}|Y_p,\ldots,Y_1}\left(y_T,\ldots,y_{p+1}|y_p,\ldots,y_1;\theta,\alpha_1,\ldots,\alpha_p,\sigma^2\right)\right) \\ & = - \frac{T-p}{2} \cdot \ln(2\,\pi) - \frac{T-p}{2} \cdot \ln\left(\sigma^2\right) \\ & \quad - \frac{1}{2\,\sigma^2} \cdot \sum_{t=p+1}^{T} \left(y_t - \eta - \sum_{i=1}^{p} \alpha_i y_{t-i} \right)^2 \quad . \end{aligned} \tag{3.21}$$

Die aus der bedingten ML-Methode erhaltenen Schätzer entsprechen denen einer Kleinste-Quadrate-Regression von y_t auf eine Konstante und p vorhergehende Werte. Daher ist dieses Schätzverfahren einfach anzuwenden. Außerdem besitzen ML-Schätzer und bedingte ML-Schätzer die gleiche asymptotische Stichprobenverteilung. Die asymptotischen Eigenschaften hinsichtlich Konsistenz und Effizienz der Schätzer hängen von den Nullstellen des charakteristischen Polynoms des Datengenerierenden Prozesses (3.16) ab. Falls alle Nullstellen außerhalb des Einheitskreises liegen und somit der Prozess (3.16) stationär ist, sind die Schätzer konsistent. Dies bedeutet jedoch nicht die Unverzerrtheit der Schätzer, wie dies von ORCUTT, WINOKUR (1969, siehe dort insbesondere S. 7 ff.) bzw. eigentlich zurückgehend auf MARRIOTT, POPE (1954, S. 394) bzw. KENDALL (1954, S. 404) im Fall eines AR(1)-Prozesses mit normalverteilten Restgrößen nachgewiesen wurde. Für die bedingte ML-Methode spricht im Gegensatz zur exakten ML-Methode, dass die resultierenden Schätzer auch bei nichtstationären Prozessen konsistent sind.

Der Prozess (3.16) lässt sich umschreiben (vgl. RAO, 1961, S. 198),

$$Y_t = \mu + \rho Y_{t-1} + v_t \quad , \tag{3.22}$$

wobei hier die stochastische Unabhängigkeit des Prozesses (v_t) im Allgemeinen nicht mehr gilt. Wegen der Darstellung (3.22) eines AR(p)-Prozesses wird für die weiteren Überlegungen stets ein AR(1)-Prozess gemäß (3.22) betrachtet. Zusätzlich wird stets $Y_0 = 0$ gesetzt.

Für T gegebene Realisationen $y_1, \ldots, y_T$ von (3.22) werden die folgenden $(T-1)$-dimensionalen Vektoren definiert,

$$\begin{aligned} \imath' &= (1, 1, 1, \ldots, 1) \quad , \\ y' &= (y_2, y_3, \ldots, y_T) \quad , \\ y'_* &= (y_1, y_2, \ldots, y_{T-1}) \quad . \end{aligned}$$

Die beiden Koeffizienten μ und ρ werden in dem Vektor $\phi' = (\mu, \rho)$ zusammengefasst. Setzt man nun $X = (\imath, y_*)$, so erhält man als Darstellung für die bedingten Kleinste-Quadrate-Schätzer für ϕ (vgl. dazu DICKEY, FULLER, 1979, S. 428),[3]

$$\hat{\phi} = (X'X)^{-1} X'y \quad .$$

Im Folgenden wird ebenfalls für AR(1)-Prozesse mittels Simulationsexperimenten[4] der Bias der mit der Kleinste-Quadrate-Methode[5] geschätzen

---

[3]Diese Art der Darstellung der bedingten Kleinste-Quadrate-Schätzer lässt sich einfach auch für AR(p)-Prozesse umsetzen.

[4]Für eine Einführung in die Monte-Carlo-Simulation siehe MOONEY (1997, S. 1-5).

[5]Kleineste Quadrate Methode wird im Weiteren mit KQ-Methode abgekürzt.

Parameter untersucht, wobei als Datengenerierender Prozess ein AR(1)-Modell mit Absolutglied und sowohl identisch als auch stochastisch unabhängig SEP-verteilte Störgrößen unterstellt wird. Damit unterscheiden sich die für die Störgrößen zu treffenden Annahmen vor allem in einem Punkt von den bisherigen Studien. Zur Darstellung dieses Unterschieds werden nun die von PHILLIPS, PERRON (1988, S. 336) formulierten sehr allgemeinen Annahmen aufgeführt:

(i) $E\left(\varepsilon_t\right) = 0$ für alle t;

(ii) Es existieren $a > 2$ und $b > 0$, so dass $\sup_t E\left|\varepsilon_t\right|^{a+b} < \infty$ gilt;

(iii) $\sigma^2 = \lim\limits_{T\to\infty} E\left(T^{-1}\left(\sum\limits_{t=1}^{T}\varepsilon_t\right)^2\right) < \infty$;

(iv) (ε_t) ist stark mischend mit den Mischungskoefizienten α_m, welcher $\sum\limits_{m=1}^{\infty} \alpha_m^{1-\frac{2}{a}} < \infty$ erfüllt.

Die Bedingungen (ii) und (iii) werden auch von identisch und unabhängig $SEP\left(\theta,\gamma,\delta\right)$-verteilten ε_t erfüllt. Die starke Mischungseigenschaft[6] ist wegen der folgenden Betrachtung von identisch und stochastisch unabhängig verteilten Störgrößen erfüllt.[7] Die Annahme (i) ist jedoch nur dann erfüllt, wenn für den Lageparameter θ die sehr restriktive Annahme gilt,

$$\theta = -\left(\sigma_r(\gamma) - \sigma_l(\gamma)\right) \cdot \frac{\Gamma\left(\frac{2}{\delta}\right)}{\Gamma\left(\frac{1}{\delta}\right)} \quad . \tag{3.23}$$

Im Folgenden werden die Konsequenzen für die Schätzungen der Parameter für den Fall grenzinstationärer autoregressiver Prozesse mit SEP-verteilten (ε_t) mit $E\left(\varepsilon_t\right) \neq 0$ untersucht.

[6]PHILLIPS, PERRON (1988) führten diese Annahme ein, um eine Teststatistik bzgl. der Einheitswurzelhypothese auch für stark mischende (ε_t) zu entwickeln. Siehe dazu Kapitel 3.3., S. 131 ff.

[7]Eigene einfache Simulationsexperimente liefern keinen Hinweis auf eine Abweichung von dieser Regel für SEP-verteilte Zufallsvariable.

ARIMA (p, d, q)-Prozesse mit SEP-verteilten Restgrößen werden im weiteren Verlauf dieser Arbeit durch den Zusatz „SEP“ und der zusätzlichen Angabe der Parameter σ_l, σ_r und δ gekennzeichnet. Somit entspricht der Prozess (3.22) mit $\varepsilon_t \overset{i.i.d.}{\sim} SEP\,(\sigma_l, \sigma_r, \delta)$ einem ARSEP (1) $(\sigma_l, \sigma_r, \delta)$-Prozess. Wegen des Absolutgliedes μ in (3.22) muss der Lageparameter θ der SEP-Verteilung gleich Null gesetzt werden. Generell ist zu konstatieren, dass μ und θ gemeinsam in einem ARIMASEP (p, d, q) $(\theta, \sigma_l, \sigma_r, \delta)$ nicht identifizierbar sind. Wegen der Analogie zur Darstellung der Prozesse (3.4)-(3.6) wird im Folgenden bei der Betrachtung von ARIMA (p, d, q)-Modellen mit SEP-verteilten Restgrößen stets der Lageparameter θ durch das Absolutglied μ ersetzt. Durch die Ausführungen von Kapitel 2.1.4 und 2.3.2 ist bekannt, dass die beiden Skalenparameter σ_l und σ_r ebenfalls nicht identifizierbar sind. Jedoch lassen sie sich auf einen Schiefeparameter γ reduzieren. Nach Reduktion auf einen Schiefeparameter ist es sinnvoll, einen Skalenparameter σ einzuführen, so dass letztlich eine SEP-Verteilung mit den Parametern σ, γ und δ betrachtet wird (vgl. dazu die Dichtefunktion (2.36) der SEP-Verteilung auf S. 63).[8] Somit entsprechen im Weiteren ARIMA (p, d, q)-Prozesse mit SEP-verteilten (ε_t) stets

$$\text{ARIMASEP}(p, d, q)(\sigma, \gamma, \delta)\text{-Prozessen} \quad .$$

Durch die folgenden Simulationsexperimente wird die Frage untersucht, ob und wie stark Änderungen in der Verzerrung der Parameterschätzungen auftreten, wenn statt einem autoregressiven Prozess mit normalverteilten Störgrößen ein autoregressiver Prozess mit SEP-verteilten Störgrößen als DGP zu Grunde liegt. Betrachtet wird dazu exemplarisch ein autoregressiver Prozess der Ordnung eins mit Absolutglied. Ein Simulationsexperiment beinhaltet die folgenden Punkte:

1. Festlegung der Parameter θ, σ_l, σ_r und δ der SEP-Verteilung.
2. Berechnung von $Var\left(\sigma_\varepsilon^2\right)$ der SEP-Verteilung gemäß Satz 2.8, S. 58.
3. Festlegung der Parameter ρ und μ des Prozesses (3.22).

[8] Trotz der Reduktion auf einen Schiefeparameter wird bei den Simulationsexperimenten dieses und des nächsten Kapitels stets von den beiden Skalenparametern σ_l und σ_r gesprochen. Da aber bei diesen Experimenten stets $\sigma_r = 1.0$ festgelegt wird, ergibt sich $\gamma = \frac{\sigma_l}{\sigma_r}$ zu $\gamma = \sigma_l$.

4. Es werden $T = 150$ Realisationen $y_1, \ldots, y_T$ des AR(1)-Prozesses (3.22) simuliert. Als Startwert des Prozesses wird $y_0 = 0$, festgelegt. Zum Einschwingen des simulierten Prozesses dienen die ersten 50 Werte $y_1, \ldots, y_{50}$.

5. Mit der KQ-Methode werden die Koeffizienten des Modells,
$$y_t = \mu + \rho \cdot y_{t-1} + \varepsilon_t \quad , \text{ für } t = 51, \ldots, 150, \tag{3.24}$$
und die zugehörigen Standardabweichungen geschätzt.

6. Die Schritte Vier und Fünf werden N-mal mit $N = 10000$ wiederholt. Bei jedem Durchlauf werden die geschätzten Parameter und die Standardabweichungen festgehalten.

7. Zum Vergleich werden die Schritte drei bis sechs einmal für SEP-verteilte ε_t und einmal für normalverteilte ε_t durchgeführt, wobei die Varianzen der Prozesse identisch sind.

Die bei jedem Durchlauf der Simulation festgehaltenen geschätzten Parameter werden für den Fall SEP-verteilter ε_t mit β_{0j} und β_{1j} für $j = 1, \ldots, N$, bezeichnet. Bei normalverteilten ε_t werden die geschätzten Koeffizienten mit γ_{0j} und γ_{1j} für $j = 1, \ldots, N$, symbolisiert. Der Index 0 bedeutet den geschätzten Parameter für μ, dem entsprechend steht der Index 1 für den geschätzten Koeffizienten von ρ. Der Erwartungswert der geschätzten Parameter wird näherungsweise für $i = 0, 1$ durch,
$$\widehat{E}\,(\beta_i) = \frac{1}{N}\sum_{j=1}^{N} \beta_{ij} \quad , \quad \widehat{E}\,(\gamma_i) = \frac{1}{N}\sum_{j=1}^{N} \gamma_{ij} \quad ,$$
bestimmt. Durch Abzug der wahren Parameters für μ und ρ ergibt sich die simulierte Verzerrung der jeweiligen geschätzten Parameter.

Die Simulationen werden für verschiedene Werte von ρ, θ, σ_l und δ durchgeführt. μ und σ_r sind stets gleich Eins gesetzt worden. Für ρ sind die Werte -0.4, 0.4, 0.9 und 1.0 gewählt worden. Die Ergebnisse der simulierten Verzerrung der Koeffizientenschätzung in Abhängigkeit des Schiefegrades werden graphisch dargestellt. Deshalb nimmt σ_l in 0.01-Schritten alle Werte des Intervalls $[\,1\,,\,10\,]$ an. Um den Einfluss der Annahme $E\,(\varepsilon_t) = 0$ auf die Verzerrung der Parameterschätzungen herauszufinden, ist der Lageparameter in einem Teil der Experimente so gewählt worden, dass diese Annahme erfüllt ist. Für den anderen Teil der Experimente gilt $\theta = 0.0$.

Zuerst wird in den Abbildungen 3.1 und 3.2 verdeutlicht, wie sich die Verzerrung der geschätzten Parameter in Abhängigkeit des Zusammenhangsparameter ρ verhält. Die SEP-Verteilungen besitzen einen Schiefegrad $\gamma = 2.5$. Außerdem illustrieren die Abbildungen die Verzerrung in Abhängigkeit des Wölbungsparameters δ für die Werte 1.0, 2.0 und 3.0. Zum Vergleich zeigt die zweite Kurve der Abbildungen die Verzerrung bei symmetrischen und normalverteilten Störgrößen. Man erkennt in Abbildung 3.1, dass die Schätzung des Absolutgliedes unverzerrt ist, wenn im DGP ρ weit vom Einheitskreis entfernt ist. Bei der Annäherung von ρ an den Wert Eins ändert sich dies sowohl für AR(1)- als auch für ARSEP(1)-Prozesse. Nahe am Einheitskreis wird das Absolutglied verzerrt geschätzt. Eine maximale Verzerrung ist jedoch wie im Falle gewöhnlicher AR(1)-Prozesse nicht abschätzbar; diese hängen unmittelbar mit dem Grad von Schiefe und Wölbung der SEP-Verteilung zusammen. Während jedoch im Fall eines zugrunde liegenden AR(1)-Prozesses der Bias stets positiv ist, muss dies beim ARSEP(1)-Prozess nicht gelten. Hier hängt die Verzerrung sowohl vom Schiefegrad γ als auch vom Wölbungsparameter δ ab.[9]

Bei der Schätzung des Zusammenhangsparameters ρ ergeben sich im Vergleich von AR(1)- und ARSEP(1)-Prozessen innerhalb des Einheitsintervalls, d. h. $\rho \in [-1.0; 1.0]$, keine offensichtlichen Veränderungen im Verzerrungsmuster. In der Nähe von $\rho = 0.3$ ist β_1 nahezu unverzerrt, für kleinere Werte von ρ ergibt sich ein positiver, für größere Werte ein negativer Bias. Insgesamt liegt die Verzerrung gemäß Abbildung 3.2 absolut zwischen -0.02 und 0.05. Dies geht konform mit den Aussagen zum theoretischen Bias von AR(1)-Prozessen von MARRIOTT, POPE und KENDALL (1954). Nach MARIOTTE, POPE (1954, S. 394, Formel (4.08)) liegt die theoretische Verzerrung von β_1 zwischen -0.02 und 0.02; die Eingabe von KENDALL (1954, S. 404, Formel (32)) ergibt einen theoretischen Bias zwischen -0.03 und 0.05.

[9]Eigene, aber nicht statistisch gesicherte Versuche, ergaben Hinweise darauf, dass je linksschiefer (rechtsschiefer) die SEP-Verteilung ist, desto größer (kleiner) muss der Parameter δ sein, um das Absolutglied mit einer positiven Verzerrung zu schätzen.

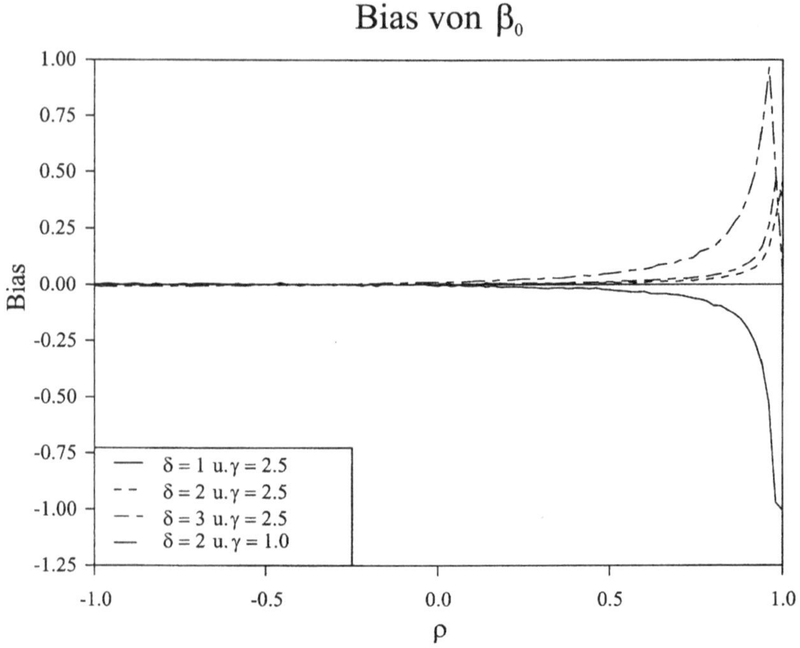

Im DGP sind die Parameter $\mu = 1.0$, $\sigma_r = 1.0$, $\sigma_l = 2.5$, $\theta = 0.0$ und $\delta \in \{1.0, 2.0, 3.0\}$ vorgegeben.

Abbildung 3.1: Simulation der Verzerrung des Absolutgliedes in Abhängigkeit von ρ (KQ-Schätzung von ARSEP(1)-Prozessen).

Die vogestellten Konsequenzen für die Parameterschätzung sind in den Schätzungen der Standardabweichungen ebenso zu finden. Die folgenden zwei Abbildungen zeigen dies unter den gleichen Bedingungen. Die durchschnittliche Standardabweichung der geschätzten Parameter wird durch,

$$s_{\beta_i} = \frac{1}{N} \sum_{j=1}^{N} s_{\beta_{ij}} \quad , \quad s_{\gamma_i} = \frac{1}{N} \sum_{j=1}^{N} s_{\gamma_{ij}} \quad ,$$

bestimmt, $i = 0, 1$. Die Werte $s_{\beta_{ij}}$ bzw. $s_{\gamma_{ij}}$ sind die bei jedem Durchlauf $j = 1, \ldots, N$ erhaltenen Schätzungen der Standardabweichungen der Parameterschätzer β_i bzw. γ_i für das Modell (3.24), $i = 0, 1$. Da die Be-

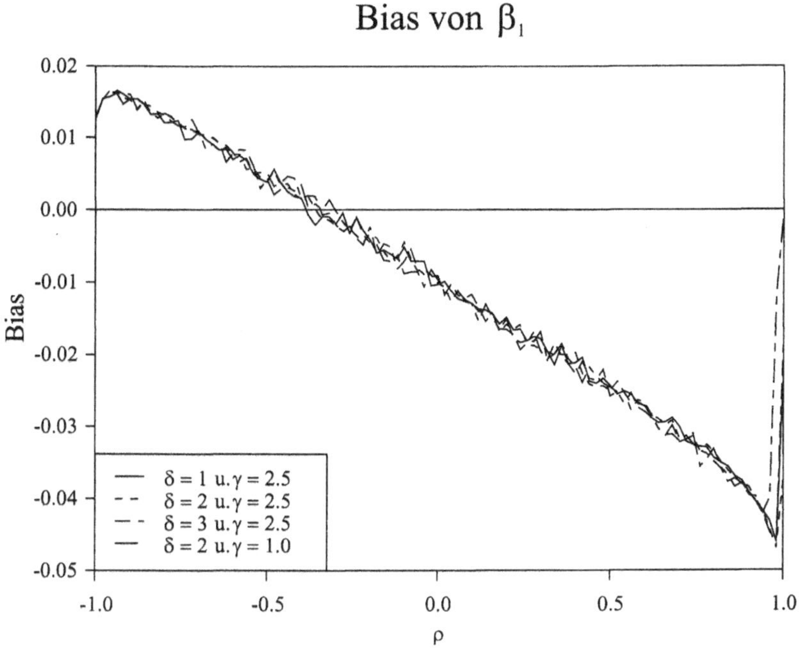

Im DGP sind $\mu = 1.0$, $\sigma_r = 1.0$, $\sigma_l = 2.5$, $\theta = 0.0$ und $\delta \in \{1.0, 2.0, 3.0\}$ vorgegeben.

Abbildung 3.2: Simulation der Verzerrung des Zusammenhangsparameters in Abhängigkeit von ρ; KQ-Schätzung, ARSEP(1)-Prozess.

trachtung der Standardabweichungen keine neuen Erkennisse bringt, wird im Weiteren nur noch die Verzerrung der Parameterschätzer betrachtet.

Man erkennt aus Abbildung 3.3, dass die KQ-Schätzung des Absolutgliedes von Modell (3.24) im Falle $\rho < 1$ und normalverteilten (ε_t) im Sinne kleiner Standardabweichungen besser als bei SEP-verteilten (ε_t) ist. Bei Bewegung von ρ in Richtung des Einheitskreises ist hierzu keine allgemeine Aussage möglich. Es ist, analog zu der Verzerrung der Paramterschätzer, das ungewöhnliche Verhalten nahe des Einheitskreises auffällig.

Die Betrachung der Standardabweichung der Schätzung des Steigungskoeffizienten in Abbildung 3.4 zeigt, dass für alle $\rho < 1.0$ keine durch

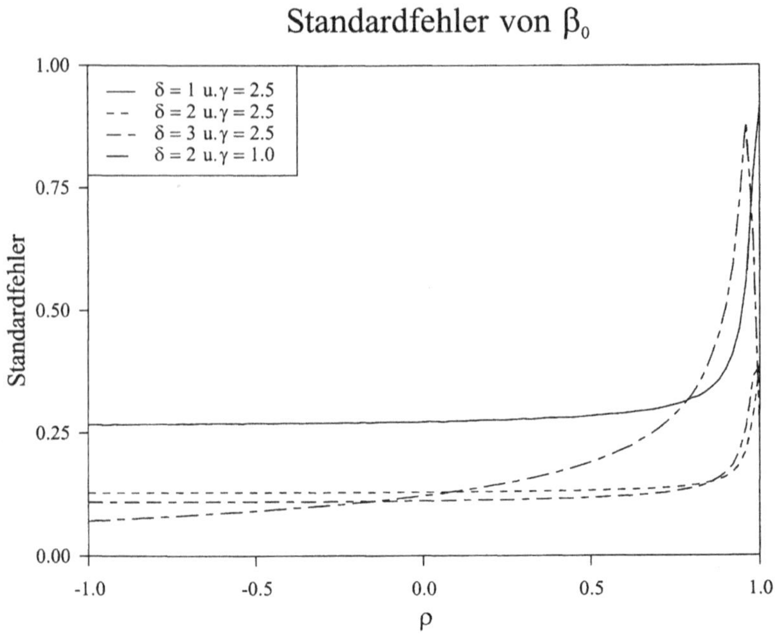

Im DGP sind die Parameter $\mu = 1.0$, $\sigma_r = 1.0$, $\sigma_l = 2.5$, $\theta = 0.0$ und $\delta \in \{1.0, 2.0, 3.0\}$ vorgegeben.

Abbildung 3.3: Standardfehler des Absolutgliedes bei KQ-Schätzung von ARSEP(1)-Prozessen in Abhängigkeit von ρ.

Schiefe oder Wölbung der Restgrößenverteilung zu begründende Abweichungen der Schätzungen zu finden sind.

Im Folgenden wird wegen der Verhaltensauffälligkeiten in der Nähe der Einheitswurzel der Bias bei grenzinstationären AR(1)-Prozessen betrachtet. Dabei wird die Aufmerksamkeit auf die Verzerrung der Parameterschätzungen in Abhängigkeit des Schiefegrades der SEP-Verteilung gerichtet. Abbildung 3.5 zeigt den Bias der Schätzung von μ des Modells (3.24)mit dem grenzinstationärer Prozess gemäß (3.22) als DGP.

Der Parameter μ wird bei grenzinstationären ARSEP(1)-Prozessen bei größeren linken Schiefegraden negativ verzerrt. Offensichtlich ungewöhn-

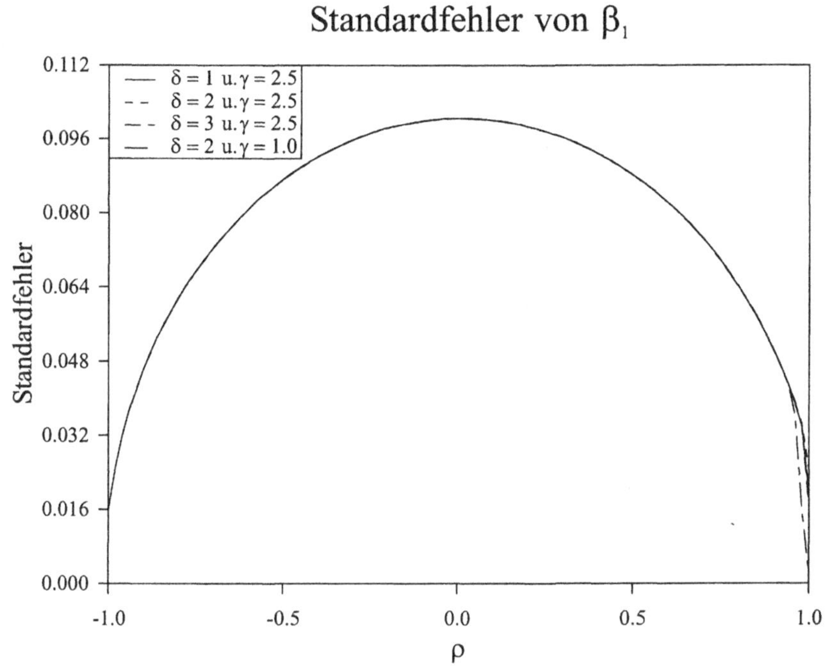

Im DGP sind $\mu = 1.0$, $\sigma_r = 1.0$, $\sigma_l = 2.5$, $\theta = 0.0$ und $\delta \in \{1.0, 2.0, 3.0\}$ vorgegeben.

Abbildung 3.4: Standardfehler des Zusammenhangsparameters (ARSEP(1)-Prozesse) in Abhängigkeit von ρ bei KQ-Schätzung.

lich ist jedoch das Verhalten des Bias bei kleinen Schiefegraden. So ergibt sich hierfür eine Art einmalige Sinusschwingung in Abhängigkeit des Schiefegrades. Im Anschluss an diese Schwingung pendelt sich die Verzerrung auf einen nahezu konstant unverzerrten Wert ein.

Dieser Effekt hängt mit dem Stichprobenumfang zusammen. In der Simulationsstudie ist eine Stichprobengröße von $T = 100$ gewählt worden. Da die Schätzung von ρ superkonsistent ist, wird die bei „kleinen" Schiefegraden auftretende Verzerrung asymptotisch vernachlässigbar. Eigene Simulationsexperimente mit größeren Stichprobenumfängen bestätigten dies. Unter der Vorgabe der Parameter, die auch für die Abbildung 3.6

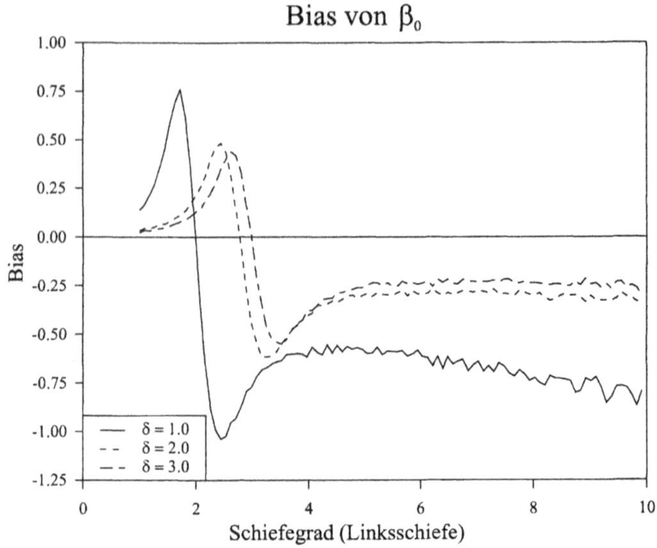

Der DGP besitzt die Parameter $\mu = 1.0$, $\rho = 1.0$, $\sigma_r = 1.0$, $\sigma_l \in [1.0, 10.0]$, $\theta = 0.0$ und $\delta \in \{1.0, 2.0, 3.0\}$.

Abbildung 3.5: Verzerrung des Absolutgliedes für die KQ-Schätzung von ARSEP(1)-Prozessen mit einer Einheitswurzel in Abhängigkeit des Schiefegrades γ.

gelten, ergibt sich bei einem Stichprobenumfang von $T = 500$ eine maximale Verzerrung von ca. -0.01, während diese bei einer Stichprobengröße von $T = 100$ ca. -0.05 ist. Die Form der Kurve in Abhängigkeit vom Schiefegrad bleibt identisch. Da unter Standardbedingungen, d. h. (ε_t) ist stochastisch unabhängig und identisch verteiltes weisses Rauschen mit einem Erwartungswert von Null, eine solche Verhaltensauffälligkeit, wie sie die Abbildung 3.6 darstellt, nicht zu finden ist, muss die Frage nach den Konsequenzen von asymmetrischen Verteilungen für Einheitswurzeltests gestellt werden. Dieser Frage wird in Abschnitt 3.3 nachgegangen. Vorher wird aber nun der Einfluss der Parameter θ, γ und δ auf die Verzerrung der Parameterschätzer für Modell (3.24) diskutiert. Generell ist festzuhalten, dass sowohl die ML- als auch die KQ-Schätzer der Koef-

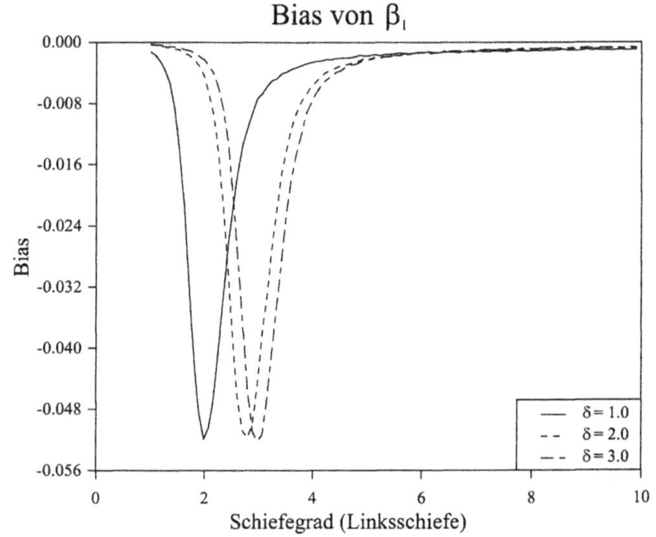

Der DGP besitzt die Parameter $\mu = 1.0$, $\rho = 1.0$, $\sigma_r = 1.0$, $\sigma_l \in [1.0, 10.0]$, $\theta = 0.0$ und $\delta \in \{1.0, 2.0, 3.0\}$.

Abbildung 3.6: Verzerrung des Steigungskoeffizienten (KQ-Schätzung) von ARSEP(1)-Prozessen mit einer Einheitswurzel in Abhängigkeit des Schiefegrades γ.

fizienten $\alpha_1, \ldots, \alpha_p$ eines AR(p) Prozesses konsistent und damit asymptotisch unverzerrt sind, unabhängig von der Parameterkonstellation der SEP-Verteilung. Dies gilt i. A. nicht für das Absolutglied. Die folgenden Ausführungen zur Verzerrung der Parameterschätzungen sind im Sinne von Kleinst-Stichprobeneigenschaften zu verstehen, wobei bei den durchgeführten Simulationen der Stichprobenumfang $T = 100$ ist.

3.2.1 Der Einfluss des Lageparameters

Wählt man θ in Abhängigkeit des Schiefeparameters so, dass $E(\varepsilon_t) = 0$ für alle t erfüllt ist, gelten die bisher bekannten Resultate zur Verzerrung der Parameterschätzungen in linearen stochastischen Prozessen. Der Einfluss der Schiefe der Verteilung kann selbst bei kleinen Stichprobenumfängen als vernachlässigbar betrachtet werden. Die Ergebnisse der statistischen Inferenz der Parameter bleiben ebenfalls gültig. Bei stationären linearen Prozessen folgen Tests bzgl. ihres signifikanten Einflusses unter der Nullhypothese den bekannten Verteilungen. Für grenzinstationäre lineare stochastische Prozesse bleiben statistische Tests bzgl. der Einheitswurzelhypothese, wie sie z. B. Dickey, Fuller (1978) oder Phillips, Perron (1988) vorstellen, bzgl. der Grenzverteilung unter H_0 (der Prozess besitzt eine Einheitswurzel) gültig.

Bei freier Wahl von θ (o. B. d. A. kann $\theta = 0$ gewählt werden) gelten die Erkenntnisse zur Verzerrung der Parameterschätzungen und die zugehörigen Signifikanztests nur für den Spezialfall $\gamma = 1.0$ (Symmetrie). Falls die zugrunde liegende Verteilung des Störgrößenprozesses aus der Verteilungsfamilie $\mathcal{F}_{\sigma_l,\sigma_r}$ mit $\gamma \neq 0$ stammt und somit deren Erwartungswerte nicht mehr gleich Null sind, ändern sich z. T. die Erkenntnisse bzgl. der Verzerrung der Parameterschätzungen und der statistischen Inferenz. Falls die Parameter $\alpha_1, \ldots, \alpha_p$ des wahren AR(p)-Prozesses,

$$Y_t = \theta + \alpha_1 Y_{t-1} + \alpha_2 Y_{t-2} + \ldots + \alpha_p Y_{t-p} + \varepsilon_t \quad , \tag{3.25}$$

alle außerhalb des Einheitskreises liegen, bleibt deren Schätzung sowohl mit ML- als auch mit KQ-Methode zwar verzerrt, jedoch ist kein systematischer Unterschied zwischen symmetrischen und schiefen Verteilungen bei den ε_t zu erkennen. Die Abbildung 3.7 bestätigt das gleiche Schätzverhalten für stationäre ARSEP(1) bzw. AR(1)-Prozesse, wobei hier exemplarisch der Fall $\rho = 0.9$ und $\delta = 2.0$ visualisiert ist. Die Schätzung des Absolutgliedes ist jedoch für SEP-verteilte ε_t mit $\gamma \neq 1.0$ und $E(\varepsilon_t) \neq 0$ für alle t systematisch verzerrt, wie es Abbildung 3.8 verdeutlicht.

Da in dem Simulationsexperiment für Modell (3.24) $\mu = 1.0$ sowie $\theta = 0.0$ gewählt worden ist, ist die Verzerrung des Absolutgliedes über,

$$\widehat{\text{Bias}}(\beta_0) = \widehat{E}(\beta_0) - \mu - E(\varepsilon_t) \quad , \tag{3.26}$$

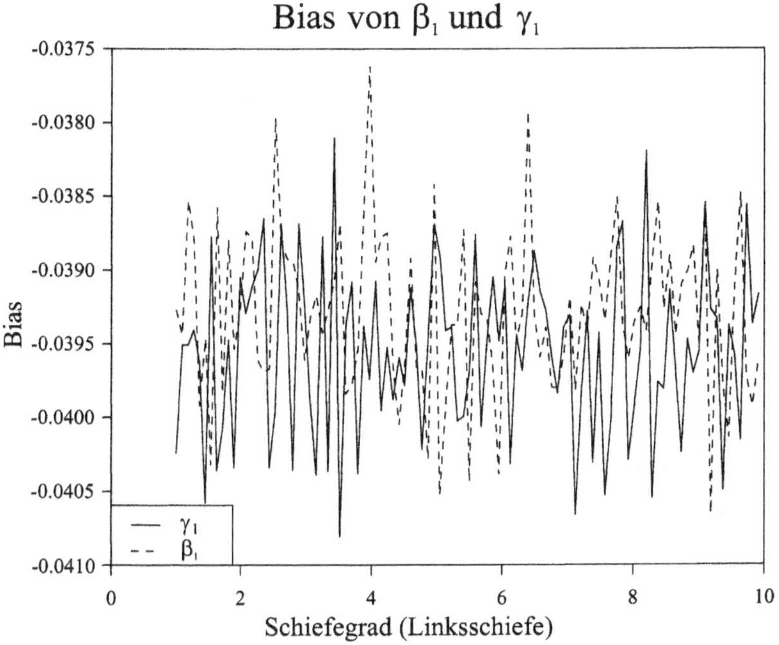

Im DGP sind $\mu = 1.0$, $\rho = 0.9$, $\sigma_r = 1.0$, $\sigma_l \in [1.0, 10.0]$, $\theta = 0.0$ und $\delta = 2.0$ vorgegeben.

Abbildung 3.7: Verzerrung des Steigungskoeffizienten (KQ-Schätzung) von ARSEP(1)- u. AR(1)-Prozessen mit gleichen $Var(\varepsilon_t)$.

zu bestimmen, da die Schiefe der Verteilung der Störgrößen additiv auf das Absolutglied des DGP wirkt. Aus Abbildung 3.8 wird ersichtlich, dass mit zunehmender Schiefe der SEP-Verteilung die Verzerrung der Schätzung des Absolutgliedes linear fällt (bei rechtsschiefen SEP-Verteilungen stiege die Verzerrung an). Eigene Versuche, das Steigungsmaß für die Verzerrung zu finden, ergaben für linksschiefe SEP-Verteilungen mit den Parametern von Abbildung 3.8 einen Wert in der Nähe von $\sqrt{2}$. Dieser ist jedoch zum einen abhängig vom Wölbungsparameter δ. Zum anderen spielt der Zusammenhangsparameter ρ eine entscheidene Rolle.

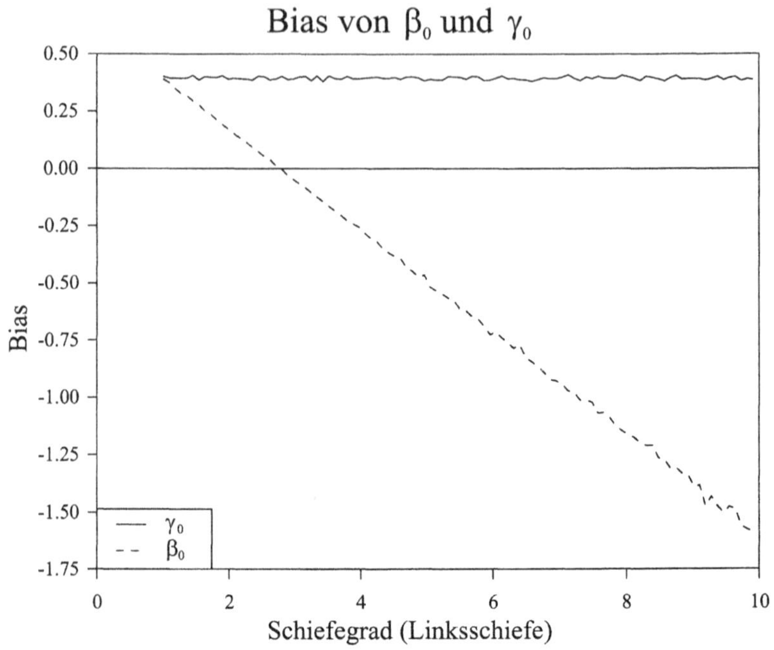

Im DGP sind $\mu = 1.0$, $\rho = 0.9$, $\sigma_r = 1.0$, $\sigma_l \in [1.0, 10.0]$, $\theta = 0.0$ und $\delta = 2.0$ vorgegeben.

Abbildung 3.8: Verzerrung des Absolutgliedes bei KQ-Schätzung von AR(1)- und ARSEP(1)-Prozessen mit gleichen $Var(\varepsilon_t)$.

In der folgenden Abbildung 3.9 wird für $\rho = 0.9$ und den gleichen Versuchsbedingungen wie in Abbildung 3.8 das Verhalten des durch den Wert $\sqrt{2}$ zu $\widehat{E}(\gamma_0) - \mu - \sqrt{2} \cdot E(\varepsilon_t)$ korrigierten Bias veranschaulicht. Die systematische Verzerrung des Absolutgliedes ist vollkommen analog so zu erklären, wie das arithmetische Mittel bei schiefen Verteilungen nicht mit dem Modalwert (und auch nicht mit dem Median) der Verteilung übereinstimmt – je schiefer die Verteilung, desto weiter liegt das arithmetische Mittel vom Modalwert entfernt (vgl. z.B. SCHULZE, 2003, S. 83). Aus Abbildung 3.1 (siehe S. 120) wird aber klar, dass die Existenz der Verzerrung in der Schätzung des Absolutgliedes ursächlich durch den Parameter

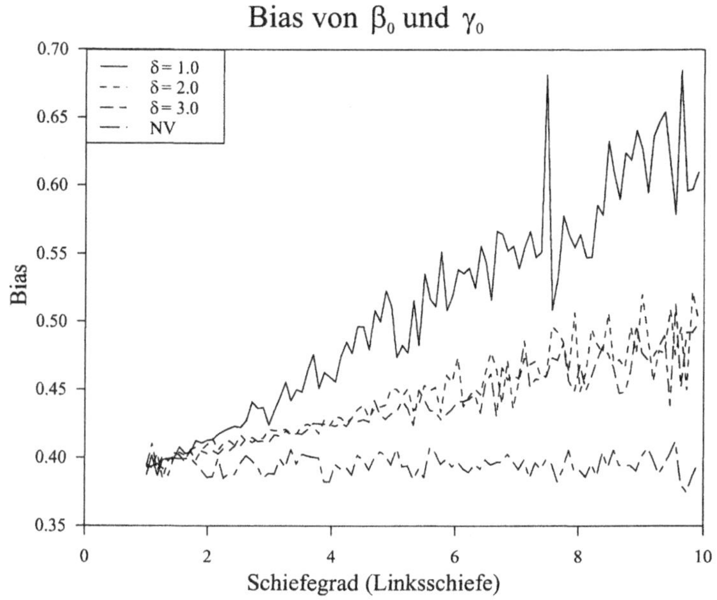

Im DGP sind $\mu = 1.0$, $\rho = 0.9$, $\sigma_r = 1.0$, $\sigma_l \in [1.0, 10.0]$, $\theta = 0.0$ und $\delta \in \{1.0, 2.0, 3.0\}$ vorgegeben. Zur Korrektur des Bias wurde $\widehat{E}(\varepsilon_t)$ mit $\sqrt{2}$ multipliziert.

Abbildung 3.9: Verzerrung des Absolutgliedes mit Korrekturterm bei der KQ-Schätzung von ARSEP(1)- und AR(1)-Prozessen mit gleichen $Var(\varepsilon_t)$.

ρ gesteuert wird. Der Wölbungsparameter δ bestimmt die Richtung, die Schiefe wirkt auf die Stärke der Verzerrung.

Falls für Parameter des autoregressiven Prozesses (3.25) eine Nullstelle des zugehörigen charakteristischen Polynoms auf dem Einheitskreis liegt, so sind wiederum zwei Fälle für den Lageparameter zu unterscheiden. Erfüllt $\theta \; E(\varepsilon_t) = 0$ für alle t, so befindet man sich im Einheitswurzel-Fall eines linearen stochastischen Prozesses mit Standardbedingungen. Die Parameter ρ und μ werden konsistent geschätzt. Statistische Tests bzgl. der Überprüfung der Nullhypothese, der ARMA(p,q)-Prozess besitze eine Einheitswurzel, gemäß DICKEY, FULLER (1978) oder PHILLIPS, PERRON

(1988) besitzen die dort beschriebenen Eigenschaften. Die Eigenschaften ändern sich z. T., falls der Lageparameter θ zu $E(\varepsilon_t) = const \neq 0$ für alle t führt. Die Verzerrungen der Parameterschätzungen verhalten sich in Abhängigkeit des Schiefegrades, wie es in den Abbildungen 3.5 und 3.6 auf den Seiten 124 und 125 dargestellt ist. Bei steigendem Stichprobenumfang wird ρ konsistent geschätzt. Für kleine Stichprobenumfänge ist jedoch die systematische Verzerrung im Bereich „kleiner" Schiefegrade auffällig. Wie bereits erwähnt, bleibt diese Systematik auch für steigende Stichprobenumfänge erhalten, was aber nicht im Widerspruch zur Konsistenzeigenschaft der Schätzung steht.

Der Bias des Absolutgliedes für grenzinstationäre ARSEP-Prozesse verhält sich nicht so, wie es in Abbildung 3.5 dargestellt ist, da dort (siehe Gleichung (3.26)) der (für linksschiefe SEP-Verteilungen) negative Verzerrung induzierende Erwartungswert der ε_t vom simulierten Bias abgezogen worden ist. Insofern lässt sich die „wahre" Verzerrung der Schätzung des Absolutgliedes bei SEP-verteilten ε_t und den Bedingungen von Abbildung 3.5 berechnen, in dem man dort zu jedem Punkt der (gestrichelten) Kurve $E(\varepsilon_t)$ addiert. Man erhält dann eine bis auf die Schwingung im Bereich „kleiner" Schiefegrade fallende Verzerrung von β_0. Somit ist für grenzinstationäre ARSEP-Prozesse die KQ-Schätzung des Absolutgliedes verzerrt, falls der von Null verschiedene Erwartungswert der Störgrößen nicht berücksichtigt wird. Wird er hingegen berücksichtigt, so ist die Schätzung β_0 konsistent für $\mu + E(\varepsilon_t)$. Im Bereich kleiner Stichproben (wie hier T=100) ist die Schätzung des Absolutgliedes verzerrt, wobei die Schwingung in Bereichen „kleiner" Schiefegrade auffällt.

3.2.2 Der Einfluss von Schiefe und Wölbung

Aus den bisherigen Erläuterungen wird ersichtlich, dass $E(\varepsilon_t) = 0$ für alle t zu Standardbedingungen und somit zu vertrauten Ergebnissen, was die Schätzung und die statistische Inferenz der Parameter angeht, führt. Falls der Störgrößenprozess wirklich SEP-verteilt ist, so ist $E(\varepsilon_t) = 0$ für alle t der unwahrscheinliche Fall. Ein von Null verschiedener Erwartungswert der ε_t wird jedoch ursächlich durch die Schiefe der Verteilung impliziert, wodurch die bisher beschriebenen Konsequenzen durch die Schiefe erzeugt werden. Der Wölbungsparameter δ verstärkt diesen Einfluss, schwächt diesen ab, oder verschiebt diesen entlang der Schiefegrade. Für den Wölbungsparameter lässt sich im Speziellen folgendes festellen. Die Verzerrung des Absolutgliedes wird für einen kleiner werdenden Parameter δ verstärkt. D. h. das Anstiegsmaß der Verzerrung wird für linksschiefe (rechtsschiefe) SEP-Verteilungen negativer (positiver). Die bei der Verzerrung der Schätzung des Parameters ρ auffällige Schwingung im Bereich „kleiner“ Schiefegrade bei instationären ARSEP(1)-Prozessen, wird für größere Werte von δ Richtung größere Schiefegrade verschoben (vgl. Abbildung 3.6, S. 125).

3.3 Einheitswurzeltest

Bisher wurde der Unterschied zwischen stationären und nichtstationären stochastischen Prozessen für die sehr allgemeinen ARIMA (p, d, q)-Modelle betrachtet. Im letzten Abschnitt ist die Verzerrung der Parameterschätzungen im AR(1)-Modell unter dem Vorliegen allgemeiner SEP-Verteilungen mit denen bei normalverteilten Störgrößen verglichen worden. Es resultiert, dass der Einfluss von Wölbungs- und Schiefeparameter für stationäre Prozesse als vernachlässigbar angesehen werden kann. Dieses Bild ändert sich jedoch für grenzinstationäre AR(1)-Modelle bzw. je näher die Nullstellen des charakteristischen Polynoms dem Einheitskreis kommen – dann treten z. T. sehr auffällige systematische Abweichungen zu Tage. Deshalb widmet sich dieser Abschnitt der Frage nach den Konsequenzen für die statistische Inferenz der Parameter im Falle grenzinstationärer Prozesse.

Für die folgenden Ausführungen wird der AR(p)-Prozess gemäß Definition 3.1 (i) betrachtet,

$$Y_t = \theta + \alpha_1 Y_{t-1} + \alpha_2 Y_{t-2} + \ldots + \alpha_p Y_{t-p} + \omega_t \quad , \tag{3.27}$$

mit den nichtstochastischen Anfangszuständen $Y_0, Y_{-1}, \ldots, Y_{-p+1}$. Außerdem besitzt der Störgrößenprozess (ω_t) eine stetige Verteilung (die später je nach Fall noch näher spezifiziert wird). Die Nullstellen $z_1, \ldots, z_p$ der charakteristischen Gleichung,

$$1 - \alpha_1 z - \alpha_2 z^2 - \ldots - z^p = 0 \quad , \tag{3.28}$$

sind alle voneinander verschieden und liegen bis auf eine, o. B. d. A wird diese mit $\rho = z_1$ bezeichnet, alle außerhalb des Einheitskreises. Die Nullstelle ρ liegt auf dem Einheitskreis, d. h. $\rho = 1$. Diese einzelne Nullstelle wird auch als Einheitswurzel bezeichnet.

Wie bereits erwähnt (vgl. S. 110), lässt sich der Prozess (3.27) zu einem Prozess der Gestalt,

$$Y_t = \mu + \rho \cdot Y_{t-1} + \varepsilon_t \quad \text{für } t = 1, \ldots, T, \tag{3.29}$$

mit einem nichtstochastischen Anfangszustand Y_0 umschreiben. Der Prozess (3.29) besitzt die Gestalt eines autoregressiven Prozesses erster Ordnung. Der Prozess der Störgrößen (ε_t) ist im Allgemeinen stochastisch abhängig.

Die Theorie und ihre Anwendung für lineare stochastische Prozesse basieren auf der Grundlage ihrer Stationärität. Da lineare stochastische Prozesse, deren Einheitswurzeln innerhalb des Einheitskreises liegen, und die damit ein explodierendes Wachstumsverhalten aufweisen, in der ökonomischen Praxis nur eine untergeordnete Rolle spielen, reduziert sich die interessierende Frage darauf, ob ein stochastischer Prozess eine Einheitswurzel besitzt oder ob er stationär ist. Oder anders ausgedrückt, besitzt der stochastische Prozess einen Trend, und falls ja, ist dieser Trend deterministischer oder stochastischer Herkunft. Dabei ist ein deterministischer Trend unproblematisch, da sich dieser durch das Hinzufügen eines Zeittrendes in die zu schätzende Gleichung eliminieren lässt. Dagegen ist für einen $I(1)$-Prozess der nach dem Bilden der ersten Differenz $\Delta Y_t = Y_t - Y_{t-1}$ erzeugte Prozess stationär. Den Unterschied zwischen diesen beiden Arten von Trends in linearen stochastischen Prozessen kann man am einfachsten verdeutlichen, indem man die Gleichung (3.29) durch sukzessives Einsetzen umformt,

$$Y_t = Y_0 + \mu \cdot t + \sum_{i=1}^{t} \varepsilon_i \quad . \tag{3.30}$$

Ein einfaches trendstationäres Modell hat hingegen die Form,

$$Y_t = \nu + \beta \cdot t + \varepsilon_t \quad . \tag{3.31}$$

„*Man sieht, dass die Irrfahrt mit Drift* [Prozess (3.30)] *auch einen linearen Zeitrend impliziert, dass aber die stochastischen Zuwächse nicht wie beim trendstationären Prozess stationär* (ε_t) *sondern instationär* $\left(\sum_{i=1}^{t} \varepsilon_i\right)$ *sind.* [...] *Außerdem hat jeder Fehler* ε_t *einen permanenten Einfluss auf alle zukünftigen Werte des Prozesses.*“
(Franke, Härdle, Hafner, 2001, S. 171).

Deshalb führt fälschliches Ansetzen eines linearen Zeittrends, wenn die Differenzenbildung richtig wäre, zu einem instationären Störgrößenprozess. Bildet man jedoch unkorrekter Weise Differenzen, obwohl der lineare Zeittrend gegeben wäre, so resultieren autokorrelierte ε_t und die KQ-Schätzungen des Modells werden ineffizient. Daraus lässt sich die Wichtigkeit des Erkennens der richtigen Trendart ablesen.

Das Testproblem bzgl. des Vorliegens eines differenzstationären Prozesses lässt sich für den Prozess (3.29) zu dem Hypothesenpaar,

$$H_0: \quad \rho = 1 \qquad \text{vs.} \qquad H_1: \quad \rho < 1 \quad , \tag{3.32}$$

zusammenfassen. Dickey, Fuller (1978) entwickelten einen Test hierfür, wobei sie feststellten, dass die Verteilung der Teststatistik wesentlich von der genauen funktionalen Form des untersuchten Prozesses abhängt (vgl. Dickey, Fuller, 1978, S. 429). Deshalb unterschieden sie drei interessierende Modelle,

$$Y_t = \rho \cdot Y_{t-1} + \varepsilon_t \quad , \tag{3.33}$$

$$Y_t = \mu + \rho \cdot Y_{t-1} + \varepsilon_t \quad , \tag{3.34}$$

$$Y_t = \mu + \beta \cdot t + \rho \cdot Y_{t-1} + \varepsilon_t \quad , \tag{3.35}$$

unter Annahme der (Standard-) Bedingungen, $Y_0 = 0$, $\rho \in \mathbb{R}$ und (ε_t) ist ein stochastischer Prozess stochastisch unabhängiger und identisch verteilter Zufallsvariablen mit $\varepsilon_t \sim N\left(0, \sigma^2\right)$, $\forall t$. Unter diesen Bedingungen entspricht der Maximum-Likelihood-Schätzer der Parameter μ, β und ρ der Modelle (3.33) bis (3.35) dem KQ-Schätzer (vgl. Dickey, Fuller, 1978, S. 428). Dazu sind, ausgehend von T Beobachtungen $y_1, \ldots, y_T$, die folgenden $(T-1)$-dimensionalen Vektoren zu definieren,

$$\imath' = (1, 1, \ldots, 1) \quad , \tag{3.36}$$

$$z' = \left(1 - \frac{T}{2}, 2 - \frac{T}{2}, \ldots, T - 1 - \frac{T}{2}\right) \quad , \tag{3.37}$$

$$y' = (y_2, y_3, \ldots, y_T) \quad , \tag{3.38}$$

$$y'_{-1} = (y_1, y_2, \ldots, y_{T-1}) \quad . \tag{3.39}$$

Setzt man nun $X_1 = y_{-1}$, $X_2 = (\imath, y_{-1})$ und $X_3 = (\imath, z, y_{-1})$, so erhält man die KQ-Schätzvektoren der Modelle (3.33)-(3.35) über,

$$\hat{\xi}_1 = (X'_1 X_1)^{-1} X'_1 y \quad \text{Modell (3.33)} \quad ,$$

$$\hat{\xi}_2 = (X'_2 X_2)^{-1} X'_2 y \quad \text{Modell (3.34)} \quad ,$$

$$\hat{\xi}_3 = (X'_3 X_3)^{-1} X'_3 y \quad \text{Modell (3.35)} \quad .$$

Dabei beinhalten die Vektoren ξ_i, $i = 1, 2, 3$, die Parameter der Modelle (3.33)-(3.35) gemäß,

$$\xi_1 = \rho \quad ,$$

$$\xi'_2 = (\mu, \rho) \quad ,$$

$$\xi'_3 = (\mu, \beta, \rho) \quad .$$

Die Schätzer für ρ werden analog zu DICKEY, FULLER (1978, S. 427 f.) mit $\hat{\rho}$ für Modell (3.33), $\hat{\rho}_\mu$ für Modell (3.34) und $\hat{\rho}_\tau$ für Modell (3.35) abgekürzt. In der Veröffentlichung von DICKEY, FULLER (1978, S. 428) werden die folgenden sechs Teststatistiken für das Testproblem (3.32) betrachtet,

$$\hat{\tau} = (\hat{\rho} - 1) \cdot \left(s_1^2 c_1\right)^{-\frac{1}{2}} \quad , \tag{3.40}$$

$$\hat{\tau}_\mu = (\hat{\rho}_\mu - 1) \cdot \left(s_2^2 c_2\right)^{-\frac{1}{2}} \quad , \tag{3.41}$$

$$\hat{\tau}_\tau = (\hat{\rho}_\tau - 1) \cdot \left(s_3^2 c_3\right)^{-\frac{1}{2}} \quad , \tag{3.42}$$

$$\hat{\Psi} = T \cdot (\hat{\rho} - 1) \quad , \tag{3.43}$$

$$\hat{\Psi}_\mu = T \cdot (\hat{\rho}_\mu - 1) \quad , \tag{3.44}$$

$$\hat{\Psi}_\tau = T \cdot (\hat{\rho}_\tau - 1) \quad . \tag{3.45}$$

Dabei ist s_i^2 die zu der jeweiligen Regressionsgleichung zugehörige durchschnittliche Residuenquadratsumme,

$$s_i^2 = \frac{\hat{\varepsilon}_i' \hat{\varepsilon}_i}{T-i-1} = \frac{y'\left(I_{T-1} - X_i \left(X_i' X_i\right)^{-1} X_i'\right) y}{T-i-1} \quad , \tag{3.46}$$

und c_i ist das rechte untere Element der Matrix $\left(X_i' X_i\right)^{-1}$, $i = 1, 2, 3$.

DICKEY, FULLER (1978, S. 429) haben unter den genannten Standardbedingungen die Grenzverteilungen der Teststatistiken (3.40)-(3.45) unter der Nullhyothese von (3.32) entwickelt. PHILIPPS, PERRON (1988, S. 336) verallgemeinerten die Annahmen (siehe Seite 116) durch das Zulassen von autokorrelierten Restgrößen, und entwickelten basierend auf (3.40)-(3.45) asymptotisch autokorrelationsrobuste Teststatistiken.

„*Thus, the critical values derived in the studies of Dickey & Fuller under the assumption of independent and identically distributed errors* [...] *may be used* [...], *which are valid under much more general conditions.*“ (PHILLIPS, PERRON, 1988, S. 341)

Auf das Problem autokorrelierter Restgrößen reagieren SAID, DICKEY (1984) mit einer Erweiterung der Regressionsgleichung durch die Aufnahme von weiter zurück liegenden Werten von Y_t. So betrachten sie z. B. in diesem Falle statt Modell (3.33) die folgende Modellgleichung,[10]

$$\Delta Y_t = (1-\rho)\, Y_{t-1} + \sum_{i=1}^{k} a_i \, \Delta Y_{t-i} + \varepsilon_t \quad . \tag{3.47}$$

Der analog zum Standard-t-Test durchzuführende Test bzgl. des signifikanten Einflusses von $(1-\rho)$ wird erweiterter (augmented) Dickey-Fuller-Test (ADF-Test) genannt. Für diese Regressionsgleichung ist ein Test auf Grund der Statistik (3.43)-(3.45) i. Allg. nicht möglich, vgl. SAID, DICKEY (1984) für theoretische bzw. SCHWERT (1989) für experimentelle Argumente. Diese Gleichung lässt sich analog zu den Modellen (3.33)-(3.35) um eine Konstante und/oder einen deterministischen Zeittrend erweitern.

[10]Es ist anzumerken, dass unter der Gültigkeit der Einheitswurzelhypothese das Modell (3.33) äquivalent zu $\Delta Y_t = (1-\rho)\, Y_{t-1} + \varepsilon_t$ umgeformt werden kann. So ergibt sich die Erweiterung durch das Hinzufügen von $\sum_{i=1}^{k} a_i \, \Delta Y_{t-i}$. Diese Erweiterung wird im Folgenden mit ADF-Term bezeichnet.

Einen guten Überblick über weitere Entwicklungen in Sachen Einheitswurzeltest gibt HASSLER (1994). Für die formalen Herleitungen der Grenzverteilungen ist auf FULLER (1976, S. 366-382), DICKEY, FULLER (1978) und PHILLIPS, PERRON (1988) zu verweisen.

Ein generelles Problem für die vorgestellten Einheitswurzeltests ist die Abhängigkeit der Grenzverteilung unter der Nullhypothese $\rho = 1$ von der korrekten Spezifikation des deterministischen Teils der Regressionsgleichung. Für die korrekte Spezifizierung ist jedoch das Wissen um das Vorliegen einer Einheitswurzel notwendig (vgl. ENDERS, 1995, S. 255). Zur Auflösung dieses Widerspruchs schlägt ENDERS (1995, S. 256) eine mehrschrittige Testprozedur vor. Diese ist jedoch vor allem mit zwei Problemen behaftet. Zum einen hält der Test bei autokorrelierten Störgrößen das nominale Testniveau nicht ein. Je nachdem, ob die Summe der Autokovarianzen negativ oder positiv ist, wird das nominale Testniveau überschritten oder unterschritten (vgl. HASSLER, 1994, S. 214, bzw. SCHWERT, 1989). Die Verwendung des ADF-Tests ist durch die Indeterminiertheit der Wahl der Laglänge k problematisch. In der Praxis wählt man diese

„*häufig unter Verwendung von F- bzw. t-Tests oder Informationskriterien wie z. B. den Kriterien nach Akaike und Schwarz*"
(BALZ, 1999, S. 38).

Man kann jedoch durch die Wahl eines großen k stets erreichen, dass der ADF-Test das nominale Testniveau einhält (vgl. SCHWERT, 1989).

„*Wählt man k groß genug, so reduziert sich entsprechend die effektive Stichprobe, während die Zahl der Regressoren zunimmt. Diesem Verlust an Freiheitsgraden entspricht eine geringere Ablehnwahrscheinlichkeit.* [...] *Der Preis, den man dafür zahlt, ist natürlich ein Verlust an Güte, wenn die Nullhypothese wirklich falsch ist.*"
(HASSLER, 1994, S. 216).

Auch die von PHILLIPS, PERRON (1989) vorgeschlagenen Korrekturen der Dickey-Fuller-Statistiken lösen das Problem autokorrelierter Störgrößen asymptotisch, wobei die experimentelle Analyse von SCHWERT (1989) für die asymptotische Gültigkeit einen weit über den normalerweise verfügbaren liegenden Stichprobenumfang nachweist. Der andere gegen das mehrschrittige Testverfahren zum Test gegen eine Einheitswurzel sprechende

Punkt ist die Frage nach dem Signifikanzniveau für das global zu lösende Testproblem. Wählt man für das globale Testproblem,

$$H_0: \quad Y_t \sim I(1) \qquad \text{vs.} \qquad H_1: \quad Y_t \text{ ist stationär} \quad , \tag{3.48}$$

das Signifikanzniveau α, so ist im Rahmen der multiplen Testprozedur für jeden in der unteren Ebene durchzuführenden Test das Signifikanzniveau $\frac{\alpha}{s}$ mit $s =$ 'Anzahl insgesamt durchzuführender Tests' zu wählen. Hierbei ist jedoch zum einen s a priori unbekannt. Zum anderen werden bei großem s die auf der unteren Ebene durchzuführenden Tests sehr konservativ (d. h. die Wahrscheinlichkeit H_0 abzulehnen, obwohl H_0 richtig ist, wird sehr klein). Daraus folgend wird die Güte des globalen Testproblems mit steigendem s kleiner. Wählt man hingegen für jeden Test auf der unteren Ebene ein Signifikanzniveau von 0.05, so wächst mit wachsendem s die Wahrscheinlichkeit der Fehlentscheidung des globalen Testproblems.

Wie bereits erörtert, ist die korrekte Spezifikation des Modells von entscheidender Bedeutung für die Grenzverteilung unter der Nullhypothese $\rho = 1$. Im Folgenden wird die Frage untersucht, ob die Grenzverteilung sich ändert, falls die ε_t unter der Nullhypothese SEP-verteilt sind. Dieser Frage wird nun durch Simulationsexperimente nachgegangen, die in ihrem Design den Experimenten zur Schätzung der Verzerrungen der Parameterschätzer (vgl. Kapitel 3.2) ähneln. Ausgangspunkt ist stets als DGP,

$$Y_t = Y_{t-1} + \varepsilon_t \quad , t = 2, 3, \ldots, T, \tag{3.49}$$

mit $Y_0 = 0$ und $\varepsilon_t \overset{\text{i.i.d}}{\sim} \text{SEP}(\theta, \delta, \gamma)$ für $t = 2, 3, \ldots, T$. Es werden stets stochastisch unabhängige und somit unkorrelierte Störgrößen unterstellt.

Falls θ so gewählt wird, dass $E(\varepsilon_t) = 0$ für alle $t = 2, 3, \ldots, T$ gilt, so befindet man sich wieder im Standardfall und es gelten die Ergebnisse zu den Dickey-Fuller- bzw. Phillips-Perron-Einheitswurzeltests. Der interessantere Fall entspricht $E(\varepsilon_t) \neq 0$. Dafür wird im Weiteren o. B. d. A. $\theta = 0$ gesetzt (und $\gamma \neq 1$ betrachtet; $\gamma = 1$ ergibt den Standardfall). Betrachtet werden die Modelle (3.33)-(3.35), und es wird die Verteilung unter der Nullhypothese $\rho = 1$ der Teststatistiken (3.43)-(3.45) studiert. Für die Simulationsexperimente wird folgende Vorgehensweise gewählt.

1. Festlegung der Parameter σ_l, σ_r und δ der SEP-Verteilung.

2. Es werden m Realisationen $y_1, \ldots, y_m$ des Prozesses (3.49) erzeugt. Als Startwert des Prozesses wird $y_0 = 0$ festgelegt. Die ersten m^* Werte $y_1, \ldots, y_{m^*}$ dienen zum Einschwingen des simulierten Prozesses (3.49). Somit beträgt der Stichprobenumfang $T = m - m^*$.

3. Mit der ML-Methode werden die Koeffizienten eines der Modelle (3.33)-(3.35) geschätzt. Als Maximierungsverfahren wird die Simplex-Methode (vgl. ESTIMA, *RATS User's Guide*, 2000, S. 214) gewählt.

4. Die Schritte Zwei und Drei werden N-mal wiederholt. Bei jedem Durchlauf werden die geschätzten Parameter festgehalten und die zugehörige Teststatistik aus (3.43)-(3.45) berechnet.

Abschließend werden zur Ermittlung des kritischen Wertes zum Signifikanzniveau α das zugehörige α-Quantil der N Werte der Teststatistik ermittelt. Da es sinnvoll ist, zu den simulierten kritischen Werten eine Genauigkeitsangabe in Form einer Standardabweichung anzugeben, wird diese mittels Bootstrapverfahren[11] abgeschätzt. Dazu werden aus den N simulierten Werten der Teststatistik M Werte mit Zurücklegen gezogen und für diese Stichprobe das α-Quantil ermittelt. Dies wird n-mal wiederholt. Für die so generierte Stichprobe vom Umfang n werden schließlich das durchschnittliche α-Quantil und die zugehörige Standardabweichung berechnet.[12] In den Experimenten gilt stets $N = 10000$, $M = 1000$ und $n = 1000$. Um kritische Werte für unterschiedliche Stichprobenumfänge des DGP anzugeben, werden die Experimente für $T = 50, 100, 200$ durchgeführt. Die Einschwingphase des DGP beträgt stets $m^* = 50$ Elemente.

In der Abbildung 3.10 sind einige Verläufe der Grenzverteilungen der Teststatistik (3.44) bei einem Stichprobenumfang von $T = 100$ dargestellt. Im DGP sind die Parameter $\sigma_l = 1.0$, $\sigma_r \in \{1.0, 1.1, 1.5, 2.0, 5.0\}$

[11] Für eine Einführung siehe z. B. MOONEY, DUVAL (1993, S. 9-15).

[12] In den später aufgeführten Tabellen der kritischen Werte wird stets das aus den N simulierten Werten ermittelte α-Quantil angegeben. Die dort angegebene geschätzte Standardabweichung entspringt dem Bootstrapverfahren.

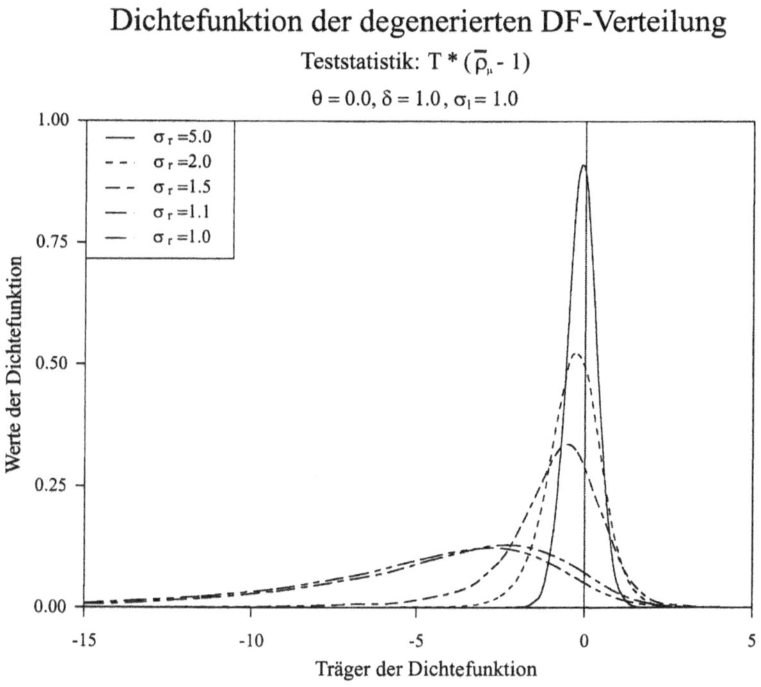

Abbildung 3.10: Simulierte degenerierte Dickey-Fuller-Verteilung für verschiedene Schiefegrade, $\delta = 1.0$ (Stichprobenumfang $T = 100$).

und $\delta = 1.0$ gewählt worden.[13] Es ist ersichtlich, dass die Grenzverteilung für $E(\varepsilon_t) \neq 0$ vom Schiefegrad γ abhängt. Je schiefer die Verteilung der Störgrößen ist, desto schmaler wird die Grenzverteilung. D. h., die Schätzung von ρ wird bei wachsender Schiefe genauer. Für symmetrisch verteilter Störgrößen erhält man die Standard-Dickey-Fuller-Verteilung.

Das beschriebene Verhalten des degenerierten Dickey-Fuller-Test findet man bei den drei Teststatistiken (3.43)-(3.45). Die Grenzverteilun-

[13]Die von γ und δ abhängenden Grenzverteilungen der Teststatistiken (3.43)-(3.45) werden im Folgenden „*Degenerierte Dickey-Fuller-Verteilungen*“ (DDF-Verteilungen) und die Tests „*Degenerierte Dickey-Fuller-Tests*“ (DDF-Tests) genannt.

gen hängen vom Schiefeparameter γ, vom Wölbungsparameter δ und vom Stichprobenumfang ab. In den folgenden Tabellen werden die kritischen Werte der DDF-Teststatistiken (3.43)-(3.45) bei dem Stichprobenumfang von $T = 100$ und für die Parameterwerte $\delta \in \{0.5, 1.0, 1.5, 2.0, 2.5, 3.0\}$ und $\gamma \in \{1.5, 2.0, 2.5, 3.0, 5.0\}$ aufgeführt. Im Anhang D.1, S. 226-237, sind zusätzlich die kritischen Werte für die Stichprobenumfänge $T = 50$ und $T = 200$ aufgelistet.

Kritische Werte des DDF-Tests für die Teststatistik $T \cdot (\hat{\rho} - 1)$, Stichprobenumfang $T = 100$

δ=0.5	$\gamma = 1.5$	$\gamma = 2.0$	$\gamma = 2.5$	$\gamma = 3.0$	$\gamma = 5.0$
α=0.01	-0.864 (0.200)	-0.141 (0.025)	-0.088 (0.011)	-0.067 (0.009)	-0.124 (0.050)
α=0.05	-0.262 (0.033)	-0.053 (0.006)	-0.032 (0.004)	-0.021 (0.003)	-0.026 (0.004)
α=0.10	-0.125 (0.013)	-0.025 (0.004)	-0.012 (0.003)	-0.006 (0.002)	0.008 (0.002)
δ=1.0	$\gamma = 1.5$	$\gamma = 2.0$	$\gamma = 2.5$	$\gamma = 3.0$	$\gamma = 5.0$
α=0.01	-1.461 (0.171)	-0.635 (0.052)	-0.465 (0.043)	-0.423 (0.079)	-0.183 (0.018)
α=0.05	-0.779 (0.051)	-0.351 (0.022)	-0.247 (0.017)	-0.223 (0.014)	-0.092 (0.008)
α=0.10	-0.536 (0.032)	-0.236 (0.017)	-0.164 (0.011)	-0.148 (0.011)	-0.053 (0.006)
δ=1.5	$\gamma = 1.5$	$\gamma = 2.0$	$\gamma = 2.5$	$\gamma = 3.0$	$\gamma = 5.0$
α=0.01	-2.018 (0.209)	-0.813 (0.060)	-0.521 (0.036)	-0.394 (0.030)	-0.198 (0.017)
α=0.05	-1.122 (0.070)	-0.502 (0.024)	-0.324 (0.017)	-0.247 (0.013)	-0.108 (0.009)
α=0.10	-0.791 (0.039)	-0.373 (0.020)	-0.234 (0.012)	-0.176 (0.011)	-0.064 (0.006)

Fortsetzung auf der nächsten Seite

δ=2.0	$\gamma = 1.5$	$\gamma = 2.0$	$\gamma = 2.5$	$\gamma = 3.0$	$\gamma = 5.0$
α=0.01	-1.800 (0.163)	-0.751 (0.046)	-0.473 (0.029)	-0.363 (0.023)	-0.234 (0.032)
α=0.05	-1.079 (0.055)	-0.490 (0.026)	-0.319 (0.015)	-0.239 (0.011)	-0.126 (0.008)
α=0.10	-0.800 (0.039)	-0.369 (0.018)	-0.239 (0.012)	-0.177 (0.010)	-0.085 (0.006)
δ=2.5	$\gamma = 1.5$	$\gamma = 2.0$	$\gamma = 2.5$	$\gamma = 3.0$	$\gamma = 5.0$
α=0.01	-1.666 (0.152)	-0.658 (0.040)	-0.433 (0.029)	-0.335 (0.021)	-0.229 (0.038)
α=0.05	-0.990 (0.046)	-0.444 (0.023)	-0.293 (0.015)	-0.222 (0.010)	-0.124 (0.007)
α=0.10	-0.742 (0.035)	-0.333 (0.016)	-0.218 (0.010)	-0.167 (0.008)	-0.087 (0.006)
δ=3.0	$\gamma = 1.5$	$\gamma = 2.0$	$\gamma = 2.5$	$\gamma = 3.0$	$\gamma = 5.0$
α=0.01	-1.427 (0.134)	-0.574 (0.035)	-0.397 (0.022)	-0.305 (0.019)	-0.212 (0.035)
α=0.05	-0.875 (0.039)	-0.391 (0.017)	-0.268 (0.012)	-0.201 (0.010)	-0.115 (0.006)
α=0.10	-0.658 (0.033)	-0.292 (0.013)	-0.196 (0.011)	-0.148 (0.008)	-0.081 (0.006)

α bezeichnet das Signifikanzniveau, δ den Wölbungs- und γ den Schiefeparameter. In Klammern stehen die geschätzten Standardabweichungen der simulierten kritischen Werte.

Tabelle 3.1: Simulierte kritische Werte des DDF-Tests für die Teststatistik $T \cdot (\hat{\rho} - 1)$, $T = 100$.

Kritische Werte des DDF-Tests für die Teststatistik $T \cdot (\hat{\rho}_\mu - 1)$, Stichprobenumfang $T = 100$

δ=0.5	$\gamma = 1.5$	$\gamma = 2.0$	$\gamma = 2.5$	$\gamma = 3.0$	$\gamma = 5.0$
α=0.01	-2.084 (0.184)	-1.628 (0.149)	-1.337 (0.124)	-0.432 (0.089)	-0.066 (0.015)
α=0.05	-1.169 (0.077)	-0.863 (0.081)	-0.504 (0.060)	-0.098 (0.015)	-0.008 (0.004)
α=0.10	-0.725 (0.066)	-0.453 (0.046)	-0.203 (0.040)	-0.039 (0.006)	0.010 (0.002)
δ=1.0	$\gamma = 1.5$	$\gamma = 2.0$	$\gamma = 2.5$	$\gamma = 3.0$	$\gamma = 5.0$
α=0.01	-4.775 (0.487)	-1.684 (0.120)	-1.203 (0.084)	-0.958 (0.063)	-1.092 (0.128)
α=0.05	-2.513 (0.157)	-1.046 (0.056)	-0.726 (0.040)	-0.612 (0.031)	-0.561 (0.041)
α=0.10	-1.816 (0.097)	-0.761 (0.043)	-0.535 (0.026)	-0.442 (0.024)	-0.393 (0.020)
δ=1.5	$\gamma = 1.5$	$\gamma = 2.0$	$\gamma = 2.5$	$\gamma = 3.0$	$\gamma = 5.0$
α=0.01	-5.988 (0.704)	-2.075 (0.152)	-1.345 (0.075)	-1.062 (0.058)	-0.910 (0.091)
α=0.05	-3.190 (0.219)	-1.362 (0.059)	-0.911 (0.038)	-0.744 (0.030)	-0.531 (0.028)
α=0.10	-2.337 (0.114)	-1.057 (0.044)	-0.712 (0.029)	-0.569 (0.025)	-0.395 (0.019)
δ=2.0	$\gamma = 1.5$	$\gamma = 2.0$	$\gamma = 2.5$	$\gamma = 3.0$	$\gamma = 5.0$
α=0.01	-5.690 (0.584)	-2.039 (0.177)	-1.381 (0.090)	-1.050 (0.053)	-0.765 (0.064)
α=0.05	-3.029 (0.175)	-1.342 (0.057)	-0.936 (0.036)	-0.718 (0.028)	-0.456 (0.029)
α=0.10	-2.243 (0.106)	-1.053 (0.042)	-0.736 (0.026)	-0.560 (0.024)	-0.317 (0.019)

Fortsetzung auf der nächsten Seite

δ=2.5	$\gamma = 1.5$	$\gamma = 2.0$	$\gamma = 2.5$	$\gamma = 3.0$	$\gamma = 5.0$
α=0.01	-5.276 (0.583)	-2.037 (0.156)	-1.305 (0.077)	-1.023 (0.055)	-0.801 (0.077)
α=0.05	-2.973 (0.179)	-1.314 (0.058)	-0.881 (0.037)	-0.696 (0.029)	-0.452 (0.026)
α=0.10	-2.139 (0.105)	-1.012 (0.038)	-0.699 (0.031)	-0.545 (0.022)	-0.319 (0.018)

δ=3.0	$\gamma = 1.5$	$\gamma = 2.0$	$\gamma = 2.5$	$\gamma = 3.0$	$\gamma = 5.0$
α=0.01	-5.351 (0.622)	-2.006 (0.183)	-1.268 (0.090)	-0.953 (0.056)	-0.863 (0.088)
α=0.05	-2.734 (0.140)	-1.268 (0.060)	-0.837 (0.037)	-0.665 (0.026)	-0.458 (0.026)
α=0.10	-2.034 (0.096)	-0.954 (0.044)	-0.659 (0.026)	-0.529 (0.021)	-0.320 (0.020)

α bezeichnet das Signifikanzniveau, δ den Wölbungs- und γ den Schiefeparameter. In Klammern stehen die geschätzten Standardabweichungen der simulierten kritischen Werte.

Tabelle 3.2: Simulierte kritische Werte des DDF-Tests für die Teststatistik $T \cdot (\hat{\rho}_\mu - 1)$, $T = 100$.

Kritische Werte des DDF-Tests für die Teststatistik $T \cdot (\hat{\rho}_T - 1)$, Stichprobenumfang $T = 100$

δ=0.5	$\gamma = 1.5$	$\gamma = 2.0$	$\gamma = 2.5$	$\gamma = 3.0$	$\gamma = 5.0$
α=0.01	-5.423 (0.441)	-3.341 (0.554)	-1.877 (0.388)	-2.099 (0.411)	-47.421 (21.146)
α=0.05	-2.462 (0.230)	-1.069 (0.110)	-0.792 (0.080)	-0.629 (0.101)	-0.220 (0.047)
α=0.10	-1.501 (0.118)	-0.553 (0.060)	-0.357 (0.059)	-0.216 (0.045)	-0.049 (0.018)
δ=1.0	$\gamma = 1.5$	$\gamma = 2.0$	$\gamma = 2.5$	$\gamma = 3.0$	$\gamma = 5.0$
α=0.01	-19.360 (1.334)	-13.817 (1.184)	-11.166 (0.963)	-10.551 (0.798)	-6.582 (0.706)
α=0.05	-13.236 (0.601)	-8.111 (0.518)	-6.202 (0.475)	-5.787 (0.430)	-3.026 (0.282)
α=0.10	-10.287 (0.387)	-5.523 (0.361)	-3.592 (0.394)	-3.608 (0.302)	-1.486 (0.186)
δ=1.5	$\gamma = 1.5$	$\gamma = 2.0$	$\gamma = 2.5$	$\gamma = 3.0$	$\gamma = 5.0$
α=0.01	-25.041 (1.127)	-22.673 (1.403)	-19.150 (1.267)	-17.211 (1.041)	-12.400 (0.778)
α=0.05	-18.102 (0.603)	-15.684 (0.593)	-12.862 (0.570)	-11.359 (0.569)	-7.897 (0.404)
α=0.10	-15.068 (0.411)	-12.929 (0.430)	-10.072 (0.355)	-8.675 (0.364)	-5.810 (0.295)
δ=2.0	$\gamma = 1.5$	$\gamma = 2.0$	$\gamma = 2.5$	$\gamma = 3.0$	$\gamma = 5.0$
α=0.01	-26.319 (1.341)	-24.255 (1.270)	-21.122 (1.138)	-18.739 (0.994)	-15.389 (0.887)
α=0.05	-19.312 (0.617)	-17.284 (0.639)	-14.875 (0.526)	-13.075 (0.500)	-10.170 (0.441)
α=0.10	-16.304 (0.429)	-14.258 (0.438)	-12.152 (0.419)	-10.451 (0.392)	-7.777 (0.315)

Fortsetzung auf der nächsten Seite

δ=2.5	$\gamma = 1.5$	$\gamma = 2.0$	$\gamma = 2.5$	$\gamma = 3.0$	$\gamma = 5.0$
α=0.01	-25.601 (1.336)	-24.333 (1.469)	-21.394 (1.143)	-19.904 (1.080)	-16.186 (0.967)
α=0.05	-19.022 (0.601)	-17.449 (0.611)	-15.441 (0.597)	-13.838 (0.546)	-10.769 (0.451)
α=0.10	-15.990 (0.446)	-14.382 (0.447)	-12.516 (0.434)	-11.090 (0.366)	-8.349 (0.320)

δ=3.0	$\gamma = 1.5$	$\gamma = 2.0$	$\gamma = 2.5$	$\gamma = 3.0$	$\gamma = 5.0$
α=0.01	-24.930 (1.159)	-23.902 (1.378)	-21.606 (1.158)	-19.603 (1.236)	-15.953 (0.990)
α=0.05	-18.277 (0.648)	-17.164 (0.581)	-15.343 (0.586)	-13.702 (0.553)	-10.494 (0.449)
α=0.10	-15.265 (0.461)	-13.815 (0.398)	-12.385 (0.415)	-10.998 (0.373)	-8.183 (0.323)

α bezeichnet das Signifikanzniveau, δ den Wölbungs- und γ den Schiefeparameter. In Klammern stehen die geschätzten Standardabweichungen der simulierten kritischen Werte.

Tabelle 3.3: Simulierte kritische Werte des DDF-Tests für die Teststatistik $T \cdot (\hat{\rho}_\tau - 1)$, $T = 100$.

Beim Vergleich der aufgeführten kritische Werte mit denen von DICKEY (1976) fallen folgende Punkte auf:

1. Die kritschen Werte unter Annahme der Standardbedinungen sind stets größer als unter dem zu Grunde legen von SEP-verteilten ε_t.

2. Die kritschen Werte des DDF-Tests fallen mit Erhöhung des Schiefegrades der SEP-Verteilungen gegen Null. Bei der Reduzierung des Schiefegrades in Richtung symmetrischer SEP-Verteilungen konvergieren die kritischen Werte des DDF-Tests gegen die des DF-Tests.

3. Die kritischen Werte des DDF-Tests hängen, sobald das Verhältnis der Skalenparameter $\frac{\sigma_l}{\sigma_r}$ ungleich Eins ist, auch vom Wölbungsparameter δ ab. Jedoch scheinen die kritischen Werte ihr Maximum im Bereich $\delta \in [1.5, 2.5]$ anzunehmen, wobei dieses Maximum von dem deterministischen Teil der Schätzgleichung abhängt.

Weiterhin müssen noch einige erläuternde und kritische Anmerkungen zu der Simulationsstudie angeführt werden.

- Als numerisches Maximierungsverfahren ist die in der Software RATS implementierte Simplex-Methode verwendet worden. Diese liefert aber nur Punktschätzer der gesuchten Parameter jedoch keine Standardfehler der geschätzten Parameter, so dass eine parametrische statistische Inferenz bzgl. der geschätzten Parameter nicht möglich ist. Das für die numerische Maximierung einer Likelihoodfunktion übliche BHHH-Verfahren ist hier nicht verwendbar. Eigene Versuche mit diesem Verfahren haben ergeben, dass in ca. 1 % der Fälle die numerische Maximierung nicht konvergiert. Dem hingegen erzeugt die Simplex-Methode stets ein Ergebnis. Um die Gefahr zu umgehen, dass die vorgestellten Ergebnisse zum degenerierten Dickey-Fuller-Test nicht nur ein Artefakt der Simplex-Methode ist, sind die Ergebnisse zum Teil mit einer geringeren Anzahl von Wiederholungen ($N = 100$) und der BHHH-Methode überprüft worden. Diese bestätigten das beschriebene Verhalten der Grenzverteilung des degenerierten Dickey-Fuller-Tests.

- Bedingt durch die numerische Maximierung der Likelihoodfunktion ist der Rechenaufwand eines Simulationsexpriments enorm. Die im Rahmen dieser Studie vorgestellten Simulationsstudien sind auf einem PC mit einem auf 2.4 GHz getaktetem Pentium4-Prozessor durchgeführt worden. Dieser Rechner hat bei einer 40 Gb großen Festplatte einen 512 Mb RAM Arbeitsspeicher. Der virtuelle Arbeitsspeicher ist manuell auf 1.536 Gb festgelegt worden. Unter den vorgestellten Rahmenbedinungen dauert die Durchführung eines Simulationsexperimentes (d. h. die Generierung eines kritschen Wertes für eine vorher festgelegte Parameterkonstallation von δ und γ) bei einem Stichprobenumfang von $T = 200$ für Modell (3.33) ca. 65, für Modell (3.34) ca. 135 und für Modell (3.35) ca. 285 Minuten. Es stellte sich heraus, dass eine Verdopplung des Stichprobenumfangs genauso wie eine Verdopplung der Wiederholungsanzahlen jeweils ungefähr zu einer Verdopplung der Zeitdauer für die Durchführung eines Experimentes führt.

- Zur Bestimmung der Qualitität eines Punktschätzers einer unbekannten Verteilung mittels der Monte-Carlo-Simulationsmethode ist die Angabe eines Streuungsmaßes für diesen Punktschätzer von erheblicher Bedeutung. Da hier der interessierende Parameter der kritische Wert für eine Teststatistik mit einer unbekannten Grenzverteilung ist, ist die Ermittlung eines geeigneten Streuungsmaßes nicht ohne weiteres möglich. Gemäß BÜNING, TRENKLER (1994, S. 61) bieten sich zur Konstruktion eines Konfidenzintervalls für das α-Quantil einer Verteilung geordnete Statistiken an, so dass sich dieses über die Werte der Verteilungsfunktion einer binomialverteilten Zufallsvariablen ermitteln lässt (zu Details hierzu vgl. BÜNING, TRENKLER, 1994, S. 61-63). Hier ist gegen diese Art der Genauigkeitsbeschreibung der Quantilschätzer entschieden worden, da diese nicht die volle Information der zugeordneten Stichprobe ausnutzt. Dagegen soll in das interessierende Streuungsmaß auch das Vorhandensein möglicher Ausreißer einfließen, um dadurch evtl. vorhandene systematische Verzerrungen in den Quantilschätzern erkennen zu können. Zur Ermittlung des klassischen Schätzers für die Standardabweichung des α-Quantils wäre ein Simulationsexperiment nochmals in einer großen Anzahl zu wiederholen. Der dadurch entstehende zeitliche Aufwand eines Gesamtexperimentes stiege exponentiell an (wählte man z. B. zur Ermittlung des Schätzers für die Standardabweichung eine Anzahl von 1000 Wiederholungen, so bräuchte ein Gesamtexperiment im zeitlich geringsten Fall ca. 45 Tage). Deshalb ist darauf verzichtet und die Standardabweichung des Quantilschätzers mittels des Bootstrapverfahrens geschätzt worden.

- Auf Grund der Konstruktion des Schätzers der Standardabweichung wird deutlich, dass eine größere Varianz der Grenzverteilung des DDF-Tests eine größere Varianz des Quantilschätzers impliziert. Daraus folgend erhöhen absolut größere Werte der Quantilschätzer die Schätzungen der zugehörigen Standardabweichung.

- Eine Erhöhung des Stichprobenumfangs führt ebenso zu einer Reduktion der Standardabweichungsschätzer wie die Vergrößerung der Wiederholungen bei der Durchführung der Simulationsexperimente.

- Generell gilt bei der Simulation von kritischen Werten für eine Teststatistik, je kleiner das Signifikanzniveau α gewählt wird, desto größer muss die Anzahl von Wiederholungen gewählt werden, um eine gleichbleibende Genauigkeit zu erreichen. Betrachtet man die Standardabweichungsschätzer bei den hier vorgestellten simulierten kritischen Werten, so kann konstatiert werden, dass die kritischen Werte zu einem Signifikanzniveau von $\alpha = 0.10$ als hinreichend genau betrachtet werden können. Dagegen sind die kritischen Werte bei den kleineren Signifikanzniveaus z. T. nicht gesichert.

- Auffällig sind noch einige simulierte kritische Werte der Teststatistik (3.45) bei einen Schiefeverhältnis $\gamma = 5.0$, dem Wölbungskoeffizient $\delta = 0.5$. Bei einem Stichprobenumfang von $T = 100$ unterscheidet sich der Schätzwert für das 0.01-Quantil und bei einem Stichprobenumfang von $T = 200$ differieren sämtliche drei Quantilschätzer von allen anderen Simulationsergebnisse (vgl. Tabelle 3.3, S. 144 f. und Tabelle D.6, S. 236 f.). Bei näherer Betrachtung der Simulationsergebnisse (ohne das dies hier aufgeführt wird) stellt sich heraus, dass bei $T = 100$ in ca. 2 % der Schätzungen und bei ca. 15 % der Schätzungen für $T = 200$ ein Schätzwert für ρ nahe bei -0.475 (bei einer sehr geringen Streuung) realisiert wird. Ein eindeutiger und zweifelsfreier Grund für dieses Phänomen ist nicht ersichtlich. Jedoch weisen alle Indizien darauf hin, dass bei der genannten Parameterkonstallation gelegentlich Zufallsstichproben erzeugt werden, bei denen das in der Software RATS implementierte numerische Maximierungsverfahren nicht nur nicht gegen den „wahren“ Wert konvergiert, sondern sogar ganz zusammenbricht. Auf Grund der mit kleiner werdendem δ und größer werdendem γ ansteigenden Varianz der SEP-Verteilung könnten hier mit größer werdender Wahrscheinlichkeit auftretende extreme Werte (Ausreißer) als Erklärung für den Zusammenbruch der numerischen Maximierung dienen. Die hohe Sensibilität des ML-Verfahrens hinsichtlich statistischer Ausreißer plausibilisiert diesen Grund zusätzlich. Vereinzelt, aber mit weit weniger gravierenden Auswirkungen auf die Quantilschätzer scheint dieses Phänomen noch für die Teststatistik (3.44) und einen Schiefegrad von $\gamma = 5.0$ aufzutreten. Hierfür treten diese extremen Ausreißer aber offensichtlich seltener auf.

Abschließend ist festzuhalten, dass das Einführen von SEP-verteilten ε_t mit $E(\varepsilon_t) = const \neq 0, \forall t$ für die Teststatistiken (3.41)-(3.42) keinen neuen Effekt für deren Grenzverteilungen besitzt.

„*Note that the limiting distribution of $\hat{\rho}_\mu$ and $\hat{\tau}_\mu$ are obtained under the assumption that the constant term μ is zero. Likewise, the limiting distribution of $\hat{\rho}_\tau$ and $\hat{\tau}_\tau$ are derived under the assumption that the coefficient for time, β, is zero. The distributions of $\hat{\rho}_\tau$ and $\hat{\tau}_\tau$ are unaffected by the value of μ in (2.2)* [hier: (3.35)]. *If $\mu \neq 0$ for (2.1)* [hier: (3.34)] *or $\beta \neq 0$ for (2.2)* [hier: (3.35)], *the limiting distributions of $\hat{\tau}_\mu$ and $\hat{\tau}_\tau$ are normal.*“ (DICKEY, FULLER, 1979, S. 429)

Da aber $E(\varepsilon_t) = const \neq 0$ im Endeffekt nur einen durch die Schiefe der Verteilung zu erklärenden deterministischen Drift generiert, ist die Grenzverteilung der Teststatistik (3.41) eine Standardnormalverteilung, und für die Teststatistik (3.42) gilt die von DICKEY, FULLER (1979, S. 429) postulierte Grenzverteilung. Dies zeigt aber einmal mehr, wie wichtig die korrekte Spezifikation des deterministischen Teils der bzgl. der Überprüfung der Einheitswurzelhypothese zu schätzenden Dickey-Fuller-Gleichung ist.

Die hier generierten kritischen Werte können also auch über einen anderen Weg erzeugt werden. Seien die Störterme ε_t SEP-verteilt mit $E(\varepsilon_t) = c \neq 0$ und $\text{Var}(\varepsilon_t) = d$ für alle t, so ergibt der DGP,

$$Y_t = c + Y_{t-1} + \omega_t \quad , t = 2, 3, \ldots, T, \tag{3.50}$$

mit $Y_0 = 0$ und $\omega_t \overset{\text{i.i.d.}}{\sim} \text{NV}(0, d)$ bei KQ-Schätzung die gleichen kritischen Werte. Somit gleicht im Sinne der Überprüfung der Einheitswurzelhypothese die Suche nach Schiefe in den Verteilungen der Aufdeckung eines deterministischen Trends.

Daraus ergibt sich ein einfacher und weniger rechenintensiver Weg zur Ermittlung der kritischen Werte der Teststatistiken (3.43)-(3.45) bei SEP-verteilten Störgrößen. Für eine beliebige Parameterkonstallation der SEP-Verteilung sind der Erwartungswert und die Varianz zu berechnen. Über die Simulation von Werten des Prozesses (3.50), KQ-Schätzung der Gleichungen (3.33)-(3.35) und Wiederholen dieser Prozedur erhält man die gesuchten kritischen Werte.

3.4 Schätzung der Varianz-Kovarianzmatrix

Zum Abschluss dieses Kapitels wird der Einfluss von Schiefe und Wölbung auf die Varianz-Kovarianzmatrixschätzung linearer stochastischer Prozesse untersucht. Dabei wird die Analyse auf den Spezialfall eines ARSEP(1)-Prozesses beschränkt und die Schiefe durch den Parameter γ und die Wölbung durch δ gesteuert. Die Untersuchung wird wiederum mittels Monte-Carlo-Simulation durchgeführt.

Bekannt sind folgende Aussagen zur ML-Schätzung der unbekannten Parameter einer multivariaten Normalverteilung (vgl. MAGNUS, NEUDECKER, 1988, S. 314 f.). Es seien n Vektoren mit jeweils m Realisationen $y_1, \ldots, y_m$ der Zufallsvektoren $Y_1, \ldots, Y_n$ gegeben. Die Vektoren $Y_1, \ldots, Y_n$ seine alle identisch und stochastisch unabhängig multivariat normalverteilt,

$$Y_i \sim N_m(\theta_0, \Omega_0) \quad , \quad i = 1, \ldots, n,$$

wobei Ω_0 positiv definit ist und $n \geq m + 1$ gilt. Dann erhält man als ML-Schätzer für θ_0 und Ω_0,

$$\hat{\theta} = \frac{1}{n} \sum_{i=1}^{n} y_i = \bar{y} \quad , \tag{3.51}$$

$$\hat{\Omega} = \frac{1}{n} \sum_{i=1}^{n} (y_i - \bar{y})(y_i - \bar{y})' \quad . \tag{3.52}$$

Gemäß der Maximum-Likelihood-Schätztheorie sind die unbekannten Parameter der multivariaten Normalverteilung durch (3.51) und (3.52) konsistent und asymptotisch normalverteilt schätzbar. Der Schätzer für Ω_0 aus (3.52) ist verzerrt. Jedoch ist die modifizierte Schätzfunktion $\tilde{\Omega} = \frac{n}{n-1} \hat{\Omega}$ unverzerrt und ebenfalls konsistent und asymptotisch normalverteilt. Die erwartungstreue Schätzfunktion für die Varianz-Kovarianzmatrix lässt sich auch wie folgt schreiben,

$$\tilde{\Omega} = \frac{1}{n-1} Y' \left[I_n - \frac{1}{n} \imath\imath' \right] Y \quad , \tag{3.53}$$

wobei $Y = (y_1, \ldots, y_n)'$, I_n die n-dimensionale Einheitsmatrix und $\imath$ der $n \times 1$ Vektor bestehend aus Einsen, $\imath = (1, \ldots, 1)$, ist. MAGNUS und NEU-

DECKER (1988, S. 296) folgend ist (3.53) der beste quadratische unverzerrte Schätzer für die unbekannte Varianz-Kovarianzmatrix Ω_0. Besitzt eine multivariate Normalverteilung eine Varianz-Kovarianzmatrix mit der Struktur gemäß Satz 2.12 (vgl. S. 82) , d. h. $\Omega_0 = S\Sigma S$, so ändern sich die asymptotischen Eigenschaften des Schätzers (3.53) nicht. Jedoch verliert die Schätzung an Qualität in dem Sinne, dass die Standardabweichung dieses Schätzers beim Vorliegen einer schiefen multivariaten Normalverteilung größer als unter Zugrundelegung einer nicht mit Schiefeparametern behafteten multivariaten Normalverteilung ist. D. h. die Schätzung (3.53) ist unter der Annahme ungleicher Skalenparameter relativ zur Annahme gleicher Skalenparameter ineffizienter. Der Frage nach der Größenordnung dieses Verlustes an relativer Effizienz wird im Folgenden durch eine Simulationsstudie gemäß der Monte-Carlo-Methode nachgegangen. Dafür muss vom Konzept der Effizienz auf die asymptotische relative Effizienz (ARE) gewechselt werden, da nur diese mittels einer Simulationsstudie abgeschätzt werden kann. Man spricht davon, dass für zwei konsistente Schätzer $\hat{\beta}$ und $\tilde{\beta}$ eines unbekannten Parameters β einer Grundgesamtheit $\hat{\beta}$ asymptotisch relativ effizienter als $\tilde{\beta}$ ist, wenn gilt,

$$ARE(\hat{\beta}, \tilde{\beta}) = \lim_{n \to \infty} \frac{Var(\hat{\beta})}{Var(\tilde{\beta})} < 1 \quad . \tag{3.54}$$

Im Rahmen der Monte-Carlo-Simulation werden die Varianzen aus (3.54) durch aus der Simulation stammende geschätzte Varianzen ersetzt, d. h.,

$$\widehat{ARE}\left(\hat{\beta}, \tilde{\beta}\right) = \frac{\widehat{Var}\left(\hat{\beta}\right))}{\widehat{Var}\left(\tilde{\beta}\right)} \quad . \tag{3.55}$$

Da im Fall normalverteilter Zufallsvariablen die Kovarianzmatrixschätzung bzgl. des Lageparameters invariant ist, wird außerdem im Rahmen der Simulationsstudie sein Einfluss auf die Schätzung der Kovarianzmatrix beim Vorliegen TPN-verteilter Zufallsvariablen studiert. Es ist zu erwarten, dass diese Invarianz bestehen bleibt.

Schließlich wird der Einfluss des Gestaltungsparameters δ der SEP-Verteilung analysiert. Es ist hierbei insbesondere von Interesse, welche Änderung der Gestalt der Dichtefunktion, verursacht durch die Schiefe oder den Formparameter δ, stärker zur relativen Ineffizienz der Schätzung von Ω beiträgt.

Für die Simulationsanalyse wird der AR(1)-Prozess,

$$y_i = \rho\, y_{i-1} + \varepsilon_i \quad , i = 1, \ldots, n, \tag{3.56}$$

mit $|\rho| < 1$ betrachtet. Für diesen Prozess werden einige Annahmen bzgl. der Störgrößenvariablen ε_i (und dem Startwert y_1) getroffen. Die Variablen ε_i seien $\forall\, i = 2, \ldots, n$ identisch und stochastisch unabhängig verteilt mit $E(\varepsilon_i) = 0 = E(y_1)$. Außerdem erfülle der Störgrößenprozess die folgenden Annahmen bzgl. seiner Varianzen und Kovarianzen:

- $Cov\,(\varepsilon_i, \varepsilon_{i-j}) = 0 \quad , \quad \forall\, i \neq j$ und $i, j = 1, \ldots, n$,
- $Cov\,(\varepsilon_i, y_{i-j}) = 0 \quad , \quad \forall\, i \neq j$ und $i, j = 1, \ldots, n$,
- $Var\,(\varepsilon_i) = \sigma_\varepsilon^2 \quad , \quad \forall\, i = 1, \ldots, n$,
- $Var\,(y_1^2) = \frac{\sigma_\varepsilon^2}{1-\rho^2} \quad .$

Unter diesen Annahmen ist die Kovarianzmatrix von y vollständig erklärt, und die analytischen Darstellungen der Komponenten lassen sich (vgl. z. B. SCHLITTGEN, STREITBERG, 2001, S. 271) herleiten,

$$Var\,(y_i) = \frac{\sigma_\varepsilon^2}{1-\rho^2} \quad , \quad \forall\, i = 1, \ldots, n, \tag{3.57}$$

$$Cov\,(y_i, y_{i-j}) = \rho^j \cdot \frac{\sigma_\varepsilon^2}{1-\rho^2} \quad , \quad \forall\, i, j = 1, \ldots, n \text{ und } j < i\,. \tag{3.58}$$

Damit die Qualität der Kovarianzmatrixschätzung unter dem Vorliegen einer skalenparametergesplitteten Verteilung bzgl. der Annahme einer Normalverteilung studiert werden kann, sind die nachstehenden Schritte auszuführen. Dabei muss zur Ermittlung der asymptotischen relativen Effizienz die Schätzung von Ω des AR(1)-Prozesses (3.56) auch unter dem Vorliegen einer Normalverteilung mit identischer Varianz zur SEP-Verteilung durchgeführt werden. Ein Simulationsexperiment beinhaltet die folgenden Punkte:

1. Festlegung der Parameter θ, σ_l, σ_r und δ der SEP-Verteilung.
2. Berechnung von $Var\left(\sigma_\varepsilon^2\right)$ der SEP-Verteilung (siehe Satz 2.8, S. 58).
3. Festlegung der Autokorrelation ρ des Prozesses (3.56).
4. Berechnung der wahren Elemente ω_{rs}, $r, s = 1, \ldots, m^*$, der Varianz-Kovarianzmatrix Ω_0 mittels (3.57) und (3.58).
5. Es werden $n = 200$ Realisationen $y_1, \ldots, y_n$ des AR(1)-Prozesses (3.56) mit dem Umfang $m = 60$ simuliert. Als Startwert des Prozesses wird $y_{i0} = 0, \forall i = 1, \ldots, n$, festgelegt. Zum Einschwingen des simulierten Prozesses dienen die ersten 50 Werte $y_{i\,1}, \ldots, y_{i\,50}$, $i = 1, \ldots, n$. Zur Kovarianzmatrixschätzung gemäß (3.53) werden die Stichprobenwerte y_{ij}, $\forall i = 1, \ldots, 200$, $j = 51, \ldots, 60$, herangezogen. Daraus resultiert eine $m^* \times m^*$-Matrix $\tilde{\Omega}$, mit $m^* = 10$.
6. N-malige Wiederholung des fünften Schrittes. Bei jedem Durchlauf werden für alle Einträge von $\hat{\Omega}$ die quadratischen Abweichungen, $\left(\hat{\omega}_{jrs} - \omega_{rs}\right)^2$, $\forall r, s = 1, \ldots, m^*$ und $\forall j = 1, \ldots, N$ bestimmt.

Abschließend sind als Maße zur Ermittlung des Schätzfehlers die folgenden Größen gewählt worden,

$$\widehat{MSE}_1 = \frac{1}{m^{*2} \cdot N} \sum_{r=1}^{m^*} \sum_{s=1}^{m^*} \sum_{i=1}^{N} \left(\hat{\omega}_{irs} - \omega_{rs}\right)^2 \quad , \tag{3.59}$$

$$\widehat{MSE}_2 = \frac{1}{m^* \cdot N} \sum_{r=1}^{m^*} \sum_{i=1}^{N} \left(\hat{\omega}_{irr} - \omega_{rr}\right)^2 \quad , \tag{3.60}$$

$$\widehat{MSE}_3 = \frac{1}{m^* \cdot N \cdot (m^* - 1)} \sum_{\substack{r,s=1 \\ r \neq s}}^{m^*} \sum_{i=1}^{N} \left(\hat{\omega}_{irs} - \omega_{rs}\right)^2 \quad . \tag{3.61}$$

Diese sind Schätzungen des mittleren quadratischen Fehlers, MSE,[14] aller Einträge der Varianz-Kovarianzmatrix ($\widehat{MSE}_1$), der Varianzen ($\widehat{MSE}_2$) und der Kovarianzen ($\widehat{MSE}_3$) jeweils bzgl. der wahren Matrix Ω. Sie sind

[14] *Mean Square Error*.

keinem Lehrbuch entnommen, jedoch sind sie in Anlehnung an übliche Durchschnittsschätzer konstruiert. Dieses Verfahren ist bei Monte-Carlo-Simulationen gängige Praxis, wie sie auch MOONEY (1997, S. 59) bei der Erläuterung zur Abschätzung des MSE einer Teststatistik bzgl. eines beliebigen unbekannten Parametervektors θ beschreibt:

„*The mean-squared error of a statistic could be generated by creating a vector of θ, subtracting this casewise from the vector of $\hat{\theta}$'s, squaring this difference, and then averaging the resulting vector.*"
(MOONEY, 1997, S. 59)

Z. B. ist gemäß JUDGE ET AL. (1988, S. 72) der MSE eines Schätzers $\hat{\beta}$ für den wahren Parameter einer Verteilung durch $MSE = E[(\hat{\beta} - \beta)^2]$ definiert. Somit kommt man leicht auf eine Schätzfunktion $\widehat{MSE}_{rs}$ des MSE für ein bestimmtes Element $\hat{\omega}_{rs}$ der geschätzten Varianz-Kovarianzmatrix. Die Indizes r, s identifizieren den Eintrag der (geschätzten) Varianz-Kovarianzmatrix, $r, s = 1, \ldots, n$. Die Schätzgrößen (3.59)-(3.61) sind Durchschnitte über alle Elemente $\widehat{MSE}_{rs}$ (Gleichung (3.59)), über die Varianzkomponenten $\widehat{MSE}_{rr}$ (Gleichung (3.60)) und über die Kovarianzeinträge $\widehat{MSE}_{rs}$ mit $r \neq s$ (Gleichung (3.61)). Diese drei Größen werden betrachtet, um den Einfluss asymmetrischer Verteilungen auf die Schätzung der Varianz-Kovarianzmatrix im Gesamten zu messen. Außerdem eignen sie sich, die Frage zu beantworten, ob die Wirkung der Schiefe auf die einzelnen Komponenten der Matrix unterschiedlich gravierende Auswirkung besitzt. Auf die Abschätzung des MMSE (MMSE $\hat{=}$ M*atrix* M*ean* S*quare* E*rror*), dessen theoretisches Pendant durch $MMSE = E[(\hat{\beta} - \beta)\,(\hat{\beta} - \beta)']$ (vgl. z. B. JUDGE et al. ,1988, S. 79) definiert ist, und welcher ebenfalls zur Beantwortung der offenen Fragen geeignet wäre, ist aus zwei Gründen verzichtet worden. Da für den betrachteten AR(1)-Prozess die Einträge in den Diagonalen der Varianz-Kovarianzmatrix identisch sind, vernachlässigt die Betrachtung eines einzelnen $\widehat{MSE}_{rs}$ die Information aus der Simulation bzgl. der anderen Elemente. Die Analyse des MMSE erbrächte zusätzlich zu den „gewöhnlichen" MSE Erkenntnisse über die Kovariationen zwischen den einzelnen Varianz-Kovarianzschätzungen. Diese sind aber im Rahmen dieser Arbeit nicht von näherem Interesse.

Die Funktionen (3.59)-(3.61) zur Schätzung des MSE sind geeignet, ihre

Aufgabe des Vergleichs der relativen asymptotischen Effizienz der Varianz-Kovarianzschätzung bzgl. der Vorgabe von gleichen und ungleichen Skalenparametern zu erfüllen, da im Falle konsistenter Schätzer für die einzelnen Elemente der Varianz-Kovarianzmatrix deren MSE ungefähr deren Varianz entspricht. Dies ergibt sich daraus, dass für einen Schätzer $\hat{\theta}$ eines beliebigen Parameters θ der Grundgesamtheit $MSE(\hat{\theta}) = Var(\hat{\theta}) + [Bias(\hat{\theta})]^2$ gilt (vgl z. B. JUDGE et al., 1988, S. 72), wobei $Bias(\hat{\theta}) = E(\hat{\theta}) - \theta$ ist. Da die Schätzung von Ω durch (3.53) für Stichprobenelemente einer Normalverteilung konsistent ist, ist bei einem großen Stichprobenumfang keine Verzerrung zu erwarten (d. h. $Bias(\hat{\theta}) \approx 0$). Es wird sich aus den Simulationsergebnissen ergeben, dass dies auch für Stichprobenelemente einer SEP-Verteilung der Fall ist.

Zu der Wahl der Größen n, m, m^* und N sind einige Erläuterungen notwendig. Da zum einen unter der Annahme einer Normalverteilung der Schätzer für die Kovarianzmatrix für $n \to \infty$ konsistent ist, und zum anderen die TPN-Verteilung im multivariaten Fall einer „einfachen" Normalverteilung entspricht (siehe Abschnitt 2.5.2), ist mit $n = 200$ eine für Simulationsanalysen mittlere Anzahl an Realisationen des AR(1)-Prozesses gewählt worden. $m^* = 10$ ist festgelegt worden, um eine „überschaubare" Größe der Kovarianzmatrix zu erzeugen. Es hat sich bei Versuchen mit größerem m^* und Betrachtung der oberen linken 10×10 Matrix keine Verhaltensänderung in den Ergebnissen ergeben. Damit ein möglicher Einfluss einer Einschwingphase des stochastischen Prozesses eliminiert wird, werden $m = 60$ Elemente des AR(1)-Prozesses generiert, von denen die ersten 50 Elemente zum Einschwingen dienen. Die zehn Elemente nach der Einschwingphase werden zur Schätzung der Kovarianzmatrix verwendet. In Simulationsstudien ist es üblich, die Anzahl N von Wiederholungen des Experimentes mit 10000 oder mehr zu wählen. Hier ist $N = 10000$ festgelegt worden.

Eine TPN-verteilte Zufallsstichprobe wird erzeugt, indem die inversen TPN-Verteilungswerte einer auf dem Intervall $]\,0\,,\,1\,[$ gleichverteilten Zufallsstichprobe zu berechnen sind (vgl. S. 40 f.). Bei der Simulation der Kovarianzmatrixschätzung für TPN-verteilte Zufallsvariablen mittels dieses Generierungsverfahrens konnten nur $N = 750$ Durchläufe zugrunde gelegt werden. Diese relativ geringe Anzahl an Durchläufen ist über eine Schwäche in der Programmierung des Softwarepaketes RATS zu begründen. Auf diesen Schwachpunkt ist bereits in Kapitel 2.2.1 hingewiesen worden (siehe S. 41 f.). Es zeigte sich im Laufe der Simulationsstudien, dass bei einer Wahl von 1000 oder mehr Durchläufen der erwähnte Programmfehler fast immer auftrat. Dagegen endete die Simulation bei einer Wahl von $N = 750$ Wiederholungen nur ca. jedes zweite Mal und für $N = 500$ Durchläufe selten vorzeitig. Dieser Schwachpunkt ist durch die Wahl des Algorithmus zur Erzeugung von SEP-verteilten Zufallsstichproben änderbar (Für die Wahl von $\delta = 2$ erhält man TPN-verteilte Zufallsstichproben). Aus diesem Grund wird im Folgenden dieser Algorithmus verwendet (siehe S. 60 f.). Wegen der Allgemeinheit der Darstellung der Dichtefunktion einer SEP-Verteilung (vgl. Gleichung (2.33), S. 54) und des zugehörigen Simulationsalgorithmus erhält man bei der Wahl von $\delta = 2$ und $\sigma_l = \sigma_r = 1$ jedoch nicht $N(\theta, 1)$-verteilte Zufallszahlen. Stattdessen entstammen sie einer $N(\theta, 0.5)$-Verteilung. Dies wäre durch die Skalentransformation $\sigma_l^* = \frac{\sigma_l}{\sqrt{2}}$ und $\sigma_l^* = \frac{\sigma_l}{\sqrt{2}}$ korrigierbar.[15]

Im ersten Schritt der Simulationsstudie wird nun der Frage nachgegangen, ob auch unter der Annahme einer TPN-Verteilung mit ungleichen Skalenparametern die Schätzung der Kovarianzmatrix konsistent ist. Das Ergebnis wird zuerst an einem Spezialfall in der nachstehenden Tabelle betrachtet. Dazu werden die Parameter der TPN-Verteilung mit $\rho = 0.4$, $\sigma_l = 2.5$ und $\sigma_r = 1.0$ gewählt. θ ist so berechnet, dass der Erwartungswert der TPN-Verteilung sich zu Null ergibt, d. h. $\theta = 0.84628$. Die Varianz σ^2 berechnet sich zu 1.6588. Da im Fall der Normalverteilung der betrachtete Prozess schwach stationär ist, wird in der Tabelle nur die durchschnittliche geschätzte Verzerrung der Varianz- und Kovarianzkomponenten aufgelistet. Mit γ_τ wird die Komponente $Cov(y_s, y_t)$ bezeichnet, wobei $\tau = s - t$ mit $s, t = 0, \ldots, 9$ ist. Wegen der Symmetrie der Varianz-Kovarianzmatrix werden nur die Resultate für $s \geq t$ angeführt. Die Indizes TPN und NV besagen, mit welcher Verteilung die jeweiligen Komponenten simuliert worden sind.

[15] Bei den vorgestellten Ergebnissen wird jedoch auf eine solche Korrektur verzichtet, da die relative Effizienz (bei gleicher Varianz der zu Grunde liegenden Verteilungen) asymptotisch nicht von der Varianz abhängt.

τ	γ_τ	$Bias_{NV}(\hat{\gamma}_\tau)$	$Bias_{TPN}(\hat{\gamma}_\tau)$
0	1.97477	0.00104	0.00042
1	0.78991	0.00010	0.00129
2	0.31596	0.00065	0.00149
3	0.12638	0.00010	0.00113
4	0.05055	-0.00078	0.00122
5	0.02022	-0.00087	0.00072
6	0.00809	-0.00020	0.00102
7	0.00324	0.00065	0.00087
8	0.00129	0.00217	0.00237
9	0.00052	0.00274	0.00014

Tabelle 3.4: Simulierte Verzerrungen der Schätzung der Varianzen und Kovarianzen γ_τ eines AR(1)-Prozesses mit $\rho = 0.4$ unter der Annahme einer $N(0, \sigma^2)$- und einer $TPN(\theta, \sigma_l, \sigma_r)$-Verteilung mit $\sigma^2 = 1.6588$ bzw. $\theta = 0.84628$, $\sigma_l = 2.5$ und $\sigma_r = 1.0$.

Es ist ersichtlich, dass die Eigenschaft der Konsistenz des Schätzers der Varianz-Kovarianzmatrix sowohl für die symmetrische als auch für die schiefe Normalverteilung Gültigkeit besitzt. Eigene Versuche ergaben, dass dies auch allgemeiner für SEP-verteilte ε_i gilt. Generell scheint beim Vorliegen einer SEP-Verteilung der (Stichproben-)Bias in allen Komponenten von $\hat{\Omega}$ tendenziell etwas größer zu sein als unter Annahme der Normalverteilung.

Im Fall der Normalverteilung ist $\widehat{MSE}_1 = 0.02200$, $\widehat{MSE}_2 = 0.03929$ und $\widehat{MSE}_3 = 0.02032$. Dagegen erhält man für diese Werte beim Vorliegen der TPN-Verteilung, $\widehat{MSE}_1 = 0.02259$, $\widehat{MSE}_2 = 0.04346$ und $\widehat{MSE}_3 = 0.02052$. Daraus berechnet sich die asymptotische relative Effizienz von $\hat{\Omega}$ für die Annahme der Normalverteilung bzgl. des Schätzers bei einer TPN-Verteilung zu $\widehat{ARE}_1 = \frac{0.02200}{0.02259} = 0.9739$. Die ausschließliche Betrachtung der Varianz- bzw. der Kovarianzschätzer ergibt $\widehat{ARE}_2 = \frac{0.03929}{0.04346} = 0.9053$ und $\widehat{ARE}_3 = \frac{0.02032}{0.02052} = 0.9903$. Daraus ergibt sich der Verdacht, dass die Verschlechterung der asymptotischen relativen Effizienz von $\hat{\Omega}$ beim Vorliegen einer schiefen Normalverteilung hauptsächlich auf die Schätzung der Varianzen zurückzuführen ist. Diese Aussage ist weiter zu untersuchen, weshalb im nächsten Experiment unter den gleichen Ausgangsbedingungen die ARE bei Variation der Skalenparameter betrachtet werden. Tabelle 3.5 beinhaltet die Ergebnisse der MSE-Simulationen für die Schätzung von Ω.

σ_l	θ	σ^2	$\widehat{MSE}_1(\hat{\Omega}_{NV})$	$\widehat{MSE}_1(\hat{\Omega}_{TPN})$
1.0	0.00000	0.50000	0.00200	0.00200
2.0	0.56419	1.18169	0.01117	0.01131
3.0	1.12838	2.22676	0.03973	0.04097
4.0	1.69257	3.63521	0.10559	0.10950
5.0	2.25676	5.40704	0.23279	0.24484
6.0	2.82095	7.54225	0.45581	0.47689
7.0	3.38514	10.04084	0.80296	0.84687
8.0	3.94933	12.90282	1.32841	1.40554
9.0	4.51352	16.12817	2.08092	2.20175
100.0	55.85477	1830.74481	27182.98001	28902.65334

Tabelle 3.5: Simulierte MSE-Schätzung aller Komponenten der Varianz-Kovarianzmatrixschätzung eines AR(1)-Prozesses unter der Annahme einer $N(0,\sigma^2)$- und einer $TPN(\theta,\sigma_l,\sigma_r)$-Verteilung mit $\sigma_r = 1.0$ und $\rho = 0.4$.

Man erkennt, dass der MSE der Schätzung für Ω im Falle des Vorliegens einer TPN-Verteilung stets größer als unter der Annahme einer Normalverteilung ist. Jedoch erscheint der Unterschied in den absoluten Werten aus Tabelle 3.5 als relativ gering. Um den Einfluss auf die Qualität der Schätzung im Fall extrem schiefer Verteilungen zu untersuchen, sind die Simulationen jeweils auch für das Skalenparameterverhältnis 100 : 1 durchgeführt worden. Es ist zu konstatieren, dass der Haupteffekt der Verschlechterung der Schätzung der Varianz-Kovarianzmatrix auf die Erhöhung der Varianz zurückzuführen ist, je schiefer die Verteilung ist. Aus den Ergebnissen von Tabelle 3.5 erkennt man jedoch nicht, ob sich die Verschlechterung der Schätzung von Ω auf alle Komponenten gleichmäßig auswirkt. Daraus folgend sind die absoluten $\widehat{MSE}_1$-Werte wenig zur direkten Interpretation geeignet. Leichter zu interpretierende Ergebnisse findet man in der Darstellung der asymptotischen relativen Effizienz. Diese sind für den AR(1)-Prozess mit $\rho = 0.4$ in den folgenden beiden Tabellen aufgelistet, welche sich darin unterscheiden, dass Tabelle 3.6 die Ergebnisse bei der Betrachung links- und Tabelle 3.7 die Resultate bzgl. rechtsschiefer TPN-Verteilungen beinhalten.[16] Dies verdeutlicht, dass die Qualität der Varianz-Kovarianzmatrixschätzung beim Vorliegen schiefer Verteilungen nur vom Schiefegrad und nicht von der Schieferichtung abhängt.

σ_l	$\widehat{ARE}_1$	$\widehat{ARE}_2$	$\widehat{ARE}_3$
1.0	1.00000	0.99746	1.00000
2.0	0.98774	0.94622	0.99713
3.0	0.96979	0.88032	0.99172
4.0	0.96429	0.86089	0.99247
5.0	0.95079	0.82572	0.98266
6.0	0.95578	0.82536	0.98934
7.0	0.94815	0.80909	0.98413
8.0	0.94512	0.80311	0.98227
9.0	0.94512	0.79710	0.98429
100.0	0.94050	0.76609	0.98853

Tabelle 3.6: Simulation der asymptotischen relativen Effizienz der Varianz-Kovarianzmatrixschätzung eines AR(1)-Prozesses für eine $N(\mu, \sigma^2)$-u. eine $TPN(\theta, \sigma_l, \sigma_r = 1.0)$-Verteilung mit $\rho = 0.4$. Die Restgrößen haben Erwartungswert Null.

Es wird ersichtlich, dass die MSE-Verschlechterung der Schätzung der Varianzen fast ausschließlich auf das Vorhandensein schiefer Verteilungen des zugrunde liegenden Prozesses zurückzuführen ist. Dementgegen ändern sich die Schätzungen der Kovarianzen kaum. Je nach Schiefe der TPN-Verteilung liegt die Verschlechterung der Varianzschätzung relativ (und asymptotisch) zum Symmetriefall zwischen 0 (Symmetrie) und 23% (ex-

[16] Im Sinne der Gleichungen (3.54) bzw. (3.55) bedeutet in den folgenden Tabellen stets, $\widehat{ARE}_j = \widehat{ARE}_j(\hat{\gamma}_{NV}, \hat{\gamma}_{TPN})$, für $j = 1, 2, 3$.

σ_r	$\widehat{ARE}_1$	$\widehat{ARE}_2$	$\widehat{ARE}_3$
1.0	1.00000	0.99242	0.99468
2.0	0.99034	0.94865	1.00000
3.0	0.97403	0.88389	0.99571
4.0	0.96004	0.84528	0.98860
5.0	0.95636	0.83943	0.98577
6.0	0.95791	0.82629	0.99180
7.0	0.94666	0.81055	0.98171
8.0	0.94745	0.80374	0.98512
9.0	0.95153	0.80126	0.99137
100.0	0.93344	0.77208	0.97729

Tabelle 3.7: Simulation der asymptotischen relativen Effizienz der Varianz-Kovarianzmatrixschätzung eines AR(1)-Prozesses für eine $N(\mu, \sigma^2)$- u. eine $TPN(\theta, \sigma_l = 1.0, \sigma_r)$-Verteilung mit $\rho = 0.4$. Die Restgrößen haben Erwartungswert Null.

treme Schiefe). Da die Richtung der Schiefe auf die Schätzung der Varianz-Kovarianzmatrix keinen Einfluss zu haben scheint, werden die folgenden Experimente dieses Kapitels nur noch für eine Schieferichtung vorgestellt.

Die bisherigen Resultate zur Schätzung von Ω beruhen auf schiefen TPN-Verteilungen mit einem Erwartungswert von Null. Für den Fall einer Normalverteilung ist bekannt, dass die Kovarianzmatrix unabhängig von dem Lageparameter konsistent schätzbar ist. Zu erwarten ist, dass dies auch im Fall der schiefen TPN-Verteilung gilt. Dies verifiziert sich bei der Simulation unter der Wahl von $\theta = 0$. Die Ergebnisse dieses Experimentes (siehe Tabelle 3.8) bestätigen, dass θ keinen Einfluss auf die Qualität der Schätzung von Ω hat.

Bisher wurde für den Fall $\rho = 0.4$ gezeigt, dass die Schätzung der Varianz-Kovarianzmatrix unter der Annahme einer TPN-Verteilung ebenfalls konsistent ist. Jedoch wird diese Schätzung im Vergleich zur Annahme einer Normalverteilung um so MSE-schlechter, je schiefer die TPN-Verteilung ist. Jedoch ist diese Abnahme an asymptotischer relativer Effi-

σ_r	$\widehat{ARE}_1$	$\widehat{ARE}_2$	$\widehat{ARE}_3$
1.0	1.00000	0.99242	1.00000
2.0	0.98774	0.94340	0.99809
3.0	0.97238	0.88329	0.99411
4.0	0.95762	0.84234	0.98642
5.0	0.94555	0.82300	0.97666
6.0	0.95606	0.82697	0.98920
7.0	0.94566	0.80668	0.98163
8.0	0.94714	0.80357	0.98476
9.0	0.94063	0.79452	0.97922
100.0	0.93767	0.76463	0.98533

Tabelle 3.8: Simulation der asymptotischen relativen Effizienz der Varianz-Kovarianzmatrixschätzung eines AR(1)-Prozesses für eine $N(\mu, \sigma^2)$- und eine $TPN(\theta, \sigma_l = 1.0, \sigma_r)$-Verteilung mit $\rho = 0.4$ und $\theta = 0.0$.

zienz fast ausschließlich auf die Verschlechterung der Varianzschätzung zurückzuführen. Eigene Untersuchungen ergaben, dass sich dieses Bild analog bei anderer Wahl von $\rho \in]-1, 1[$ ergibt. Problematisch wird diese Aussage jedoch in der Nähe der Ränder des Definitionsbereiches von ρ (man spricht dann auch davon, dass ρ nahe der Einheitswurzel liegt). Bevor auf die Qualität der Schätzung von Ω unter diesen Grenzbedingungen genauer eingegangen wird, verdeutlicht Abbildung 3.11 die Qualität der Schätzung bei verschiedenen Werten von ρ. Es wird der Fall $\sigma_l = 3.0$ und $\sigma_r = 1.0$ betrachtet. Es ist zu erkennen, dass die asymptotische relative Effizienz für die Schätzung der gesamten Varianz-Kovarianzmatrix nahezu im gesamten Wertebereich um einen Wert von ca. 0.97 pendelt. Auf den ersten Blick überraschender verhält sich die ARE der Varianzschätzung. Die größte relative Ineffizienz besitzt die Schätzung von Ω, falls y_i ein reiner TPN-verteilter Zufallsprozess ist. Insgesamt ist festzuhalten, je größer der Zusammenhang zwischen y_i und y_{i-1} ist, desto besser wird die Schätzung der Varianz-Kovarianzmatrix im relativen Vergleich. Das bedeutet aber nur eine sich annähernde Qualität der Schätzung in Richtung der Ränder des Definitionsbereiches von ρ. Isoliert betrachtet, weist jede Schätzung am

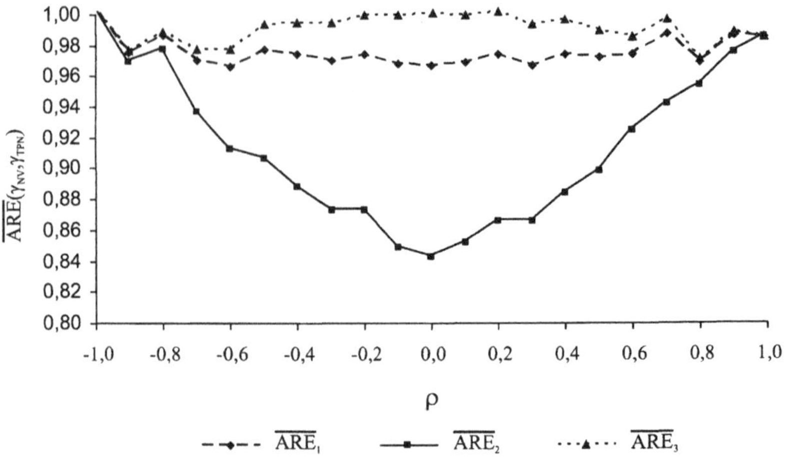

Abbildung 3.11: Simulierte ARE-Schätzungen für $\hat{\Omega}$ eines AR(1)-Prozesses für diverse ρ und $\sigma_l = 3.0$, $\sigma_r = 1.0$ der TPN-Verteilung und einer $N(\theta, \sigma^2)$ mit $\sigma^2 = 2.22676$, $\theta = 1.12838$.

Rande dieses Bereichs sehr große MSE-Werte auf. Deshalb sind in Tabelle 3.9 die zu Abbildung 3.11 gehörenden Ergebnisse der MSE-Schätzung aufgeführt. Dabei bezeichnen $\widehat{MSE}_j$ die Schätzungen bei normalverteilten ε_i und $\widetilde{MSE}_j$ die Schätzungen unter Zugrundelegung einer TPN-Verteilung, $j = 1, 2, 3$.

Sowohl in Abbildung 3.11 als auch in Tabelle 3.9 wird das zu erwartende um den Nullpunkt von ρ symmetrische Verhalten bzgl. MSE bzw. ARE ersichtlich. Die extremen MSE-Werte in dem Fall, dass ρ nahe bei -1 oder 1 liegt, sind nicht weiter überraschend. Für die asymptotischen Eigenschaften der Parameterschätzung für allgemeine AR(p)-Modelle gilt,

„*die Approximationsgüte ist um so besser, je weiter die Wurzeln der charakteristischen Gleichung vom Einheitskreis entfernt sind.*“
(SCHLITTGEN, STREITBERG, 2001, S. 257)

ρ	$\widehat{MSE}_1$	$\widehat{MSE}_2$	$\widehat{MSE}_3$	$\widetilde{MSE}_1$	$\widetilde{MSE}_2$	$\widetilde{MSE}_3$
-0.99	1461.667	1632.088	1477.280	1459.739	1629.906	1475.334
-0.90	1.090	1.548	1.068	1.117	1.596	1.094
-0.80	0.260	0.430	0.249	0.264	0.439	0.252
-0.70	0.120	0.212	0.114	0.124	0.227	0.116
-0.60	0.073	0.135	0.068	0.075	0.148	0.069
-0.50	0.051	0.099	0.048	0.052	0.109	0.048
-0.40	0.040	0.078	0.037	0.041	0.088	0.037
-0.30	0.034	0.067	0.031	0.035	0.077	0.031
-0.20	0.030	0.061	0.028	0.031	0.070	0.028
-0.10	0.028	0.056	0.026	0.029	0.066	0.026
0.00	0.027	0.055	0.025	0.028	0.065	0.025
0.10	0.028	0.056	0.026	0.029	0.066	0.026
0.20	0.030	0.060	0.028	0.031	0.070	0.028
0.30	0.034	0.067	0.031	0.035	0.077	0.031
0.40	0.040	0.078	0.037	0.041	0.088	0.037
0.50	0.051	0.098	0.048	0.052	0.109	0.048
0.60	0.073	0.135	0.068	0.075	0.146	0.069
0.70	0.120	0.211	0.114	0.122	0.224	0.114
0.80	0.260	0.425	0.248	0.267	0.445	0.255
0.90	1.086	1.542	1.065	1.100	1.581	1.076
0.99	1451.215	1620.694	1466.688	1471.688	1643.280	1487.407

Tabelle 3.9: Simulierte Schätzungen des MSE der Varianz-Kovarianzmatrixschätzung eines AR(1)-Prozesses, wobei für die ε_i eine $N(0, \sigma^2)$- bzw. eine TPN$(\theta, \sigma_l, \sigma_r)$-Verteilung mit $\sigma_l = 3.0$ und $\sigma_r = 1.0$ zugrunde gelegt ist.

Anhand der Simulationsergebnisse aus Tabelle 3.9 zeigt sich die insgesamt gute Qualität der Schätzung von Ω. Sie ist relativ umempfindlich gegen die Fehlspezifikation der Symmetrie in der Verteilung.

Im nächsten Schritt wird die Abhängigkeit der Schätzqualität vom Parameter δ analysiert. Exemplarisch wird dazu wiederum der Fall $\sigma_l = 1.0$, $\sigma_r = 3.0$, $\theta = 0.0$ und $\rho = 0.4$ betrachtet. Die zugehörigen Resultate stehen in Tabelle 3.10. Zusätzlich ist jeweils die asymptotische relative Effizienz für den zu dem jeweiligen δ zugehörigen symmetrischen Fall (d. h.

$\sigma_l = \sigma_r = 1.0$) aufgeführt. Dies dient zur Abschätzung, wie viel an relativer Effizienz einerseits durch die Schiefe der Verteilung und andererseits durch den Formparameter δ verloren geht. Es sei bemerkt, dass hier auf Grund der Konstruktion das Maß der asymptotischen relativen Efizienz skaleninvariant ist, und somit der Vergleich unter unterschiedlichen Versuchsbedingungen zulässig ist.

δ	$\widehat{ARE}_1$	$\widehat{ARE}_2$	$\widehat{ARE}_3$	$\widetilde{ARE}_1$	$\widetilde{ARE}_2$	$\widetilde{ARE}_3$
1.0	0.703	0.359	0.885	0.797	0.481	0.928
1.2	0.799	0.489	0.925	0.870	0.614	0.955
1.4	0.864	0.599	0.954	0.927	0.742	0.979
1.6	0.908	0.703	0.969	0.960	0.833	0.993
1.8	0.943	0.797	0.982	0.987	0.934	0.999
2.0	0.970	0.887	0.991	0.993	0.996	0.992
2.2	0.994	0.964	1.000	1.014	1.070	1.003
2.4	1.010	1.039	1.004	1.025	1.128	1.005
2.6	1.020	1.091	1.007	1.040	1.188	1.013
2.8	1.038	1.147	1.017	1.044	1.218	1.014
3.0	1.039	1.183	1.013	1.056	1.259	1.021

Tabelle 3.10: Simulationsschätzungen der ARE für die Varianz-Kovarianzmatrixschätzung eines AR(1)-Prozesses, wobei die ε_i einer $N(0, \sigma^2)$- bzw. SEP $(\theta, \sigma_l, \sigma_r, \delta))$-Verteilung mit $\sigma_l = 3.0$ ($\widehat{ARE}$) bzw. $\sigma_l = 1.0$ ($\widetilde{ARE}$), $\sigma_r = 1.0$, $\theta = 0.0$ folgen.

Mit $\widehat{ARE}_j$ werden die Simulationsschätzungen bei der Betrachtung von schiefen und mit $\widetilde{ARE}_j$ die für den Fall symmetrischer Verteilungen bezeichnet, $j = 1, 2, 3$. Die Größenordnungen der jeweiligen mittleren quadratischen Fehler sind in den drei Abbildungen C.1-C.3 im Anhang C (S. 223 f.) abzulesen. Es zeigen Graphik C.1 den Verlauf von $\widehat{MSE}_1$, Graphik C.2 von $\widehat{MSE}_2$ und Graphik C.3 von $\widehat{MSE}_1$. Ebenso sind in diesen Graphiken die Verläufe der ARE, wie sie Tabelle 3.10 widerspiegeln, zu entdecken. Die Schätzung der Kovarianzmatrix wird im Sinne des MSE-Kriteriums besser, je größer der Parameter δ der SEP-Verteilung gewählt wird. Dies gilt sowohl für die Varianzen als auch für die Kovarianzen. Wesentlich gravierender macht sich jedoch die Variation von δ auf die Schätzung der Varianzen bemerkbar. So ist in diesem Experiment bei einer Wahl von $\delta = 1.0$ gegenüber normalverteilten ε ein Verlust an relativer Effizienz von 64.1% feststellbar.

Um zu ergründen, warum die Schätzung für $\delta \to \infty$ immer genauer wird, bzw. warum sie für kleiner werdendes δ immer schlechter wird, genügt ein Blick auf die Dichtefunktionen verschiedener SEP-Verteilungen. Exemplarisch sind dazu in der Abbildung B.1 (siehe Anhang B, S. 222) die Dichtefunktionen zweier $SEP\,(\theta, \sigma_l, \sigma_r, \delta)$-Verteilungen (mit $\delta = 1.0$ und $\delta = 3.0$) dargestellt. Es wird deutlich, dass für diesen Effekt die Varianz der Verteilung die Ursache ist. Zwar wird die Dichtefunktion einer SEP-Veteilung bei kleiner werdenden δ immer spitzer, dafür wird ihre Varianz immer größer. Daraus ist zu folgern, dass je leptokurtischer die zugrunde liegende Verteilung ist, desto schlechter im Sinne des MSE-Kriteriums wird die Schätzung von Ω, wobei die Effizienzreduktion hauptsächlich die Schätzung der Varianzen betrifft.

Beim Vergleich der ARE-Schätzungen unter der Annahme symmetrischer Verteilungen und unter der Annahme schiefer Verteilungen (vgl. Tabelle 3.10) ergibt sich, dass die Varianz als alleinige Ursache der Veränderung der asymptotischen relativen Effizienz nicht ausreicht, da in dem Experiment (bis auf eine Ausnahme) für alle δ stets $\widehat{ARE}_j < \widetilde{ARE}_j$, $\forall j = 1, 2, 3$ gilt. Die Differenz $\widehat{ARE}_j - \widetilde{ARE}_j$ beschreibt den Anteil an relativer asymptotischer Effizienz, der durch die Schiefe der Verteilung verloren geht. Mit wachsendem δ nimmt diese Differenz ab. Für $\delta \in \{1.0, 1.2, \ldots, 2.0\}$ liegt sie z. B. für die Varianzschätzung zwischen 12.2 und 10.9 Prozentpunkten, im restlichen Bereich zwischen 10.6 und 7.6 Prozentpunkten. Weiterhin ist festzuhalten, dass für δ, die relativ nahe bei dem Wert 2.0 liegen, der Effekt der Schiefe der Verteilung dominiert, bei weiter entfernt liegenden Werten überwiegt der Einfluss des Gestaltungsparameters δ. Die Schwelle für δ, an der der Dominanzeinfluss wechselt, hängt von dem Schiefegrad der Verteilung ab.

Kapitel 4

Die SEP-Verteilung als Modell für Finanzmarktdaten

Im empirischen Teil dieser Arbeit geht es vor allem um zwei Punkte. Zum einen stellt sich die Frage, ob die Schiefe von statistischen Verteilungen bei der ökonometrischen Modellierung von Finanzmarktdaten ein Rolle spielt. Zum anderen ist die Frage zu beantworten, ob an Hand der Schiefe der Verteilung Strukturbrüche in den Finanzmarktzeitreihen identifizierbar sind. Die in diesem Kapitel betrachteten Zeitreihen betreffen 16 Aktienkurse börsennotierter großer Unternehmen und zwei Aktienindizes.

„*Ein auch noch heute häufig verwendetes Modell für Aktienkurse, das auch die Grundlage des klassischen Black-Scholes-Ansatzes darstellt, ist die geometrische Brownsche Bewegung.*“
(Franke, Härdle, Hafner, 2001, S. 64)

Auch in dieser Arbeit wird als Ausgangsmodell die geometrische Brownsche Bewegung als der Aktienkurse treibenden stochastische Prozess zu Grunde gelegt. Vor Beginn der empirischen Analyse wird im Folgenden die geometrische Brownsche Bewegung als Modell für Aktienkurse motiviert. Diese ist die Grundlage des klassischen Black-Scholes-Ansatzes, dessen weitergehende Theorie in dieser Arbeit von nachrangiger Bedeutung ist und deshalb nicht vorgestellt wird. Für tiefergehende Einblicke in den Black-Scholes-Ansatz wird zum einen auf die klassischen Arbeiten von BLACK, SCHOLES (1973) und MERTON (1973) verwiesen. Eine leicht verständliche Einführung in dieses Themengebiet ist zum anderen bei FRANKE, HÄRDLE, HAFNER (2001, S. 69-77) zu finden.

Vereinfacht gesagt, postuliert die klassische Optionspreistheorie von Black-Scholes unter der Annahme eines perfekten Finanzmarktes und einem einer geometrischen Brownschen Bewegung folgenden stochastischen Prozess einer Kapitalanlage, dass die nur vom Kurs der Kapitalanlage und von der Zeit abhängige Wertfunktion der Kapitalanlage die Differentialgleichung von Black und Scholes erfüllt. Diese Differentialgleichung wird hier nicht vorgestellt oder bewiesen, da die in dieser Arbeit zu prüfende Annahme die der geometrischen Brownschen Bewegung des Kapitalanlageprozesses ist.

Die sehr restriktive, aber aus der ökonomischen Theorie entstammende Annahme des perfekten Finanzmarktes beinhaltet folgende Einzelannahmen: Es darf keinen risikolosen Gewinn, keine Transaktionskosten und keine Steuern geben. Außerdem muss ein Investor Kapitalanlagen, die ihm nicht gehören, uneingeschränkt verkaufen und später wieder zurückkaufen dürfen. Soll- und Habenzinsen sind gleich und alle Kapitalanlagen beliebig teilbar.

Als Beginn der Motivation der geometrischen Brownschen Bewegung als fundermentaler Bestandteil des Black-Scholes-Ansatzes wird ein stochastischer Prozess $(X_t)_T$ in stetiger Zeit, d. h. $T \in]0, \infty[$, betrachtet. (X_t) heißt Wiener-Prozess oder auch Brownsche Bewegung mit Start in 0, wenn er die folgenden drei Bedingungen erfüllt,

1. $X_0 = 0$,
2. $X_t \sim N(0, a^2 t) \quad , \forall t \in T$,
3. $\forall\, 0 \leq s < t$ sind $X_t - X_s$ und X_s stochastisch unabhängig.

Für $a = 1$ nennt man $(X_t)_T$ Standard-Wiener-Prozess. Im Folgenden sei ein Standard-Wiener-Prozess mit (W_t) bezeichnet. Ein stochastischer Prozess $(Y_t)_T$, für den gilt,

$$Y_t = \mu t + W_t \quad , \forall t,$$

heißt Wiener-Prozess mit Drift μ. Falls $(Y_t)_T$ durch folgendes Modell beschrieben wird,

$$Y_t = \mu t + \sigma W_t \quad , \forall t, \tag{4.1}$$

dann nennt man diesen Prozess einen allgemeinen Wiener-Prozess mit Driftrate μ und Varianzrate σ^2. Bildet man ausgehend von dem Prozess (4.1) die Differenz $Y_{t+\tau} - Y_t$, so erhält man für $\tau \to 0$ die nachstehende stochastische Differentialgleichung,

$$dY_t = \mu \cdot dt + \sigma \cdot dW_t \quad . \tag{4.2}$$

Der Prozess (4.2) besitzt zwei mit der Realität nicht konform gehende Nachteile – zum einen ließe er negative Aktienkurse zu, zum anderen ist die Variabilität dieses Prozesses größer bei einem hohen Aktienkursniveau als bei einem niedrigen Kurs. Besser, und diese Nachteile umgehend, lässt sich ein Aktienkursprozess durch den folgenden Prozess darstellen,

$$dZ_t = \mu \cdot Z_t \cdot dt + \sigma \cdot Z_t \cdot dW_t \quad . \tag{4.3}$$

Den Prozess $(Z_t)_T$ nennt man geometrische Brownsche Bewegung, da $\frac{dZ_t}{Z_t}$ wieder einen allgemeinen Wiener-Prozess abbildet. μ ist die zu erwartende Aktienrendite und σ ist die Volatilität des Aktienkursprozesses. Nun kann man zeigen (über Itôs Lemma, vgl. dazu die Ausführungen in FRANKE, HÄRDLE, HAFNER, 2001, S. 67), dass der Logarithmus eines als geometrische Brownsche Bewegung modellierten Aktienkursprozesses einen allgemeinen Wiener-Prozess mit Driftrate $\mu^* = \mu - \frac{1}{2}$ und Varianzrate σ^2 generiert. Falls nun ein Aktienkursprozess eine geometrische Brownsche Bewegung ist, so ist äquivalent dazu der Prozess der Renditen eine gewöhnliche Brownsche Bewegung.

Bei der Betrachtung von Aktienkursdaten wird in den meisten empirischen Studien den zugehörigen Renditen ein eigener stochastischer Prozess zu Grunde gelegt. Die Rendite wird durch die Rate des Wertgewinns

(-verlusts) beim Kauf einer bestimmten Anzahl von Einheiten der Kapitalanlage zum Zeitpunkt t bis zum Verkauf derselben Anzahl von Einheiten der Kapitalanlage zum Zeitpunkt s definiert. Für eine Zeitreihe von Preisen einer Kapitalanlage $p_1, \ldots, p_T$ wird die zugehörige Zeitreihe der Renditen $r_2, \ldots, r_T$ dieser Kapitalanlage durch,

$$r_t = \frac{p_t - p_{t-1}}{p_{t-1}} \quad , \text{für } t = 2, \ldots, T, \tag{4.4}$$

bzw.

$$r_t = \ln\left(\frac{p_t}{p_{t-1}}\right) = \ln(p_t) - \ln(p_{t-1}) \quad , \text{für } t = 2, \ldots, T, \tag{4.5}$$

definiert. Man nennt die durch (4.4) ermittelte Rendite diskret und die gemäß (4.5) berechnete Rendite stetig. Diese begriffliche Unterscheidung ist dadurch begründbar, dass sich die Formel (4.5) aus der Formel (4.4) bei gegen Null gehenden Zeitabständen der beobachteten Preise herleiten lässt. Somit ist die stetige Rendite für den Fall einer stetigen Verzinsung der Kapitalanlage definiert.

„*Für kleine Preisänderungen ist die unterschiedliche Definition der Renditen nicht sehr wichtig.* [...] *Als Faustregel kann man sagen, dass bei Renditen unter 10% es keinen Unterschied macht, ob man einfache oder log Renditen untersucht. Dies ist vor allem dann der Fall, wenn man Finanzzeitreihen von hoher Frequenz untersucht, also z. B. Tagesdaten.*“ (Franke, Härdle, Hafner, 2001, S. 149)

Da in dieser Untersuchung Tagesdaten betrachtet werden, ist der Unterschied in den durch (4.4) bzw. (4.5) berechneten Renditen vernachlässigbar. Dennoch werden im Rahmen dieser Arbeit stetige Renditen betrachtet, da sie den Vorteil besitzen, dass eine über k Perioden zu ermittelnde Durchschnittsrendite durch das einfache arithmetische Mittel berechnet werden kann, während diese bei der Verwendung von diskreten Renditen über den geometrischen Mittelwert zu ermitteln wäre (vgl. Franke, Härdle, Hafner, 2001, S. 148 f.).

Da beim Vorliegen einer geometrischen Brownschen Bewegung eine Reihe von Annahmen an das Modell erfüllt sein müssen, sind diese Annahmen zu überprüfen. Im Rahmen des empirischen Teils dieser Arbeit wird dabei der Schwerpunkt auf die Betrachtung der Verteilungsannahmen für die Renditen von Aktienkursen gesetzt. Es sei festgestellt, dass das Auffinden von schiefen Verteilungen, also z. B. SEP-Verteilungen, zumindest zum Teil dem Aktienkursmodell der Brownschen Bewegung widerspricht. Trotzdem überzeugt dieses Modell durch seine ökonomische Eleganz und seine einfache Umsetzung in ein ökonometrisches Modell.

Vergleicht man die Darstellung (3.13) (siehe S. 110) eines Random Walks mit Drift mit dem Modell (4.1) eines allgemeinen Wiener-Prozesses, so liegt die Modellierung von Aktienkursen als Random Walk nahe. Daraus ergeben sich die zu überprüfenden Hypothesen der empirischen Analyse:

1. Der den Kapitalanlagen zu Grunde liegende stochastische Prozess besitzt eine Einheitswurzel.

2. Die Renditen aus den Kapitalanlagen sind normal- und damit insbesondere auch symmetrisch verteilt.

3. Es existieren hinsichtlich der Einheitswurzel und bzgl. der Verteilung der Renditen keine Strukturbrüche über die Zeit.

4.1 Vorstellung der Daten

Von den deutschen Börsenplätzen hat die Frankfurter Wertpapierbörse einen starken Einfluss auf die internationalen Ereignisse am Weltmarkt. Dies spricht dafür, dass die Aktienkurse der Frankfurter Wertpapierbörse die Marktbewertung des Risikokapitals am deutschen Aktienmarkt relativ repräsentativ wiedergeben. Daher sind im Rahmen dieser Arbeit als Datenbasis Zeitreihen von ausgewählten Aktienkursen gewählt worden, wobei sämtliche Zeitreihen der Kapitalmarktdatenbank Karlsruhe,[1] entstammen. Diese spiegeln die Notierungen der Aktien an der Frankfurter Wertpapierbörse wider. Die Zeitreihen der Börsenkurse sind (dividendenbereinigte) Tagesschlusskurse der Frankfurter Börse. Als Repräsentant

[1]Diese wird am Institut für Entscheidungstheorie und Unternehmensforschung von Göppl, Schütz verwaltet

des Marktes werden aus der Vielzahl von unterschiedlichen Aktienindizes (z. B. Aktienindex der Frankfurter Allgemeinen Zeitung (FAZ-Index), Commerzbankindex,...) der deutsche Aktienindex (DAX) und der Deutsche Aktienindex für Forschungszwecke (DAFOX) in die Analyse mit einbezogen. Der DAFOX ist am Institut für Entscheidungstheorie und Unternehmensforschung der Universität Karlsruhe (TH) federführend durch GÖPPL, SCHÜTZ[2] zu dem Zweck entwickelt worden, einen breiten Kursindex für deutsche Aktien zu generieren, der um Dividendenzahlungen und Kapitalveränderungen bereinigt ist und über einen längeren Zeitraum zur Verfügung steht (GÖPPL, SCHÜTZ, 1995, S. 18). Um eine direkte Vergleichbarkeit der betrachteten Aktienkurse mit den Aktienindizes zu gewährleisten, werden nur Aktienkurse der „börsenstarken“ Gesellschaften betrachtet, die als Anteilswert in den DAX einfließen. Da im Rahmen dieser Studie die Suche nach Asymmetrie in der (empirischen) Renditeverteilung eine übergeordnete Rolle spielt, wird hier auf Basis der nur als Tagesultimokurs börsentäglich erhältlichen Aktienkursreihen das kürzest möglichste Renditeintervall analysiert. Für die Untersuchung der Renditeverteilungen hinsichtlich Strukturbrüche in den die Verteilung beschreibenden Parametern werden „lange“ Zeitreihen analysiert. Dabei liegen bis auf die Aktienkursreihe der Altana AG, für die Daten des Zeitraums vom 22.02.1978 bis zum 30.12.2002 analysiert werden, die Zeitreihen für den Zeitraum vom 01.01.1975 bis zum 30.12.2002 börsentäglich vor. Da für diesen Zeitraum nicht sämtliche im DAX beinhaltete Gesellschaften verfügbar sind (z. T. auch wegen erst wesentlich später stattgefundenen Börsennotierungen der Gesellschaften), werden letztlich 16 Aktienkursreihen betrachtet.

Da Aktienkurse bis zum 30.12.1998 in DM-Preisen, danach durch die Einführung des Euro in Euro-Preisen ausgegeben worden sind, sind für eine einheitliche Betrachtung alle Kurswerte vor dem 04.01.1999 durch Division durch den Euro-DM-Wechselkurses (1 Euro = 1.95583 DM) in Euro-Preise umgerechnet worden. Mitte der 90er Jahre begannen die Unternehmen damit, die Anzahl ihrer Aktien ohne gleichzeitige Kapitalerhöhung durch so genannte Aktiensplittings zu vergrößern. Dabei wurden aus einer Aktie zu dem damals üblichen Nennwert von 50 DM (bei einem Aktiensplitt von 1:10) 10 Aktien zu einem Nennwert von fünf DM generiert. Damit einhergehend reduzierte sich der Kurswert der Aktien um den gleichen Faktor.

[2]vgl. GÖPPL, SCHÜTZ, (1995)

Um diese künstlichen Strukturbrüche nicht in die Analyse einfließen zu lassen, werden alle vorhergehenden Kurse durch den Wert des Aktiensplitts des jeweiligen Aktienkurses dividiert. In Tabelle D.7 (Anhang D.2, S. 238) sind zu den einzelnen Aktienkursreihen die Zeitpunkte von Aktiensplitts und deren Wertigkeit zu finden.

Da an bundesweiten Feiertagen die Frankfurter Börse geschlossen ist, wird in den Kursreihen an diesen Tagen kein Wert ausgewiesen. In der Tabelle D.8 (Anhang D.2, S. 239) stehen die feiertagsbedingten Lücken in den Aktienkursreihen. Für die Zeitreihe des DAX fehlt zusätzlich ein Wert für den 10.03.2000. Die Zeitreihe des DAFOX weist einen fehlenden Wert am 11.11.1997 auf, dafür ist am 09.06.1977 ein Wert verfügbar. An den Tagen des 26.07.1996 und 03.11.2000 sind keine Aktienkurswerte für die Allianz AG ausgegeben, bei der Münchner Rückversicherungs-Gesellschaft AG fehlen Werte an den Tagen des 14.05.1980 sowie am 26.07.1996 und am 03.11.2000. In allen Aktienzeitreihen (inkl. DAX und DAFOX) fehlt ein Eintrag am 21.03.2000. Gründe für die einzelnen und nicht durch bundesweite Feiertage bedingten Lücken in den Zeitreihen sind nicht ersichtlich.

Im Folgenden werden die betrachteten Zeitreihen des Finanzmarktes vorgestellt und die zur Aufbereitung der Daten vorgenommenen Modifikationen – hierbei sind insbesondere die Ersetzung fehlender Werte auf Grund von Feiertagen und die Beseitigung von statistischen Ausreißern hervorzuheben – erläutert. Die Tabelle 4.1 beinhaltet die Bezeichnungen der verwendeten Zeitreihen sowie deren Abkürzungen, ggf. die Wertpapierkennnummer (WKN) und die Anzahl fehlender Werte (# f. W.).

Alle fehlenden Werte werden mittels linearer Interpolation ersetzt – dies gilt auch für den fehlenden Aktienkurswert am Beginn des betrachteten Zeitraums, den 01.01.1975, da für die Zeitreihen auch Werte für den 29.12.1974 vorliegen. Schließlich besitzt jede Zeitreihe (bis auf die der Altana AG – diese hat 6484 Ausprägungen) 7304 Werte. Die Ersetzung der fehlenden Werte geschieht aus zwei Gründen. Zum einen führt dies bis auf die Ermittlung der Rendite einer Kapitalanlage über das Wochenende auf die gleiche Länge des für die Berechnung der Rendite zugrunde liegenden Zeitintervalls. Zum anderen wird der durch KRÄMER, RUNDE (1993, S. 91) beschriebene und durch die im Anschluss an Tabelle D.8 (Anhang D.2, S. 239) aufgeführten Feiertage induzierte Holiday-Effekt gemildert.

Zeitreihe \ Unternehmen	**Kürzel**	**WKN**	# f. W.
Allianz AG	ALV	840840	295
Altana AG	ALT	760080	249
BASF AG[3]	BAS	515100	293
Bayer AG	BAY	575200	293
Bayerische Motorenwerke AG	BMW	519000	293
Commerzbank AG	CBK	803200	293
Continental AG	CON	543900	293
Hoechst AG	HOE	575800	293
Bayerische Hypo- und Vereins-Bank AG[4]	HYP	802200	293
KarstadtQuelle AG[5]	KAR	627500	293
Linde AG	LIN	648300	293
MAN AG	MAN	593700	293
Münchener Rückversicherungs-Gesellschaft AG	MUV	843002	296
Schering AG	SCH	717200	293
TUI AG[6]	TUI	695200	293
Volkswagen AG	VOW	766400	293
Deutscher Aktienindex	DAX	846900	293
Deutscher Aktienforschungsindex	DAFOX	800	294

Tabelle 4.1: Basismerkmale der verwendeten Finanzmarktdaten.

Sie konstatierten,

„daß über die [...] Feiertage nicht nur im Mittel positive Renditen zu verzeichnen waren, sondern daß sogar fast ein Drittel des gesamten Wachstums des DAX vom 1.4.1960 bis 29.3.1990 über diese Feiertage stattgefunden hat!“
(KRÄMER, RUNDE, 1993, S. 91)

[3]BASF steht für Badische Anilin- & Soda-Fabrik

[4]Am 19.06.1998 aus der Fusion der Bayerischen Vereinsbank AG und der Bayerischen Hypo- und Wechsel-Bank AG entstanden.

[5]Firmierte bis zum 18.03.2001 unter dem Namen Karstadt AG.

[6]Firmierte bis zum 25.06.2002 unter dem Namen Preussag AG.

Da ein Schwerpunkt der Analyse auf die zeitliche Stabilität der Einheitswurzelhypothese und der den Renditen zugrunde liegenden Verteilung liegt, werden die Analysen der Aktienkursreihen stets für den gesamten Untersuchungszeitraum sowie für vier Teilzeiträume durchgeführt. Dieser Unterteilung liegt die Vermutung zugrunde, dass sich ein in unterschiedlichen Boomphasen befindlicher Aktienmarkt in Asymmetrien der Renditeverteilung widerspiegelt. Diese lassen sich gut an Hand der Abbildungen 4.1 und 4.2 der Zeitreihen des DAFOX bzw. des DAX plausibilisieren.

Der erste Zeitraum betrifft einen in einer Art Ruhezustand befindlichen Aktienmarkt vom 01.01.1975 bis zum 29.06.1984. Daran schließt sich eine Boomphase ohne drastische Kursschwankungen an für den Zeitraum vom 02.07.1984 bis zum 30.06.1995. Die Börseneuphorie in den 90er Jahren wird dem Zeitraum vom 03.07.1995 bis zum 29.02.2000 zugeordnet. Die anschließende lang anhaltende Börsendepression betrifft den Zeitraum vom 01.03.2000 bis zum Ende des Untersuchungszeitraums.

Die graphische Darstellung aller anderen Zeitreihen und sämtliche Renditeverläufe sind im Anhang E (S. 297-314) abgebildet.

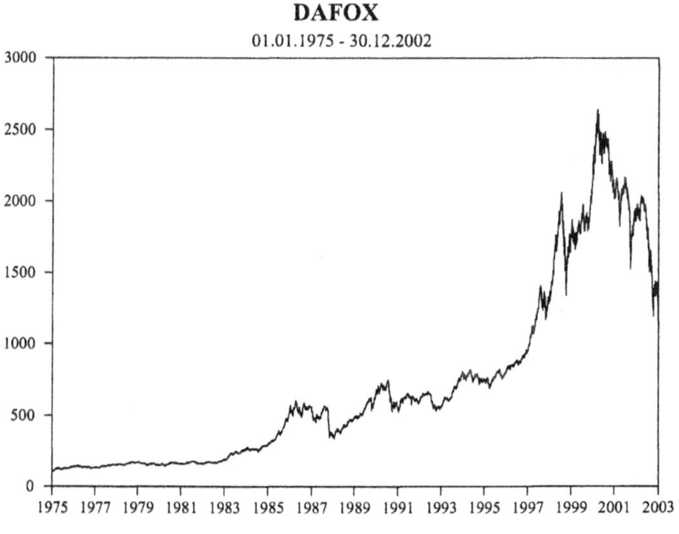

Abbildung 4.1: Der Deutsche Aktienforschungsindex.

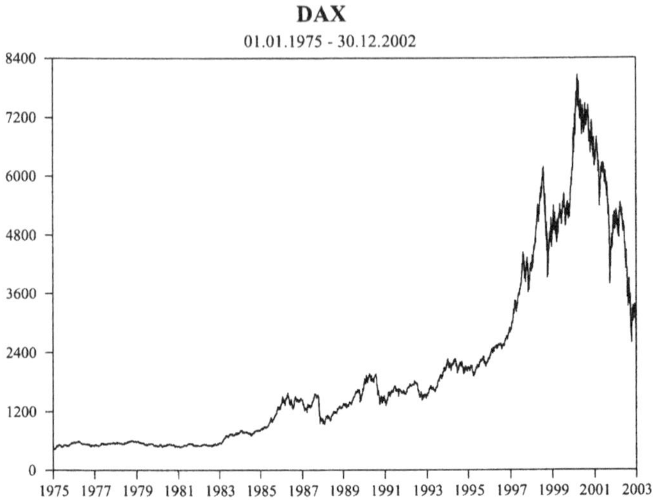

Abbildung 4.2: Der Deutsche Aktienindex.

4.2 Deskriptive Analyse der Renditen

In diesem Abschnitt werden die vorgestellten Zeitreihen deskriptiv untersucht und um extreme Werte bereinigt. Einen ersten Eindruck des über die Zeit sehr heterogenen Verhaltens der Aktienkursreihen gibt die graphische Darstellung der Reihen und der Renditen. Die im vorhergehenden Abschnitt (siehe S. 175, 176) zu findenen Abbildungen 4.1 und 4.2 zeigen die Zeitreihen des DAFOX und des DAX über den gesamten Untersuchungszeitraum. Alle anderen Kurs- und Renditereihen sind in Anhang E (S. 297-314) zu finden. Es ist ersichtlich, dass alle Aktienkursreihen ein ähnliches globales Bewegungsmuster aufweisen. Diese globale Dynamik lässt sich als Konjunkturphasen des Aktienmarktes interpretieren. Die Graphiken der Aktienindizes (Abbildung 4.1 und 4.2, S. 175 und S. 176) zeigen vier große Trendphasen an. Im Zeitraum von 1975 bis Mitte 1984 bewegt sich der Aktienmarkt sehr ruhig, ohne größere Ausreißphasen nach oben oder unten, mit einem langsamen Aufwärtstrend. In der Zeit des politischen Umbruchs in Osteuropa und der Wiedervereinigung Deutschlands, welche hier dem Zeitraum von Mitte 1984 bis Mitte 1995 zugeordnet wird, verstärkt sich der Aufwärtstrend, jedoch existieren in diesem Zeitraum auch einige kleinere Hausse- und Baissephasen. Die Euphorie, die durch die Börsengänge kleinerer, aber am Aktienmarkt sehr erfolgreicher Unternehmen zu Tage ging, spiegelt sich durch die starke Boomphase, die Mitte der 90er Jahre einsetzte und bis kurz nach der Jahrtausendwende anhielt, wider. Daran anschließend trat am deutschen Aktienmarkt eine tiefe Depressionsphase ein, die sich durch (z. T.) stark fallende Aktienkurse äußerte.

Im Folgenden wird durch die Darstellung einiger deskriptiver Maße der Renditen der betrachteten Kapitalanlagen ein erster Eindruck der Verteilung der Renditen im gesamten Untersuchungszeitraum gegeben. Dazu werden in der folgenden Tabelle 4.2 die durchschnittliche Rendite und deren Standardabweichung und zusätzlich die Ergebnisse der klassischen Schiefe- und Wölbungsschätzer für alle Zeitreihen angegeben. Formal sind für eine gegebene Renditezeitreihe $r_1, \ldots, r_T$ diese Maßzahlen über,

$$\bar{r} = \frac{1}{T}\sum_{t=1}^{T} r_t \quad ,$$

$$s_{\bar{r}} = \sqrt{\frac{1}{T-1}\sum_{t=1}^{T}(r_t - \bar{r})^2} \quad ,$$

$$c_a = \frac{\frac{1}{T}\sum_{t=1}^{T}(r_t - \bar{r})^3}{\sqrt{\left(\frac{1}{T}\sum_{t=1}^{T}(r_t - \bar{r})^2\right)^3}} \quad ,$$

$$c_b = \frac{\frac{1}{T}\sum_{t=1}^{T}(r_t - \bar{r})^4}{\left(\frac{1}{T}\sum_{t=1}^{T}(r_t - \bar{r})^2\right)^2} - 3 \quad ,$$

zu berechnen,[7] jedoch ist darauf hinzuweisen, dass die Maßzahlen für die Schiefe und die Wölbung durch die Software RATS über nur asympto-

[7] $\bar{r}$ ist die durchschnittliche Rendite und $s_{\bar{r}}$ die zugehörige Standardabweichung. c_a ist das klassische Schiefe- und c_b das klassische Wölbungsmaß (vgl. zu diesen auch die theoretischen Definitionen von Schiefe und Wölbung (S. 19).

tisch identische Formeln berechnet werden (vgl. dazu ESTIMA, 2000, RATS Version 5 – Reference Manual, S. 330). Zusätzlich wird in der Tabelle 4.2 der Wert der Jarque-Bera-Teststatistik, welche von JARQUE, BERA (1987) zur Überprüfung einer Normalverteilungshypothese für eine gegebene Stichprobe entwickelt wurde, angegeben. Genauer testet diese Statistik für die identisch und stochastisch unabhängig verteilten Zufallsvariablen $R_1, \ldots, R_T$ mit $E(R_t) = \mu$ und $Var(R_t) = \sigma^2 \; \forall t = 1, \ldots, T$, mit den Renditen $r_1, \ldots, r_T$ als Realisationen, das Hypothesenpaar,

H_0: „Das dritte und vierte zentrale Moment der $R_1, \ldots, R_T$ stimmt mit denen einer Normalverteilung überein",

vs.

H_1: „Die $R_1, \ldots, R_T$ sind nicht normalverteilt".

In die Teststatistik fließen das dritte und vierte empirische Moment ein,

$$JB = T\left(\frac{c_a^2}{6} + \frac{c_b}{24}\right) \quad ,$$

und sie ist unter der Nullhypothese χ^2-verteilt mit 2 Freiheitsgraden. Somit ist bei einer Irrtumswahrscheinlichkeit von $\alpha = 0.05$ von nicht normalverteilten Renditen auszugehen, falls $JB > 5.99$ gilt. Wie aus der Tabelle 4.2 zu erkennen ist, führen vor allem die sehr großen Werte der Wölbung zu exorbitant großen Werten der Jarque-Bera-Teststatistik. Somit scheint keine der Renditen einer Normalverteilung zu entstammen. Zusätzlich wird in Tabelle 4.2 angegeben, ob bei den Tests der folgenden Hypothesenpaare,

$$H_0^1: \quad \mu = 0 \qquad \text{vs.} \qquad H_1^1: \quad \mu \neq 0 \quad , \tag{4.6}$$

$$H_0^2: \quad \gamma_a = 0 \qquad \text{vs.} \qquad H_1^2: \quad \gamma_a \neq 0 \quad , \tag{4.7}$$

$$H_0^3: \quad \gamma_b = 0 \qquad \text{vs.} \qquad H_1^3: \quad \gamma_b \neq 0 \quad , \tag{4.8}$$

jeweils zu einem Signifikanzniveau von $\alpha = 0.05$ die jeweilige Nullhypothese abzulehnen ist, wobei mit γ_a das dritte theoretische zentrale Moment und mit γ_b das vierte um den Nullpunkt zentrierte zentrale Moment der den R_t für alle $t = 1, \ldots, T$ zugrunde liegenden Verteilung bezeichnet.[8] Als Teststatistik zur Überprüfung des Hypothesenpaare (4.6)-(4.8) werden (die Auflistung erfolgt in der gleichen Reihenfolge),

[8]vgl. Gleichungen (2.2) und (2.3), S. 19.

$$MW = \frac{\bar{r}}{s_{\bar{r}}} , \qquad (4.9)$$

$$JB_1 = T \cdot \frac{c_a^2}{6} , \qquad (4.10)$$

$$JB_2 = T \cdot \frac{c_b^2}{24} , \qquad (4.11)$$

verwendet. Die Teststatistik MW ist bei der Gültigkeit von H_0^1 asymptotisch normalverteilt, die Statistiken JB_1 und JB_2 sind χ^2-verteilt mit einem Freiheitsgrad (vgl. dazu JARQUE, BERA, (1987, S. 165).

Zeitreihe	$\bar{r}$	$s_{\bar{r}}$	c_a	c_b	**JB**
DAFOX	0.00034*	0.00988	-0.998*	12.356*	47673.71*
DAX	0.00027	0.01207	-0.581*	8.681*	23344.90*
ALT	0.00039	0.01777	-0.898*	22.987*	143605.20*
ALV	0.00021	0.01745	-0.281*	14.456*	63692.40*
BAS	0.00024	0.01381	-0.347*	4.784*	7110.53*
BAY	0.00018	0.01467	-0.452*	8.578*	22642.19*
BMW	0.00033	0.01741	-0.421*	8.793*	23746.98*
CBK	-0.00001	0.01633	-0.141*	9.436*	27123.43*
CON	0.00023	0.01834	-0.037	4.816*	7061.63*
HOE	0.00025	0.01494	-0.376*	8.147*	20373.04*
HYP	0.00001	0.01746	0.014	11.102*	37513.22*
KAR	-0.00002	0.01635	-0.165*	10.061*	30837.61*
LIN	0.00019	0.01428	-0.318*	8.037*	19778.80*
MAN	0.00008	0.01767	-0.389*	10.506*	33773.97*
MUV	0.00033	0.02000	-1.259*	19.685*	119864.61*
SCH	0.00027	0.01435	-0.075*	6.245*	11874.07*
TUI	0.00024	0.01727	-0.270*	8.190*	20501.21*
VOW	0.00030	0.01797	-0.400*	6.036*	11283.69*

Die mit * gekennzeichneten Werte sind zum Signifikanzniveau $\alpha = 0.05$ von Null verschieden bzw. für den JB-Wert zeigt dies nicht normalverteilte Renditen an.

Tabelle 4.2: Deskriptive Maße (und Signifikanztests) der Renditen für den gesamten Untersuchungszeitraum.

Es ergibt sich, dass die durchschnittlichen Renditen bis auf drei Fälle größer als Null sind, jedoch ist das Ergebnis nur für die Renditereihe des DAFOX signifikant. Die Eigenschaft durchschnittlich positiver Renditen wird auch durch die Hypothese perfekter (und somit effizienter) Finanzmärkte verlangt (vgl. dazu z. B. KRÄMER, RUNDE, 1993, S. 89 f.).

Gemäß dem klassischen Schiefemaß sind bis auf die Renditen der Continental AG und der Bayerischen Hypo- und Vereins-Bank AG alle signifikant linksschief. Um herauszufinden, inwiefern extreme Werte bzw. statistische Ausreißer ursächlich für die Schiefe und die Wölbung der Renditeverteilung verantwortlich sind, weist die nächste Tabelle 4.3 die gleichen Maße aus, wobei vorher aus den Renditezeitreihen jeweils die 1% kleinsten und die 1% größten Werte entfernt worden sind. Somit verbleiben in den Zeitreihen noch 7156 Werte (bzw. 6353 für die Altana AG).

Im Rahmen dieser Arbeit wird die SEP-Verteilung als Modell für die Renditen betrachtet. Wie es aus den Ausführungen des Kaptitels 2.3 bereits bekannt ist, besitzen diese Verteilungen existierende Erwartungswerte, Varianzen und auch höhere (zentrale) Momente. Es ist seit der Studie von MANDELBROT (1963) nach wie vor umstritten, ob die Verteilung der Renditen von Kapitalanlagen eine endliche Varianz besitzen (und damit aus der Verteilungsfamilie der sogenannten stabilen Verteilungen entstammen). Da hier insbesondere das Auffinden von Asymmetrien in den Renditeverteilungen von Interesse ist, wäre das Zulassen von unendlichen Varianzen und die Anpassung von SEP-Verteilungen kontraproduktiv bzw. sogar widersprüchlich. Somit sichert die Extremwertbereinigung die Suche nach Asymmetrien mittels SEP-Verteilungen. Auf eine Ausreißerelíminierung mittels statistischer Verfahren ist verzichtet worden, um für die untersuchten Zeitreihen jeweils die gleiche Anzahl von Beobachtungen zu gewährleisten.

In den Teilzeiträumen werden durch diese Art der Extremwertbereinigung unterschiedlich viele Werte entfernt. Die meisten der Extremwerte sind in den Phasen starker Volatilität zu finden. Letztlich verbleiben im ersten Zeitraum 2476, im zweiten Zeitraum 2817, im dritten Zeitraum 1167 und im vierten Zeitraum 696 Beobachtungen.

Durch das Entfernen der extremen Werte ändert sich das Verhalten in den Renditeverteilungen drastisch. Nun weisen fast die Hälfte der Zeitreihen signifikant positive Renditen auf. Ebenso wird nur noch bei zehn

Zeitreihe	$\bar{r}$	$s_{\bar{r}}$	c_a	c_b	JB
DAFOX	0.00044*	0.00798	-0.244*	0.972*	352.45*
DAX	0.00033*	0.00986	-0.183*	0.771*	217.28*
ALT	0.00041*	0.01403	0.136*	1.355*	505.50*
ALV	0.00025	0.01348	-0.076*	1.489*	668.00*
BAS	0.00032*	0.01174	-0.052	0.813*	200.22*
BAY	0.00024	0.01211	-0.076*	0.945*	272.86*
BMW	0.00041*	0.01418	0.051	1.125*	380.82*
CBK	0.00002	0.01331	0.012	1.072*	342.79*
CON	0.00024	0.01563	0.068*	0.579*	105.61*
HOE	0.00031*	0.01211	-0.028	1.312*	514.27*
HYP	-0.00001	0.01375	-0.045	1.556*	723.73*
KAR	-0.00003	0.01339	0.092*	0.989*	301.62*
LIN	0.00025	0.01173	0.075*	1.183*	424.22*
MAN	0.00010	0.01466	0.030	0.938*	263.14*
MUV	0.00051*	0.01560	0.023	1.494*	665.94*
SCH	0.00029*	0.01200	0.115*	1.101*	377.28*
TUI	0.00030	0.01425	0.155*	1.033*	346.48*
VOW	0.00041*	0.01522	0.017	0.577*	99.67*

Die mit * gekennzeichneten Werte sind zum Signifikanzniveau $\alpha = 0.05$ von Null verschieden bzw. für den JB-Wert zeigt dies nicht normalverteilte Renditen an.

Tabelle 4.3: Deskriptive Maße (und Signifikanztests) der um die 1% größten und 1% kleinsten Werte bereinigten Renditen des gesamten Zeitraums.

Zeitreihen eine signifikante Schiefe angezeigt, wobei hier die Richtung nicht mehr eindeutig ist. Von diesen zehn Renditereihen sind vier signifikant linksschief und sechs Zeitreihen signifikant rechtsschief. Das Wölbungsmaß ist durchweg stark reduziert, jedoch bleiben die Werte nach wie vor signifikant positiv. Die Verteilung der Renditen scheint leptokurtischer (höher gewölbt) als eine Normalverteilung zu sein. Daraus folgend haben sich auch die Werte der Jarque-Bera-Teststatistik stark reduziert, jedoch spricht hier nach wie vor alles gegen eine Annahme normalverteilter Renditen. Insgesamt scheinen aber die sehr auffälligen Verhältnisse hinsichtlich Schiefe und Wölbung bei den nicht um extreme Werte bereinigten Renditereihen durch die Extremalwerte am Rand der Renditeverteilung verursacht zu sein. Das Entfernen der 1% kleinsten und 1% größten Werte ist relativ maßvoll – es bedeutet, dass pro Jahr im Schnitt ca. 5 Werte aus der Stichprobe genommen wird. Die gleichen deskriptiven Maße wie bisher werden auch für die Teilzeiträume berechnet, um zu ergründen, ob das beschriebene Verhalten der Renditen über die Zeit erhalten bleibt. Dabei werden, wie im Folgenden auch stets, die um die Extremwerte bereinigten Reihen betrachtet. Die Ergebnisse sind in den Tabelle D.9-D.12 im Anhang D.3, S. 240-243, zu finden. Tabelle 4.4 fasst diese Ergebnisse zusammen.

Eigenschaft	**1. Zeitr.**	**2. Zeitr.**	**3. Zeitr.**	**4. Zeitr.**
Positive Rendite	6	4	3	0
Rendite = 0	12	14	15	14
Negative Rendite	0	0	0	5
Linksschiefe	0	4	2	1
Symmetrie	6	9	15	18
Rechtsschiefe	12	5	1	0
Leptokurtis	18	18	9	1
Mesokurtis	0	0	9	15
Platykurtis	0	0	0	2
Normalvert.	0	0	9	15
keine Normalvert.	18	18	9	4

Tabelle 4.4: Zusammenfassung der Ergebnisse der deskriptiven Analysen für die Teilzeiträume.

Für die Ergebnisse von Tabelle 4.4 sind jeweils für die einzelnen Teilzeiträume die Anzahlen der Entscheidungen für H_0 bzw. H_1 der einzelnen Tests addiert worden. Im Falle der zweiseitigen Tests sind bei einer Entscheidung für die Alternativhypothese an Hand der Vorzeichen der deskriptiven Maßzahlen die Anzahlen nach Art der Eigenschaft ermittelt worden. Aus der Tabelle ergibt sich, dass sich die Renditen in den ersten beiden Zeiträumen in ihrem Verhalten sehr ähnlich sind. Ebenso ist eine starke Ähnlichkeit der Renditeeigenschaften für die Zeiträume Drei und Vier festzustellen. Es ist festzuhalten, dass die Volatilität, gemessen durch die Standardabweichung der Renditen, mit der Zeit anzusteigen scheint. Damit geht scheinbar eine Normalisierung der Renditen einher – Schiefe und Wölbung der Renditen in den Zeiträumen Drei und Vier werden denen einer Normalverteilung immer ähnlicher. Schiefe ist in den Renditeverteilungen nur im ersten Zeitraum feststellbar, und dann sind die Renditen rechtsschief. Für den zweiten Zeitraum ist das Bild bzgl. der Schiefe uneinheitlich. Insgesamt deuten die Ergebnisse aus Tabelle 4.4 auf eine strukturelle Änderung der Renditeverteilung über die Zeit hin.

4.3 Einheitswurzeltests

Als nächstes wird die Einheitswurzelhypothese für die Kursreihen überprüft. Dabei werden die Daten in einem ersten Schritt an Hand von ADF-Tests analysiert, um einen Vergleichsmaßstab zu erhalten. Im zweiten Schritt werden die DDF-Tests unter der Annahme SEP-verteilter Restgrößen durchgeführt. Um den Einfluss autokorrelierter Residuen in den Teststatistiken zu berücksichtigen, werden die Teststatistiken des DDF-Tests durch die von PHILLIPS, PERRON (1988, S. 341) vorgeschlagenen Korrekturen bereinigt.

4.3.1 Einheitswurzeltests nach Dickey/Fuller

Bereits im Abschnitt 3.3 (S. 131 ff.) ist auf die Theorie von Einheitswurzeltests, insbesondere derjenigen von DICKEY und FULLER (1978), und den Einfluss von SEP-verteilten Störgrößen auf diese Tests eingegangen worden. Bei der Durchführung von Einheitswurzeltests nach DICKEY/FULLER hat man bei der Anwendung noch vier Probleme zu lösen.

1. Es ist über die deterministischen Komponenten zu entscheiden.
2. Die Lagstruktur, genauer die Laglänge k, des die Autokorrelation beseitigenden Terms ist geeignet zu wählen.
3. Durch die spezielle Struktur der börsentäglichen Renditen müsste die Existenz saisonaler (z. B. wöchentlicher) Einheitswurzeln in Betracht gezogen werden.
4. Eventuelle Existenz mehrfacher Einheitswurzeln in den Kursreihen.

Der vierte Punkt betrifft die Frage, ob eine der Kursreihen evtl. ein I(d)-Prozess, $d = 2, 3, \ldots$, ist. Da es aber weder ökonomisch plausible Gründe noch empirische Hinweise darauf gibt, wird diese Überlegung nicht weiter in Betracht gezogen. Genauso sprechen ökonomische Gründe gegen das Vorhandensein saisonaler Einheitswurzeln. Wären diese vorhanden, so hieße dies, dass die Anleger ihre Entscheidungen saisonabhängig träfen, also z. B. die Entscheidung von Kauf und Verkauf einer Kapitalanlage vom Wochentag abhängig wäre. Im Rahmen der Annahme effizienter Märkte sollte dies keine Grundlage der Entscheidung sein.

Das Problem autokorrelierter Residuen ist nicht so einfach von der Hand zu weisen und ist erheblich für die Gültigkeit des Testergebnisses (vgl. dazu die Ausführungen auf S. 135-137). Falls die Residuen autokorreliert sind, erweitert man die Dickey-Fuller-Gleichung um verzögerte erste Differenzen der zu untersuchenden Variablen. Es gilt nun das Kriterium für die Wahl der aufzunehmenden ersten Differenzen festzulegen. Im Rahmen dieser Arbeit wird so vorgegangen, dass zum einen die t-Werte der gelagten Variablen und zum anderen der Wert der Ljung-Box-Teststatistik (zurückgehend auf Box, Ljung, 1979) als Auswahlkriterium herangezogen werden. Dabei werden für jede bzgl. der Überprüfung der Einheitswurzelhypothese geschätzte Dickey-Fuller-Gleichung mittels Yule-Walker-Schätz-Methode (zu dieser Methode siehe z. B. Schlittgen, Streiberg, 2001, S. 254 ff.) die ersten zehn empirischen Autokorrelationskoeffizienten $\hat{\rho}_\tau$ der Zeitreihe der geschätzten Restwerte ermittelt. Die Schätzung der Dickey-Fuller-Gleichung erfolgt mit der Kleinste-Quadrate-Methode unter der Annahme der in Kapitel 3.3, S. 133, postulierten Standardbedingungen. Mit deren Hilfe wird die Hypothese unkorrelierter Residuen, genauer gesagt das Hypothesenpaar,

$$H_0: \ \rho_1 = \rho_2 = \ldots = \rho_K = 0 \quad \text{vs.} \quad H_1: \ \text{mindestens ein } \rho_\tau \neq 0 \ , \qquad (4.12)$$

mit der Teststatistik,

$$Q^* = T \cdot (T+2) \cdot \sum_{\tau=1}^{K} \frac{\hat{\rho}_\tau}{T-\tau} \quad , \qquad (4.13)$$

geprüft (hier für $K = 10$). Die Nullhypothese ist bei einem Signifikanzniveau von $\alpha = 0.05$ zu verwerfen, falls Q^* größer als das $(1-\alpha)$-Quantil einer

χ^2-Verteilung mit K Freiheitsgraden ist. Muss anschließend eine Entscheidung für autokorrelierte Restgrößen getroffen werden, werden sukzessive die zurückliegenden Zeitpunkte der zu untersuchenden Variablen aufgenommen, für die auch der zugehörige Autokorrelationskoeffizient signifikant ist. Den Signifikanztest für einzelne Autokorrelationen durchzuführen, bedeutet die Prüfung von,

$$H_0: \quad \rho_\tau = 0 \quad \text{vs.} \quad H_1: \quad \rho_\tau \neq 0 \quad , \tag{4.14}$$

mit der unter der Nullhypthese asymptotisch normalverteilten Teststatistik $\sqrt{T} \cdot \hat{\rho}_\tau$. In die endgültige Spezifikation der Dickey-Fuller-Gleichung gelangen nur die gelagten Variablen, die bei der Durchführung des Standard-t-Tests wiederum bei einem Niveau von $\alpha = 0.05$ als signifikant in das Modell gehörend identifiziert werden. Ferner behält der Ljung-Box-Test für die letzte Spezifikation die Nullhypothese unkorrelierter Restwerte bei.

Dieses Vorgehen soll dazu dienen, evtl. vorhandene Einflüsse kurzfristiger zeitlicher Verzögerungen aus der Einheitswurzelüberprüfung zu entfernen. Längerfristige Verzögerungseinflüsse bleiben ggf. jedoch unberührt. Sind solche vorhanden, so bleibt die in Kapitel 3.3 dargestellte negative Eigenschaft des Nichteinhaltens des nominalen Testniveaus des Dickey-Fuller-Tests erhalten. Für die Existenz signifikanter längerfristiger Einflüsse spricht die graphische Betrachtung der Autokorrelationen. Exemplarisch sind in Abbildung 4.3 die ersten 50 empirischen Autokorrelationswerte der DAX-Renditen dargestellt. Durch die beiden waagerechten Linien wird das Konfidenzband dargestellt. Liegen die empirischen Autokorrelationen innerhalb dieser beiden Linien, so sind diese im Sinne des Tests (4.14) nicht signifikant von Null unterschiedlich. Wie man erkennt, ist das Muster in den empirischen Autokorrelationen keineswegs so eindeutig, als dass diese ab einem bestimmten Lag alle innerhalb des Konfidenzintervalls liegen. Vielmehr springt immer wieder ein Autokorrelationswert in den Signifikanzbereich. Dieses Bild findet man in allen anderen Renditereihen genauso wieder wie zwangsläufig auch in den geschätzten Residuen der Dickey-Fuller-Gleichungen. Wollte man die Autokorrelationsstruktur vollständig mittels der gelagten Variablen beim ADF-Test eliminieren, müsste man viele gelagte Variable aufnehmen, was zum Verlust an Güte des Tests führt. Wegen des geringen Informationsgewinns wird auf weitere graphische Darstellungen der Autokorrelationen verzichtet.

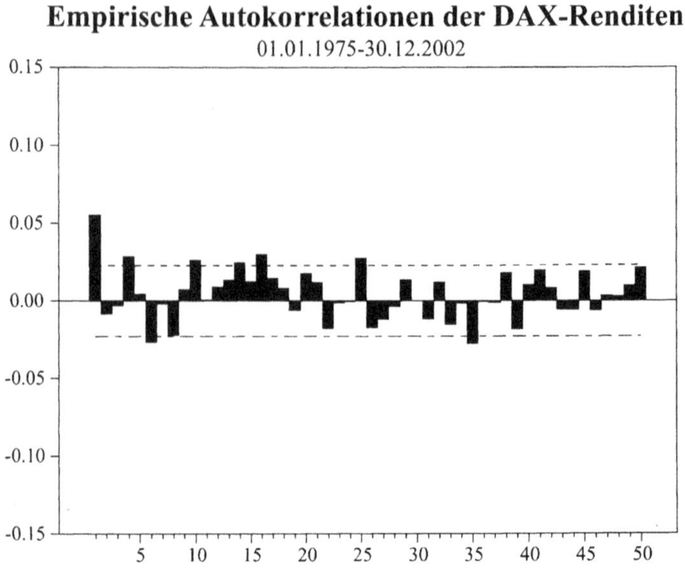

Abbildung 4.3: Empirische Autokorrelationen der Ordnung 1 bis 50 der DAX-Renditen bei Betrachtung des gesamten Untersuchungszeitraums.

Noch wichtiger für die Güte der ADF-Tests ist die korrekte Spezifikation des deterministischen Teils in der Dickey-Fuller-Gleichung. CAMPBELL, PERRON (1991, S. 150) stellten fest, dass bei fehlenden deterministischen Elementen die Macht des ADF-Tests u. U. auch mit wachsendem Stichprobenumfang nicht gegen Eins konvergiert und somit der Test nicht mehr konsistent ist. Sind hingegen zu viele deterministische Komponenten in der Dickey-Fuller-Gleichung aufgenommen, so verliert der ADF-Test an Güte (siehe CAMPBELL, PERRON (1991, S. 151). Zur Lösung dieses Spezifikations- und Testproblems haben DOLADO, JENKINSON und SOSVILLA-RIVERO (1990, S. 255) ein mehrstufiges Testschema entwickelt.

Ausgangspunkt dieses mehrstufigen Schemas ist die Gleichung,

$$\Delta Y_t = \mu + \theta t + \eta Y_{t-1} + \sum_{i=1}^{k} a_i \, \Delta Y_{t-i} + \varepsilon_t \quad , \tag{4.15}$$

welche sowohl den deterministischen Trend als auch den Drift beinhaltet. Nach der Prüfung der Hypothese $\eta = 0$ mittels der aus Kapitel 3.3 bekannten Teststatistik (siehe S. 134) $\hat{\tau}_\tau$ ist bei Ablehnung dieser Hypothese von der Nichtexistenz einer Einheitswurzel auszugehen. Bei Beibehaltung der Einheitswurzelhypothese wird mit der Teststatistik $\hat{\Phi}_\tau$ die Hypothese $\eta = 0$ und gleichzeitig $\theta = 0$ überprüft. Zusätzlich wird mit $\hat{\Phi}_{\mu\tau}$ die Hypothese der gleichzeitigen Gültigkeit von $\eta = 0$, $\theta = 0$ und $\mu = 0$ getestet.[9] Führt einer dieser beiden Tests zur Ablehnung der jeweiligen Nullhypothese, so beinhaltet die Zeitreihe im ersten Fall einen deterministischen Trend und im zweiten Fall (unter der Bedingung, dass im ersten Fall von keinem deterministischen Trend ausgegangen werden kann) einen Drift. Gemäß DICKEY, FULLER (1978, S. 429) besitzt die Teststatistik $\hat{\tau}_\tau$ aber bei der Existenz einer der deterministischen Komponenten eine Standardnormalverteilung, so dass die Einheitswurzelhypothese nochmals und nun mit der Standardnormalverteilung zu prüfen ist.

Ist daran anschließend die Einheitswurzelhypothese noch nicht verworfen worden, fährt man mit der Gleichung,

$$\Delta Y_t = \mu + \eta Y_{t-1} + \sum_{i=1}^{k} a_i \, \Delta Y_{t-i} + \varepsilon_t \quad , \tag{4.16}$$

fort. Nun prüft man die Einheitswurzelhypothese für Gleichung (4.16) mit der Teststatistik $\hat{\tau}_\mu$ und bei Beibehaltung der Einheitswurzelhypothese die Existenz eines Drifts mit der Teststatistik $\hat{\Phi}_\mu$. Führt dies zur signifikanten Existenz eines Drifts, ist $\eta = 0$ erneut mittels Standardnormalverteilung zu testen.

Falls der Verdacht einer Einheitswurzel immer noch aufrecht erhalten werden muss, ist in einem letzten Schritt mittels der Teststatistik $\hat{\tau}$ die Hypothese $\eta = 0$ für die Gleichung,

$$\Delta Y_t = \eta Y_{t-1} + \sum_{i=1}^{k} a_i \, \Delta Y_{t-i} + \varepsilon_t \quad , \tag{4.17}$$

[9] Alle mit Φ bezeichneten Tests dieses Abschnitts entsprechen in ihrer formalen Darstellung „gewöhnlichen F-Tests“ der Regressionanalyse (vgl. dazu z. B. HÜBLER, 1989, S. 65 ff.), jedoch sind die in DICKEY, FULLER (1981, S. 1063) aufgeführten kritischen Werte zu verwenden.

zu prüfen. Die kritischen Werte der Teststatistiken $\hat{\tau}_T$, $\hat{\tau}_\mu$ und $\hat{\tau}$ unter der Bedingung fehlender deterministischer Bestandteile sind bei FULLER (1978, S. 373) tabelliert.

Der Vorteil dieses Verfahrens ist sicherlich, dass es den die Einheitswurzelhypothese prüfenden Anwender zu einer konkreten Spezifikation der Dickey-Fuller-Gleichung führt. Zu den üblichen Kritikpunkten an Dickey-Fuller-Tests gesellt sich hier die Frage nach der Irrtumswahrscheinlichkeit für die globale Hypothese, „die Zeitreihe Y_t besitzt eine Einheitswurzel", da diese Hypothese nicht direkt, sondern über die Tests der Teilhypothesen, „die Zeitreihe Y_t besitzt eine durch Gleichung (4.15) zu beschreibende Einheitswurzel", „die Zeitreihe Y_t besitzt eine durch Gleichung (4.16) zu beschreibende Einheitswurzel" bzw. „die Zeitreihe Y_t besitzt eine durch Gleichung (4.17) zu beschreibende Einheitswurzel", beantwortet wird. Da diese unterhalb der globalen Hypothese durchzuführenden drei Tests jeweils das Signifikanzniveau α_i (i. d. R. $\alpha_i = 0.05$), $i = 1, 2, 3$ besitzen, wird das globale Signifikanzniveau zwischen α_1 und $\sum_i \alpha_i$ liegen.

Mittels dieser klassischen Prüfungsprozedur der Einheitswurzelhypothese werden die Kursdaten diesbezüglich analysiert. Da später stetige Renditen zu betrachten sind, werden logarithmierte Kursdaten analysiert. Wie man an Hand von Abbildung 4.4, welche exemplarisch die logarithmierte Kursreihe des DAFOX darstellt, erkennt, folgen diese augenscheinlich eher einem Random Walk (mit Drift) als die reinen Kursreihen (vgl. Abb. 4.1, S. 175).

In den Gleichungen (4.15)-(4.17) stehen somit auf der linken Seite jeweils stetige Renditen. Es hat sich im Laufe der Analyse ergeben, dass bei ML-Schätzung dieser Gleichungen bei Unterstellung von SEP-verteilten Störgrößen die numerische Maximierung bei „künstlicher" Vergrößerung der Renditen wesentlich bessere Konvergenzeigenschaften aufweist. Um die Vergleichbarkeit der Schätzungen sowohl mit KQ- als auch mit ML-Methode zu vereinfachen, werden bei der Überprüfung der Einheitswurzelhypothese stets mit einem Faktor von 10000 multiplizierte logarithmierten Kurse betrachtet.

In Tabelle 4.5 sind die Ergebnisse der Einheitswurzelprüfung mittels ADF-Tests zusammengefasst. Detaillierte Ergebnisse der Tests sind in den

Abbildung 4.4: Die Kursreihe des logarithmierten DAFOX.

Tabellen D.13 bis D.30 im Anhang D.4, S. 245 bis 262, zu finden. In diesen Tabellen stehen die Schätzungen der Koeffizienten der Gleichungen (4.15)-(4.17) sowie die Werte der Teststatistiken (3.40)-(3.42) und $\hat{\Phi}_\tau$, $\hat{\Phi}_{\mu\tau}$ sowie $\hat{\Phi}_\mu$ für die Aktienkursreihen und die betrachteten Zeiträume. Für die einzelnen Zeiträume stehen in der obersten Zeile die Schätzungen und Tests der Gleichung (4.15), in der mittleren Zeile sind die Ergebnisse für die Gleichung (4.16) und in der jeweils unteren Zeile die Ergebnisse für die Gleichung (4.17) aufgelistet. In der Spalte $\hat{\tau}_i$ stehen die Werte der Teststatistiken (3.40)-(3.42), wobei in den einzelnen Zeiträumen in der ersten Zeile Teststatistik (3.42), in der zweiten Zeile Statistik (3.41) und in der letzten Zeile (3.40) aufgeführt ist. Falls das Ergebnis einer Teststatistik zu einer Ablehnung der zugehörigen Nullhypothese führt, wird dies durch ein * ersichtlich. Bei einer Ablehnung der Nullhypothese eines zu einer der Teststatistiken (3.40)-(3.42) zugehörigen Tests wird zusätzlich der Wert von $\hat{\eta}$ mit einem * gekennzeichnet. Falls die Werte von $\hat{\Phi}_\tau$, $\hat{\Phi}_{\mu\tau}$ oder $\hat{\Phi}_\mu$ einen signifikanten deterministischen Einfluss ausweisen und die anschließende Überprüfung der Einheitswurzelhypothese mittels Teststatistik $\hat{\tau}_i$ und Normalverteilung zur Ablehnung dieser Hypothese führt, wird dies

Kursreihe	**Ges. Zeitr.**	**1. Zeitr.**	**2. Zeitr.**	**3. Zeitr.**	**4. Zeitr.**
DAFOX			x	x	x
DAX				x	x
ALT					
ALV			x		
BAS					
BAY					
BMW					
CBK					x
CON					x
HOE				x	
HYP			x		x
KAR					
LIN		x	x		
MAN					
MUV	x		x		
SCH					
TUI					
VOW					

Mit x sind jeweils die Kursreihen und Zeiträume bezeichnet, in denen in einer der Gleichungen (4.15) bis (4.17) die Einheitswurzelhypothese zu einem Signifikanzniveau von $\alpha = 0.05$ verworfen werden muss.

Tabelle 4.5: Zusammenfassung der klassischen Einheitswurzeltests.

durch ein * bei $\hat{\eta}$ kenntlich gemacht. Für alle Tests ist das Signifikanzniveau $\alpha = 0.05$ festgelegt worden. Führt in dem Testschema gemäß DOLADO, JENKINSON und SOSVILLA-RIVERO (1990) ein Test zur Ablehnung der Einheitswurzelhypothese, so werden evtl. noch nachfolgende restringiertere Dickey-Fuller-Gleichungen nicht mehr geschätzt. Unterhalb der Parameterschätzungen stehen in Klammern deren Standardfehler. In der letzten Spalte stehen die verwendeten Lags k im Ergänzungsterm, $\sum_{i=1}^{k} a_i Y_{t-i}$. So stehen z. B. die Lags $1, 4$ für den Term $a_1 Y_{t-1} + a_4 Y_{t-4}$.

Insgesamt wird ersichtlich, dass der Theorie folgend bis auf eine Ausnahme für den gesamten Untersuchungszeitraum die Einheitswurzelhypothese beibehalten wird. Differenzierter stellen sich die Ergebnisse jedoch bei der Betrachtung der Teilzeiträume dar. So wird für die Aktienkursreihen sowohl für den Zeitraum Juli 1984 bis Juni 1995 als auch für den letzten Zeitraum die Einheitswurzelhypothese fünf mal abgelehnt. Da man bei einem α-Fehler von 5 % und bei 18 betrachteten Aktienkursreihen im Durchschnitt pro Untersuchungszeitraum eine Ablehnung der Einheitswurzelhypothese erwarten würde, sind die hier gefundenen Anzahlen zumindest als auffällig zu bezeichnen.

4.3.2 Degenerierte Einheitswurzeltests

Nachdem im vorhergehenden Abschnitt die Einheitswurzelhypothese mittels klassischer ADF-Tests überprüft worden ist, werden nun für die betrachteten Zeitreihen und die Untersuchungszeiträume die Gleichungen (4.15)-(4.17) erneut, diesmal jedoch mittels ML-Methode und unter der Annahme SEP-verteilter ε_t geschätzt. Mit den Teststatistiken $\hat{\Psi}_\tau$, $\hat{\Psi}_\mu$ und $\hat{\Psi}$ (vgl. S. 134) wird in den Schätzgleichungen die Einheitswurzelhypothese getestet.

Zusätzlich zu den (je nach Gleichung) deterministischen Parametern μ und θ und dem die Einheitswurzel betreffenden Parameter η werden die Schiefe γ, der Wölbungsparameter δ und ein Skalenparameter σ geschätzt. Die numerische ML-Schätzung geschieht in zwei Schritten. Ausgehend von den Startparametern $\mu = \theta = \eta = 0.5$ und $\gamma = \delta = \sigma = 1.0$ werden zuerst mittels der numerischen Simplex-Maximierung der Log-Likelihoodfunktion Schätzer für die sechs Parameter ermittelt. Diese dienen dann als Startwerte der numerischen Log-Likelihood-Maximierung mittels des BHHH-Algorithmus.

Da das mehrstufige Testschema von DOLADO, JENKINSON, SOSVILLA-RIVERO (1990, S. 255) hier nicht anwendbar ist,[10] ist eine Beschränkung auf die Überprüfung der Einheitswurzelhypothese mittels der Teststatistiken $\hat{\Psi}_\tau$, $\hat{\Psi}_\mu$ und $\hat{\Psi}$ notwendig.

Da zur Erreichung besserer Konvergenzeigenschaften vor der numerischen ML-Schätzung die Zeitreihen mit dem Faktor 10000 multipliziert

[10] Das mehrstufige Testschema ist aus zwei Gründen nicht brauchbar. Erstens sind die von DICKEY, FULLER (1981) entwickelten LR-Teststatistiken hier nicht einsetzbar. Zu verwenden wären stattdessen Wald-Teststatistiken. Deren asymptotische Grenzverteilung ist jedoch zweitens noch unbekannt.

worden sind, vergrößern sich die geschätzten Koeffizienten und deren Standardabweichungen von μ, θ und σ um den gleichen Faktor. Die detaillierten Ergebnisse sind in den Tabellen D.31 bis D.48 im Anhang D.4 (S. 264-281) aufgeführt. In den Klammern stehen jeweils die Standardfehler der geschätzten Parameter. Bei den leer bleibenden Zellen der Tabellen D.31-D.48 (Anhang D.4, S. 264-281) konvergierte die numerische ML-Schätzung nicht, wodurch für diese Kursreihen und Zeiträume keine sinnvoll interpretierbaren Schätzergebnisse zur Verfügung stehen.

Mittels der Teststatistik (vgl. dazu auch die Ausführungen in Kapitel 2.7, S. 94 ff.),

$$\hat{T}_\gamma = \frac{\hat{\gamma} - 1}{s_\gamma} \quad , \tag{4.18}$$

wird das Hypothesenpaar,

$$H_0: \quad \gamma = 1 \quad \text{vs.} \quad H_1: \quad \gamma \neq 1 \quad , \tag{4.19}$$

überprüft. Eine Ablehnung der Nullhypothese bei einem Signifikanzniveau von $\alpha = 0.05$ ist als signifikante Schiefe in der Verteilung der ε_t zu interpretieren, andernfalls ist von einer symmetrischen Verteilung auszugehen. In den Tabellen D.31 bis D.48 (S. 264-281) sind signifikant schiefe Koeffizientenwerte durch ein * ersichtlich. Zusätzlich sind in diesen Tabellen die Werte der Teststatistik $\hat{\Psi}_i$ zur Prüfung der Einheitswurzelhypothese zu finden.[11] Da auch bei der ML-Schätzung eine der KQ-Schätzung entsprechende Autokorrelationsstruktur der Residuen zu finden ist, und damit die genannten Kritikpunkte gegen die Einheitswurzeltests einhergehen, ist der Autokorrelation durch die von PHILLIPS, PERRON (1988, S. 341) für die Teststatistiken $\hat{\Psi}_\tau$ und $\hat{\Psi}_\mu$ vorgeschlagene Korrektur entgegengewirkt worden (zu Details zu den Korrekturen wird auf die angegebene Literatur verwiesen). Für diese Korrektur ist ein gewichteter Varianzschätzer zu berechnen, wobei dessen Gewichte durch die Wahl eines Spektralfensters und einer geeigneten Lag-Länge bestimmt sind. Im Rahmen dieser Studie wird dazu das Parzenfenster (siehe dazu z. B. HARTUNG, 1999, S. 713), mit drei Lags gewählt. Die Wahl der kurzen Anzahl von Lags filtert ähnlich wie bei

[11] Der Laufindex symbolisiert hier wiederum die zu Gleichung (4.15)-(4.17) zugehörige Teststatistik $\hat{\Psi}_\tau$, $\hat{\Psi}_\mu$ bzw. $\hat{\Psi}$.

den vorher durchgeführten ADF-Tests den Einfluss kurzfristiger Korrelationen heraus, längerfristige lineare Zusammenhänge verzerren jedoch ggf. weiterhin die Teststatistik. Da für die Teststatistik $\hat{\Psi}$ bei PHILLIPS, PERRON (1988) keine Korrektur dokumentiert ist, muss hier die unkorrigierte Version verwendet werden. In den Tabellen D.31 bis D.48 (S. 264-281) sind mit $\underline{\hat{\Psi}_i}$ unkorrigierte und mit $\tilde{\Psi}_i$ wegen vorhandener Autokorrelationen korrigierte Teststatistiken bezeichnet. Die Werte der unkorrigierten Teststatistiken sind durch Unterstreichen kenntlich gemacht worden.

Da bei der Durchführung der DDF-Tests die Schiefe in der Verteilung der Störgrößen a priori unbekannt ist und somit auch die kritischen Werte nicht feststehen, ist hier eine a posteriori Ermittlung der kritischen Werte erfolgt. D. h., ist nach der Schätzung der Parameter ein signifikanter Schiefeparameter festgestellt worden, so sind kritische Werte aus den Tabellen D.4-D.6 (Anhang D.1, S. 233-237) verwendet worden. Falls keine signifikante Schiefe zu konstatieren ist, werden die kritischen Werte des Standardfalles benutzt (siehe FULLER, 1976, S. 371). Die jeweiligen zur Testentscheidung zum Tragen kommenden kritischen Werte stehen unterhalb der Ergebnistabellen D.31-D.48 (Anhang D.4, S. 264-281).

Insgesamt ist bei allen Schätzungen die Einheitswurzelhypothese nur zweimal, und zwar für die logarithmierte Aktienkursreihe der Karstadt-Quelle AG des dritten Untersuchungs- und die logarithmierte Aktienkursreihe der Linde AG des ersten Untersuchungszeitraums abzulehnen.

4.3.3 Vergleich der Einheitswurzeltests

Da die Anwendung der Teststatistiken $\hat{\Psi}_\tau$, $\hat{\Psi}_\mu$ bzw. $\hat{\Psi}$ für den Fall der KQ-Schätzungen und bei der Betrachtung von erweiterten Dickey-Fuller-Gleichungen, wie sie auf autokorrelierte Störgrößen z. T in Kapitel 4.3.1 erfolgt sind, wenig sinnvoll ist (vgl. dazu SAID, DICKEY, 1984), kann ein direkter Vergleich der Qualität der Tests aus den Kapiteln 4.3.1 und 4.3.2 nicht erfolgen. Jedoch können Einheitswurzelstest auf Basis dieser Teststatistiken und mit durch die autokorrelierten Residuen bedingten Korrekturen nach PHILLIPS/PERRON (1988), wie sie in Kapitel 4.3.2 beschrieben worden sind, miteinander verglichen werden. Deshalb werden die Einheitswurzeltests $\hat{\Psi}_\tau$, $\hat{\Psi}_\mu$ und $\hat{\Psi}$ für die Schätzgleichungen aus Kapitel 4.3.1

ebenfalls berechnet. Beim Vorhandensein autokorrelierter Restgrößen werden die Teststatistiken analog zu der Vorgehensweise aus Kapitel 4.3.2 um kurzfristige Korrelationseinflüsse bereinigt. Die berechneten Werte der Teststatistik $\hat{\Psi}_\tau$ sind in der Tabelle 4.6 aufgeführt. Tabelle 4.7 beinhaltet die Werte der Teststatistik $\hat{\Psi}_\mu$ und in der Tabelle 4.8 sind die Resultate für die Teststatistik $\hat{\Psi}$ zu finden. Bei einem Signifikanzniveau von $\alpha = 0.05$ besitzen gemäß FULLER (1976, S. 371) die Teststatistiken $\hat{\Psi}_\tau$, $\hat{\Psi}_\mu$ bzw. $\hat{\Psi}$ die kritischen Werte -21.8, -14.1 bzw. -8.1. Ergebnisse der Teststatistiken, die in einer Gleichung zu einer Ablehnung der Einheitswurzelhypothese führen, sind durch ein * gekennzeichnet.

Bei den Schätzungen mit KQ-Methode führen die Teststatistiken $\hat{\Psi}_\tau$, $\hat{\Psi}_\mu$ und $\hat{\Psi}$ vier und mit ML-Methode zwei mal zur Ablehnung der Einheitswurzelhypothese. Damit ist der Unterschied zwischen KQ-Schätzung unter Annahme normal- und ML-Schätzung mit SEP-verteilten Störgrößen in Hinsicht auf die Ablehnungsanzahlen der Einheitswurzelhypothese gering.

Offensichtlich gravierender sind die Unterschiede z. T. bei den Schätzungen der Konstanten der Dickey-Fuller-Gleichungen (4.15) und (4.16). Insbesondere unterscheiden sich die Schätzungen um so mehr, je schiefer die Verteilung der ε_t ist. Beim Vorliegen signifikant schief und SEP-verteilter Störgrößen sind die Differenzen in den Schätzungen auf die Schiefe zurückzuführen. Dies ergibt sich aus der Erörterung der Schätzung der Parameter von ARSEP (p)-Modellen in Kapitel 3.2 – die KQ-Schätzung des Absolutgliedes dieser Modelle beim Vorliegen von SEP-verteilten Störgrößen ist in der Nähe der Einheitswurzel verzerrt. Exemplarisch lässt sich dies an Hand der Schätzungen der Gleichung (4.16) für die Zeitreihe des logarithmierten DAFOX-Kurses für den zweiten Zeitraum veranschaulichen. Im Rahmen der ML-Schätzung ist der Schiefeparameter $\hat{\gamma} = 1.198$ signifikant. Daraus folgt eine SEP-Verteilung der ε_t mit den Parametern $\sigma_r = 1.0$, $\sigma_l = 1.198$, $\delta = 1.494$ und dem Skalenparameter $\sigma = 86.873$. Der Erwartungswert dieser SEP-Verteilung berechnet sich zu (vgl. Satz 2.8, S. 58),

$$\widehat{E\left(\varepsilon_t\right)} = \hat{\sigma} \cdot \frac{\Gamma\left(\frac{2}{\delta}\right)}{\Gamma\left(\frac{1}{\delta}\right)} \cdot (\hat{\sigma}_r - \hat{\sigma}_l) = 89.873 \cdot \frac{\Gamma\left(\frac{2.0}{1.494}\right)}{\Gamma\left(\frac{1.0}{1.494}\right)} \cdot (1.0 - 1.198) = -11.375 \quad .$$

Kursreihe	Ges. Zeitr.	1. Zeitr.	2. Zeitr.	3. Zeitr.	4. Zeitr.
DAFOX	0.039	-4.321	-5.005	-6.419	-5.547
DAX	-3.298	-5.319	-6.984	-7.831	-11.052
ALT	-6.139	-20.699	-12.479	-5.648	-3.403
ALV	-2.192	-6.363	-12.862	-6.512	-0.550
BAS	-8.237	-13.128	-9.783	-6.068	-11.936
BAY	-8.956	-10.460	-11.215	-8.321	-3.626
BMW	-10.855	-2.138	-7.634	-6.419	-7.760
CBK	-2.817	-9.918	-14.351	-7.422	-0.313
CON	-3.132	0.208	-4.793	-2.707	-10.185
HOE	-10.568	-6.193	-11.730	-3.069	0.077
HYP	-4.856	-11.563	-17.486	0.735	-3.856
KAR	-1.025	-5.618	-3.825	-7.410	-0.947
LIN	-11.153	-22.602*	-10.479	-8.134	-2.777
MAN	-14.642	-10.532	-6.840	-8.939	-5.707
MUV	-11.577	-6.240	-12.246	-7.994	-6.083
SCH	-10.596	-1.107	-9.934	-7.095	-3.250
TUI	-7.725	-3.488	-4.515	-10.690	-6.194
VOW	-7.100	-5.255	-5.337	0.992	-8.672

Nach PHILLIPS/PERRON um Autokorrelation korrigierte Teststatistiken sind durch Unterstreichen kenntlich gemacht. Mit * gekennzeichnete Werte lehnen die Einheitswurzelhypothese zum Signifikanzniveau $\alpha = 0.05$ ab.

Tabelle 4.6: Werte von $\hat{\Psi}_\tau$ für die KQ-Schätzung von Gleichung (4.15).

Bei der KQ-Schätzung von Gleichung (4.16) erhält man als Schätzung für das Absolutglied $\hat{\mu}_{KQ} = 93.701$. Im Rahmen der ML-Schätzung ergibt sich $\hat{\mu}_{ML} = 113.585$. Da die KQ-Schätzung von μ bei einer linksschiefen SEP-Verteilung der ε_t nach unten verzerrt ist, lässt sich die Differenz der Schätzungen $\hat{\mu}_{KQ} - \hat{\mu}_{ML} = 93.701 - 113.585 = -19.884$ über den Erwartungswert plus einen Zufallseinfluss plausibilisieren.

Kursreihe	Ges. Zeitr.	1. Zeitr.	2. Zeitr.	3. Zeitr.	4. Zeitr.
DAFOX	-0.567	-0.897	-4.450	0.980	0.181
DAX	-0.475	-3.921	-3.308	-0.023	-0.195
ALT	0.206	-10.944	-2.592	-1.517	-3.055
ALV	-1.980	-2.352	-9.224	-1.517	2.687
BAS	-1.708	-12.431	-9.653	-3.676	-6.716
BAY	-3.244	-10.194	-9.667	-4.691	0.104
BMW	-2.366	-1.721	-5.648	-4.400	-7.740
CBK	-3.878	-4.181	-9.573	-3.023	1.705
CON	-2.353	0.175	-5.612	-3.559	-6.223
HOE	-2.680	-6.252	-10.631	-5.672	-2.321
HYP	-4.092	-11.637	-16.312*	-0.770	0.770
KAR	-2.066	-0.858	-1.997	-5.823	1.851
LIN	-4.233	-4.662	-7.099	-9.511	-0.104
MAN	-7.163	-8.464	-5.040	-4.551	-1.851
MUV	-2.072	-2.575	-8.626	-1.739	-0.007
SCH	-1.032	-1.334	-2.814	-2.381	-3.042
TUI	-3.056	-0.376	-1.098	-2.357	-1.218
VOW	-0.957	-5.342	-5.444	-2.159	-8.255

Nach PHILLIPS/PERRON um Autokorrelation korrigierte Teststatistiken sind durch Unterstreichen kenntlich gemacht. Mit * gekennzeichnete Werte lehnen die Einheitswurzelhypothese zum Signifikanzniveau $\alpha = 0.05$ ab.

Tabelle 4.7: Werte von $\hat{\Psi}_\mu$ für die KQ-Schätzung von Gleichung (4.16).

Im Rahmen des Vergleichs der Einheitswurzeltests mit den beiden Schätzmethoden ist noch ein weiterer, wichtiger jedoch nur die Gleichung (4.16) betreffender Punkt anzusprechen. Wie es sich bereits gezeigt hat, impliziert Schiefe in der SEP-Verteilung einen deterministischen Drift. Es ist bekannt, dass die Teststatistik $\hat{\tau}_\mu$ (vgl. Gleichung (3.41), S. 134) beim Vorliegen einer deterministischen Konstanten im DGP einer Standardnormalverteilung unterliegt (siehe dazu auch die Ausführungen auf Seite 187). Dies gilt analog im Fall der ML-Schätzung, auch dann, wenn der deterministische Drift durch die Schiefe der SEP-Verteilung erzeugt wird.

Kursreihe	**Ges. Zeitr.**	**1. Zeitr.**	**2. Zeitr.**	**3. Zeitr.**	**4. Zeitr.**
DAFOX	0.449	-0.040	-0.026	0.222	-0.090
DAX	0.285	-0.462	-0.115	0.198	-0.097
ALT	1.139	0.396	0.338	0.187	0.174
ALV	0.271	0.272	-0.205	0.152	-0.153
BAS	0.675	-0.827	0.022	0.187	0.014
BAY	0.339	-0.558	-0.072	0.175	-0.188
BMW	0.789	0.680	-0.650	0.187	0.021
CBK	-0.219	-0.335	-0.300	0.117	-0.292
CON	0.440	0.578	-0.339	0.128	0.343
HOE	0.572	-0.403	-0.404	0.198	0.238
HYP	-0.264	0.074	-0.482	0.233	-0.324
KAR	-0.393	-0.339	-0.041	-0.058	-0.132
LIN	0.353	0.248	0.310	-0.175	0.056
MAN	-0.284	-1.300	0.068	0.035	-0.244
MUV	0.663	0.520	-0.277	0.152	-0.042
SCH	0.654	-0.199	0.319	0.222	-0.111
TUI	0.416	0.740	-0.066	0.070	-0.084
VOW	0.736	-0.116	-0.211	0.303	0.049

Nach PHILLIPS/PERRON um Autokorrelation korrigierte Teststatistiken sind durch Unterstreichen kenntlich gemacht.

Tabelle 4.8: Werte von $\hat{\Psi}$ für die KQ-Schätzung von Gleichung (4.17).

Daraus folgend kann man also auch für Gleichung (4.16) und bei ML-Schätzung unter der Annahme SEP-verteilter ε_t a posteriori eine Einheitswurzelprüfung mittels der Teststatistik $\hat{\tau}_\mu$ durchführen. Die ML-Schätzungen von Gleichung (4.16) sind auf die gleiche Art wie im vorhergehenden Kapitel beschrieben erfolgt. Stellt man nach der Schätzung einen signifikanten Schiefeparameter fest, so sind als kritische Werte Fraktile der Standardnormalverteilung zu verwenden. Ist jedoch von einer symmetrischen SEP-Verteilung auszugehen, so kommen die bei FULLER (1976, S. 373) vertafelten kritischen Werte zum Zuge. Die Ergebnisse für Gleichung (4.16) mit der Teststatistik $\hat{\tau}_\mu$ stehen in der Tabelle 4.9. Dabei sind die Werte, für die die Einheitswurzelhypothese bedingt durch den durch die Schiefe implizierten deterministischen Drift auf Grund des kritschen Wertes einer Standardnormalverteilung abgelehnt werden muss, mit einem * gekennzeichnet. Im Fall der Symmetrie der SEP-Verteilung und Ablehnung der Einheitswurzelhypothese sind die entsprechenden Werte mit ** hervorgehoben.

Kursreihe	**Ges. Zeitr.**	**1. Zeitr.**	**2. Zeitr.**	**3. Zeitr.**	**4. Zeitr.**
DAFOX	3.000	-0.333	-2.870*	4.111	-0.968
DAX	3.077	-0.716	-1.806*	3.346	-0.123
ALT	x	x	-1.818*	-17.500*	-1.734
ALV	x	-0.333	-2.347	-1.105	3.537
BAS	-0.111	-1.201	-2.807	-2.029	-1.643
BAY	-0.786	-0.737	-3.009**	-2.211	-0.427
BMW	x	-0.074	-1.100	-1.313	-1.554
CBK	x	-0.042	-1.504	-2.402	1.286
CON	-0.522	0.950	-1.453	-1.519	-4.836**
HOE	x	-0.790	-3.686**	-2.902**	x
HYP	0.000	-0.444	-0.855	-0.895	1.031
KAR	x	x	-0.015	-2.519*	1.259
LIN	x	-0.010	-2.610*	-3.461**	-0.765
MAN	-2.030	-0.125	-2.463	-1.536	-1.082
MUV	x	x	x	-1.966	0.828
SCH	-4.286*	0.000	-0.109	-2.007*	-0.842
TUI	x	-1.364	x	-2.605*	-0.139
VOW	-0.174	-0.468	-1.547	-2.814	-2.162

x steht für Zeitreihen, bei denen die numerische ML-Maximierung nicht konvergiert. Werte, die mit * bzw. ** gekennzeichnet sind, führen zur Ablehnung der Einheitswurzelhypothese ($\alpha = 0.05$). Bei unterstrichenen Werten muss die Gleichung (4.15) nicht um einen ADF-Term erweitert werden.

Tabelle 4.9: Werte von $\hat{\tau}_\mu$ für die ML-Schätzung von Gleichung (4.15).

Bei den leer bleibenden Zellen der Tabelle 4.9 konvergiert die numerische ML-Schätzung nicht, wodurch für diese Kursreihen und Zeiträume keine sinnvoll interpretierbaren Schätzergebnisse verfügbar sind. Diese sind mit x gekennzeichnet. Es zeigt sich, dass die Einheitswurzelhypothese wesentlich öfter zu einem Signifikanzniveau von $\alpha = 0.05$ verworfen werden muss, als bei den bisher durchgeführten Tests. Insgesamt ist bei 20% der 75 Schätzungen von Gleichung (4.16) die Einheitswurzelhypothese abzulehnen. Dabei sind sieben Ablehnungen bei a posteriori symmetrisch und neun Ablehnungen bei a posteriori schief verteilten Störgrößen festzustellen. Bei je sieben Verwerfungen der Einheitswurzelhypothese betrifft dies vor allem die Untersuchungszeiträume Juli 1984 bis Juni 1995 und Juli 1995 bis Februar 2000. Es ist anzumerken, dass bei diesen Schätzungen keine Autokorrelation der Störgrößen berücksichtigt ist.

Kursreihe	**Ges. Zeitr.**	**1. Zeitr.**	**2. Zeitr.**	**3. Zeitr.**	**4. Zeitr.**
DAFOX	3.407	-3.112	-1.367	0.136	-3.189
DAX	3.274	-4.979*	-3.474*	-0.660	-2.746
ALT	x	x	-2.141	-2.141	-1.257
ALV	x	-0.467	-3.775*	-1.938	0.535
BAS	-2.245	-1.560	-2.461	-1.568	-15.350*
BAY	-1.512	-0.952	-3.424*	-1.997	-1.957
BMW	x	-0.307	-1.591	-4.106*	-1.519
CBK	x	-1.526	-3.194	-2.927	0.166
CON	-2.552	1.031	-1.139	-0.227	-3.395
HOE	x	-1.380	-2.724	-1.385	x
HYP	-0.504	-1.056	-3.453*	-2.362	-1.722
KAR	x	x	-1.727	-1.692	-0.401
LIN	x	-2.664	-2.524	-2.715	-1.115
MAN	-3.348	-2.596	-1.976	-1.846	-1.808
MUV	x	x	x	-1.714	-1.278
SCH	-2.423	0.114	-7.631*	-1.994	-0.887
TUI	x	-0.851	x	-2.100	-1.524
VOW	-2.259	-0.491	-1.724	-0.151	-3.461

x steht für Zeitreihen, bei denen die numerische ML-Maximierung nicht konvergiert. Werte, die mit * gekennzeichnet sind, führen zur Ablehnung der Einheitswurzelhypothese ($\alpha = 0.05$). Bei unterstrichenen Werten muss die Gleichung (4.15) nicht um einen ADF-Term erweitert werden.

Tabelle 4.10: Werte von $\hat{\tau}_\tau$ bei der ML-Schätzung von Gleichung (4.15).

Um dem Gesichtspunkt autokorrelierter Störgrößen beim Vergleich der Einheitswurzeltests auf der Basis der Teststatistiken $\hat{\tau}_\tau$, $\hat{\tau}_\mu$ und $\hat{\tau}$ besser gerecht zu werden, werden die Gleichungen (4.15)-(4.17) für die Zeitreihen erneut mittels ML-Methode und unter der Annahme SEP-verteilter ε_t geschätzt, bei denen autokorrelierte Restgrößen festgestellt werden. Da die

Autokorrelationsstrukturen der geschätzten Störgrößen bei KQ- und ML-Schätzung nahezu identisch sind, gelingt es auch bei ML-Schätzung, die Autokorrelation durch das Einfügen eines geeigneten ADF-Terms zu kontrollieren. Es werden dazu dieselben ADF-Terme verwendet, wie sie bei KQ-Schätzung zum Einsatz gekommen sind (zu den verwendeten ADF-Termen vgl. Tabelle D.13 bis D.30, Anhang D.4, S. 245-262). Die ML-Schätzung wird auf die gleiche Art wie in Kapitel 4.3.2 beschrieben durchgeführt. Die Schätzergebnisse stehen in den Tabellen D.49 bis D.52, Anhang D.4, S. 283-288.

In den Tabellen 4.10 bis 4.12 stehen die Ergebnisse für die Teststatistiken $\hat{\tau}_\tau$, $\hat{\tau}_\mu$ und $\hat{\tau}$ für die unterschiedlichen Zeiträume und die logarithmierten Zeitreihen. Da in einigen Fällen die numerische ML-Maximierung nicht konvergiert und somit nicht zu verwertbaren Ergebnissen führt, steht in diesen Tabellen an diesen Stellen ein x. Die Testentscheidungen bzgl. der Testwerte von Tabelle 4.11 werden auf Grund der gleichen Überlegungen wie die zu den Ergebnissen von Tabelle 4.9 beschriebenen vollzogen. Bzgl. der Teststatistiken $\hat{\tau}_\tau$ (Tabelle 4.10) und $\hat{\tau}$ (Tabelle 4.12) werden bei einem Signifikanzniveau von $\alpha = 0.05$ die bei FULLER (1976, S. 373) zu findenden kritischen Werte -3.41 (für $\hat{\tau}_\tau$) und -1.95 (für $\hat{\tau}$) herangezogen. Die Ergebnisse der Teststatistiken, für die bei der Schätzung der Dickey-Fuller-Gleichungen keine Berücksichtigung autokorrelierte Störgrößen erfolgen musste, sind durch Unterstreichen kenntlich gemacht.

Beim Vergleich der Ergebnisse von Tabelle 4.9 und 4.11 sind folgende Punkte festzuhalten: Die Anzahlen von Ablehnungen der Einheitswurzelhypothese sind mit 14 (Tabelle 4.9) und 12 (Tabelle 4.11) vergleichbar. Von den Schätzungen für die Kursreihen, in denen autokorrelierte Störgrößen durch ADF-Terme beseitigt werden, sind im Vergleich für MAN im gesamten und HOE und TUI im ersten Untersuchungszeitraum die Einheitswurzelhypothesen abzulehnen, während die Einheitswurzelhypothesen dieser Tests bei den Schätzungen ohne ADF-Terme beizubehalten sind. Dagegen sind vormals signifikante Ablehnungen der Einheitswurzelhypothesen beim DAX im zweiten und CON im vierten Untersuchungszeitraum nun beizubehalten.

Insgesamt zeigt sich auch bei den Schätzungen mit ggf. um Autokorrelation bereinigten Störgrößen ein uneinheitliches Bild. Als auffällig sind

Kursreihe	**Ges. Zeitr.**	**1. Zeitr.**	**2. Zeitr.**	**3. Zeitr.**	**4. Zeitr.**
DAFOX	2.587	-0.441	-2.555*	4.111	-0.986
DAX	2.643	-0.950	-1.890	3.346	-0.123
ALT	x	x	-1.818	-17.500*	-1.734
ALV	x	-0.333	-2.463	-1.105	3.537
BAS	-0.711	-1.538	-2.706	-2.029	-1.643
BAY	-0.909	-1.230	-2.921**	-2.211	-0.427
BMW	x	-0.325	-0.932	-1.313	-1.554
CBK	x	0.240	-1.611	-2.402	1.286
CON	-0.464	1.114	-1.350	-1.519	-2.791
HOE	x	-3.353*	-3.334**	-2.902**	x
HYP	-0.724	-0.444	-1.232	-0.895	0.687
KAR	x	x	-0.502	-2.519*	1.259
LIN	x	-1.524	-0.010	-3.461**	-0.765
MAN	-3.058*	-2.265	-2.470	-1.536	-1.082
MUV	x	x	x	-1.966	0.828
SCH	-2.048*	-0.623	-1.557	-2.007**	-0.842
TUI	x	-3.105*	x	-2.605**	-0.139
VOW	-0.179	-0.538	-1.586	-2.814	-2.162

x steht für Zeitreihen, bei denen die numerische ML-Maximierung nicht konvergiert. Werte, die mit * bzw. ** gekennzeichnet sind, führen zur Ablehnung der Einheitswurzelhypothese ($\alpha = 0.05$). Bei unterstrichenen Werten muss die Gleichung (4.16) nicht um einen ADF-Term erweitert werden.

Tabelle 4.11: Werte von $\hat{\tau}_\mu$ bei der ML-Schätzung von Gleichung (4.16).

die höher als erwarteten Anzahlen von Ablehnungen der Einheitswurzelhypothese in den Untersuchungszeiträumen Zwei und Drei für die Teststatistiken $\hat{\tau}_\tau$ und $\hat{\tau}_\mu$ zu bezeichnen.

Abschließend ist noch festzuhalten, dass die Schätzungen und die zugehörigen Tests für die Gleichung (4.17) wenig aussagekräftig und nur zur Vollständigkeit durchgeführt worden sind. Schon HASSLER (1994, S. 212) empfiehlt, Tests ohne Absolutglied nur dann durchzuführen, wenn man a priori weiß, dass sowohl in der Null- als auch in der Alternativhypothese kein Driftterm vorhanden ist. Dagegen stehen hier jedoch zwei Einwände. Zum einen impliziert Schiefe in den Verteilungen der Störgrößen einen

Kursreihe	Ges. Zeitr.	1. Zeitr.	2. Zeitr.	3. Zeitr.	4. Zeitr.
DAFOX	6.630	0.678	4.400	6.618	0.438
DAX	4.785	-0.662	3.644	4.917	-1.259
ALT	x	x	-0.039	0.000	0.185
ALV	x	0.969	0.244	-0.421	-0.320
BAS	0.298	-2.884*	1.832	1.249	0.205
BAY	0.769	-2.953*	1.772	1.030	0.224
BMW	x	-2.307*	-1.482	1.769	-0.966
CBK	x	-1.267	0.267	0.000	-0.811
CON	-2.227*	-2.580*	-2.441*	0.299	-0.754
HOE	x	-1.079	2.377	0.833	x
HYP	0.000	-0.002	0.734	0.000	-1.311
KAR	x	x	-0.222	-1.452	x
LIN	x	-1.762	-0.048	-1.294	0.000
MAN	-1.477	-3.415*	-1.054	0.559	-0.741
MUV	x	x	x	-0.063	-2.250
SCH	-2.901*	-1.196	-0.524	-1.640	-0.636
TUI	x	-3.024*	x	-1.667	-1.625
VOW	-0.011	-2.475*	1.987	0.321	-1.218

x steht für Zeitreihen, bei denen die numerische ML-Maximierung nicht konvergiert. Werte, die mit * gekennzeichnet sind, führen zur Ablehnung der Einheitswurzelhypothese ($\alpha = 0.05$). Bei unterstrichenen Werten muss die Gleichung (4.17) nicht um einen ADF-Term erweitert werden.

Tabelle 4.12: Werte von $\hat{\tau}$ bei der ML-Schätzung von Gleichung (4.17).

Drift, zum anderen impliziert der ADF-Test ohne deterministische Elemente einen Mittelwert der (logarithmierten) Kurse von Null, da sich aus der Darstellung,

$$Y_t = \mu + \eta \cdot Y_{t-1} + \varepsilon_t \quad ,$$

für einen Prozess (Y_t) für $\eta < 1$ der Erwartungswert $E(Y_t) = -\frac{\mu}{\eta - 1}$ ergibt. Dies ist aber bei Aktienkursen offensichtlich wenig sinnvoll.

Zusammenfassend sind die folgenden kritischen Anmerkungen zu den durchgeführten Einheitswurzelanalysen festzuhalten.

1. In den Schätzungen der Dickey-Fuller-Gleichungen, einmal mit KQ-Methode bei Unterstellung normalverteilter ε_t und einmal mit ML-Methode unter Annahme von SEP-verteilten ε_t, lassen sich lediglich für den Driftparameter größere Unterschiede feststellen, und dies nur dann, wenn der Schiefeparameter $\hat{\gamma}$ bei der ML-Schätzung signifikant ist. Dies stimmt mit den Überlegungen aus Kapitel 3.2 überein.

2. Renditezeitreihen weisen eine typische Korrelationsstruktur auf. Absolut gesehen, liegen die meisten Korrelationen (auch höherer Ordnung) unterhalb eines Werts von 0.1, jedoch sind diese zumeist (mittels traditioneller Tests) hochsignifikant. Es ist jedoch in der Literatur zur Analyse von Finanzmarktzeitreihen strittig, ob herkömmliche Tests überhaupt sinnvoll sind. Legt man nämlich zugrunde, dass die Renditen Verteilungen mit schweren Rändern besitzen, so besitzen die traditionellen Tests andere Grenzverteilungen (vgl. hierzu KRÄMER, 2002, S. 217 f. und KRÄMER, RUNDE, 1991). Verwendet man diese, so sind die Renditen von Aktienkursen als unkorreliert anzusehen. Im Rahmen dieser Arbeit hat das Problem schwerer Ränder keine Berücksichtigung gefunden, da hier stets um die 1 % kleinsten und größten Werte bereinigte Renditen verwendet werden. Es bleibt jedoch unklar, ob und in welcher Ausgestaltung ADF-Terme bei der Durchführung der Einheitswurzeltests zu berücksichtigen sind.

3. Offensichtlich ist es schwierig, die Einheitswurzelhypothese für die Aktienkursreihen ganz zu verwerfen oder vollkommen beizubehalten. Je nach dem, welche Zeiträume betrachtet werden, welche Teststatistik bzw. welche Zeitreihen, kommt man teilweise zur Bestätigung und teilweise zur Ablehnung dieser Hypothese. Es ist jedoch festzustellen, dass die Einheitswurzelhypothese für den gesamten Untersuchungszeitraum fast nie verworfen wird, während dies bei der Betrachtung der Teilzeiträume und hier insbesondere bei den späteren Zeiträumen häufiger der Fall ist. Dies kann als Indiz dafür gewertet werden, dass in einer der beiden deterministischen Komponenten der Dickey-Fuller-Gleichungen (Drift bzw. deterministischer Trend) ein oder mehrere Strukturbrüche vorhanden sind. Seit der Studie von PERRON (1989) ist bekannt, dass Strukturbrüche in Zeitreihen mit deterministischem Trend zu einer fälschlichen Beibehaltung der Einheitswurzelhypothese führen kann.

4. Die Schiefe der Verteilung der Störgrößen ist bei Einheitswurzeltests auf Basis der Gleichung (4.16) von Interesse, da eine signifikante Schiefe i. d. R. einen deterministischen Drift impliziert und dadurch der geschätzte Einheitswurzelparameter normalverteilt ist. Dies führt eher zur Verwerfung der Einheitswurzelhypothese als die Verwendung der kritschen Werte nach Dickey und Fuller.

5. Da die Schiefe in den Verteilungen der Störgrößen eher gering ist – der Schiefeparameter γ liegt bei den ML-Schätzungen der Gleichungen (4.15)-(4.17) zwischen 0.5 und 1.5 – ist die Verbesserung der Testqualität auf der Basis der normalisierten Einheitswurzelschätzer $\hat{\Psi}_\tau$, $\hat{\Psi}_\mu$ und $\hat{\Psi}$ und den im Rahmen dieser Arbeit vorgestellten simulierten kritischen Werten eher als gering zu erachten.

4.4 Die SEP-Verteilung für Renditen

In diesem Kapitel wird die SEP-Verteilung an die Renditen angepasst. Die numerische ML-Schätzung folgt analog dem Vorgehen aus Kapitel 4.3.2. Zur Maximierung wird die Log-Likelihood (vgl. Kapitel 2.3.2, S. 62 ff.),

$$
\begin{aligned}
l(\beta) &= T^{-1} \sum_{i=1}^{T} \ln\left(f_{X_i}(x_i \mid \beta)\right) \quad , & (4.20)\\
&= \ln(\delta) - \ln(\sigma) - \ln\left(\Gamma\left(\frac{1}{\delta}\right)\right) - \ln(\gamma + 1) \\
&- \sum_{i=1}^{T} \left[\frac{|x_i - \theta|^\delta}{(\sigma \cdot \gamma)^\delta} \cdot \mathbb{1}_l(x_i) + \frac{(x_i - \theta)^\delta}{\sigma^\delta} \cdot \mathbb{1}_r(x_i) \right] \quad , & (4.21)
\end{aligned}
$$

mit $\mathbb{1}_l(x_i) = \mathbb{1}_{]-\infty,\theta]}(x_i)$ und $\mathbb{1}_r(x_i) = \mathbb{1}_{]\theta,\infty[}(x_i)$ betrachtet. In der Tabelle 4.13 sind die Punktschätzungen und die zugehörigen Standardabweichungen für den gesamten Untersuchungszeitraum aufgeführt. Die Ergebnisse der Punktschätzungen für die anderen Zeiträume sind in den Tabellen D.53 bis D.56 im Anhang D.4, S. 289-292, zu finden. Die Parameter, die mittels Überprüfung durch Standard-t-Tests und einem Signifikanzniveau von $\alpha = 0.05$ signifikant von Null verschieden sind, sind mit * gekennzeichnet.

Zeitreihe	$\hat{\theta}$	$\hat{\delta}$	$\hat{\gamma}$	$\hat{\sigma}$
DAFOX	0.00099* (0.00016)	1.321* (0.032)	1.102* (0.032)	0.00783* (0.00022)
DAX	0.00108* (0.00021)	1.396* (0.037)	1.107* (0.032)	0.01021* (0.00028)
ALV	keine Konvergenz			
ALT	keine Konvergenz			
BAS	0.00001 (0.00018)	1.281* (0.037)	0.968 (0.022)	0.00783* (0.00039)
BAY	0.00009 (0.00022)	1.249* (0.030)	0.986 (0.027)	0.01185* (0.00034)
BMW	-0.00000 (0.00022)	1.138* (0.030)	0.961 (0.026)	0.01248* (0.00041)
CBK	keine Konvergenz			
CON	-0.00063* (0.00032)	1.357* (0.035)	0.927* (0.027)	0.01717* (0.00050)
HOE	0.00000 (0.00018)	1.116* (0.028)	0.966 (0.025)	0.01040* (0.00035)
HYP	keine Konvergenz			
KAR	-0.00000 (0.00002)	1.126* (0.039)	1.000 (0.017)	0.01150* (0.00048)
LIN	-0.00000 (0.00002)	1.113* (0.048)	0.972 (0.016)	0.01000* (0.00041)
MAN	-0.00000 (0.00003)	1.185* (0.035)	0.989 (0.016)	0.01349* (0.00043)
MUV	keine Konvergenz			
SCH	-0.00003 (0.00018)	1.146* (0.032)	0.960 (0.024)	0.01068* (0.00038)
TUI	-0.00001 (0.00014)	1.116* (0.024)	0.968 (0.019)	0.01229* (0.00026)
VOW	0.00000 (0.00006)	1.430* (0.042)	0.967* (0.015)	0.01723* (0.00045)

Die mit * gekennzeichneten Werte sind signifikant ($\alpha = 0.05$) von Null (für $\hat{\theta}$, $\hat{\delta}$, $\hat{\sigma}$) bzw. von Eins (für $\hat{\gamma}$) verschieden. In Klammern stehen die Standardabweichungen.

Tabelle 4.13: Parameterschätzungen der SEP-Verteilung für Renditen des gesamten Untersuchungszeitraums.

Aus den Schätzungen lassen sich die folgenden Schlüsse ziehen.

1. Der Wölbungsparameter $\hat{\delta}$ ist stets größer als Eins und scheint mit der Zeit anzuwachsen. Im letzten Untersuchungszeitraum liegt er eher in der Nähe des Wertes Zwei; da dort keine signifikanten Schiefeeffekte zu finden sind, scheinen die Renditen annähernd normalverteilt zu sein.

2. Schiefeeffekte sind selten, und am ehesten im ersten Untersuchungszeitraum, feststellbar. Ebenso ist keine eindeutige Richtung der Schiefe ersichtlich, jedoch scheinen die generell wenig asymmetrischen Renditeverteilungen mit dem Zeitablauf symmetrischer zu werden.

3. Der Skalenparameter σ ist als Volatilität der Renditen interpretierbar. Rein deskriptiv gesehen, steigt die Volatilität im Zeitablauf an.

4. Ein Vergleich der Schätzungen der Schiefe- und Wölbungsparameter aus der reinen Anpassung der Renditen an eine SEP-Verteilung und aus den ML-Schätzungen der Dickey-Fuller-Gleichungen zeigt, dass die Schätzwerte im Wesentlichen übereinstimmen. Daher sind Schätzungen der Schiefe- und Wölbungsparameter aus den Dickey-Fuller-Gleichungen zur Beschreibung der Gestalt der Verteilung der Restgrößen und daraus folgend auch für die Renditen geeignet.

5. Auffällig ist das unterschiedliche Schiefeverhalten der Aktienindizes für den gesamten Untersuchungszeitraum im Vergleich zu den einfachen Kursreihen. Während die Aktienindizes signifikant linksschief sind, ist der Parameter $\hat{\delta}$ für alle Kursreihen kleiner oder gleich Eins und somit tendenziell eher rechtsschief. Diese Verhaltensdiskrepanz ist ähnlich für die Untersuchungszeiträume Zwei und Drei zu finden.

Die Qualität der Anpassung wird graphisch exemplarisch für die Kursreihen des DAFOX und der Continental AG untersucht. Dazu wird für die Renditen die Kerndichtefunktion geschätzt (die Schätzung erfolgt analog zu dem Vorgehen aus Kapitel 2.1.3, vgl. S. 23 f.) und in einer Abbildung mit der sich aus den geschätzten Parametern ergebenden Dichtefunktion einer SEP-Verteilung dargestellt. Zum Vergleich ist zusätzlich die Dichtefunktion einer Normalverteilung mit derselben Varianz (und demselben

Lageparameter) wie die SEP-Verteilung eingezeichnet. Für die um die extremen Werte bereinigten Renditen des DAFOX und der Continental AG zeigen die Abbildungen E.35 bis E.44 (Anhang E, S. 315-319) rein visuell eine ordentliche, aber keine optimale Anpassung der Rendite- durch eine SEP-Verteilung. Jedoch erscheint die SEP-Verteilung besser als die Normalverteilung als Modell für die Renditen geeignet zu sein. Auf eine Untersuchung der Güte der Anpassung mittels Anpassungstests wird im Rahmen dieser Arbeit verzichtet, da hier die Frage nach Schiefe in den Renditeverteilungen von größerem Interesse ist. Außerdem ist die Anpassung nur für um die 2 % extremsten Werte bereinigten Renditen vorgenommen worden.[12]

Schließlich sind in den Tabellen D.57 bis D.61 (Anhang D.4, S. 293-295) an Hand der geschätzten Parameterwerte mit Hilfe der Formeln aus Satz 2.8 und der dazugehörigen Ergänzung (siehe Kapitel 2.3.1, S. 58 und S. 60) die berechneten Erwartungswerte $\widehat{E}(R)$ und Standardabweichungen $\widehat{S}(R)$ sowie die klassischen Schiefe- und Wölbungsmaße (vgl. S. 19) $\widehat{\gamma}_a(R)$ und $\widehat{\gamma}_b(R)$ für die zugehörigen SEP-Verteilungen aufgeführt (Von dem Wölbungsmaß ist noch der Wert Drei abgezogen worden, da im Falle einer Normalverteilung sich dann der Wert Null ergäbe). Diese eignen sich zum Vergleich mit den deskriptiven Verteilungskennziffern aus Tabelle 4.3 (S. 181) bzw. den Tabellen D.9 bis D.12 (Anhang D.1, S. 240-243). Es zeigt sich, dass die durchschnittlichen Renditen mit den Erwartungswerten selten übereinstimmen. Außerdem sind die Vorzeichen der „theoretischen Erwartungswerte" vielfach unplausibel – im vierten Untersuchungszeitraum sind zu wenig negative Erwartungswerte, während in den anderen Untersuchungszeiträumen zu viele zu entdecken sind. Die empirischen Standardabweichungen sind denen der SEP-Verteilungen sehr ähnlich. Die absoluten Differenzen der empirischen und theoretischen Schiefe- bzw. Wölbungsmaße sind eher als gering zu betrachten, obgleich wegen der eher kleinen Asymmetrien in den Verteilungen und den daraus folgenden, nahe bei Null liegenden klassischen Schiefemaßen durchaus unterschiedliche Vorzeichen zwischen den theoretischen und empirischen Schiefemaßen vorkommen.

[12]Es zeigte sich beim Versuch der Parameterschätzung einer SEP-Verteilung für die kompletten Zeitreihen, dass die numerische ML-Methode fast nie konvergiert. Dies kann als Hinweis dafür gewertet werden, dass die SEP-Verteilung für vollständige Renditereihen nicht der wahren Verteilung der Renditen entspricht.

4.5 Strukturbrüche in den Gestaltungsparametern

Nachdem im vorhergehenden Kapitel die Parameter der SEP-Verteilung für die Renditen geschätzt worden sind, wird zum Abschluss des empirischen Teils dieser Arbeit induktiv die Frage untersucht, in wie fern sich die Gestaltungsparameter der empirischen Renditeverteilung im Zeitablauf ändern. An Hand der Anpassungsergebnisse im vorhergehenden Kapitel lässt sich deskriptiv feststellen, dass die (je um die 1 % größten und kleinsten Werte bereinigten) Renditen in den Untersuchungszeiträumen Drei und Vier eher normalverteilt scheinen. Unterstützt wird dies durch die Normalverteilungstests aus Kapitel 4.2. In den ersten beiden Zeiträumen und auch für die gesamte Stichprobe scheinen die Renditen eher einer Laplace-Verteilung ($\delta = 1.0$) zu folgen. Die Rolle der Schiefe der Renditeverteilung ist eher als untergeordnet zu bezeichnen. Es ist jedoch festzustellen, dass in Phasen geringer Volatilität der Aktienkurse, wie sie in den ersten beiden Untersuchungszeiträumen vorzuliegen scheinen, signifikante Schiefe in den Verteilungen wesentlich häufiger zu erkennen sind. Ab dem Jahr 1995 scheinen die Renditen symmetrisch verteilt zu sein.

Die Tendenz der Renditeverteilung im Zeitablauf, von einer (asymmetrischen) Laplace-Verteilung hin zur Normalverteilung, sollte sich in statistischen Tests bzgl. der zeitlichen Stabilität der Gestaltungsparameter widerspiegeln. Auf Grund der Analysen aus Kapitel 2.3.2 sind die ML-Schätzungen der Parameter einer SEP-Verteilung konsistent und normalverteilt. In Kapitel 2.7 ist bereits beschrieben worden, wie sich ein statistischer Test bzgl. der Hypothese der zeitlichen Stabilität der Parameter konstruieren lässt. Auf Grund der Anpassungsergebnisse aus dem vorhergehenden Kapitel scheint hier im Gegensatz zu den Überlegungen aus Kapitel 2.7 von Schiefeparametern mit über den Zeitablauf unterschiedlichen Varianzen auszugehen zu sein. D. h. für zwei Stichproben $x_1, \ldots, x_n$ und $y_1, \ldots, y_m$ als Realisationen der Zufallsvariablen $X_1, \ldots, X_n$ u. $Y_1, \ldots, Y_m$ mit $X_i \sim \text{SEP}\,(\theta_1, \sigma_1, \delta_1, \gamma_1)$ $\forall\, i = 1, \ldots, n$ und $Y_j \sim \text{SEP}\,(\theta_2, \sigma_2 \delta_2, \gamma_2)$ $\forall\, j = 1, \ldots, m$, wobei $\sigma^2_{\theta_1} \neq \sigma^2_{\theta_2}$, $\sigma^2_{\sigma_1} \neq \sigma^2_{\sigma_2}$, $\sigma^2_{\delta_1} \neq \sigma^2_{\delta_2}$ und $\sigma^2_{\gamma_1} \neq \sigma^2_{\gamma_2}$ gilt, sind Teststatistiken bzgl. der Hypothesenpaare,

$$H_0^1: \quad \delta_1 = \delta_2 = \delta \quad \text{vs.} \quad H_1^1: \quad \delta_1 \neq \delta_2 \quad , \tag{4.22}$$

$$H_0^2: \quad \gamma_1 = \gamma_2 = \gamma \quad \text{vs.} \quad H_1^2: \quad \gamma_1 \neq \gamma_2 \quad , \tag{4.23}$$

$$H_0^3: \quad \sigma_1 = \sigma_2 = \sigma \quad \text{vs.} \quad H_1^3: \quad \sigma_1 \neq \sigma_2 \quad , \tag{4.24}$$

gesucht. Mit einfachen Überlegungen analog zu denjenigen aus Kapitel 2.7 ist leicht einzusehen, dass die folgenden Teststatistiken dies erfüllen,

$$T_{\hat{\delta}} = \frac{\hat{\delta}_1 - \hat{\delta}_2}{\sqrt{\hat{\sigma}^2_{\delta_1} - \hat{\sigma}^2_{\delta_2}}} \overset{H_0}{\sim} N(0,1) \quad , \tag{4.25}$$

$$T_{\hat{\gamma}} = \frac{\hat{\gamma}_1 - \hat{\gamma}_2}{\sqrt{\hat{\sigma}^2_{\gamma_1} - \hat{\sigma}^2_{\gamma_2}}} \overset{H_0}{\sim} N(0,1) \quad , \tag{4.26}$$

$$T_{\hat{\sigma}} = \frac{\hat{\sigma}_1 - \hat{\sigma}_2}{\sqrt{\hat{\sigma}^2_{\sigma_1} - \hat{\sigma}^2_{\sigma_2}}} \overset{H_0}{\sim} N(0,1) \quad . \tag{4.27}$$

Mit diesen Teststatistiken werden die geschätzten Parameter der Renditeverteilungen bzgl. der zeitlichen Stabilität überprüft. Dazu werden die geschätzten Volatilitäts-, Schiefe- und Wölbungsparameter des ersten Zeitraums mit denen des zweiten, die des zweiten mit denen des dritten und die Parameter des dritten mit denen des vierten Zeitraums bzgl. Gleichheit bei einem Signifikanzniveau von $\alpha = 0.05$ getestet. Die Werte der Teststatistiken stehen in Tabelle 4.14 für die Gestaltungsparameter und in Tabelle 4.15 für den Skalenparameter – signifikant zur Ablehnung der zeitlichen Stabilitätshypothese führende Ergebnisse sind mit einem * markiert.

Es bestätigt sich die Vermutung, dass sich die Struktur der Parameter über den Zeitablauf ändert. Dabei ist beim Wechsel vom ersten auf den zweiten Zeitraum bei fünf Zeitreihen eine signifikante Änderung des Schiefekoeffizienten festzustellen. Die Vorzeichen der Teststatistiken in diesem Fall sind jedoch alle bis auf einen negativ. Betrachtet man dazu die geschätzten Schiefekoeffizienten für die ersten beiden Zeiträume, so wird eine Tendenz Richtung symmetrischer Verteilungen sichtbar. In den späteren Zeiträumen sind bis auf einen Fall keine signifikanten Änderungen der Schiefekoeffizienten messbar. Wie es auch schon die Schätzungen der Parameter der SEP-Verteilung für die Renditen im vorhergehenden Kapitel vermuten ließen, scheint die Schiefe in den Verteilungen eher in Zeiten geringerer Volatilitäten der Finanzmärkte überhaupt eine Rolle zu spielen, in Phasen stärker Kursschwankungen scheinen die Verteilungen der Renditen symmetrisch zu sein.

	1. - 2. Zeitraum		2. - 3. Zeitraum		3. - 4. Zeitraum	
Zeitreihe	T_δ	T_γ	T_δ	T_γ	T_δ	T_γ
DAFOX	-0.401	-3.113*	0.748	-0.004	-3.528*	0.356
DAX	0.226	-2.808*	1.679	-0.004	-3.656*	2.946*
ALV	n. e.	n. e.	-3.468*	-0.019	-0.303	-0.887
ALT	n. e.	n. e.	-1.869	-0.016	-3.692*	-0.736
BAS	-1.387	-3.300*	-5.704*	-0.003	-0.214	0.494
BAY	-0.467	-3.193*	-3.143*	-0.004	-1.704	-0.270
BMW	-0.909	-0.139	-1.347	0.047	-3.423*	1.348
CBK	-0.104	-0.080	0.556	0.025	-1.787	-0.196
CON	-1.658	-1.255	-0.815	-0.005	-0.610	0.428
HOE	-2.439*	-1.221	-4.309*	-0.006	n. e.	n. e.
HYP	0.259	-0.413	-1.391	0.001	-2.090*	-0.301
KAR	n. e.	n. e.	n. e.	n. e.	-2.771*	0.119
LIN	n. e.	n. e.	n. e.	n. e.	-0.913	0.115
MAN	-3.449*	1.019	-1.209	0.002	-2.274*	0.370
MUV	n. e.	n. e.	n. e.	n. e.	-0.567	1.661
SCH	n. e.	n. e.	n. e.	n. e.	-1.624	-0.952
TUI	n. e.	n. e.	-1.789	-0.015	-3.257*	0.662
VOW	-2.984*	-3.397*	-0.502	-0.012	-1.755	1.024

Mit * sind die Werte gekennzeichnet, für die Wölbungs- bzw. Schiefeparameter in zwei aufeinander folgenden Untersuchungszeiträumen signifikant ($\alpha = 0.05$) unterschiedlich sind. Bei n. e. kann der Strukturbruchtest auf Grund der Divergenz der numerischen ML-Schätzung nicht durchgeführt werden.

Tabelle 4.14: Strukturbruchtests bzgl. Schiefe- und Wölbungsparameter.

Wesentlich auffälliger ist das Verhalten der Wölbungsparameter. Wie es bereits in Kapitel 4.4 zu erkennen war, gibt es eine Tendenz der Renditeverteilungen über die Zeit von Leptokurtis zu Mesokurtis. Diese bestätigt sich durch die Vorzeichen der Strukturbruchteststatistiken bzgl. des Parameters δ, die bis auf fünf Tests negativ sind. Zudem zeigen für 13 Zeitreihen wenigstens einer der drei jeweils durchgeführten Tests eine signifikante Änderung des Wölbungsparameters an.

Zeitreihe	1. - 2. Zeitraum	2. - 3. Zeitraum	3. - 4. Zeitraum
DAFOX	-4.999*	-0.700	-3.654*
DAX	-3.392*	0.621	-7.407*
ALV	n. e.	-6.212*	-1.018
ALT	n. e.	-4.121*	-4.257*
BAS	-3.769*	-10.046*	-0.307
BAY	-3.144*	-5.129*	-1.473
BMW	-3.412*	-3.471*	-3.884*
CBK	-0.371	-0.707	-2.918*
CON	0.977	-1.180	-1.264
HOE	-6.340*	-6.745*	n. e.
HYP	-3.435*	-4.070*	-3.184*
KAR	n. e.	n. e.	-4.623*
LIN	n. e.	n. e.	-0.536
MAN	-8.010*	-1.554	-3.094*
MUV	n. e.	n. e.	-2.226*
SCH	n. e.	n. e.	-2.527*
TUI	n. e.	-3.499*	-4.472*
VOW	-4.244*	-2.388*	-3.136*

Mit * sind die Werte gekennzeichnet, für die Volatilitätsparameter in zwei aufeinander folgenden Untersuchungszeiträumen signifikant ($\alpha = 0.05$) unterschiedlich sind. Bei n. e. kann der Strukturbruchtest auf Grund der Divergenz der numerischen ML-Schätzung nicht durchgeführt werden.

Tabelle 4.15: Strukturbruchtests bzgl. des Volatilitätsparameters

Die Strukturbruchtests bzgl. der zeitlichen Stabilität der Volatilität der Aktienkursreihen zeigen in eine eindeutige Richtung. Die Volatilität steigt mit zunehmender Zeit an. Dies ist sicherlich auf eine Vielzahl von Gründen zurückzuführen. Zum einen ist die größer werdende Anzahl an Teilnehmern des Aktienmarktes zu nennen. Bedingt durch den zunehmend computergestützten Börsenhandel vergrößert sich zudem die Geschwindigkeit des Informationsflußes und des Handels. Sicherlich haben aber auch die von den Unternehmen durchgeführten Aktiensplittings ab dem Jahr 1995 zu einer Vergrößerung der Volatilität beigetragen. Diese Gründe sprechen für einen Effizienzgewinn des Finanzmarktes im Zeitablauf.

Insgesamt zeigen die Analysen dieses und des vorhergehenden Kapitels, dass in den letzten Jahren die Renditen von Aktienkursen bei Vernachlässigung extremer Renditen wesentlich eher einer Normalverteiltung zu entsprechen scheinen, als dies noch in den siebziger und achtziger Jahren der Fall war. Asymmetrien besitzen anscheinend für die Renditen von Kapitalanlagen eher eine untergeordnete Rolle.

Kapitel 5

Zusammenfassung

In dieser Arbeit ist die Familie der skalenparametergesplitteten Verteilungen, die in ihrer allgemeinen Form von GROTTKE (2002) eingeführt worden ist, weiter entwickelt und als Modell für die Renditeverteilungen von Kapitelanlagen, insbesondere Aktien, eingesetzt worden. Im zweiten Kapitel sind theoretisch-statistische Eigenschaften von Verteilungen dieser Verteilungsfamilie vorgestellt worden. Solche Verteilungen eignen sich besonders zur Modellierung von Schiefe, da sie sich im Sinne des allgemeinen Ordnungskonzepts von VAN ZWET (1970) hinsichtlich ihrer Schiefegrade anordnen lassen. Für andere Verteilungsfamilien, wie z. B. das Konzept nach AZZALINI (1985) oder Persons's Typ IV-Verteilung fehlt ein derartiger Beweis bisher. Der Schiefegrad von Verteilungen der skalenparametergesplitteten Verteilungsfamilie wird allein durch das Verhältnis der beiden Skalenparameter gesteuert, so dass im Endeffekt die Schiefe nicht durch zwei, sondern durch einen Schiefeparameter bestimmt ist. Des Weiteren gelang es, im Rahmen der allgemeinen Maximum-Likelihood-Theorie die konsistente und normalverteilte Schätzbarkeit der Parameter skalenparametergesplitteter Verteilungen zu zeigen. Daraus folgend ist es auf einfache Art möglich, statistische Inferenzuntersuchungen bzgl. der Parameter durchzuführen. Drei Verteilungen, die zweiteilige Normal-, die schiefe Exponential-Power- und die schiefe verallgemeinerte t-Verteilung sind im Rahmen dieser Arbeit als Spezialfälle der betrachteten Verteilungsfamilie vorgestellt worden. Für die zweiteilige Normalverteilung gelingt die analytische Darstellung der multivariaten Dichtefunktion. An Hand dieser wird ersichtlich, dass die multivariate zweiteilige Normalverteilung analytisch einer multivariaten Normalverteilung mit spezieller Varianz-Kovarianzstruktur entspricht. Die Schätzung der Kovarianzmatrix und somit auch der Varianzen bzw. Kovarianzen bleibt hinsichtlich der Konsistenzeigenschaft von gegebener Schiefe in den Verteilungen unberührt, jedoch ist die Schätzung bei fälschlicher Zugrundelegung einer symmetrischen Verteilung asymptotisch relativ ineffizienter als bei korrekter Annahme einer symmetrischen Verteilung. Dieses Resultat ist nicht überraschend, jedoch weist es ebenso wie die Schätzungen der Korrelationen in den geschätzten Restgrößen der Dickey-Fuller-Gleichung darauf hin, dass lineare stochastische Prozesse an Hand der geschätzten Korrelationen auch für asymmetrische latente Variablen identifizierbar bleiben.

Bei der simulationsbasierten Analyse der Parameterschätzungen von autoregressiven Prozessen mit SEP-verteilten latenten Variablen, welche hier am Beispiel eines ARSEP (1)-Prozesses vorgenommen worden ist, zeigt sich, dass die Parameter für stationäre Prozesse unverzerrt geschätzt werden. Für grenzinstationäre ARSEP (1)-Prozesse wird hingegen das Absolutglied verzerrt und inkonsistent geschätzt, da schiefe Verteilungen der latenten Variablen einen Drift implizieren. Ist die Verteilung der Störgrößen bekannt, lässt sich der geschätzte Driftterm um den Schiefeeinfluss korrigieren. Das korrigierte geschätzte Absolutglied ist konsistent.

Eine Simulationsstudie bzgl. der normalisierten Einheitswurzelschätzer $T\cdot(\hat{\rho}_\tau - 1)$ bzw. $T\cdot(\hat{\rho}_\mu - 1)$ und $T\cdot(\hat{\rho} - 1)$ unter der Annahme asymmetrischer Störgrößen ergab, dass für diese nicht mehr die bei FULLER (1976, S. 371) tabellierten kritischen Werte Gültigkeit besitzen. Exemplarisch sind im Rahmen dieser Arbeit die stattdessen gültigen kritischen Werte per Simulationsexperimente ermittelt worden. Gravierender ist das fälschliche Vernachlässigen von Asymmetrien in den Verteilungen der latenten Variablen für Einheitswurzeltests auf Basis der Schätzung der Dickey-Fuller-Gleichung mit Drift als alleinigem deterministischen Bestandteil. Dann führen asymmetrisch verteilte Störgrößen ε_t mit $E(\varepsilon_t) \neq 0$ zu einem echten deterministischen Drift und damit zur Standardnormalverteilung der klassischen Teststatistik $\hat{\tau}_\mu$ gemäß DICKEY, FULLER (1978, S. 428).

Im empirischen Teil dieser Arbeit sind SEP-Verteilungen als Modell für Renditen von Kapitalanlagen in Betracht gezogen worden. Durch diese Wahl sind die von MANDELBROT (1963) als Modell für Renditen ins Gespräch gebrachten stabilen Verteilungen (bis auf die Normalverteilung) nicht in die Analyse einbezogen worden. Dafür sind zwei Gründe ausschlaggebend gewesen. Zum einen sollte die Frage nach Asymmetrien in Renditeverteilungen mit einer möglichst einfachen, also auch mit möglichst wenig Parametern auskommenden Verteilung beantwortet werden, die zusätzlich die Anforderungen des Anordnens hinsichtlich des Schiefegrades nach dem Kriterium von VAN ZWET (1970) erfüllt. Die von GROTTKE (2002) diskutierte generalisierte t-Verteilung vom Typ 2 beinhaltet neben der Normalverteilung noch weitere stabile Verteilungen (vgl. dazu den Verteilungsbaum bei GROTTKE, 2002, S. 17), jedoch erscheint diese Verteilung im Vergleich zur SEP-Verteilung überparametrisiert. Dies spiegelt sich bei eigenen Versuchen in schlechten Konvergenzeigenschaften der numerischen Maximierung der Likelihoodfunktion im Vergleich zu den in der Empirie ausreichenden Konvergenzeigenschaften der numerischen ML-Methode bei der Betrachtung von SEP-Verteilungen wider. Daraus folgend eignen sich generalisierte t-Verteilungen vom Typ 2 wesentlich schlechter bei der Durchführung der Simulationsexperimente, auf die ein weiterer Schwerpunkt dieser Arbeit gelegt war.

Bei der Durchführung der verschiedenen Einheitswurzeltests, um die aus dem Ansatz von Black/Scholes implizierte geometrische Brownsche Bewegung als Modell für Kapitalanlagen zu testen, ergeben sich zunächst Bedenken hinsichtlich der Korrektheit der Einheitswurzelhypothese. Dies begründet sich durch die sich aus den Tests ergebende überhöhte Anzahl an Ablehnungen dieser Hypothese in den Teilperioden. Insbesondere in den Zeiträumen Juli 1984 bis Juni 1995 und Juli 1995 bis Februar 2000 tritt diese Auffälligkeit auf. Bei der Betrachtung des gesamten Untersuchungszeitraums wird die Einheitswurzelhypothese so gut wie nie abgelehnt. Diese sich scheinbar widersprechenden Beobachtungen relativieren sich bei der Betrachtung der strukturellen Parameter σ, δ und γ der angepassten SEP-Verteilung und den Überlegungen zu über die Zeit gesehenen Änderungen dieser Parameter. Es ergibt sich, dass der als Volatilität der Renditen interpretierbare Parameter σ mit der Zeit ansteigt. Dies geht vollkommen konform mit der Darstellung eines Random Walk mit Drift als deterministischem Zeittrend plus einem Störgrößenprozess mit wachsenden Varianzen (vgl. Gleichung (3.30), S. 132). Ebenso sinnvoll erscheint das mit dem Zeitverlauf beobachtete Ansteigen des Gestaltungsparameters δ hin zum Wert Zwei, was bei Symmetrie der Verteilung zur Normalverteilung der um die 1 % größten und 1 % kleinsten Werte bereinigten Renditen führt. In der Tat scheint Schiefe bei der Suche nach der „wahren" Renditeverteilung eher eine untergeordnete bzw. seit Mitte 1995 keine Rolle zu spielen. Ökonomisch lässt sich das Ansteigen des Parameters δ als Effizienzgewinn der Finanzmärkte, bedingt durch den stetigen Anstieg der Informationen für die Anleger und die technologisch zu begründende steigende Geschwindigkeit des Informationsflusses, interpretieren.

Da im Rahmen dieser Arbeit um extreme Werte bereinigte Renditen betrachtet worden sind, ist durch die hier gewonnenen Erkenntnisse für zukünftige Forschungstätigkeiten hinsichtlich der Renditeverteilungen vor allem die Betrachtung der extremen Renditewerte zu empfehlen. Hier drängen sich die Fragen auf, ob es sich bei den extremen Werten um echte statistische Ausreißer handelt, die durch eine auf externe Effekte zurückzuführende Fehlfunktion des Finanzmarktes zu erklären sind. Es ist zu klären, ob die Renditen stabil und dabei nicht normalverteilt sind, mit evtl. nicht existierenden Varianzen. Dabei sprechen die Ergebnisse bei der empirischen Betrachtung von deutschen Aktienkursen dafür, bedingt durch die beobachteten strukturellen Änderungen in den Gestaltungsparametern, eher Daten ab dem Zeitpunkt Mitte der 90er Jahre zu analysieren.

Anhang A

Sätze und Beweise

Satz A.1. *Zwei Zufallsvariablen X_1, X_2, die eine gemeinsame Dichtefunktion gemäß Definition 2.8 (a) besitzen, sind stochastisch unabhängig.*

Beweis: Es ist die Beziehung $f_{X_1,X_2}(x_1, x_2) = f_{X_1}(x_1) \cdot f_{X_2}(x_2)$ zu zeigen. Deswegen ist der Ausgangspunkt des Beweises die gemeinsame Dichtefunktion der Zufallsvariablen X_1, X_2,

$$f_{X_1,X_2}(x_1, x_2) = c \cdot \begin{cases} e^{-\frac{1}{2}\cdot\left[\left(\frac{x_1-\theta}{\sigma_l}\right)^2+\left(\frac{x_2-\theta}{\sigma_l}\right)^2\right]} & , x_1 \leq \theta,\ x_2 \leq \theta \\ e^{-\frac{1}{2}\cdot\left[\left(\frac{x_1-\theta}{\sigma_l}\right)^2+\left(\frac{x_2-\theta}{\sigma_r}\right)^2\right]} & , x_1 \leq \theta,\ x_2 > \theta \\ e^{-\frac{1}{2}\cdot\left[\left(\frac{x_1-\theta}{\sigma_r}\right)^2+\left(\frac{x_2-\theta}{\sigma_l}\right)^2\right]} & , x_1 > \theta,\ x_2 \leq \theta \\ e^{-\frac{1}{2}\cdot\left[\left(\frac{x_1-\theta}{\sigma_r}\right)^2+\left(\frac{x_2-\theta}{\sigma_r}\right)^2\right]} & , x_1 > \theta,\ x_2 > \theta \end{cases}$$

mit $c = \frac{4}{2\pi(\sigma_l+\sigma_r)^2}$.

Der Teil rechts von { wird nun mit $\tilde{f}(x_1, x_2)$ bezeichnet. Es gilt:

$$\begin{aligned}
\tilde{f}(x_1,x_2) &= e^{-\frac{1}{2}\cdot\left[\left(\frac{x_1-\theta}{\sigma_l}\right)^2+\left(\frac{x_2-\theta}{\sigma_l}\right)^2\right]}\cdot \mathbb{1}_{]-\infty,\theta]}(x_1)\cdot \mathbb{1}_{]-\infty,\theta]}(x_2)\\
&+ e^{-\frac{1}{2}\cdot\left[\left(\frac{x_1-\theta}{\sigma_l}\right)^2+\left(\frac{x_2-\theta}{\sigma_r}\right)^2\right]}\cdot \mathbb{1}_{]-\infty,\theta]}(x_1)\cdot \mathbb{1}_{]\theta,\infty[}(x_2)\\
&+ e^{-\frac{1}{2}\cdot\left[\left(\frac{x_1-\theta}{\sigma_r}\right)^2+\left(\frac{x_2-\theta}{\sigma_l}\right)^2\right]}\cdot \mathbb{1}_{]\theta,\infty[}(x_1)\cdot \mathbb{1}_{]-\infty,\theta]}(x_2)\\
&+ e^{-\frac{1}{2}\cdot\left[\left(\frac{x_1-\theta}{\sigma_r}\right)^2+\left(\frac{x_2-\theta}{\sigma_r}\right)^2\right]}\cdot \mathbb{1}_{]\theta,\infty[}(x_1)\cdot \mathbb{1}_{]\theta,\infty[}(x_2)
\end{aligned}$$

Nun wird die Eigenschaft der Exponentialfunktion, $e^{a+b} = e^a \cdot e^b$ für beliebige $a, b \in \mathbb{R}$, angewendet. Man erhält:

$$\begin{aligned}
\tilde{f}(x_1,x_2) = {} & e^{-\frac{1}{2}\left(\frac{x_1-\theta}{\sigma_l}\right)^2}\\
&\cdot \mathbb{1}_{]-\infty,\theta]}(x_1)\left[e^{-\frac{1}{2}\left(\frac{x_2-\theta}{\sigma_l}\right)^2}\mathbb{1}_{]-\infty,\theta]}(x_2)+e^{-\frac{1}{2}\left(\frac{x_2-\theta}{\sigma_r}\right)^2}\mathbb{1}_{]\theta,\infty[}(x_2)\right]\\
&+ e^{-\frac{1}{2}\left(\frac{x_1-\theta}{\sigma_r}\right)^2}\\
&\cdot \mathbb{1}_{]\theta,\infty[}(x_1)\left[e^{-\frac{1}{2}\left(\frac{x_2-\theta}{\sigma_l}\right)^2}\mathbb{1}_{]-\infty,\theta]}(x_2)+e^{-\frac{1}{2}\left(\frac{x_2-\theta}{\sigma_r}\right)^2}\mathbb{1}_{]\theta,\infty[}(x_2)\right]\\
= {} & \left[e^{-\frac{1}{2}\left(\frac{x_1-\theta}{\sigma_l}\right)^2}\mathbb{1}_{]-\infty,\theta]}(x_1)+e^{-\frac{1}{2}\left(\frac{x_1-\theta}{\sigma_r}\right)^2}\mathbb{1}_{]\theta,\infty[}(x_1)\right]\\
&\cdot \left[e^{-\frac{1}{2}\left(\frac{x_2-\theta}{\sigma_l}\right)^2}\mathbb{1}_{]-\infty,\theta]}(x_2)+e^{-\frac{1}{2}\left(\frac{x_2-\theta}{\sigma_r}\right)^2}\mathbb{1}_{]\theta,\infty[}(x_2)\right]
\end{aligned}$$

Mit,

$$f_{X_1,X_2}(x_1,x_2) = \sqrt{c}\cdot\sqrt{c}\cdot\tilde{f}(x_1,x_2) \quad ,$$

und,

$$f_{X_i}(x_i) = \sqrt{c}\cdot\left[e^{-\frac{1}{2}\left(\frac{x_i-\theta}{\sigma_l}\right)^2}\mathbb{1}_{]-\infty,\theta]}(x_i)+e^{-\frac{1}{2}\left(\frac{x_i-\theta}{\sigma_r}\right)^2}\mathbb{1}_{]\theta,\infty[}(x_i)\right] ,$$

für $i = 1, 2$, erhält man schließlich den gesuchten Zusammenhang,

$$f_{X_1,X_2}(x_1,x_2) = f_{X_1}(x_1)\cdot f_{X_2}(x_2) \quad .$$

□

Satz A.2. *Die durch,*

$$y_t^2 = \begin{cases} n \quad , \quad t = 1 + \sum\limits_{j=0}^{n-1} j \ , \ mit\ n \in \mathbb{N} \setminus \{0\}, \\ 0 \quad , \quad sonst, \end{cases}$$

definierte Folge (y_t) *ist divergent und es gilt* $\lim\limits_{T\to\infty} \frac{1}{T} \sum\limits_{t=1}^{T} y_t^2 = 1$.

Beweis: Die durch Satz A.2 definierte Folge (y_t) ist offensichtlich divergent, d. h. es gilt,

$$\lim_{T\to\infty} y_t^2 = \infty \quad .$$

Für den Nachweis von $\lim\limits_{T\to\infty} \frac{1}{T} \sum\limits_{t=1}^{T} y_t^2 = 1$ wird zuerst für ein festes T der Term $\frac{1}{T} \sum\limits_{t=1}^{T} y_t^2$ berechnet. Dieser entspricht der Summe der ersten n natürlichen Zahlen dividiert durch T,

$$\frac{1}{T} \sum_{t=1}^{T} y_t^2 = \frac{1}{T} \cdot \frac{n \cdot (n+1)}{2} \quad . \tag{A.1}$$

Die Folge (y_t) enthält eine große Anzahl von Nullen, die durch eine systematische Regel entstehen. Deshalb werden zwei Fälle betrachtet.

Fall 1:
Der letzte Wert der Folge (y_t) entspricht dem Wert n.

Somit besitzt die Folge $T = 1 + \sum\limits_{j=0}^{n-1} j = 1 + \frac{n\cdot(n-1)}{2}$ Elemente > 0. Diese Anzahl eingesetzt in (A.1) ergibt,

$$\frac{1}{T} \sum_{t=1}^{T} y_t^2 = \frac{1}{1 + \frac{n\cdot(n-1)}{2}} \cdot \frac{n \cdot (n+1)}{2} = \frac{1}{\frac{2}{n\cdot(n+1)} + \frac{n-1}{n+1}} > 1 \quad .$$

Aus $T \to \infty$ folgt $n \to \infty$. Da aber $\frac{2}{n\cdot(n+1)} \overset{n\to\infty}{\longrightarrow} 0$ sowie $\frac{n-1}{n+1} \overset{n\to\infty}{\longrightarrow} 1$ gilt, erhält man für diesen Fall schließlich,

$$\lim_{T\to\infty} \frac{1}{T} \sum_{t=1}^{T} y_t^2 = 1 \quad .$$

Fall 2:
Der letzte Wert der Folge (y_t) entspricht dem Wert 0, der darauf folgende Wert entspräche dem Wert $n+1$.

Die Folge (y_t) besitzt in diesem Fall $T = 1 + \frac{n\cdot(n+1)}{2} - 1 = \frac{n\cdot(n+1)}{2}$ Elemente > 0. Deshalb ist hier der gesuchte Grenzwert stets gleich Eins.

Noch zu zeigen ist, dass der Grenzwert von $\frac{1}{T} \sum\limits_{t=1}^{T} y_t^2$ auch für alle anderen möglichen Anzahlen von Elementen der Folge (y_t) gleich Eins ist. Dazu reicht die Betrachtung von,

$$T \in \{1 + \frac{n\cdot(n-1)}{2} + 1, 1 + \frac{n\cdot(n-1)}{2} + 2, \ldots, 1 + \frac{n\cdot(n+1)}{2} - 1\} \quad .$$

Da für alle diese möglichen Anzahlen von Elementen der Folge,

$$\sum_{t=1}^{T} y_t^2 = \frac{n\cdot(n+1)}{2} \quad ,$$

gilt, ist $\frac{1}{T} \sum\limits_{t=1}^{T} y_t^2$ für diese Fälle streng monoton fallend. Daraus folgt, dass auch hier stets,

$$\lim_{T\to\infty} \frac{1}{T} \sum_{t=1}^{T} y_t^2 = 1 \quad ,$$

ist, womit die Behauptungen aus Satz A.2 bewiesen sind. □

Anhang B

SEP-Dichtefunktionen

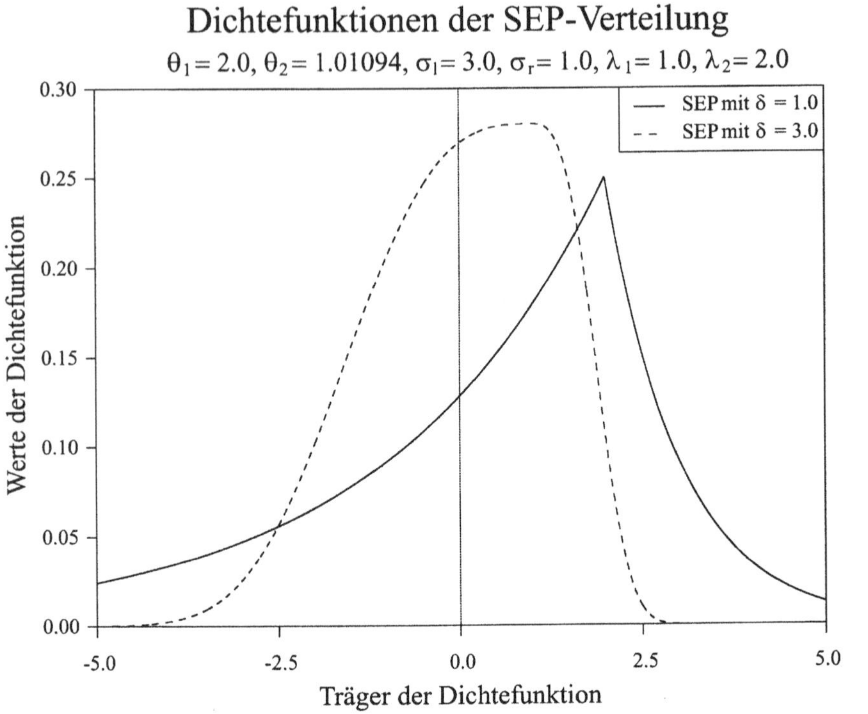

Die Lageparameter sind mit $\theta_1 = 2.0$ und $\theta_2 = 1.01094$ so gewählt, dass die Verteilungen einen Erwartungswert von Null haben. Die Schiefeparameter sind für beide Dichten identisch mit $\sigma_l = 3.0$ und $\sigma_r = 1.0$.

Abbildung B.1: Darstellung zweier linksschiefer Dichtefunktionen einer SEP-Verteilung für die Gestaltungsparameter $\delta = 1.0$, $\delta = 3.0$.

Anhang C

Mean Square Error bei der Kovarianzmatrixschätzung

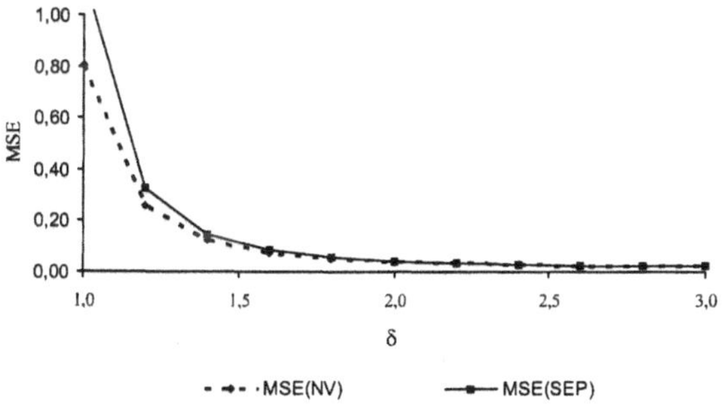

Abbildung C.1: Darstellung von $\widehat{MSE}_1(\hat{\Omega})$ und $\widetilde{MSE}_1(\hat{\Omega})$ für verschiedene δ der SEP-Verteilung.

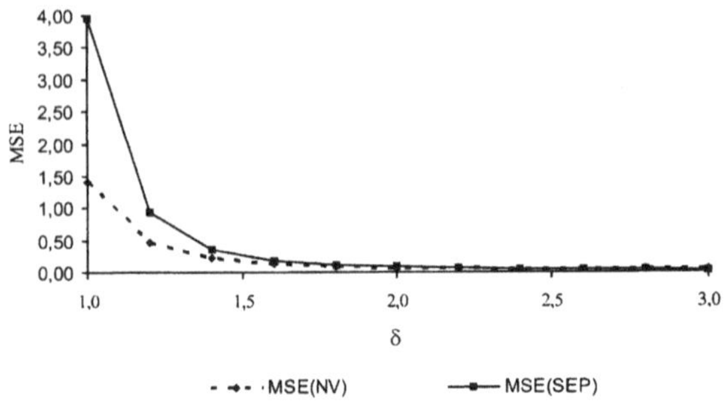

Abbildung C.2: Darstellung von $\widehat{MSE}_2(\hat{\Omega})$ und $\widetilde{MSE}_2(\hat{\Omega})$ für verschiedene δ der SEP-Verteilung.

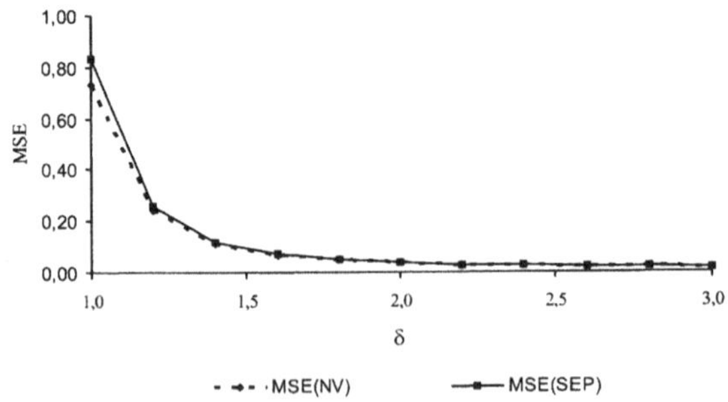

Abbildung C.3: Darstellung von $\widehat{MSE}_3(\hat{\Omega})$ und $\widetilde{MSE}_3(\hat{\Omega})$ für verschiedene δ der SEP-Verteilung.

Anhang D

Tabellen

D.1 Kritische Werte der degenerierten Einheitswurzeltests

Stichprobenumfang T = 50

δ=0.5	$\gamma = 1.5$	$\gamma = 2.0$	$\gamma = 2.5$	$\gamma = 3.0$	$\gamma = 5.0$
α=0.01	-1.750 (0.895)	-0.216 (0.047)	-0.092 (0.016)	-0.058 (0.008)	-0.032 (0.006)
α=0.05	-0.420 (0.055)	-0.069 (0.009)	-0.030 (0.004)	-0.019 (0.003)	-0.005 (0.002)
α=0.10	-0.194 (0.024)	-0.030 (0.004)	-0.010 (0.002)	-0.005 (0.002)	0.003 (0.001)

δ=1.0	$\gamma = 1.5$	$\gamma = 2.0$	$\gamma = 2.5$	$\gamma = 3.0$	$\gamma = 5.0$
α=0.01	-2.568 (0.394)	-0.718 (0.065)	-0.413 (0.040)	-0.336 (0.032)	-0.133 (0.019)
α=0.05	-0.991 (0.083)	-0.372 (0.027)	-0.227 (0.016)	-0.167 (0.015)	-0.052 (0.008)
α=0.10	-0.620 (0.044)	-0.233 (0.018)	-0.140 (0.012)	-0.099 (0.010)	-0.003 (0.007)

δ=1.5	$\gamma = 1.5$	$\gamma = 2.0$	$\gamma = 2.5$	$\gamma = 3.0$	$\gamma = 5.0$
α=0.01	-2.780 (0.363)	-0.863 (0.070)	-0.521 (0.037)	-0.400 (0.030)	-0.204 (0.021)
α=0.05	-1.317 (0.086)	-0.522 (0.032)	-0.325 (0.018)	-0.239 (0.014)	-0.111 (0.007)
α=0.10	-0.920 (0.052)	-0.379 (0.019)	-0.232 (0.015)	-0.165 (0.011)	-0.071 (0.006)

δ=2.0	$\gamma = 1.5$	$\gamma = 2.0$	$\gamma = 2.5$	$\gamma = 3.0$	$\gamma = 5.0$
α=0.01	-2.445 (0.308)	-0.780 (0.061)	-0.480 (0.032)	-0.343 (0.021)	-0.168 (0.015)
α=0.05	-1.243 (0.084)	-0.485 (0.026)	-0.312 (0.017)	-0.211 (0.013)	-0.094 (0.007)
α=0.10	-0.870 (0.047)	-0.355 (0.018)	-0.225 (0.012)	-0.152 (0.009)	-0.055 (0.006)

Fortsetzung auf der nächsten Seite

δ=2.5	$\gamma = 1.5$	$\gamma = 2.0$	$\gamma = 2.5$	$\gamma = 3.0$	$\gamma = 5.0$
α=0.01	-2.127 (0.288)	-0.679 (0.044)	-0.438 (0.028)	-0.321 (0.020)	-0.151 (0.011)
α=0.05	-1.080 (0.070)	-0.436 (0.021)	-0.273 (0.015)	-0.206 (0.011)	-0.081 (0.006)
α=0.10	-0.768 (0.040)	-0.323 (0.016)	-0.199 (0.010)	-0.148 (0.009)	-0.046 (0.006)

δ=3.0	$\gamma = 1.5$	$\gamma = 2.0$	$\gamma = 2.5$	$\gamma = 3.0$	$\gamma = 5.0$
α=0.01	-1.731 (0.232)	-0.620 (0.042)	-0.384 (0.023)	-0.275 (0.023)	-0.126 (0.008)
α=0.05	-0.914 (0.059)	-0.385 (0.019)	-0.247 (0.013)	-0.171 (0.009)	-0.068 (0.006)
α=0.10	-0.652 (0.032)	-0.292 (0.015)	-0.181 (0.010)	-0.122 (0.007)	-0.037 (0.005)

α bezeichnet das Signifikanzniveau, δ den Wölbungs- und γ den Schiefeparameter. In Klammern stehen die geschätzten Standardabweichungen der simulierten kritischen Werte.

Tabelle D.1: Simulierte kritische Werte des DDF-Tests für die Teststatistik $T \cdot (\hat{\rho} - 1)$, $T = 50$.

δ=0.5	$\gamma = 1.5$	$\gamma = 2.0$	$\gamma = 2.5$	$\gamma = 3.0$	$\gamma = 5.0$
α=0.01	-1.641 (0.291)	-1.221 (0.095)	-0.962 (0.068)	-0.834 (0.057)	-0.077 (0.016)
α=0.05	-0.795 (0.059)	-0.727 (0.047)	-0.555 (0.051)	-0.335 (0.050)	-0.020 (0.005)
α=0.10	-0.499 (0.044)	-0.477 (0.036)	-0.296 (0.032)	-0.133 (0.026)	-0.003 (0.002)
δ=1.0	$\gamma = 1.5$	$\gamma = 2.0$	$\gamma = 2.5$	$\gamma = 3.0$	$\gamma = 5.0$
α=0.01	-8.843 (1.054)	-3.267 (0.360)	-1.832 (0.159)	-1.382 (0.104)	-1.117 (0.099)
α=0.05	-4.334 (0.330)	-1.771 (0.112)	-1.048 (0.066)	-0.781 (0.055)	-0.669 (0.040)
α=0.10	-2.949 (0.178)	-1.215 (0.064)	-0.698 (0.050)	-0.521 (0.038)	-0.473 (0.026)
δ=1.5	$\gamma = 1.5$	$\gamma = 2.0$	$\gamma = 2.5$	$\gamma = 3.0$	$\gamma = 5.0$
α=0.01	-10.895 (1.018)	-3.827 (0.386)	-2.291 (0.145)	-1.701 (0.094)	-1.121 (0.086)
α=0.05	-6.145 (0.394)	-2.303 (0.123)	-1.473 (0.072)	-1.141 (0.051)	-0.698 (0.035)
α=0.10	-4.195 (0.229)	-1.693 (0.079)	-1.129 (0.051)	-0.859 (0.040)	-0.498 (0.030)
δ=2.0	$\gamma = 1.5$	$\gamma = 2.0$	$\gamma = 2.5$	$\gamma = 3.0$	$\gamma = 5.0$
α=0.01	-11.098 (0.992)	-3.722 (0.296)	-2.234 (0.148)	-1.744 (0.113)	-1.092 (0.070)
α=0.05	-6.006 (0.410)	-2.267 (0.106)	-1.455 (0.065)	-1.150 (0.049)	-0.716 (0.037)
α=0.10	-4.252 (0.217)	-1.734 (0.078)	-1.118 (0.048)	-0.895 (0.044)	-0.533 (0.028)

Fortsetzung auf der nächsten Seite

δ=2.5	$\gamma = 1.5$	$\gamma = 2.0$	$\gamma = 2.5$	$\gamma = 3.0$	$\gamma = 5.0$
α=0.01	-10.416 (0.947)	-3.492 (0.262)	-2.205 (0.160)	-1.667 (0.109)	-1.054 (0.068)
α=0.05	-5.794 (0.334)	-2.165 (0.110)	-1.432 (0.065)	-1.109 (0.053)	-0.684 (0.032)
α=0.10	-3.979 (0.228)	-1.621 (0.072)	-1.110 (0.044)	-0.858 (0.035)	-0.524 (0.024)
δ=3.0	$\gamma = 1.5$	$\gamma = 2.0$	$\gamma = 2.5$	$\gamma = 3.0$	$\gamma = 5.0$
α=0.01	-9.333 (0.759)	-3.291 (0.282)	-2.088 (0.158)	-1.611 (0.110)	-1.016 (0.068)
α=0.05	-5.369 (0.356)	-2.051 (0.095)	-1.367 (0.061)	-1.076 (0.050)	-0.670 (0.035)
α=0.10	-3.752 (0.197)	-1.541 (0.068)	-1.046 (0.048)	-0.826 (0.036)	-0.505 (0.023)

α bezeichnet das Signifikanzniveau, δ den Wölbungs- und γ den Schiefeparameter. In Klammern stehen die geschätzten Standardabweichungen der simulierten kritischen Werte.

Tabelle D.2: Simulierte kritische Werte des DDF-Tests für die Teststatistik $T \cdot (\hat{\rho}_\mu - 1)$, $T = 50$.

δ=0.5	$\gamma = 1.5$	$\gamma = 2.0$	$\gamma = 2.5$	$\gamma = 3.0$	$\gamma = 5.0$
α=0.01	-5.130 (0.920)	-1.269 (0.197)	-0.941 (0.129)	-0.790 (0.166)	-0.235 (0.052)
α=0.05	-1.615 (0.190)	-0.444 (0.049)	-0.353 (0.042)	-0.267 (0.029)	-0.037 (0.015)
α=0.10	-0.840 (0.089)	-0.224 (0.030)	-0.160 (0.021)	-0.132 (0.018)	0.034 (0.011)

δ=1.0	$\gamma = 1.5$	$\gamma = 2.0$	$\gamma = 2.5$	$\gamma = 3.0$	$\gamma = 5.0$
α=0.01	-19.208 (1.154)	-14.745 (1.084)	-10.877 (1.113)	-9.252 (1.079)	-3.809 (0.681)
α=0.05	-12.809 (0.524)	-8.810 (0.551)	-5.566 (0.512)	-3.890 (0.513)	-0.264 (0.093)
α=0.10	-9.893 (0.442)	-5.924 (0.427)	-2.534 (0.511)	-0.923 (0.369)	-0.006 (0.023)

δ=1.5	$\gamma = 1.5$	$\gamma = 2.0$	$\gamma = 2.5$	$\gamma = 3.0$	$\gamma = 5.0$
α=0.01	-23.997 (0.966)	-21.056 (0.989)	-19.062 (1.097)	-16.272 (0.951)	-12.539 (0.979)
α=0.05	-17.793 (0.576)	-15.350 (0.523)	-13.401 (0.526)	-11.006 (0.503)	-7.329 (0.457)
α=0.10	-14.677 (0.449)	-12.625 (0.442)	-10.697 (0.374)	-8.440 (0.383)	-4.974 (0.313)

δ=2.0	$\gamma = 1.5$	$\gamma = 2.0$	$\gamma = 2.5$	$\gamma = 3.0$	$\gamma = 5.0$
α=0.01	-24.818 (0.938)	-22.256 (1.165)	-20.417 (1.100)	-19.441 (1.101)	-14.313 (0.797)
α=0.05	-18.800 (0.556)	-16.379 (0.572)	-14.624 (0.526)	-13.227 (0.532)	-9.220 (0.526)
α=0.10	-15.677 (0.454)	-13.311 (0.444)	-12.036 (0.397)	-10.588 (0.341)	-6.579 (0.344)

Fortsetzung auf der nächsten Seite

δ=2.5	$\gamma = 1.5$	$\gamma = 2.0$	$\gamma = 2.5$	$\gamma = 3.0$	$\gamma = 5.0$
α=0.01	-24.623 (0.960)	-22.241 (0.949)	-21.360 (1.071)	-20.413 (1.138)	-14.865 (0.965)
α=0.05	-18.441 (0.574)	-16.310 (0.555)	-15.244 (0.523)	-14.157 (0.554)	-9.362 (0.533)
α=0.10	-15.561 (0.397)	-13.266 (0.410)	-12.515 (0.389)	-11.355 (0.406)	-6.771 (0.396)

δ=3.0	$\gamma = 1.5$	$\gamma = 2.0$	$\gamma = 2.5$	$\gamma = 3.0$	$\gamma = 5.0$
α=0.01	-24.541 (1.261)	-21.953 (1.296)	-21.062 (1.178)	-20.201 (1.079)	-15.082 (1.006)
α=0.05	-18.004 (0.524)	-15.473 (0.550)	-14.794 (0.512)	-13.953 (0.563)	-9.538 (0.539)
α=0.10	-15.076 (0.450)	-12.730 (0.441)	-12.205 (0.354)	-11.162 (0.392)	-6.615 (0.380)

α bezeichnet das Signifikanzniveau, δ den Wölbungs- und γ den Schiefeparameter. In Klammern stehen die geschätzten Standardabweichungen der simulierten kritischen Werte.

Tabelle D.3: Simulierte kritische Werte des DDF-Tests für die Teststatistik $T \cdot (\hat{\rho}_\tau - 1)$, $T = 50$.

Stichprobenumfang T = 200

δ=0.5	$\gamma = 1.5$	$\gamma = 2.0$	$\gamma = 2.5$	$\gamma = 3.0$	$\gamma = 5.0$
α=0.01	-0.400 (0.071)	-0.123 (0.012)	-0.087 (0.010)	-0.095 (0.008)	-0.050 (0.005)
α=0.05	-0.147 (0.016)	-0.059 (0.006)	-0.038 (0.004)	-0.056 (0.004)	-0.013 (0.002)
α=0.10	-0.073 (0.009)	-0.030 (0.004)	-0.017 (0.002)	-0.028 (0.004)	-0.002 (0.002)
δ=1.0	$\gamma = 1.5$	$\gamma = 2.0$	$\gamma = 2.5$	$\gamma = 3.0$	$\gamma = 5.0$
α=0.01	-1.044 (0.092)	-0.535 (0.040)	-0.848 (2.251)	-0.286 (0.022)	-0.154 (0.014)
α=0.05	-0.626 (0.030)	-0.309 (0.018)	-0.270 (0.019)	-0.157 (0.010)	-0.083 (0.006)
α=0.10	-0.461 (0.025)	-0.222 (0.012)	-0.175 (0.012)	-0.010 (0.009)	-0.048 (0.005)
δ=1.5	$\gamma = 1.5$	$\gamma = 2.0$	$\gamma = 2.5$	$\gamma = 3.0$	$\gamma = 5.0$
α=0.01	-1.340 (0.101)	-0.631 (0.038)	-0.433 (0.029)	-1.117 (17.081)	-0.189 (0.013)
α=0.05	-0.845 (0.044)	-0.417 (0.022)	-0.304 (0.015)	-0.264 (0.015)	-0.117 (0.006)
α=0.10	-0.634 (0.029)	-0.308 (0.015)	-0.217 (0.012)	-0.184 (0.010)	-0.083 (0.005)
δ=2.0	$\gamma = 1.5$	$\gamma = 2.0$	$\gamma = 2.5$	$\gamma = 3.0$	$\gamma = 5.0$
α=0.01	-1.298 (0.090)	-0.629 (0.037)	-0.401 (0.022)	-0.333 (0.015)	-0.166 (0.010)
α=0.05	-0.822 (0.044)	-0.409 (0.022)	-0.266 (0.013)	-0.227 (0.011)	-0.103 (0.006)
α=0.10	-0.618 (0.030)	-0.305 (0.014)	-0.189 (0.010)	-0.171 (0.008)	-0.068 (0.005)

Fortsetzung auf der nächsten Seite

δ=2.5	$\gamma = 1.5$	$\gamma = 2.0$	$\gamma = 2.5$	$\gamma = 3.0$	$\gamma = 5.0$
α=0.01	-1.297 (0.114)	-0.560 (0.031)	-0.358 (0.024)	-0.304 (0.019)	-0.149 (0.011)
α=0.05	-0.792 (0.043)	-0.358 (0.016)	-0.240 (0.013)	-0.196 (0.010)	-0.092 (0.006)
α=0.10	-0.586 (0.027)	-0.174 (0.013)	-0.174 (0.010)	-0.147 (0.007)	-0.058 (0.005)

δ=3.0	$\gamma = 1.5$	$\gamma = 2.0$	$\gamma = 2.5$	$\gamma = 3.0$	$\gamma = 5.0$
α=0.01	-1.090 (0.073)	-0.514 (0.034)	-0.336 (0.021)	-0.258 (0.017)	-0.139 (0.009)
α=0.05	-0.717 (0.033)	-0.346 (0.015)	-0.217 (0.012)	-0.173 (0.008)	-0.085 (0.006)
α=0.10	-0.539 (0.025)	-0.267 (0.013)	-0.160 (0.008)	-0.131 (0.007)	-0.056 (0.004)

α bezeichnet das Signifikanzniveau, δ den Wölbungs- und γ den Schiefeparameter. In Klammern stehen die geschätzten Standardabweichungen der simulierten kritischen Werte.

Tabelle D.4: Simulierte kritische Werte des DDF-Tests für die Teststatistik $T \cdot (\hat{\rho} - 1)$, $T = 200$.

δ=0.5	$\gamma = 1.5$	$\gamma = 2.0$	$\gamma = 2.5$	$\gamma = 3.0$	$\gamma = 5.0$
α=0.01	-2.490 (0.298)	-1.842 (0.256)	-0.258 (0.048)	-0.186 (0.026)	-0.116 (0.014)
α=0.05	-1.164 (0.098)	-0.518 (0.088)	-0.092 (0.012)	-0.074 (0.010)	-0.048 (0.006)
α=0.10	-0.636 (0.062)	-0.206 (0.028)	-0.040 (0.006)	-0.034 (0.004)	-0.018 (0.003)
δ=1.0	$\gamma = 1.5$	$\gamma = 2.0$	$\gamma = 2.5$	$\gamma = 3.0$	$\gamma = 5.0$
α=0.01	-2.404 (0.202)	-1.022 (0.076)	-1.004 (0.192)	-2.976 (0.194)	-0.554 (0.088)
α=0.05	-1.448 (0.068)	-0.650 (0.034)	-0.518 (0.028)	-0.846 (0.328)	-0.304 (0.016)
α=0.10	-1.088 (0.050)	-0.492 (0.024)	-0.372 (0.020)	-0.420 (0.028)	-0.216 (0.012)
δ=1.5	$\gamma = 1.5$	$\gamma = 2.0$	$\gamma = 2.5$	$\gamma = 3.0$	$\gamma = 5.0$
α=0.01	-3.058 (0.248)	-1.238 (0.070)	-0.854 (0.044)	-0.770 (0.068)	-2.972 (0.248)
α=0.05	-1.808 (0.100)	-0.848 (0.034)	-0.598 (0.024)	-0.492 (0.024)	-0.546 (0.120)
α=0.10	-1.370 (0.062)	-0.656 (0.028)	-0.470 (0.018)	-0.370 (0.016)	-0.322 (0.020)
δ=2.0	$\gamma = 1.5$	$\gamma = 2.0$	$\gamma = 2.5$	$\gamma = 3.0$	$\gamma = 5.0$
α=0.01	-2.818 (0.268)	-1.254 (0.088)	-0.834 (0.042)	-0.686 (0.038)	-4.012 (0.212)
α=0.05	-1.760 (0.074)	-0.866 (0.036)	-0.570 (0.024)	-0.492 (0.020)	-3.312 (0.068)
α=0.10	-1.350 (0.056)	-0.674 (0.026)	-0.450 (0.016)	-0.386 (0.016)	-2.508 (0.186)

Fortsetzung auf der nächsten Seite

δ=2.5	$\gamma = 1.5$	$\gamma = 2.0$	$\gamma = 2.5$	$\gamma = 3.0$	$\gamma = 5.0$
α=0.01	-2.722 (0.252)	-1.446 (0.342)	-0.798 (0.034)	-0.642 (0.038)	-3.798 (0.164)
α=0.05	-1.676 (0.080)	-0.838 (0.040)	-0.574 (0.024)	-0.448 (0.018)	-2.978 (0.172)
α=0.10	-1.266 (0.056)	-0.660 (0.026)	-0.444 (0.020)	-0.358 (0.014)	-1.664 (0.308)

δ=3.0	$\gamma = 1.5$	$\gamma = 2.0$	$\gamma = 2.5$	$\gamma = 3.0$	$\gamma = 5.0$
α=0.01	-2.328 (0.168)	-1.496 (0.390)	-0.796 (0.044)	-0.632 (0.040)	-3.796 (0.158)
α=0.05	-1.528 (0.072)	-0.820 (0.042)	-0.554 (0.024)	-0.434 (0.018)	-2.038 (0.462)
α=0.10	-1.192 (0.046)	-0.634 (0.026)	-0.422 (0.016)	-0.344 (0.014)	-0.318 (0.030)

α bezeichnet das Signifikanzniveau, δ den Wölbungs- und γ den Schiefeparameter. In Klammern stehen die geschätzten Standardabweichungen der simulierten kritischen Werte.

Tabelle D.5: Simulierte kritische Werte des DDF-Tests für die Teststatistik $T \cdot (\hat{\rho}_\mu - 1)$, $T = 200$.

δ=0.5	$\gamma = 1.5$	$\gamma = 2.0$	$\gamma = 2.5$	$\gamma = 3.0$	$\gamma = 5.0$
α=0.01	-9.290 (1.806)	-5.283 (0.620)	-3.874 (0.518)	-1.554 (0.248)	-95.041 (0.014)
α=0.05	-2.790 (0.254)	-2.063 (0.277)	-1.105 (0.175)	-0.425 (0.063)	-94.998 (0.000)
α=0.10	-1.667 (0.135)	-0.858 (0.112)	-0.402 (0.073)	-0.122 (0.036)	-94.896 (3.923)

δ=1.0	$\gamma = 1.5$	$\gamma = 2.0$	$\gamma = 2.5$	$\gamma = 3.0$	$\gamma = 5.0$
α=0.01	-20.705 (2.046)	-15.841 (1.132)	-14.589 (1.099)	-13.064 (1.560)	-7.045 (0.632)
α=0.05	-12.360 (0.590)	-9.266 (0.545)	-8.120 (0.476)	-7.017 (0.408)	-4.461 (0.457)
α=0.10	-9.589 (0.362)	-6.753 (0.329)	-5.743 (0.304)	-4.775 (0.330)	-2.415 (0.281)

δ=1.5	$\gamma = 1.5$	$\gamma = 2.0$	$\gamma = 2.5$	$\gamma = 3.0$	$\gamma = 5.0$
α=0.01	-27.630 (2.706)	-25.490 (2.247)	-19.841 (1.286)	-18.298 (1.276)	-15.000 (1.177)
α=0.05	-18.864 (0.625)	-16.237 (0.782)	-13.642 (0.552)	-12.766 (0.444)	-9.165 (0.487)
α=0.10	-15.475 (0.450)	-12.676 (0.422)	-10.809 (0.390)	-10.183 (0.393)	-6.605 (0.323)

δ=2.0	$\gamma = 1.5$	$\gamma = 2.0$	$\gamma = 2.5$	$\gamma = 3.0$	$\gamma = 5.0$
α=0.01	-30.113 (2.848)	-26.610 (1.918)	-22.018 (1.342)	-21.308 (1.506)	-20.101 (2.477)
α=0.05	-20.390 (0.698)	-17.569 (0.721)	-14.828 (0.562)	-14.521 (0.604)	-11.047 (0.616)
α=0.10	-16.564 (0.520)	-13.863 (0.484)	-11.835 (0.392)	-11.392 (0.409)	-8.322 (0.362)

Fortsetzung auf der nächsten Seite

δ=2.5	$\gamma = 1.5$	$\gamma = 2.0$	$\gamma = 2.5$	$\gamma = 3.0$	$\gamma = 5.0$
α=0.01	-29.664 (2.388)	-27.060 (2.559)	-22.961 (1.743)	-21.255 (1.330)	-19.043 (1.677)
α=0.05	-19.856 (0.731)	-17.893 (0.723)	-15.479 (0.602)	-14.705 (0.548)	-11.253 (0.569)
α=0.10	-16.459 (0.468)	-14.170 (0.427)	-12.189 (0.412)	-11.575 (0.450)	-8.498 (0.390)
δ=3.0	$\gamma = 1.5$	$\gamma = 2.0$	$\gamma = 2.5$	$\gamma = 3.0$	$\gamma = 5.0$
α=0.01	-28.240 (2.362)	-25.373 (1.848)	-22.917 (1.716)	-20.660 (1.329)	-17.740 (1.407)
α=0.05	-19.120 (0.712)	-16.954 (0.665)	-15.108 (0.555)	-13.824 (0.568)	-10.871 (0.523)
α=0.10	-15.627 (0.463)	-13.613 (0.401)	-11.945 (0.413)	-10.902 (0.360)	-8.093 (0.368)

α bezeichnet das Signifikanzniveau, δ den Wölbungs- und γ den Schiefeparameter. In Klammern stehen die geschätzten Standardabweichungen der simulierten kritischen Werte.

Tabelle D.6: Simulierte kritische Werte des DDF-Tests für die Teststatistik $T \cdot (\hat{\rho}_\tau - 1)$, $T = 200$.

D.2 Nichtstochastische Auffälligkeiten in den Daten

Kürzel	Aktiensplitt 1	Wert	Aktiensplitt 2	Wert
ALV	28.04.1997	1 zu 10		
ALT	01.07.1997	1 zu 10	21.05.2001	1 zu 3.6
BAS	01.07.1996	1 zu 10		
BAY	03.06.1996	1 zu 10		
BMW	23.08.1999	1 zu 26		
CBK	01.10.1996	1 zu 10		
CON	01.08.1995	1 zu 10		
HOE	03.06.1996	1 zu 10		
HYP	03.07.1995	1 zu 10		
KAR	01.10.1999	1 zu 10		
LIN	02.08.1999	1 zu 10		
MAN	01.03.1999	1 zu 10		
MUV	18.08.1997	1 zu 10	25.01.1999	1 zu 2
SCH	01.06.1995	1 zu 10	01.06.2000	1 zu 3
TUI	16.04.1999	1 zu 10		
VOW	06.07.1998	1 zu 10		

Tabelle D.7: Zeitpunkte von Aktiensplitts der verwendeten Kursreihen.

Jahr	1	2	3	4	5	6	7	8	9	10	11	12	13	14	15	16	Σ
1975	x	x	x	x	x	x	x	x		x	x	x	x			x	13
1976	x	x	x		x	x	x			x	x					x	9
1977		x	x		x	x	x	x		x			x		x		9
1978		x	x	x	x	x	x			x		x	x	x			10
1979	x	x	x	x	x	x	x			x	x	x	x			x	12
1980	x	x	x	x	x	x	x	x		x	x	x	x			x	13
1981	x	x	x	x	x	x	x	x		x	x	x				x	12
1982	x	x	x		x	x	x	x		x	x					x	10
1983		x	x		x	x	x	x		x			x		x		9
1984		x	x	x	x	x	x			x	x	x	x			x	11
1985	x	x	x	x	x	x	x	x		x	x	x	x			x	13
1986	x	x	x	x	x	x	x	x		x	x	x	x			x	13
1987	x	x	x	x	x	x	x	x		x	x	x				x	12
1988	x	x	x		x	x	x	x		x			x		x		10
1989		x	x	x	x	x	x			x		x	x	x			10
1990	x	x	x	x	x	x	x		x	x	x	x	x			x	13
1991	x	x	x	x	x	x	x		x	x	x	x	x			x	13
1992	x	x	x	x	x	x	x			x	x	x				x	11
1993	x	x	x		x	x	x			x	x					x	9
1994		x	x		x	x	x		x	x			x				8
1995		x	x	x	x	x	x		x			x	x				9
1996	x	x	x	x	x	x	x		x		x	x	x			x	12
1997	x	x	x	x	x	x	x		x		x	x	x			x	12
1998	x	x	x	x	x	x	x				x	x				x	10
1999	x	x	x		x	x	x				x					x	8
2000		x	x	x					x			x	x				6
2001	x	x	x	x							x	x	x			x	8
2002	x	x	x	x							x	x	x				7
Σ																	292

Tabelle D.8: Fehlende Werte (x) in den Aktienkursreihen.

1 Neujahr; 01.01.
2 Karfreitag
3 Ostermontag
4 Tag der Arbeit; 01.05.
5 Christi Himmelfahrt
6 Pfingstmontag
7 Fronleichnam
8 Tag der deutschen Einheit; 17.06.
9 Tag der deutschen Einheit; 03.10.
10 Buß- und Bettag
11 Heiligabend; 24.12.
12 1. Weihnachtstag; 25.12.
13 2. Weihnachtstag; 26.12.
14 29.12.
14 30.12.
16 Silvester; 31.12.

D.3 Deskriptive Maße der Renditereihen in den Teilzeiträumen

01.01.1975 - 29.06.1984

Zeitreihe	$\bar{r}$	$s_{\bar{r}}$	c_a	c_b	JB
DAFOX	0.00039*	0.00556	0.001	0.857*	75.81*
DAX	0.00025	0.00720	0.038	0.756*	59.57*
ALT	0.00027	0.01038	0.182*	2.175*	335.57*
ALV	0.00037*	0.00933	0.088	2.711*	760.39*
BAS	0.00029	0.00887	0.176*	1.257*	174.99*
BAY	0.00033	0.00896	0.198*	1.564*	267.75*
BMW	0.00061*	0.01118	0.167*	1.680*	302.14*
CBK	0.00008	0.01068	0.034	1.787*	328.76*
CON	0.00036	0.01506	0.192*	0.665*	60.14*
HOE	0.00035*	0.00873	0.226*	2.032*	446.12*
HYP	0.00012	0.00927	0.026	2.055*	436.05*
KAR	-0.00014	0.01022	0.146*	2.008*	423.85*
LIN	0.00034	0.00985	0.180*	1.784*	339.98*
MAN	-0.00002	0.01136	0.108*	1.642*	282.35*
MUV	0.00055*	0.01154	0.056	2.847*	834.00*
SCH	0.00007	0.00979	0.265*	1.731*	337.50*
TUI	0.00065*	0.01148	0.344*	1.695*	343.95*
VOW	0.00029	0.01254	0.117*	1.144*	140.21*

Die mit * gekennzeichneten Werte sind zum Signifikanzniveau $\alpha = 0.05$ von Null verschieden bzw. für den JB-Wert zeigt dies nicht-normalverteilte Renditen an.

Tabelle D.9: Deskriptive Maße der um die 1% größten und 1% kleinsten Werte bereinigten Zeitreihen für den ersten Zeitraum.

02.07.1984 - 30.06.1995

Zeitreihe	$\bar{r}$	$s_{\bar{r}}$	c_a	c_b	JB
DAFOX	0.00044*	0.00826	-0.268*	0.631*	80.47*
DAX	0.00034	0.00992	-0.201*	0.484*	46.62*
ALT	0.00035	0.01278	0.147*	1.471*	265.72*
ALV	0.00036	0.01379	-0.157*	1.303*	210.31*
BAS	0.00027	0.01148	-0.110*	0.702*	63.53*
BAY	0.00033	0.01169	-0.061	0.863*	89.46*
BMW	0.00024	0.01348	0.122*	1.288*	202.34*
CBK	0.00018	0.01356	0.009	0.834*	81.91*
CON	0.00026	0.01518	0.050	0.627*	47.34*
HOE	0.00028	0.01192	0.031	1.033*	126.50*
HYP	-0.00001	0.01381	-0.103	1.282*	199.04*
KAR	0.00028	0.01307	0.096*	0.979*	117.33*
LIN	0.00046*	0.01096	0.103*	1.250*	188.64*
MAN	0.00049	0.01517	0.058	0.697*	58.47*
MUV	0.00065*	0.01632	0.002	1.412*	233.82*
SCH	0.00056*	0.01155	0.110*	1.281*	198.14*
TUI	0.00018	0.01425	0.150*	0.979*	122.56*
VOW	0.00025	0.01543	-0.081	0.386*	20.55*

Die mit * gekennzeichneten Werte sind zum Signifikanzniveau $\alpha = 0.05$ von Null verschieden bzw. für den JB-Wert zeigt dies nicht-normalverteilte Renditen an.

Tabelle D.10: Deskriptive Maße der um die 1% größten und 1% kleinsten Werte bereinigten Zeitreihen für den zweiten Zeitraum.

03.07.1995 - 29.02.2000

Zeitreihe	$\bar{r}$	$s_{\bar{r}}$	c_a	c_b	JB
DAFOX	0.00136*	0.00952	-0.315*	0.481*	30.54*
DAX	0.00137*	0.01130	-0.408*	0.573*	48.79*
ALT	0.00037	0.01671	0.164*	0.570*	21.00*
ALV	0.00072	0.01629	0.084	0.170	2.84
BAS	0.00065	0.01514	-0.100	-0.121	2.66
BAY	0.00061	0.01536	-0.106	-0.045	2.31
BMW	0.00063	0.01777	-0.103	0.202	4.05
CBK	0.00036	0.01497	0.011	0.581*	16.57*
CON	0.00039	0.01658	-0.038	0.403*	8.30*
HOE	0.00070	0.01653	-0.073	-0.111	1.61
HYP	0.00080	0.01698	0.045	0.425*	9.10*
KAR	-0.00014	0.01646	0.097	0.051	1.97
LIN	-0.00051	0.01499	0.053	0.171	1.94
MAN	0.00015	0.01658	-0.025	0.465*	10.70*
MUV	0.00068	0.01804	-0.033	0.380*	7.31*
SCH	0.00068	0.01407	0.122	0.183	4.58
TUI	0.00024	0.01592	0.083	0.528*	15.06*
VOW	0.00103*	0.01705	-0.017	0.208	2.16

Die mit * gekennzeichneten Werte sind zum Signifikanzniveau $\alpha = 0.05$ von Null verschieden bzw. für den JB-Wert zeigt dies nicht-normalverteilte Renditen an.

Tabelle D.11: Deskriptive Maße der um die 1% größten und 1% kleinsten Werte bereinigten Zeitreihen für den dritten Zeitraum.

01.03.2000 - 30.12.2002

Zeitreihe	$\bar{r}$	$s_{\bar{r}}$	c_a	c_b	JB
DAFOX	-0.00095*	0.01065	-0.118	-0.263	3.60
DAX	-0.00123*	0.01424	0.077	-0.554*	9.25*
ALT	0.00108	0.02019	-0.014	-0.297	2.57
ALV	-0.00142*	0.01849	-0.070	0.095	0.82
BAS	0.00011	0.01482	-0.049	-0.118	0.68
BAY	-0.00110	0.01647	-0.101	-0.337	4.42*
BMW	0.00007	0.01886	0.084	-0.251	2.66
CBK	-0.00141*	0.01720	0.087	0.085	1.07
CON	-0.00052	0.01755	0.019	0.287	2.50
HOE	-0.00039	0.01441	-0.259*	0.766*	25.39*
HYP	-0.00182*	0.01960	0.034	-0.042	0.18
KAR	-0.00071	0.01813	0.070	-0.373*	4.57*
LIN	0.00032	0.01434	0.062	0.258	2.43
MAN	-0.00108	0.01887	0.014	-0.146	0.65
MUV	-0.00043	0.01999	0.163	0.136	3.61
SCH	-0.00067	0.01634	0.018	-0.165	0.17
TUI	-0.00037	0.01919	0.152	-0.241	4.38
VOW	0.00040	0.01916	0.125	-0.222	3.29

Die mit * gekennzeichneten Werte sind zum Signifikanzniveau $\alpha = 0.05$ von Null verschieden bzw. für den JB-Wert zeigt dies nicht-normalverteilte Renditen an.

Tabelle D.12: Deskriptive Maße der um die 1% größten und 1% kleinsten Werte bereinigten Zeitreihen für den vierten Zeitraum.

D.4 Schätzergebnisse

Erläuterung zu den Tabellen D.13-D.30:

Sämtliche Schätzungen sind für logarithmierte und mit dem Faktor 10000 multiplizierte Kursreihen durchgeführt worden. In der obersten Zeile stehen für die einzelnen Zeiträume die Schätzungen und Tests der Gleichung (4.15), in der mittleren Zeile sind die Ergebnisse für die Gleichung (4.16) und in der jeweils unteren Zeile die Ergebnisse für die Gleichung (4.17) aufgelistet. In der Spalte $\hat{\tau}_i$ stehen die Werte der Teststatistiken (3.40)-(3.42), wobei in den einzelnen Zeiträumen in der ersten Zeile Teststatistik (3.42), in der zweiten Zeile Statistik (3.41) und in der letzten Zeile (3.40) aufgeführt ist. Falls das Ergebnis einer Teststatistik zu einer Ablehnung der zugehörigen Nullhypothese führt, wird dies durch ein * ersichtlich. Bei einer Ablehnung der Nullhypothese eines zu einer der Teststatistiken (3.40)-(3.42) zugehörigen Tests wird zusätzlich der Wert von $\hat{\eta}$ mit einem * gekennzeichnet. Falls die Werte von $\hat{\Phi}_\tau$, $\hat{\Phi}_{\mu\tau}$ oder $\hat{\Phi}_\mu$ einen signifikanten deterministischen Einfluss ausweisen und die anschließende Überprüfung der Einheitswurzelhypothese mittels Teststatistik $\hat{\tau}_i$ und Normalverteilung zur Ablehnung dieser Hypothese führt, wird dies durch ein * bei $\hat{\eta}$ kenntlich gemacht. Für alle Tests ist das Signifikanzniveau $\alpha = 0.05$ festgelegt worden. Führt in dem Testschema gemäß DOLADO, JENKINSON und SOSVILLA-RIVERO (1990) ein Test zur Ablehnung der Einheitswurzelhypothese, so werden restringiertere Dickey-Fuller-Gleichungen nicht mehr geschätzt. Unterhalb der Parameterschätzungen stehen in Klammern deren Standardfehler. In der letzten Spalte stehen die verwendeten Lags im Ergänzungsterm, $\sum_{i=1}^{k} a_i Y_{t-i}$. So stehen z. B. die Lags 1, 4 für den Term $a_1 Y_{t-1} + a_4 Y_{t-4}$. Für die Tests werden folgende kritische Werte angesetzt:

Teststatistik	Kritischer Wert	Kritischer Wert NV
$\hat{\tau}_\tau$	-3.41	-1.645
$\hat{\tau}_\mu$	-2.86	-1.645
$\hat{\tau}$	-1.95	
$\hat{\Phi}_\tau$	6.25	
$\hat{\Phi}_{\mu\tau}$	4.68	
$\hat{\Phi}_\mu$	4.59	

	$\hat{\mu}$	$\hat{\theta}$	$\hat{\eta}$	$\hat{\tau}_i$	$\hat{\Phi}_\tau$	$\hat{\Phi}_{\mu\tau}$	$\hat{\Phi}_\mu$	k
01.01.75 – 30.12.02	17.629	0.00082	-0.00028	-0.574	0.486	5.376*		1, 4
	(22.047)	(0.00209)	(0.00049)					
	9.415		-0.00009	-0.906			7.989*	1, 4
	(6.431)		(0.00010)					
			0.00006	3.719				1, 4
			(0.00002)					
01.01.75 – 29.06.84	89.714	0.00485	-0.00184	-1.612	1.307	3.590		1
	(53.971)	(0.00326)	(0.00114)					
	20.664		-0.00034	-0.640			4.281	1
	(27.406)		(0.00054)					
			0.00006	2.827				1
			(0.00006)					
02.07.84 – 30.06.95	117.686	0.00201	-0.00194	-1.899	3.276	4.199		1
	(53.525)	(0.00331)	(0.00102)					
	93.701		-0.00143*	-2.486			6.114*	1
	(36.185)		(0.00057)					
03.07.95 – 29.02.00	4.621	0.06478	-0.00550*	-1.697	2.604	9.690*		0
	(62.370)	(0.03207)	(0.00324)					
01.03.00 – 30.12.02	1123.232	-0.07353	-0.00797	-1.499	1.523	2.997		0
	(687.123)	(0.04220)	(0.00532)					
	-29.517		0.00026	0.105			2.970	0
	(185.732)		(0.00245)					
			-0.00013*	-2.434*				0
			(0.00005)					

Tabelle D.13: ADF-Tests des DAFOX für unterschiedliche Zeiträume mit Angabe der verwendeten Lags in der ADF-Gleichung.

	$\hat{\mu}$	$\hat{\theta}$	$\hat{\eta}$	$\hat{\tau}_i$	$\hat{\Phi}_\tau$	$\hat{\Phi}_{\mu\tau}$	$\hat{\Phi}_\mu$	k
01.01.75 – 30.12.02	44.897	0.00282	-0.00072	-1.438	1.034	3.702		1, 6
	(28.963)	(0.00202)	(0.00050)					
	7.083		-0.00005	-0.362			4.584	1, 6
	(10.030)		(0.00014)					
			0.00005	2.944				1, 6
			(0.00005)					
01.01.75 – 29.06.84	133.773	0.00217	-0.00214	-1.679	1.415	1.762		1
	(78.579)	(0.00232)	(0.00127)					
	99.263		-0.00154	-1.399			2.207	1
	(69.345)		(0.00110)					
			0.00003	1.537				1
			(0.00002)					
02.07.84 – 30.06.95	197.879	0.00650	-0.00305	-2.322	3.049	2.896		1, 4
	(81.125)	(0.00423)	(0.00131)					
	99.996		-0.00133	-1.933			3.163	1, 4
	(50.210)		(0.00069)					
			0.00004	1.536				1, 4
			(0.00003)					
03.07.95 – 29.02.00	126.959	0.07077	-0.00671*	-2.104	2.401	7.297*		0
	(91.719)	(0.03230)	(0.00319)					
01.03.00 – 30.12.02	2820.758	-0.20397	-0.01588	-2.752	4.265	4.398		0
	(980.582)	(0.06991)	(0.00577)					
	12.394		-0.00028	-0.129			2.315	0
	(188.132)		(0.00218)					
			-0.00014*	-2.152*				0
			(0.00006)					

Tabelle D.14: ADF-Tests für den DAX für unterschiedliche Zeiträume mit Angabe der verwendeten Lags in der ADF-Gleichung.

	$\hat{\mu}$	$\hat{\theta}$	$\hat{\eta}$	$\hat{\tau}_i$	$\hat{\Phi}_\tau$	$\hat{\Phi}_{\mu\tau}$	$\hat{\Phi}_\mu$	k
01.01.75 – 30.12.02	7.212 (5.329)	0.00528 (0.00262)	-0.00120 (0.00064)	-1.871	2.021	3.497		2, 6
	4.380 (5.141)		0.00000 (0.00023)	0.013			3.224	2, 6
			0.00019 (0.00008)	2.392				2, 6
01.01.75 – 29.06.84	88.005 (31.278)	0.01415 (0.00759)	-0.00836 (0.00296)	-2.822	4.005	3.048		0
	62.144 (28.058)		-0.00442 (0.00208)	-2.127			2.829	0
			0.00016 (0.00016)	0.866				0
02.07.84 – 30.06.95	35.498 (19.859)	0.01219 (0.00541)	-0.00443 (0.00183)	-2.404	2.968	2.356		0
	20.051 (18.702)		-0.00092 (0.00098)	-0.942			1.009	0
			0.00012 (0.00013)	0.934				0
03.07.95 – 29.02.00	43.540 (19.859)	0.01237 (0.00541)	-0.00484 (0.00183)	-2.647	3.507	3.029		0
	28.174 (18.702)		-0.00130 (0.00098)	-1.333			1.923	0
			0.00016 (0.00013)	1.255				0
01.03.00 – 30.12.02	123.204 (327.418)	0.00962 (0.06020)	-0.00489 (0.00395)	-1.239	1.748	1.824		0
	173.619 (87.706)		-0.00439 (0.00235)	-1.864			2.727	0
			0.00025 (0.00021)	1.237				0

Tabelle D.15: ADF-Tests für ALT für unterschiedliche Zeiträume mit Angabe der verwendeten Lags in der ADF-Gleichung.

	$\hat{\mu}$	$\hat{\theta}$	$\hat{\eta}$	$\hat{\tau}_i$	$\hat{\Phi}_\tau$	$\hat{\Phi}_{\mu\tau}$	$\hat{\Phi}_\mu$	k
01.01.75 – 30.12.02	25.966	0.00234	-0.00073	-1.351	1.478	2.485		1, 4
	(14.873)	(0.00244)	(0.00054)					
	13.564		-0.00024	-1.427			3.268	1, 4
	(7.348)		(0.00017)					
			0.00006	1.769				1, 4
			(0.00004)					
01.01.75 – 29.06.84	75.919	0.00663	-0.00257	-1.954	2.403	2.903		0
	(39.190)	(0.00334)	(0.00131)					
	34.243		-0.00095	-0.923			2.375	0
	(33.133)		(0.00103)					
			0.00011	1.919				0
			(0.00006)					
02.07.84 – 30.06.95	176.549	0.00716	-0.00441*	-3.692*				1, 3
	(45.555)	(0.00413)	(0.00120)					
03.07.95 – 29.02.00	24.294	0.04520	-0.00558	-1.607	1.347	1.675		0
	(83.483)	(0.03364)	(0.00347)					
	76.583		-0.00130	-1.941			1.609	0
	(73.883)		(0.00138)					
			0.00013	1.464				0
			(0.00009)					
01.03.00 – 30.12.02	770.912	-0.10302	-0.00079	-0.220	3.456	3.505		0
	(680.343)	(0.06918)	(0.00360)					
	-231.103		0.00386	2.165			4.140	0
	(100.792)		(0.00178)					
			-0.00022	-1.733				0
			(0.00012)					

Tabelle D.16: ADF-Tests für ALV für unterschiedliche Zeiträume mit Angabe der verwendeten Lags in der ADF-Gleichung.

	$\hat{\mu}$	$\hat{\theta}$	$\hat{\eta}$	$\hat{\tau}_i$	$\hat{\Phi}_\tau$	$\hat{\Phi}_{\mu\tau}$	$\hat{\Phi}_\mu$	k
01.01.75 – 30.12.02	22.043	0.00301	-0.00120	-2.276	2.690	2.675		1
	(8.691)	(0.00160)	(0.00053)					
	9.967		-0.00030	-1.351			2.234	1
	(5.877)		(0.00022)					
			0.00007	1.262				1
			(0.00005)					
01.01.75 – 29.06.84	100.287	-0.00194	-0.00479	-2.682	3.607	3.059		1
	(36.491)	(0.00255)	(0.00179)					
	91.265		-0.00448	-2.576			4.300	1
	(34.503)		(0.00174)					
			0.00011	1.265				1
			(0.00009)					
02.07.84 – 30.06.95	82.563	0.00085	-0.00329	-2.476	3.251	2.321		1
	(32.049)	(0.00276)	(0.00133)					
	82.385		-0.00315	-2.532			3.435	1
	(32.038)		(0.00124)					
			0.00004	0.506				1
			(0.00008)					
03.07.95 – 29.02.00	51.380	0.02124	-0.00520	-1.647	3.024	2.741		0
	(95.962)	(0.02884)	(0.00309)					
	113.497		-0.00315	-2.347			3.842	0
	(45.804)		(0.00134)					
			0.00016	1.240				0
			(0.00016)					
01.03.00 – 30.12.02	1190.114	-0.07334	-0.01751	-2.389	4.168	2.791		0
	(414.754)	(0.02943)	(0.00733)					
	365.975		-0.00965	-1.453			1.074	0
	(251.169)		(0.00664)					
			0.00002	0.159				0
			(0.00015)					

Tabelle D.17: ADF-Tests für BAS für unterschiedliche Zeiträume mit Angabe der verwendeten Lags in der ADF-Gleichung.

	$\hat{\mu}$	$\hat{\theta}$	$\hat{\eta}$	$\hat{\tau}_i$	$\hat{\Phi}_\tau$	$\hat{\Phi}_{\mu\tau}$	$\hat{\Phi}_\mu$	k
01.01.75 – 30.12.02	23.499 (9.662)	0.00252 (0.00195)	-0.00120 (0.00062)	-1.941	3.016	2.479		1
	13.603 (5.874)		-0.00045 (0.00022)	-2.090			2.886	1
			0.00003 (0.00003)	0.639				1
01.01.75 – 29.06.84	75.189 (29.051)	0.00111 (0.00254)	-0.00391 (0.00154)	-2.534	3.214	2.859		1
	75.055 (29.045)		-0.00382 (0.00153)	-2.498			4.195	1
			0.00012 (0.00009)	1.307				1
02.07.84 – 30.06.95	87.123 (33.484)	0.00161 (0.00319)	-0.00343 (0.00146)	-2.343	3.237	2.521		1
	82.701 (32.319)		-0.00301 (0.00121)	-2.494			3.655	1
			0.00007 (0.00008)	0.872				1
03.07.95 – 29.02.00	87.938 (79.696)	0.02664 (0.02366)	-0.00713 (0.00327)	-2.180	3.260	2.795		0
	145.624 (61.047)		-0.00402 (0.00176)	-2.291			3.558	0
			0.00015 (0.00013)	1.192				0
01.03.00 – 30.12.02	809.928 (456.108)	-0.08766 (0.04758)	-0.00521 (0.00374)	-1.392	1.699	1.951		0
	-15.267 (86.333)		0.00015 (0.00236)	0.063			1.225	0
			-0.00027 (0.00017)	-1.557				0

Tabelle D.18: ADF-Tests für BAY für unterschiedliche Zeiträume mit Angabe der verwendeten Lags in der ADF-Gleichung.

	$\hat{\mu}$	$\hat{\theta}$	$\hat{\eta}$	$\hat{\tau}_i$	$\hat{\Phi}_\tau$	$\hat{\Phi}_{\mu\tau}$	$\hat{\Phi}_\mu$	k
01.01.75 – 30.12.02	20.142	0.00469	-0.00149	-2.337	2.820	3.790		1
	(7.252)	(0.00229)	(0.00064)					
	10.067		-0.00026	-1.204			3.589	1
	(5.328)		(0.00022)					
			0.00013	1.899				1
			(0.00007)					
01.01.75 – 29.06.84	13.574	0.00221	-0.00078	-0.889	0.492	2.183		1, 2, 5
	(12.746)	(0.00327)	(0.00088)					
	14.409		-0.00061	-0.727			3.047	1, 2, 5
	(12.685)		(0.00084)					
			0.00034	2.258				1, 2, 5
			(0.00015)					
02.07.84 – 30.06.95	48.711	0.00348	-0.00257	-1.793	1.608	1.348		1
	(28.600)	(0.00362)	(0.00143)					
	45.009		-0.00180	-1.514			1.560	1
	(28.339)		(0.00119)					
			0.00008	0.772				1
			(0.00010)					
03.07.95 – 29.02.00	90.899	0.01007	-0.00470	-1.733	2.187	1.885		0
	(92.105)	(0.02152)	(0.00271)					
	124.259		-0.00377	-2.039			2.720	0
	(58.291)		(0.00185)					
			0.00016	0.945				
			(0.00016)					
01.03.00 – 30.12.02	400.912	0.00047	-0.01115	-1.705	1.659	1.119		0
	(281.475)	(0.03608)	(0.00654)					
	403.178		-0.01112	-1.823			1.681	0
	(220.543)		(0.00610)					
			0.00003	0.140				0
			(0.00020)					

Tabelle D.19: ADF-Tests für BMW für unterschiedliche Zeiträume mit Angabe der verwendeten Lags in der ADF-Gleichung.

	$\hat{\mu}$	$\hat{\theta}$	$\hat{\eta}$	$\hat{\tau}_i$	$\hat{\Phi}_\tau$	$\hat{\Phi}_{\mu\tau}$	$\hat{\Phi}_\mu$	k
01.01.75 – 30.12.02	17.822	0.00016	-0.00071	-1.257	1.830	1.222		1
	(11.439)	(0.00124)	(0.00056)					
	16.940		-0.00065	-1.909			1.825	1
	(9.071)		(0.00034)					
			-0.00002	-0.402				1
			(0.00006)					
01.01.75 – 29.06.84	96.255	-0.00951	-0.00371	-2.512	3.774	2.532		1, 2
	(36.490)	(0.00387)	(0.00148)					
	31.339		-0.00140	-1.230			0.781	1, 2
	(25.182)		(0.00114)					
			0.00001	0.116				1, 2
			(0.00010)					
02.07.84 – 30.06.95	96.178	0.00771	-0.00489	-3.198	5.142	3.545		1
	(33.269)	(0.00376)	(0.00153)					
	81.319		-0.00307	-2.464			3.212	1
	(32.489)		(0.00125)					
			0.00004	0.398				1
			(0.00010)					
03.07.95 – 29.02.00	-23.652	0.03738	-0.00636	-2.337	2.877	2.189		0
	(82.531)	(0.02256)	(0.00272)					
	87.294		-0.00259	-1.733			1.908	0
	(48.285)		(0.00149)					
			0.00010	0.739				0
			(0.00014)					
01.03.00 – 30.12.02	505.013	-0.07050	-0.00045	-0.118	1.847	3.029		0
	(729.867)	(0.08593)	(0.00380)					
	-92.643		0.00245	1.738			4.209	0
	(44.943)		(0.00141)					
			-0.00042*	-2.037*				0
			(0.00021)					

Tabelle D.20: ADF-Tests für CBK für unterschiedliche Zeiträume mit Angabe der verwendeten Lags in der ADF-Gleichung.

	$\hat{\mu}$	$\hat{\theta}$	$\hat{\eta}$	$\hat{\tau}_i$	$\hat{\Phi}_\tau$	$\hat{\Phi}_{\mu\tau}$	$\hat{\Phi}_\mu$	k
01.01.75 – 30.12.02	10.051	0.00091	-0.00053	-1.078	0.848	1.001		1
	(6.374)	(0.00168)	(0.00049)					
	8.663		-0.00030	-1.185			1.355	1
	(5.835)		(0.00026)					
			0.00006	0.711				1
			(0.00008)					
01.01.75 – 29.06.84	-1.605	0.00177	0.00021	0.200	0.105			1, 2
	(15.118)	(0.00424)	(0.00104)					
	1.127		0.00020	0.193			0.755	1, 2
	(13.514)		(0.00104)					
			0.00029	1.226				1, 2
			(0.00023)					
02.07.84 – 30.06.95	50.412	-0.00219	-0.00158	-1.404	1.968	1.356		1
	(26.689)	(0.00353)	(0.00106)					
	45.566		-0.00176	-1.712			1.750	1
	(25.525)		(0.00103)					
			0.00006	0.559				1
			(0.00011)					
03.07.95 – 29.02.00	123.334	-0.00837	-0.00232	-0.959	1.963	1.575		0
	(89.727)	(0.02098)	(0.00242)					
	92.530		-0.00305	-1.941			2.284	0
	(45.706)		(0.00157)					
			0.00011	0.685				0
			(0.00017)					
01.03.00 – 30.12.02	1207.969	-0.09135	-0.01964*	-3.617*				1
	(358.344)	(0.03540)	(0.00543)					

Tabelle D.21: ADF-Tests für CON für unterschiedliche Zeiträume mit Angabe der verwendeten Lags in der ADF-Gleichung.

	$\hat{\mu}$	$\hat{\theta}$	$\hat{\eta}$	$\hat{\tau}_i$	$\hat{\Phi}_\tau$	$\hat{\Phi}_{\mu\tau}$	$\hat{\Phi}_\mu$	k
01.01.75	22.530	0.00322	-0.00123	-2.165	2.499	3.045		1
	(8.907)	(0.00180)	(0.00056)					
–	10.371		-0.00029	-1.336			2.959	1
30.12.02	(5.774)		(0.00021)					
			0.00009	1.641				1
			(0.00005)					
01.01.75	45.821	0.00129	-0.00232	-1.739	1.677	2.232		1, 2
	(26.031)	(0.00246)	(0.00134)					
–	48.125		-0.00234	-1.755			3.212	1, 2
29.06.84	(25.653)		(0.00134)					
			0.00015	1.704				1, 2
			(0.00009)					
02.07.84	82.478	0.00062	-0.00319	-2.107	2.555	1.989		1
	(35.687)	(0.00301)	(0.00152)					
–	81.446		-0.00305	-2.251			2.964	1
30.06.95	(35.327)		(0.00136)					
			0.00007	0.782				1
			(0.00009)					
03.07.95	235.589	-0.02218	-0.00263	-0.907	4.243	3.495		0
	(87.160)	(0.02277)	(0.00290)					
–	175.521		-0.00486*	-2.746			4.768*	0
29.02.00	(61.599)		(0.00177)					
								0
01.03.00	387.318	-0.05103	-0.00061	-0.171	2.378	1.652		1
	(188.252)	(0.03566)	(0.00359)					
–	155.768		-0.00422	-1.645			1.452	1
30.12.02	(96.319)		(0.00257)					
			-0.00008	-0.537				1
			(0.00014)					

Tabelle D.22: ADF-Tests für HOE für unterschiedliche Zeiträume mit Angabe der verwendeten Lags in der ADF-Gleichung.

	$\hat{\mu}$	$\hat{\theta}$	$\hat{\eta}$	$\hat{\tau}_i$	$\hat{\Phi}_\tau$	$\hat{\Phi}_{\mu\tau}$	$\hat{\Phi}_\mu$	k
01.01.75 – 30.12.02	20.332	0.00027	-0.00069	-1.216	1.513	1.010		1
	(14.188)	(0.00128)	(0.00057)					
	18.414		-0.00060	-1.727			1.494	1
	(10.856)		(0.00035)					
			-0.00002	-0.333				1
			(0.00005)					
01.01.75 – 29.06.84	127.526	0.00048	-0.00467	-2.193	2.462	1.739		0
	(58.450)	(0.00263)	(0.00213)					
	128.990		-0.00470	-2.212			2.593	0
	(57.887)		(0.00212)					
			0.00003	0.469				0
			(0.00007)					
02.07.84 – 30.06.95	154.066	0.00227	-0.00143	-3.191	5.101	3.410		1, 2
	(49.389)	(0.00321)	(0.00168)					
	154.079		-0.00506*	-3.115*				1, 2
	(49.385)		(0.00162)					
03.07.95 – 29.02.00	101.392	-0.01889	0.00063	0.257	0.359	1.073		0
	(123.770)	(0.03205)	(0.00246)					
	32.655		-0.00066	-0.609			1.437	0
	(40.873)		(0.00109)					
			0.00020	1.496				0
			(0.00013)					
01.03.00 – 30.12.02	1619.772	-0.18813	-0.00748	-1.952	2.779	3.333		4
	(710.243)	(0.08039)	(0.00383)					
	-34.929		0.00050	0.285			2.245	4
	(67.461)		(0.00176)					
			-0.00040*	-2.056*				4
			(0.00020)					

Tabelle D.23: ADF-Tests für HYP für unterschiedliche Zeiträume mit Angabe der verwendeten Lags in der ADF-Gleichung.

	$\hat{\mu}$	$\hat{\theta}$	$\hat{\eta}$	$\hat{\tau}_i$	$\hat{\Phi}_\tau$	$\hat{\Phi}_{\mu\tau}$	$\hat{\Phi}_\mu$	k
01.01.75 – 30.12.02	6.146	-0.00021	-0.00019	-0.344	0.830	0.216		1
	(14.166)	(0.00113)	(0.00055)					
	7.670		-0.00026	-0.719			0.307	1
	(11.472)		(0.00037)					
			-0.00002	-0.410				1
			(0.00005)					
01.01.75 – 29.06.84	61.300	-0.00762	-0.00190	-1.447	1.232	0.887		1
	(41.471)	(0.00497)	(0.00131)					
	5.845		-0.00025	-0.334			0.155	1
	(20.300)		(0.00075)					
			-0.00004	-0.476				1
			(0.00008)					
02.07.84 – 30.06.95	32.445	0.00466	-0.00157	-1.314	0.863	0.738		1, 4
	(26.657)	(0.00460)	(0.00120)					
	22.260		-0.00064	-0.836			0.594	1, 4
	(24.690)		(0.00077)					
			0.00005	0.612				1, 4
			(0.00008)					
03.07.95 – 29.02.00	160.891	0.00985	-0.00635	-1.664	1.785	1.216		0
	(100.157)	(0.01924)	(0.00381)					
	174.275		-0.00499	-1.820			1.695	0
	(96.653)		(0.00274)					
			-0.00005	-0.372				0
			(0.00014)					
01.03.00 – 30.12.02	751.047	-0.09885	-0.00136	-0.429	3.999	3.018		0
	(333.942)	(0.03712)	(0.00318)					
	-99.550		0.00266	0.947			0.972	0
	(97.895)		(0.00281)					
			-0.00019	-0.954				0
			(0.00020)					

Tabelle D.24: ADF-Tests für KAR für unterschiedliche Zeiträume mit Angabe der verwendeten Lags in der ADF-Gleichung.

	$\hat{\mu}$	$\hat{\theta}$	$\hat{\eta}$	$\hat{\tau}_i$	$\hat{\Phi}_\tau$	$\hat{\Phi}_{\mu\tau}$	$\hat{\Phi}_\mu$	k
01.01.75 – 30.12.02	32.705	0.00149	-0.00108	-1.638	3.133	3.107		1
	(15.831)	(0.00179)	(0.00066)					
	21.473		-0.00057	-2.362			4.317	1
	(8.188)		(0.00024)					
			0.00005	1.325				1
			(0.00004)					
01.01.75 – 29.06.84	194.897	0.02083	-0.00842*	-3.336	5.978	5.219*		1, 2
	(56.352)	(0.00752)	(0.00252)					
02.07.84 – 30.06.95	118.470	0.00474	-0.00372*	-2.924	5.091	4.932*		0
	(36.048)	(0.00368)	(0.00127)					
								0
03.07.95 – 29.02.00	343.194	-0.01158	-0.00697	-2.026	3.709	2.979		0
	(128.559)	(0.01359)	(0.00344)					
	318.148		-0.00815	-2.587			4.106	0
	(125.140)		(0.00315)					
			-0.00015	-1.319				0
			(0.00011)					
01.03.00 – 30.12.02	263.694	-0.01485	-0.00399	-0.837	0.438	0.413		0
	(285.895)	(0.02598)	(0.00477)					
	136.882		-0.00347	-0.742			0.457	0
	(180.225)		(0.00468)					
			0.00008	0.581				0
			(0.00014)					

Tabelle D.25: ADF-Tests für LIN für unterschiedliche Zeiträume mit Angabe der verwendeten Lags in der ADF-Gleichung.

	$\hat{\mu}$	$\hat{\theta}$	$\hat{\eta}$	$\hat{\tau}_i$	$\hat{\Phi}_\tau$	$\hat{\Phi}_{\mu\tau}$	$\hat{\Phi}_\mu$	k
01.01.75 – 30.12.02	43.035	0.00285	-0.00200	-2.898	4.802	3.274		1
	(13.850)	(0.00153)	(0.00068)					
	25.232		-0.00092	-2.480			3.185	1
	(9.998)		(0.00037)					
			0.00000	0.032				1
			(0.00006)					
01.01.75 – 29.06.84	113.249	-0.00579	-0.00462	-2.529	3.837	2.558		1
	(43.008)	(0.00330)	(0.00183)					
	85.378		-0.00377	-2.140			2.290	1
	(39.997)		(0.00176)					
			-0.00002	-0.152				1
			(0.00010)					
02.07.84 – 30.06.95	45.249	0.00560	-0.00246	-2.037	2.494	2.296		1
	(20.133)	(0.00548)	(0.00121)					
	43.329		-0.00149	-1.986			2.923	1
	(20.045)		(0.00075)					
			0.00012	1.082				1
			(0.00011)					
03.07.95 – 29.02.00	-82.416	0.02685	-0.00766	-1.894	2.016	1.375		0
	(86.274)	(0.02345)	(0.00404)					
	127.698		-0.00390	-1.649			1.406	0
	(76.688)		(0.00237)					
			0.00003	0.199				0
			(0.00015)					
01.03.00 – 30.12.02	857.444	-0.08366	-0.00820	-1.645	1.365	1.683		0
	(602.060)	(0.06377)	(0.00499)					
	75.747		-0.00266	-1.004			1.661	0
	(86.504)		(0.00265)					
			-0.00035	-1.599				0
			(0.00022)					

Tabelle D.26: ADF-Tests für MAN für unterschiedliche Zeiträume mit Angabe der verwendeten Lags in der ADF-Gleichung.

	$\hat{\mu}$	$\hat{\theta}$	$\hat{\eta}$	$\hat{\tau}_i$	$\hat{\Phi}_\tau$	$\hat{\Phi}_{\mu\tau}$	$\hat{\Phi}_\mu$	k
01.01.75 – 30.12.02	42.896	0.00872	-0.00191*	-3.281	5.796	5.456*		1
	(11.575)	(0.00303)	(0.00058)					
01.01.75 – 29.06.84	61.090	0.00579	-0.00252	-1.387	1.340	2.784		0
	(43.448)	(0.00389)	(0.00182)					
	31.996		-0.00104	-0.683			3.069	0
	(38.807)		(0.00152)					
			0.00021	2.336				0
			(0.00021)					
02.07.84 – 30.06.95	131.039	0.00949	-0.00415*	-3.485*				1, 2
	(36.006)	(0.00511)	(0.00119)					
03.07.95 – 29.02.00	-94.476	0.07040	-0.00685	-2.144	2.392	2.154		0
	(113.467)	(0.03879)	(0.00319)					
	80.047		-0.00149	-1.220			1.581	0
	(60.290)		(0.00122)					
			0.00013	1.183				0
			(0.00011)					
01.03.00 – 30.12.02	1614.455	-0.15656	-0.00874	-2.143	4.147	2.839		0
	(582.434)	(0.05437)	(0.00408)					
	-2.886		-0.00001	-0.004			0.110	0
	(155.177)		(0.00275)					
			-0.00006	-0.469				0
			(0.00013)					

Tabelle D.27: ADF-Tests für MUV für unterschiedliche Zeiträume mit Angabe der verwendeten Lags in der ADF-Gleichung.

	$\hat{\mu}$	$\hat{\theta}$	$\hat{\eta}$	$\hat{\tau}_i$	$\hat{\Phi}_{\tau}$	$\hat{\Phi}_{\mu\tau}$	$\hat{\Phi}_{\mu}$	k
01.01.75 – 30.12.02	15.845	0.00523	-0.00135	-2.700	3.702	4.050		1
	(5.851)	(0.00197)	(0.00050)					
	5.607		-0.00010	-0.607			2.555	1
	(4.398)		(0.00017)					
			0.00010	1.867				1
			(0.00005)					
01.01.75 – 29.06.84	5.154	0.00139	-0.00042	-0.420	0.252	0.200		1
	(17.045)	(0.00276)	(0.00100)					
	8.427		-0.00049	-0.500			0.173	1
	(15.753)		(0.00099)					
			0.00003	0.245				1
			(0.00012)					
02.07.84 – 30.06.95	59.107	0.01116	-0.00411	-2.688	3.701	4.474		1
	(21.408)	(0.00525)	(0.00153)					
	36.839		-0.00129	-1.699			4.450	1
	(18.676)		(0.00076)					
			0.00020	2.237				1
			(0.00009)					
03.07.95 – 29.02.00	-22.306	0.03709	-0.00608	-1.726	1.888	2.169		0
	(89.942)	(0.02980)	(0.00352)					
	74.306		-0.00204	-1.492			2.478	0
	(45.459)		(0.00137)					
			0.00019	1.510				0
			(0.00019)					
01.03.00 – 30.12.02	328.773	-0.02021	-0.00467	-0.934	0.619	0.744		0
	(306.535)	(0.02954)	(0.00500)					
	171.190		-0.00437	-0.878			0.883	0
	(202.145)		(0.00498)					
			-0.00016	-1.024				0
			(0.00015)					

Tabelle D.28: ADF-Tests für SCH für unterschiedliche Zeiträume mit Angabe der verwendeten Lags in der ADF-Gleichung.

	$\hat{\mu}$	$\hat{\theta}$	$\hat{\eta}$	$\hat{\tau}_i$	$\hat{\Phi}_\tau$	$\hat{\Phi}_{\mu\tau}$	$\hat{\Phi}_\mu$	k
01.01.75 – 30.12.02	19.184	0.00302	-0.00110	-1.926	2.315	2.565		1
	(7.737)	(0.00212)	(0.00057)					
	11.778		-0.00035	-1.614			2.835	1
	(5.723)		(0.00022)					
			0.00008	1.198				1
			(0.00006)					
01.01.75 – 29.06.84	15.937	0.01127	-0.00156	-1.474	1.102	2.960		1, 2
	(9.093)	(0.00794)	(0.00106)					
	9.152		-0.00018	-0.434			3.430	1, 2
	(7.738)		(0.00043)					
			0.00030	2.337				1, 2
			(0.00013)					
02.07.84 – 30.06.95	16.804	0.00828	-0.00186	-1.747	1.819	1.300		1
	(20.152)	(0.00463)	(0.00106)					
	14.571		-0.00049	-0.662			0.350	1
	(20.122)		(0.00074)					
			0.00004	0.418				1
			(0.00010)					
03.07.95 – 29.02.00	-180.770	0.07914	-0.00916	-2.905	4.283	2.975		0
	(110.259)	(0.03177)	(0.00315)					
	70.637		-0.00202	-1.533			1.354	0
	(44.502)		(0.00132)					
			0.00006	0.433				0
			(0.00014)					
01.03.00 – 30.12.02	1100.284	-0.11073	-0.00890	-1.872	1.866	1.331		0
	(581.471)	(0.06091)	(0.00475)					
	56.798		-0.00175	-0.653			0.344	0
	(92.875)		(0.00267)					
			-0.00012	-0.560				0
			(0.00020)					

Tabelle D.29: ADF-Tests für TUI für unterschiedliche Zeiträume mit Angabe der verwendeten Lags in der ADF-Gleichung.

	$\hat{\mu}$	$\hat{\theta}$	$\hat{\eta}$	$\hat{\tau}_i$	$\hat{\Phi}_\tau$	$\hat{\Phi}_{\mu\tau}$	$\hat{\Phi}_\mu$	k
01.01.75 – 30.12.02	19.620 (10.458)	0.00361 (0.00198)	-0.00103 (0.00058)	-1.784	1.715	2.684		1
	6.152 (7.409)		-0.00008 (0.00025)	-0.320			2.361	1
			0.00012 (0.00006)	2.008				1
01.01.75 – 29.06.84	42.323 (22.731)	0.00013 (0.00374)	-0.00187 (0.00112)	-1.674	1.562	1.387		1
	42.234 (22.589)		-0.00185 (0.00105)	-1.768			2.080	1
			0.00009 (0.00012)	0.815				1
02.07.84 – 30.06.95	53.732 (28.533)	0.00020 (0.00369)	-0.00180 (0.00101)	-1.787	1.754	1.336		1
	54.056 (27.924)		-0.00179 (0.00095)	-1.872			2.004	1
			0.00005 (0.00010)	0.510				1
03.07.95 – 29.02.00	-230.415 (94.514)	-0.04058 (0.02254)	0.00085 (0.00192)	0.443	2.832	3.458		0
	81.432 (45.722)		-0.00185 (0.00119)	-1.555			3.560	0
			0.00026 (0.00013)	1.985				0
01.03.00 – 30.12.02	724.169 (332.150)	-0.03276 (0.03394)	-0.01246 (0.00507)	-2.460	3.249	2.237		0
	465.278 (195.927)		-0.01186 (0.00503)	-2.359			2.890	0
			0.00007 (0.00018)	0.374				0

Tabelle D.30: ADF-Tests für VOW für unterschiedliche Zeiträume mit Angabe der verwendeten Lags in der ADF-Gleichung.

Erläuterung zu den Tabellen D.31-D.48:

Für die betrachteten Zeitreihen und die Untersuchungszeiträume werden die Gleichungen (4.15)-(4.17) mittels ML-Methode und unter der Annahme SEP-verteilter ε_t geschätzt. Sämtliche Schätzungen sind für logarithmierte und mit dem Faktor 10000 multiplizierte Kursreihen durchgeführt worden. In den Klammern stehen jeweils die Standardfehler der geschätzten Parameter. Zusätzlich zu den (je nach Gleichung) deterministischen Parametern μ und θ und dem die Einheitswurzel betreffenden Parameter η werden die Schiefe γ, der Wölbungsparameter δ und ein Skalenparameter σ geschätzt. Die numerische ML-Schätzung geschieht in zwei Schritten. Ausgehend von den Startparametern $\mu = \theta = \eta = 0.5$ und $\gamma = \delta = \sigma = 1.0$ werden zuerst mittels der numerischen Simplex-Maximierung der Log-Likelihood Schätzer für die sechs Parameter ermittelt. Diese dienen dann als Startwerte der numerischen Log-Likelihood-Maximierung mittels des BHHH-Algorithmus.

In den Tabellen D.31 bis D.48 sind signifikant schiefe Koeffizientenwerte $\hat{\gamma}$ durch ein * ersichtlich. Zusätzlich sind in diesen Tabellen die Werte der Teststatistik $\hat{\Psi}_i$ zur Prüfung der Einheitswurzelhypothese zu finden. Dabei symbolisiert der Laufindex die zu Gleichung (4.15)-(4.17) zugehörige Teststatistik $\hat{\Psi}_\tau$, $\hat{\Psi}_\mu$ bzw. $\hat{\Psi}$. Vorkommender Autokorrelation in den Residuen ist durch die von Phillips, Perron (1988, S. 341) für die Teststatistiken $\hat{\Psi}_\tau$ und $\hat{\Psi}_\mu$ vorgeschlagene Korrektur entgegengewirkt worden. Für diese Korrektur ist ein gewichteter Varianzschätzer zu berechnen. Dessen Gewichte sind durch ein Parzenfenster mit drei Lags bestimmt. $\underline{\hat{\Psi}_i}$ bezeichnet unkorrigierte und $\tilde{\Psi}_i$ korrigierte Teststatistiken. Die Werte der unkorrigierten Teststatistiken sind dementsprechend durch Unterstreichen kenntlich gemacht.

Die jeweiligen zur Testentscheidung bzgl. der Einheitswurzelhypothese zum Tragen kommenden kritischen Werte sind unterhalb der Ergebnistabellen D.31 bis D.48 verzeichnet. Die Einheitswurzelhypothese zu einem Signifikanzniveau von $\alpha = 0.05$ ablehnende Werte von $\underline{\hat{\Psi}_i}$ bzw. $\tilde{\Psi}_i$ sind durch ein * verdeutlicht.

	$\hat{\mu}$	$\hat{\theta}$	$\hat{\eta}$	$\hat{\delta}$	$\hat{\gamma}$	$\hat{\sigma}$	$\underline{\hat{\Psi}_i}$, $\tilde{\Psi}_i$
Ges. Ztr.	-39.964	-0.00322	0.00105	1.316	1.148*	76.298	7.548
	(20.822)	(0.00195)	(0.00046)	(0.031)	(0.034)	(2.160)	
	-6.598		0.00030	1.318	1.141*	76.709	2.126
	(5.990)		(0.00010)	(0.035)	(0.034)	(2.306)	
			0.00019	1.320	1.135*	77.064	1.326
			(0.00003)	(0.030)	(0.036)	(2.193)	
1. Zeitr.	32.130	0.00151	-0.00064	1.465	0.956	64.761	-1.887
	(66.202)	(0.00284)	(0.00137)	(0.063)	(0.048)	(3.034)	
	10.236		-0.00016	1.461	0.957	64.633	-0.684
	(24.547)		(0.00048)	(0.060)	(0.048)	(2.815)	
			0.00004	1.461	0.957	64.612	-0.136
			(0.00004)	(0.060)	(0.048)	(2.813)	
2. Zeitr.	81.474	-0.00275	-0.00085	1.496	1.211*	86.444	-2.662
	(58.492)	(0.00380)	(0.00115)	(0.063)	(0.064)	(3.809)	
	113.585		-0.00155	1.494	1.198*	86.873	-4.637
	(34.199)		(0.00054)	(0.063)	(0.059)	(3.806)	
			0.00023	1.494	1.175*	88.019	0.388
			(0.00005)	(0.063)	(0.057)	(3.868)	
3. Zeitr.	-181.876	0.03162	0.00036	1.364	1.468*	81.423	0.429
	(66.267)	(0.02612)	(0.00265)	(0.090)	(0.125)	(6.130)	
	-199.267		0.00333	1.351	1.444*	81.556	3.891
	(56.986)		(0.00081)	(0.102)	(0.119)	(6.632)	
			0.00047	1.406	1.324*	89.446	0.550
			(0.00007)	(0.086)	(0.104)	(6.396)	
4. Zeitr.	2114.805	-0.11877	-0.01633	2.182	1.455*	128.545	-11.363
	(684.163)	(0.04304)	(0.00512)	(0.202)	(0.206)	(12.514)	
	146.284		-0.00181	2.193	1.247	141.558	-1.258
	(146.881)		(0.00187)	(0.236)	(0.172)	(13.149)	
			0.00007	2.178	1.189	144.835	0.046
			(0.00016)	(0.238)	(0.156)	(12.840)	

Mit * gekennzeichnete Werte von $\hat{\gamma}$ führen bei einem Signifikanzniveau von $\alpha = 0.05$ zur Ablehnung der Symmetriehypothese.

Tabelle D.31: ML-Schätzungen der Gleichungen (4.15)-(4.17) mit SEP-verteilten Störgrößen und degenerierte DF- ($\underline{\hat{\Psi}_i}$) bzw. PP- ($\tilde{\Psi}_i$) -Tests für den DAFOX und verschiedene Zeiträume.

Kritische Werte:

δ	γ	Ψ_τ	Ψ_μ	Ψ
1.5	1.2	-19.826	-7.127	-3.626
1.5	1.5	-18.864	-1.808	-0.845
2.0	1.5	-20.390	-1.760	-0.822
	1.0	-21.800	-14.100	-8.100

	$\hat{\mu}$	$\hat{\theta}$	$\hat{\eta}$	$\hat{\delta}$	$\hat{\gamma}$	$\hat{\sigma}$	$\hat{\underline{\Psi}}_i$, $\tilde{\Psi}_i$
Ges. Ztr.	-5.681	0.00072	0.00022	1.388	1.142*	99.896	1.539
	(25.598)	(0.00180)	(0.00045)	(0.038)	(0.035)	(2.938)	
	-15.511		0.00040	1.389	1.143*	99.858	2.794
	(9.427)		(0.00013)	(0.038)	(0.035)	(2.937)	
			0.00017	1.393	1.132*	100.668	1.198
			(0.00003)	(0.038)	(0.034)	(2.952)	
1. Zeitr.	73.519	0.00164	-0.00121	1.585	0.945	89.992	-3.782
	(29.020)	(0.00216)	(0.00053)	(0.064)	(0.046)	(3.689)	
	48.900		-0.00078	1.585	0.945	90.013	-2.751
	(66.429)		(0.00109)	(0.066)	(0.039)	(3.450)	
			-0.00001	1.581	0.942	89.970	-0.608
			(0.00004)	(0.063)	(0.048)	(3.716)	
2. Zeitr.	141.738	0.00211	-0.00187	1.556	1.153*	110.284	-5.414
	(77.391)	(0.00393)	(0.00124)	(0.069)	(0.058)	(4.744)	
	109.229		-0.00130	1.556	1.158*	110.022	-3.964
	(53.229)		(0.00072)	(0.066)	(0.060)	(4.804)	
			0.00019	1.562	1.150*	110.851	0.253
			(0.00005)	(0.062)	(0.057)	(4.698)	
3. Zeitr.	-106.803	0.04776	-0.00175	1.377	1.470*	97.837	-2.062
	(101.326)	(0.03200)	(0.00334)	(0.083)	(0.129)	(7.553)	
	-178.684		0.00271	1.362	1.447*	97.865	3.194
	(64.239)		(0.00077)	(0.099)	(0.101)	(7.104)	
			0.00047	1.380	1.356*	103.115	0.560
			(0.00010)	(0.106)	(0.130)	(7.935)	
4. Zeitr.	2732.235	-0.19621	-0.01549	2.961	1.007	231.318	-10.424
	(996.235)	(0.07020)	(0.00564)	(0.404)	(0.231)	(28.126)	
	-8.147		-0.00025	2.919	0.860	250.059	-0.165
	(180.863)		(0.00203)	(0.419)	(0.159)	(23.042)	
			-0.00034	2.922	0.863	249.744	-0.225
			(0.00027)	(0.336)	(0.152)	(22.639)	

Mit * gekennzeichnete Werte von $\hat{\gamma}$ führen bei einem Signifikanzniveau von $\alpha = 0.05$ zur Ablehnung der Symmetriehypothese.

Tabelle D.32: ML-Schätzungen der Gleichungen (4.15)-(4.17) mit SEP-verteilten Störgrößen und degenerierte DF- ($\hat{\underline{\Psi}}_i$) bzw. PP- ($\tilde{\Psi}_i$) -Tests für den DAX und verschiedene Zeiträume.

Kritische Werte:

δ	γ	Ψ_τ	Ψ_μ	Ψ
1.5	1.2	-19.826	-7.127	-3.626
1.5	1.5	-18.864	-1.808	-0.845
	1.0	-21.800	-14.100	-8.100

	$\hat{\mu}$	$\hat{\theta}$	$\hat{\eta}$	$\hat{\delta}$	$\hat{\gamma}$	$\hat{\sigma}$	$\underline{\hat{\Psi}_i}$
Ges. Ztr.	Keine Konvergenz der numerischen Likelihood-Maximierung						
1. Zeitr.	Keine Konvergenz der numerischen Likelihood-Maximierung						
2. Zeitr.	30.607	0.00559	-0.00304	1.092	0.926*	108.242	-8.615
	(16.017)	(0.00421)	(0.00142)	(0.043)	(0.038)	(5.794)	
	22.625		-0.00140	1.086	0.923*	107.674	-3.973
	(15.003)		(0.00077)	(0.043)	(0.038)	(5.769)	
			-0.00001	1.072	0.961	103.912	-0.003
			(0.00003)	(0.044)	(0.026)	(5.573)	
3. Zeitr.	30.584	0.00558	-0.00304	1.092	0.925*	108.235	-8.608
	(16.016)	(0.00421)	(0.00142)	(0.043)	(0.037)	(5.794)	
	22.620		-0.00140	1.086	0.923*	107.678	-3.972
	(2.712)		(0.00008)	(0.043)	(0.037)	(5.768)	
			-0.00000	1.072	0.961	103.912	-0.003
			(0.00003)	(0.044)	(0.026)	(5.753)	
4. Zeitr.	89.351	0.01714	-0.00547	2.166	0.991	297.212	-3.802
	(320.771)	(0.05940)	(0.00435)	(0.221)	(0.143)	(25.681)	
	178.613		-0.00456	2.154	0.991	296.556	-3.167
	(101.904)		(0.00263)	(0.273)	(0.132)	(26.069)	
			0.00012	2.137	0.971	299.258	0.085
			(0.00065)	(0.209)	(0.139)	(25.352)	

Mit * gekennzeichnete Werte von $\hat{\gamma}$ führen bei einem Signifikanzniveau von $\alpha = 0.05$ zur Ablehnung der Symmetriehypothese.

Tabelle D.33: ML-Schätzungen der Gleichungen (4.15)-(4.17) mit SEP-verteilten Störgrößen und degenerierte DF-Tests ($\underline{\hat{\Psi}_i}$) für ALT und verschiedene Zeiträume.

	δ	γ	Ψ_τ	Ψ_μ	Ψ
Kritische Werte:	1.0	1.2	-14.348	-5.294	-2.403
		1.0	-21.800	-14.100	-8.100

	$\hat{\mu}$	$\hat{\theta}$	$\hat{\eta}$	$\hat{\delta}$	$\hat{\gamma}$	$\hat{\sigma}$	$\underline{\hat{\Psi}}_i$, $\tilde{\Psi}_i$
Ges. Ztr.	Keine Konvergenz der numerischen Likelihood-Maximierung						
1. Zeitr.	32.130	0.00151	-0.00064	1.465	0.956	64.761	-1.574
	(66.202)	(0.00284)	(0.00137)	(0.063)	(0.048)	(3.034)	
	10.236		-0.00016	1.461	0.957	64.633	-0.401
	(24.547)		(0.00048)	(0.060)	(0.048)	(2.815)	
			0.00004	1.461	0.957	64.612	0.096
			(0.00004)	(0.060)	(0.048)	(2.813)	
2. Zeitr.	99.794	0.00313	-0.00237	1.164	1.003	122.241	-7.048
	(36.920)	(0.00323)	(0.00095)	(0.048)	(0.042)	(6.252)	
	84.469		-0.00176	1.162	1.000	122.188	-5.331
	(34.469)		(0.00075)	(0.048)	(0.039)	(6.259)	
			0.00001	1.149	0.975	122.191	-0.354
			(0.00001)	(0.045)	(0.046)	(5.618)	
3. Zeitr.	89.536	0.03948	-0.00651	1.620	0.853	217.209	-7.754
	(94.930)	(0.03225)	(0.00336)	(0.106)	(0.075)	(13.410)	
	127.746		-0.00262	1.611	0.858	215.858	-3.116
	(69.695)		(0.00237)	(0.119)	(0.074)	(13.535)	
			-0.00008	1.602	0.911	209.286	-0.101
			(0.00019)	(0.117)	(0.076)	(13.035)	
4. Zeitr.	390.331	-0.07437	0.00205	1.628	0.903	241.396	1.394
	(246.946)	(0.03199)	(0.00383)	(0.423)	(0.522)	(53.662)	
	-353.709		0.00573	1.604	0.886	241.174	3.900
	(95.870)		(0.00162)	(0.142)	(0.100)	(19.762)	
			-0.00008	1.663	1.062	227.398	-0.051
			(0.00025)	(0.172)	(0.100)	(19.282)	

Mit * gekennzeichnete Werte von $\hat{\gamma}$ führen bei einem Signifikanzniveau von $\alpha = 0.05$ zur Ablehnung der Symmetriehypothese.

Tabelle D.34: ML-Schätzungen der Gleichungen (4.15)-(4.17) mit SEP-verteilten Störgrößen und degenerierte DF- ($\underline{\hat{\Psi}}_i$) bzw. PP- ($\tilde{\Psi}_i$) -Tests für ALV und verschiedene Zeiträume.

Kritische Werte:

δ	γ	Ψ_τ	Ψ_μ	Ψ
	1.0	-21.800	-14.100	-8.100

	$\hat{\mu}$	$\hat{\theta}$	$\hat{\eta}$	$\hat{\delta}$	$\hat{\gamma}$	$\hat{\sigma}$	$\hat{\underline{\Psi}}_i$, $\tilde{\Psi}_i$
Ges. Ztr.	12.266	0.00249	-0.00081	1.283	0.974	118.976	-5.853
	(7.736)	(0.00146)	(0.00047)	(0.035)	(0.021)	(3.520)	
	0.835		-0.00002	1.281	0.969	119.129	-0.236
	(5.414)		(0.00018)	(0.035)	(0.017)	(3.395)	
			0.00000	1.280	0.967	119.163	-0.057
			(0.00008)	(0.035)	(0.028)	(3.631)	
1. Zeitr.	43.363	-0.00183	-0.00250	1.277	0.837*	95.428	-7.664
	(31.427)	(0.00215)	(0.00154)	(0.055)	(0.038)	(4.728)	
	32.714		-0.00209	1.277	0.840*	95.268	-6.634
	(34.033)		(0.00174)	(0.054)	(0.042)	(4.899)	
			-0.00042	1.273	0.843*	94.799	-2.502
			(0.00014)	(0.049)	(0.038)	(4.594)	
2. Zeitr.	90.854	-0.00118	-0.00310	1.381	1.044	121.034	-8.986
	(25.822)	(0.00225)	(0.00115)	(0.060)	(0.049)	(5.529)	
	92.027		-0.00334	1.383	1.042	121.298	-9.681
	(30.970)		(0.00119)	(0.054)	(0.049)	(5.396)	
			0.00022	1.382	1.039	121.658	0.384
			(0.00015)	(0.055)	(0.049)	(5.365)	
3. Zeitr.	42.074	0.02207	-0.00494	1.874	1.043	201.534	-5.790
	(95.363)	(0.03120)	(0.00315)	(0.165)	(0.103)	(14.011)	
	107.208		-0.00284	1.870	1.036	202.052	-3.336
	(45.547)		(0.00140)	(0.159)	(0.101)	(14.007)	
			0.00038	1.860	1.066	198.993	0.452
			(0.00038)	(0.161)	(0.089)	(12.169)	
4. Zeitr.	1245.362	-0.07262	-0.01888	1.904	1.077	195.111	-13.120
	(280.341)	(0.04441)	(0.00123)	(0.210)	(0.152)	(17.590)	
	436.370		-0.01132	1.870	1.067	194.905	-7.864
	(262.325)		(0.00689)	(0.215)	(0.140)	(17.016)	
			0.00008	1.913	1.019	202.518	0.056
			(0.00040)	(0.176)	(0.122)	(16.654)	

Mit * gekennzeichnete Werte von $\hat{\gamma}$ führen bei einem Signifikanzniveau von $\alpha = 0.05$ zur Ablehnung der Symmetriehypothese.

Tabelle D.35: ML-Schätzungen der Gleichungen (4.15)-(4.17) mit SEP-verteilten Störgrößen und degenerierte DF- ($\hat{\underline{\Psi}}_i$) bzw. PP- ($\tilde{\Psi}_i$) -Tests für BAS und verschiedene Zeiträume.

	δ	γ	Ψ_τ	Ψ_μ	Ψ
Kritische Werte:	1.5	1.2	-19.826	-7.127	-3.626
		1.0	-21.800	-14.100	-8.100

	$\hat{\mu}$	$\hat{\theta}$	$\hat{\eta}$	$\hat{\delta}$	$\hat{\gamma}$	$\hat{\sigma}$	$\hat{\Psi}_i$, $\tilde{\Psi}_i$
Ges. Ztr.	14.104	0.00224	-0.00080	1.252	0.994	118.305	-5.815
	(8.246)	(0.00164)	(0.00052)	(0.031)	(0.030)	(3.536)	
	3.962		-0.00011	1.251	0.987	118.626	-0.886
	(5.697)		(0.00014)	(0.044)	(0.021)	(4.641)	
			0.00001	1.248	0.980	118.741	-0.019
			(0.00008)	(0.033)	(0.028)	(3.491)	
1. Zeitr.	11.057	-0.00052	-0.00092	1.302	0.854*	97.413	-3.362
	(17.303)	(0.00189)	(0.00075)	(0.051)	(0.038)	(4.394)	
	12.270		-0.00101	1.303	0.856*	97.360	-3.475
	(26.492)		(0.00137)	(0.051)	(0.028)	(4.344)	
			-0.00038	1.300	0.853*	97.324	-2.075
			(0.00011)	(0.050)	(0.033)	(4.435)	
2. Zeitr.	99.991	0.00107	-0.00365	1.326	1.043	118.472	-10.710
	(29.301)	(0.00287)	(0.00129)	(0.054)	(0.046)	(5.566)	
	96.229		-0.00334	1.325	1.045	118.351	-9.826
	(30.016)		(0.00111)	(0.056)	(0.047)	(5.531)	
			0.00022	1.333	1.032	119.989	0.245
			(0.00014)	(0.051)	(0.047)	(5.412)	
3. Zeitr.	97.121	0.02276	-0.00671	1.743	1.001	199.743	-7.870
	(26.740)	(0.02062)	(0.00336)	(0.149)	(0.090)	(13.229)	
	149.800		-0.00420	1.730	0.988	200.139	-4.922
	(64.165)		(0.00190)	(0.137)	(0.093)	(13.042)	
			0.00034	1.771	1.055	197.010	0.399
			(0.00033)	(0.126)	(0.101)	(14.001)	
4. Zeitr.	1006.751	-0.10143	-0.00732	2.297	1.171	229.377	-5.058
	(489.436)	(0.05138)	(0.00374)	(0.265)	(0.171)	(21.334)	
	42.772		-0.00096	2.239	1.144	230.473	-0.661
	(87.832)		(0.00225)	(0.259)	(0.144)	(19.824)	
			0.00011	2.237	1.112	233.868	0.075
			(0.00049)	(0.229)	(0.136)	(18.168)	

Mit * gekennzeichnete Werte von $\hat{\gamma}$ führen bei einem Signifikanzniveau von $\alpha = 0.05$ zur Ablehnung der Symmetriehypothese.

Tabelle D.36: ML-Schätzungen der Gleichungen (4.15)-(4.17) mit SEP-verteilten Störgrößen und degenerierte DF- ($\hat{\Psi}_i$) bzw. PP- ($\tilde{\Psi}_i$) -Tests für BAY und verschiedene Zeiträume.

	δ	γ	Ψ_τ	Ψ_μ	Ψ
Kritische Werte:	1.5	1.2	-19.826	-7.127	-3.626
		1.0	-21.800	-14.100	-8.100

	$\hat{\mu}$	$\hat{\theta}$	$\hat{\eta}$	$\hat{\delta}$	$\hat{\gamma}$	$\hat{\sigma}$	$\underline{\hat{\Psi}_i}$, $\tilde{\Psi}_i$
Ges. Ztr.	0.889	0.00029	-0.00009	1.140*	0.960	125.059*	-0.799
	(5.120)	(0.00158)	(0.00044)	(0.030)	(0.031)	(4.667)	
	Keine Konvergenz der numerischen Likelihood-Maximierung						
			-0.00000	1.138*	0.961*	124.777*	-0.137
			(0.00009)	(0.078)	(0.018)	(9.193)	
1. Zeitr.	2.432	-0.00043	-0.00015	1.131	0.922*	99.543	-0.551
	(1.282)	(0.00261)	(0.00037)	(0.045)	(0.039)	(5.238)	
	0.601		-0.00005	1.129	0.924	99.244	-0.366
	(10.683)		(0.00068)	(0.045)	(0.041)	(5.238)	
			-0.00000	1.128	0.926*	99.033	-0.272
			(0.00019)	(0.054)	(0.031)	(5.516)	
2. Zeitr.	18.214	0.00421	-0.00176	1.204	0.921	129.092	-5.885
	(19.793)	(0.00255)	(0.00070)	(0.049)	(0.041)	(6.640)	
	17.423		-0.00088	1.203	0.944	127.523	-3.374
	(18.538)		(0.00080)	(0.049)	(0.039)	(6.414)	
			-0.00016	1.203	0.939*	127.860	-1.364
			(0.00004)	(0.053)	(0.025)	(6.376)	
3. Zeitr.	-27.381	0.02969	-0.00464	1.354	1.045	184.058	-5.407
	(92.154)	(0.01961)	(0.00113)	(0.110)	(0.087)	(14.559)	
	86.393		-0.00260	1.366	0.996	190.196	-3.032
	(57.811)		(0.00198)	(0.108)	(0.085)	(14.262)	
			0.00046	1.360	1.069	182.876	0.534
			(0.00026)	(0.109)	(0.072)	(13.143)	
4. Zeitr.	355.615	-0.00101	-0.00992	2.181	0.928	286.111	-6.913
	(266.875)	(0.03236)	(0.00653)	(0.214)	(0.131)	(24.064)	
	351.043		-0.00999	2.181	0.929	286.299	-6.965
	(236.317)		(0.00643)	(0.244)	(0.127)	(23.131)	
			-0.00057	2.181	0.866	296.456	-0.400
			(0.00059)	(0.236)	(0.114)	(22.130)	

Mit * gekennzeichnete Werte von $\hat{\gamma}$ führen bei einem Signifikanzniveau von $\alpha = 0.05$ zur Ablehnung der Symmetriehypothese.

Tabelle D.37: ML-Schätzungen der Gleichungen (4.15)-(4.17) mit SEP-verteilten Störgrößen und degenerierte DF- ($\underline{\hat{\Psi}_i}$) bzw. PP- ($\tilde{\Psi}_i$) -Tests für BMW und verschiedene Zeiträume.

	δ	γ	Ψ_τ	Ψ_μ	Ψ
Kritische Werte:	1.0	1.2	-14.348	-5.294	-2.403
		1.0	-21.800	-14.100	-8.100

	$\hat{\mu}$	$\hat{\theta}$	$\hat{\eta}$	$\hat{\delta}$	$\hat{\gamma}$	$\hat{\sigma}$	$\underline{\hat{\Psi}_i}$, $\tilde{\Psi}_i$
Ges. Ztr.	Keine Konvergenz der numerischen Likelihood-Maximierung						
1. Zeitr.	40.269	-0.00711	-0.00154	1.170	0.937	98.168	-4.260
	(30.671)	(0.00315)	(0.00124)	(0.047)	(0.042)	(5.123)	
	0.182		-0.00004	1.163	0.979	95.472	-0.450
	(20.899)		(0.00095)	(0.054)	(0.048)	(6.172)	
			-0.00003	1.163	0.979	95.476	-0.470
			(0.00013)	(0.047)	(0.039)	(5.463)	
2. Zeitr.	72.568	0.00910	-0.00431	1.301	0.966	140.044	-12.672
	(28.653)	(0.00437)	(0.00135)	(0.056)	(0.031)	(6.427)	
	46.144		-0.00170	1.303	1.001	138.020	-5.249
	(29.540)		(0.00113)	(0.055)	(0.045)	(6.605)	
			0.00001	1.293	0.983	138.222	-0.446
			(0.00013)	(0.062)	(0.039)	(7.316)	
3. Zeitr.	-2.554	0.03253	-0.00644	1.246	0.901	152.921	$\underline{-7.583}$
	(51.544)	(0.01253)	(0.00220)	(0.089)	(0.071)	(11.894)	
	92.307		-0.00317	1.241	0.886	153.607	$\underline{-3.734}$
	(40.059)		(0.00132)	(0.088)	(0.069)	(11.947)	
			-0.00000	1.235	0.966	147.004	$\underline{-0.000}$
			(0.00021)	(0.076)	(0.070)	(10.969)	
4. Zeitr.	268.298	-0.04293	0.00062	1.549	0.960	211.237	$\underline{0.426}$
	(731.397)	(0.08600)	(0.00374)	(0.168)	(0.107)	(19.629)	
	-102.528		0.00252	1.551	0.941	213.594	$\underline{1.725}$
	(69.435)		(0.00196)	(0.169)	(0.084)	(18.926)	
			-0.00030	1.523	1.034	201.508	$\underline{-0.208}$
			(0.00037)	(0.162)	(0.092)	(17.807)	

Tabelle D.38: ML-Schätzungen der Gleichungen (4.15)-(4.17) mit SEP-verteilten Störgrößen und degenerierte DF- ($\underline{\hat{\Psi}_i}$) bzw. PP- ($\tilde{\Psi}_i$) -Tests für CBK und verschiedene Zeiträume.

Kritische Werte:

δ	γ	Ψ_τ	Ψ_μ	Ψ
	1.0	-21.800	-14.100	-8.100

	$\hat{\mu}$	$\hat{\theta}$	$\hat{\eta}$	$\hat{\delta}$	$\hat{\gamma}$	$\hat{\sigma}$	$\underline{\hat{\Psi}}_i$, $\tilde{\Psi}_i$
Ges. Ztr.	-3.817	-0.00010	-0.00010	1.357	0.927*	171.784	-0.787
	(7.257)	(0.00017)	(0.00048)	(0.038)	(0.030)	(5.132)	
	-3.634		-0.00012	1.357	0.927*	171.756	-0.967
	(5.906)		(0.00023)	(0.039)	(0.027)	(4.987)	
			-0.00024	1.357	0.935*	171.016	-1.807
			(0.00015)	(0.037)	(0.028)	(5.051)	
1. Zeitr.	-30.584	0.00205	0.00092	1.365	0.843*	173.714	2.054
	(14.847)	(0.00384)	(0.00096)	(0.057)	(0.042)	(8.128)	
	-27.599		0.00096	1.362	0.846*	173.051	2.123
	(13.326)		(0.00101)	(0.060)	(0.038)	(8.356)	
			-0.00084	1.369	0.888*	170.919	-2.211
			(0.00039)	(0.065)	(0.042)	(8.429)	
2. Zeitr.	33.320	-0.00491	-0.00084	1.304	0.913*	161.728	-2.975
	(11.267)	(0.00302)	(0.00079)	(0.077)	(0.040)	(8.684)	
	26.111		-0.00138	1.311	0.913	162.570	-4.499
	(24.171)		(0.00095)	(0.055)	(0.045)	(7.541)	
			-0.00036	1.310	0.907*	163.039	-1.625
			(0.00021)	(0.059)	(0.043)	(7.624)	
3. Zeitr.	126.965	-0.01612	-0.00088	1.416	0.977	184.783	-1.039
	(70.557)	(0.02499)	(0.00388)	(0.117)	(0.093)	(16.790)	
	70.332		-0.00237	1.421	0.979	185.175	-2.806
	(44.703)		(0.00156)	(0.091)	(0.075)	(12.175)	
			0.00009	1.411	0.991	183.246	0.110
			(0.00031)	(0.091)	(0.078)	(12.770)	
4. Zeitr.	966.841	-0.07387	-0.01557	1.479	1.012	197.588	-10.670
	(392.359)	(0.06272)	(0.00415)	(0.145)	(0.125)	(18.443)	
	306.540		-0.01088	1.478	1.033	196.227	-7.357
	(53.665)		(0.00225)	(0.147)	(0.082)	(16.821)	
			-0.00040	1.507	0.947	208.648	0.157
			(0.00049)	(0.155)	(0.097)	(19.799)	

Mit * gekennzeichnete Werte von $\hat{\gamma}$ führen bei einem Signifikanzniveau von $\alpha = 0.05$ zur Ablehnung der Symmetriehypothese.

Tabelle D.39: ML-Schätzungen der Gleichungen (4.15)-(4.17) mit SEP-verteilten Störgrößen und degenerierte DF- ($\underline{\hat{\Psi}}_i$) bzw. PP- ($\tilde{\Psi}_i$) -Tests für CON und verschiedene Zeiträume.

	δ	γ	Ψ_τ	Ψ_μ	Ψ
Kritische Werte:	1.5	1.2	-19.826	-7.127	-3.626
		1.0	-21.800	-14.100	-8.100

	$\hat{\mu}$	$\hat{\theta}$	$\hat{\eta}$	$\hat{\delta}$	$\hat{\gamma}$	$\hat{\sigma}$	$\hat{\Psi}_i$, $\tilde{\Psi}_i$
Ges. Ztr.	Keine Konvergenz der numerischen Likelihood-Maximierung						
			0.00000	1.116*	0.966*	104.060*	-0.061
			(0.00001)	(0.028)	(0.016)	(3.321)	
1. Zeitr.	25.639	-0.00025	-0.00141	1.151	0.916*	79.277	-4.335
	(17.417)	(0.00208)	(0.00085)	(0.044)	(0.041)	(4.163)	
	25.456		-0.00143	1.152	0.914	79.412	-4.256
	(32.658)		(0.00181)	(0.048)	(0.052)	(4.976)	
			-0.00001	1.142	0.940	77.626	-0.859
			(0.00009)	(0.058)	(0.036)	(6.219)	
2. Zeitr.	116.293	-0.00029	-0.00429	1.297	1.003	120.350	-12.892
	(32.275)	(0.00253)	(0.00134)	(0.052)	(0.045)	(5.896)	
	116.539		-0.00435	1.298	1.003	120.388	-13.050
	(29.732)		(0.00118)	(0.053)	(0.048)	(6.131)	
			0.00006	1.312	0.983	123.144	-0.445
			(0.00014)	(0.050)	(0.044)	(5.765)	
3. Zeitr.	242.423	-0.02331	-0.00277	1.940	0.962	234.726	-3.160
	(83.148)	(0.02307)	(0.00200)	(0.163)	(0.097)	(15.574)	
	177.452		-0.00502	1.944	0.973	233.799	-5.728
	(58.826)		(0.00173)	(0.162)	(0.098)	(15.492)	
			0.00030	1.936	1.034	227.065	0.338
			(0.00036)	(0.160)	(0.094)	(13.560)	
4. Zeitr.	Keine Konvergenz der numerischen Likelihood-Maximierung						

Mit * gekennzeichnete Werte von $\hat{\gamma}$ führen bei einem Signifikanzniveau von $\alpha = 0.05$ zur Ablehnung der Symmetriehypothese.

Tabelle D.40: ML-Schätzungen der Gleichungen (4.15)-(4.17) mit SEP-verteilten Störgrößen und degenerierte DF- ($\hat{\Psi}_i$) bzw. PP- ($\tilde{\Psi}_i$) -Tests für HOE und verschiedene Zeiträume.

	δ	γ	Ψ_τ	Ψ_μ	Ψ
Kritische Werte:	1.0	1.2	-14.348	-5.294	-2.403
		1.0	-21.800	-14.100	-8.100

	$\hat{\mu}$	$\hat{\theta}$	$\hat{\eta}$	$\hat{\delta}$	$\hat{\gamma}$	$\hat{\sigma}$	$\underline{\hat{\Psi}_i}$, $\tilde{\Psi}_i$
Ges. Ztr.	Keine Konvergenz der numerischen Likelihood-Maximierung						
1. Zeitr.	4.530	0.00026	-0.00019	1.195	0.980	86.202	-0.464
	(6.018)	(0.00220)	(0.00018)	(0.042)	(0.044)	(4.070)	
	2.002		-0.00008	1.193	0.982	85.991	-0.188
	(5.472)		(0.00018)	(0.042)	(0.044)	(4.063)	
			-0.00000	1.192	0.983	85.884	-0.000
			(0.00009)	(0.117)	(0.027)	(10.671)	
2. Zeitr.	56.379	0.00301	-0.00229	1.184	0.995	125.778	-6.929
	(39.371)	(0.00284)	(0.00141)	(0.052)	(0.039)	(6.756)	
	30.811		-0.00100	1.176	1.006	124.221	-3.266
	(33.499)		(0.00117)	(0.047)	(0.033)	(6.064)	
			0.00000	1.163	1.002	122.861	-0.445
			(0.00001)	(0.051)	(0.026)	(6.561)	
3. Zeitr.	-3.893	0.00853	-0.00137	1.361	0.927	189.090	-1.587
	(103.505)	(0.01993)	(0.00058)	(0.100)	(0.075)	(14.011)	
	29.098		-0.00085	1.366	0.922	190.109	-0.988
	(31.703)		(0.00095)	(0.108)	(0.077)	(14.014)	
			0.00000	1.358	0.942	187.256	0.000
			(0.00022)	(0.099)	(0.091)	(21.034)	
4. Zeitr.	1311.380	-0.15839	-0.00518	1.804	0.970	264.200	-3.550
	(691.968)	(0.07921)	(0.00352)	(0.180)	(0.120)	(24.045)	
	-89.609		0.00164	1.801	0.940	268.952	1.122
	(66.663)		(0.00159)	(0.197)	(0.120)	(24.019)	
			-0.00041	1.796	1.012	259.088	0.056
			(0.00043)	(0.178)	(0.101)	(19.765)	

Tabelle D.41: ML-Schätzungen der Gleichungen (4.15)-(4.17) mit SEP-verteilten Störgrößen und degenerierte DF- ($\underline{\hat{\Psi}_i}$) bzw. PP- ($\tilde{\Psi}_i$) -Tests für HYP und verschiedene Zeiträume.

Kritische Werte:

δ	γ	Ψ_τ	Ψ_μ	Ψ
	1.0	-21.800	-14.100	-8.100

	$\hat{\mu}$	$\hat{\theta}$	$\hat{\eta}$	$\hat{\delta}$	$\hat{\gamma}$	$\hat{\sigma}$	$\underline{\hat{\Psi}_i}$, $\tilde{\Psi}_i$
Ges. Ztr.	Keine Konvergenz der numerischen Likelihood-Maximierung						
			-0.00000	1.126*	1.000	115.035*	-0.108
			(0.00006)	(0.051)	(0.046)	(9.258)	
1. Zeitr.	0.045	-0.00001	-0.00000	1.028	1.018	75.659	-0.212
	4.142)	(0.00207)	(0.00011)	(0.040)	(0.044)	(4.460)	
	Keine Konvergenz der numerischen Likelihood-Maximierung						
			-0.00000	1.030	1.017	75.839	-0.209
			(0.00001)	(0.040)	(0.029)	(4.365)	
2. Zeitr.	15.496	0.00415	-0.00108	1.182	0.955	121.607	-3.337
	(23.212)	(0.00394)	(0.00103)	(0.050)	(0.041)	(6.368)	
	0.160		-0.00001	1.175	0.971	119.759	-0.283
	(21.749)		(0.00066)	(0.050)	(0.027)	(5.969)	
			-0.00000	1.174	0.971	119.733	-0.267
			(0.00001)	(0.050)	(0.025)	(5.920)	
3. Zeitr.	222.988	-0.00423	-0.00626	1.694	0.841	230.649	-7.308
	(100.706)	(0.01969)	(0.00370)	(0.130)	(0.082)	(16.061)	
	214.847		-0.00675	1.694	0.847*	229.919	-7.879*
	(92.707)		(0.00268)	(0.129)	(0.073)	(15.386)	
			-0.00045	1.667	0.895	222.058	-0.531
			(0.00031)	(0.118)	(0.075)	(13.955)	
4. Zeitr.	724.597	-0.09640	-0.00136	2.408	0.944	284.490	-0.937
	(343.740)	(0.03562)	(0.00339)	(0.286)	(0.137)	(24.713)	
	-145.183		0.00335	2.384	0.863	297.026	2.315
	(96.806)		(0.00266)	(0.287)	(0.135)	(25.769)	
	Keine Konvergenz der numerischen Likelihood-Maximierung						

Mit * gekennzeichnete Werte von $\hat{\gamma}$ führen bei einem Signifikanzniveau von $\alpha = 0.05$ zur Ablehnung der Symmetriehypothese und für $\underline{\hat{\Psi}_i}$ zur Ablehnung der Einheitswurzelhypothese.

Tabelle D.42: ML-Schätzungen der Gleichungen (4.15)-(4.17) mit SEP-verteilten Störgrößen und degenerierte DF- ($\underline{\hat{\Psi}_i}$) bzw. PP- ($\tilde{\Psi}_i$) -Tests für KAR und verschiedene Zeiträume.

	δ	γ	Ψ_τ	Ψ_μ	Ψ
Kritische Werte:	1.5	1.2	-19.826	-7.127	-3.626
		1.0	-21.800	-14.100	-8.100

	$\hat{\mu}$	$\hat{\theta}$	$\hat{\eta}$	$\hat{\delta}$	$\hat{\gamma}$	$\hat{\sigma}$	$\hat{\Psi}_i$, $\tilde{\Psi}_i$
Ges. Ztr.	28.847	0.00264	-0.00124	1.123	0.944	102.582	-8.913
	(5.212)	(0.00124)	(0.00007)	(0.029)	(0.031)	(3.556)	
	Keine Konvergenz der numerischen Likelihood-Maximierung						
			-0.00000	1.113	0.972	100.051	-0.011
			(0.00001)	(0.030)	(0.027)	(3.326)	
1. Zeitr.	146.246	0.01899	-0.00676	1.136	0.905*	88.079	-16.540*
	(41.721)	(0.00562)	(0.00186)	(0.046)	(0.039)	(4.761)	
	0.336		-0.00001	1.096	0.952	82.448	-0.067
	(24.471)		(0.00097)	(0.045)	(0.031)	(4.605)	
			-0.00000	1.096	0.952	82.376	-0.025
			(0.00001)	(0.044)	(0.027)	(4.426)	
2. Zeitr.	72.908	0.00413	-0.00260	1.161	0.908*	101.920	-7.348
	(29.215)	(0.00309)	(0.00103)	(0.046)	(0.038)	(5.220)	
	52.527		-0.00154	1.159	0.914*	101.476	-4.349
	(20.692)		(0.00059)	(0.047)	(0.040)	(5.198)	
			-0.00000	1.151	0.944	99.181	-0.010
			(0.00007)	(0.049)	(0.040)	(5.106)	
3. Zeitr.	402.337	-0.01409	-0.00839	1.387	0.893	171.918	-9.712
	(107.735)	(0.00287)	(0.00309)	(0.113)	(0.072)	(12.932)	
	375.027		-0.00983	1.379	0.915	169.102*	-11.388
	(111.215)		(0.00284)	(0.108)	(0.067)	(12.763)	
			-0.00022	1.387	0.973	165.756	-0.253
			(0.00017)	(0.113)	(0.062)	(11.771)	
4. Zeitr.	306.858	-0.02182	-0.00388	1.556	0.976	174.202	-2.757
	(246.955)	(0.02586)	(0.00348)	(0.155)	(0.104)	(16.359)	
	131.886		-0.00339	1.563	0.982	174.315	-2.410
	(173.118)		(0.00443)	(0.151)	(0.090)	(15.070)	
			-0.00000	1.562	0.967	175.513	-0.003
			(0.00027)	(0.148)	(0.081)	(15.676)	

Mit * gekennzeichnete Werte von $\hat{\gamma}$ führen bei einem Signifikanzniveau von $\alpha = 0.05$ zur Ablehnung der Symmetriehypothese und für $\tilde{\Psi}_i$ zur Ablehnung der Einheitswurzelhypothese.

Tabelle D.43: ML-Schätzungen der Gleichungen (4.15)-(4.17) mit SEP-verteilten Störgrößen und degenerierte DF- ($\hat{\Psi}_i$) bzw. PP- ($\tilde{\Psi}_i$) -Tests für LIN und verschiedene Zeiträume.

	δ	γ	Ψ_τ	Ψ_μ	Ψ
Kritische Werte:	1.0	1.2	-14.348	-5.294	-2.403
		1.0	-21.800	-14.100	-8.100

	$\hat{\mu}$	$\hat{\theta}$	$\hat{\eta}$	$\hat{\delta}$	$\hat{\gamma}$	$\hat{\sigma}$	$\underline{\hat{\Psi}}_i$, $\tilde{\Psi}_i$
Ges. Ztr.	31.331	0.00228	-0.00158	1.199	0.973	137.667	-10.656
	(13.907)	(0.00135)	(0.00064)	(0.032)	(0.028)	(4.435)	
	14.702		-0.00067	1.195	0.963	137.928	-5.119
	(7.426)		(0.00033)	(0.034)	(0.023)	(4.262)	
			-0.00002	1.185	0.988	134.916	-0.367
			(0.00004)	(0.048)	(0.017)	(5.079)	
1. Zeitr.	68.257	-0.00381	-0.00294	1.088	0.951	94.335	-8.515
	(11.180)	(0.00210)	(0.00064)	(0.045)	(0.040)	(5.212)	
	0.516		-0.00002	1.039	1.000	86.752	-0.340
	(3.167)		(0.00016)	(0.042)	(0.043)	(4.903)	
			-0.00000	1.038	1.001	86.442	-1.259
			(0.00001)	(0.042)	(0.029)	(4.841)	
2. Zeitr.	44.207	0.00185	-0.00195	1.293	0.962	156.410	-5.842
	(13.501)	(0.00341)	(0.00013)	(0.058)	(0.044)	(7.699)	
	43.788		-0.00165	1.292	0.962	156.402	-4.979
	(19.811)		(0.00067)	(0.058)	(0.050)	(7.812)	
			-0.00001	1.288	0.957	156.499	-0.374
			(0.00013)	(0.064)	(0.036)	(8.965)	
3. Zeitr.	70.351	0.02649	-0.00707	1.432	1.037	181.708	$\underline{-8.297}$
	(85.828)	(0.02180)	(0.00383)	(0.107)	(0.064)	(12.745)	
	114.126		-0.00341	1.433	1.017	183.631	$\underline{-4.003}$
	(71.985)		(0.00222)	(0.100)	(0.072)	(13.303)	
			0.00019	1.433	1.038	181.997	$\underline{0.223}$
			(0.00034)	(0.097)	(0.090)	(13.355)	
4. Zeitr.	915.424	-0.08765	-0.00886	1.959	1.054	256.194	$\underline{-6.222}$
	(707.559)	(0.07771)	(0.00490)	(0.196)	(0.140)	(22.577)	
	87.003		-0.00290	1.946	1.024	259.465	$\underline{-2.034}$
	(91.881)		(0.00268)	(0.197)	(0.116)	(20.188)	
			-0.00043	1.962	0.983	266.176	$\underline{-0.300}$
			(0.00058)	(0.210)	(0.118)	(22.408)	

Tabelle D.44: ML-Schätzungen der Gleichungen (4.15)-(4.17) mit SEP-verteilten Störgrößen und degenerierte DF- ($\underline{\hat{\Psi}}_i$) bzw. PP- ($\tilde{\Psi}_i$) -Tests für MAN und verschiedene Zeiträume.

Kritische Werte:

δ	γ	Ψ_τ	Ψ_μ	Ψ
	1.0	-21.800	-14.100	-8.100

	$\hat{\mu}$	$\hat{\theta}$	$\hat{\eta}$	$\hat{\delta}$	$\hat{\gamma}$	$\hat{\sigma}$	$\underline{\hat{\Psi}_i}$
Ges. Ztr.	Keine Konvergenz der numerischen Likelihood-Maximierung						
1. Zeitr.	Keine Konvergenz der numerischen Likelihood-Maximierung						
2. Zeitr.	Keine Konvergenz der numerischen Likelihood-Maximierung						
3. Zeitr.	20.797	0.03576	-0.00521	1.407	0.871	212.107	-6.163
	(117.014)	(0.03942)	(0.00304)	(0.112)	(0.086)	(15.143)	
	101.095		-0.00232	1.393	0.872	210.069	-2.739
	(53.875)		(0.00118)	(0.102)	(0.070)	(14.503)	
			-0.00001	1.400	0.954	202.409	-0.008
			(0.00016)	(0.100)	(0.059)	(14.349)	
4. Zeitr.	1010.717	-0.10796	-0.00474	1.538	0.832	259.124	-3.295
	(523.316)	(0.04785)	(0.00371)	(0.147)	(0.094)	(23.577)	
	-155.267		0.00202	1.492	0.784*	260.461	-2.369
	(138.761)		(0.00244)	(0.138)	(0.091)	(21.194)	
			-0.00063	1.495	0.813*	256.983	-0.439
			(0.00028)	(0.140)	(0.087)	(23.308)	

Mit * gekennzeichnete Werte von $\hat{\gamma}$ führen bei einem Signifikanzniveau von $\alpha = 0.05$ zur Ablehnung der Symmetriehypothese.

Tabelle D.45: ML-Schätzungen der Gleichungen (4.15)-(4.17) mit SEP-verteilten Störgrößen und degenerierte DF-Tests ($\underline{\hat{\Psi}_i}$) für MUV und verschiedene Zeiträume.

	δ	γ	Ψ_τ	Ψ_μ	Ψ
Kritische Werte:	1.5	1.2	-19.826	-7.127	-3.626
		1.0	-21.800	-14.100	-8.100

	$\hat{\mu}$	$\hat{\theta}$	$\hat{\eta}$	$\hat{\delta}$	$\hat{\gamma}$	$\hat{\sigma}$	$\hat{\Psi}_i$, $\tilde{\Psi}_i$
Ges. Ztr.	10.712	0.00485	-0.00142	1.162	0.910*	111.344	-10.178
	(2.786)	(0.00057)	(0.00015)	(0.031)	(0.024)	(3.667)	
	3.564		-0.00030	1.156	0.923*	109.920	-2.202
	(3.894)		(0.00007)	(0.086)	(0.027)	(5.876)	
			-0.00018	1.160	0.918*	110.678	-1.305
			(0.00007)	(0.027)	(0.024)	(3.517)	
1. Zeitr.	-0.645	0.00171	-0.00021	1.103	0.963	82.232	-0.803
	(13.688)	(0.00221)	(0.00079)	(0.045)	(0.043)	(4.502)	
	-0.072		0.00000	1.079	0.983	79.154	-0.303
	(6.887)		(0.00054)	(0.043)	(0.037)	(4.348)	
			-0.00000	1.078	0.983	79.143	-0.314
			(0.00015)	(0.049)	(0.044)	(5.166)	
2. Zeitr.	26.628	0.00690	-0.00229	1.151	0.930	104.604	-6.737
	(14.941)	(0.00429)	(0.00120)	(0.048)	(0.041)	(5.666)	
	1.480		-0.00006	1.143	0.934*	103.559	-0.476
	(12.072)		(0.00055)	(0.057)	(0.030)	(6.099)	
			-0.00000	1.142	0.935*	103.416	-0.295
			(0.00001)	(0.047)	(0.024)	(5.278)	
3. Zeitr.	-20.379	0.03809	-0.00696	1.518	0.823*	181.073	-8.225
	(91.926)	(0.02964)	(0.00349)	(0.101)	(0.065)	(11.648)	
	79.756		-0.00283	1.517	0.825*	180.861	-3.346
	(47.115)		(0.00141)	(0.117)	(0.067)	(11.756)	
			-0.00041	1.522	0.832*	180.933	-0.483
			(0.00025)	(0.105)	(0.067)	(11.884)	
4. Zeitr.	308.999	-0.01941	-0.00438	1.936	0.985	227.626	-3.015
	(221.017)	(0.00446)	(0.00494)	(0.230)	(0.130)	(20.344)	
	155.810		-0.00406	1.930	0.980	227.948	-2.796
	(197.759)		(0.00482)	(0.208)	(0.115)	(17.217)	
			-0.00028	1.917	0.961	229.379	-0.194
			(0.00044)	(0.177)	(0.127)	(19.525)	

Mit * gekennzeichnete Werte von $\hat{\gamma}$ führen bei einem Signifikanzniveau von $\alpha = 0.05$ zur Ablehnung der Symmetriehypothese.

Tabelle D.46: ML-Schätzungen der Gleichungen (4.15)-(4.17) mit SEP-verteilten Störgrößen und degenerierte DF- ($\hat{\Psi}_i$) bzw. PP- ($\tilde{\Psi}_i$) -Tests für SCH und verschiedene Zeiträume.

Kritische Werte:

δ	γ	Ψ_τ	Ψ_μ	Ψ
1.0	1.2	-14.348	-5.294	-2.403
1.5	1.2	-19.826	-7.127	-3.626
	1.0	-21.800	-14.100	-8.100

	$\hat{\mu}$	$\hat{\theta}$	$\hat{\eta}$	$\hat{\delta}$	$\hat{\gamma}$	$\hat{\sigma}$	$\underline{\hat{\Psi}_i}$, $\tilde{\Psi}_i$
Ges. Ztr.	Keine Konvergenz der numerischen Likelihood-Maximierung						
			-0.00021	1.143*	0.921*	129.533	-1.611
			(0.00004)	(0.030)	(0.017)	(4.187)	
1. Zeitr.	4.880	-0.00049	-0.00039	1.050	0.893*	93.754	-1.063
	(3.647)	(0.00040)	(0.00024)	(0.042)	(0.039)	(5.204)	
	5.171		-0.00045	1.052	0.893*	93.867	-1.773
	(6.328)		(0.00033)	(0.042)	(0.039)	(5.208)	
			-0.00000	1.021	0.923*	88.845	-0.086
			(0.00001)	(0.040)	(0.027)	(4.946)	
2. Zeitr.	-0.023	0.00008	-0.00001	1.143	0.981	125.808	-0.253
	(11.289)	(0.00306)	(0.00013)	(0.048)	(0.043)	(6.690)	
	Keine Konvergenz der numerischen Likelihood-Maximierung						
			-0.00000	1.143	0.982	125.753	-0.216
			(0.00001)	(0.048)	(0.026)	(6.419)	
3. Zeitr.	-0.182	0.02838	-0.00567	1.327	0.866*	178.337	-6.715
	(124.519)	(0.00623)	(0.00270)	(0.099)	(0.068)	(14.183)	
	91.583		-0.00323	1.317	0.848*	178.918	-3.829
	(40.620)		(0.00124)	(0.085)	(0.061)	(13.288)	
			-0.00040	1.332	0.876	178.455	-0.477
			(0.00024)	(0.095)	(0.065)	(13.182)	
4. Zeitr.	908.357	-0.09719	-0.00686	2.132	0.854	300.612	-4.813
	(444.052)	(0.04335)	(0.00450)	(0.243)	(0.134)	(25.631)	
	-21.423		-0.00034	2.087	0.823	303.214	-0.239
	(89.888)		(0.00244)	(0.234)	(0.115)	(24.866)	
			-0.00091	2.088	0.832	301.805	-0.637
			(0.00056)	(0.215)	(0.098)	(21.516)	

Mit * gekennzeichnete Werte von $\hat{\gamma}$ führen bei einem Signifikanzniveau von $\alpha = 0.05$ zur Ablehnung der Symmetriehypothese.

Tabelle D.47: ML-Schätzungen der Gleichungen (4.15)-(4.17) mit SEP-verteilten Störgrößen und degenerierte DF- ($\underline{\hat{\Psi}_i}$) bzw. PP- ($\tilde{\Psi}_i$) -Tests für TUI und verschiedene Zeiträume.

Kritische Werte:

δ	γ	Ψ_τ	Ψ_μ	Ψ
1.0	1.2	-14.348	-5.294	-2.403
1.5	1.2	-19.826	-7.127	-3.626
	1.0	-21.800	-14.100	-8.100

	$\hat{\mu}$	$\hat{\theta}$	$\hat{\eta}$	$\hat{\delta}$	$\hat{\gamma}$	$\hat{\sigma}$	$\underline{\hat{\Psi}_i}$, $\tilde{\Psi}_i$
Ges. Ztr.	17.428	0.00382	-0.00112	1.430	0.968	172.169	-8.125
	(9.666)	(0.00192)	(0.00053)	(0.040)	(0.024)	(4.652)	
	0.948		-0.00004	1.431	0.966	172.441	-0.408
	(6.484)		(0.00023)	(0.042)	(0.021)	(4.652)	
			-0.00007	1.430	0.967	172.313	-0.144
			(0.00011)	(0.040)	(0.029)	(4.779)	
1. Zeitr.	-3.879	-0.00193	-0.00013	1.299	0.875*	135.086	-0.765
	(21.320)	(0.00326)	(0.00103)	(0.055)	(0.042)	(6.568)	
	-0.766		-0.00037	1.300	0.884*	134.549	-1.360
	(15.326)		(0.00079)	(0.054)	(0.026)	(6.186)	
			-0.00040	1.300	0.884*	134.549	-1.443
			(0.00015)	(0.056)	(0.036)	(6.392)	
2. Zeitr.	55.136	0.00095	-0.00156	1.565	1.101	176.395	-4.793
	(29.189)	(0.00354)	(0.00097)	(0.072)	(0.056)	(7.778)	
	56.790		-0.00147	1.566	1.103*	176.340	-4.552
	(27.825)		(0.00095)	(0.071)	(0.049)	(7.110)	
			0.00040	1.562	1.086	177.613	0.737
			(0.00020)	(0.066)	(0.054)	(7.839)	
3. Zeitr.	259.922	-0.04096	-0.00033	1.604	0.875	222.255	-0.385
	(98.883)	(0.02162)	(0.00218)	(0.118)	(0.083)	(14.059)	
	113.826		-0.00318	1.607	0.872	223.097	-3.721
	(39.277)		(0.00113)	(0.118)	(0.073)	(13.783)	
			0.00009	1.629	0.951	216.647	0.106
			(0.00028)	(0.112)	(0.078)	(13.940)	
4. Zeitr.	740.781	-0.04123	-0.01187	2.164	0.868	298.344	-8.358
	(36.783)	(0.01951)	(0.00343)	(0.248)	(0.122)	(24.009)	
	415.684		-0.01107	2.130	0.882	294.227	-7.795
	(203.343)		(0.00512)	(0.202)	(0.123)	(23.193)	
			-0.00067	2.085	0.827	300.920	-0.470
			(0.00055)	(0.196)	(0.111)	(23.032)	

Mit * gekennzeichnete Werte von $\hat{\gamma}$ führen bei einem Signifikanzniveau von $\alpha = 0.05$ zur Ablehnung der Symmetriehypothese.

Tabelle D.48: ML-Schätzungen der Gleichungen (4.15)-(4.17) mit SEP-verteilten Störgrößen und degenerierte DF- ($\underline{\hat{\Psi}_i}$) bzw. PP- ($\tilde{\Psi}_i$) -Tests für VOW und verschiedene Zeiträume.

	δ	γ	Ψ_τ	Ψ_μ	Ψ
Kritische Werte:	1.5	1.2	-19.826	-7.127	-3.626
		1.0	-21.800	-14.100	-8.100

ML-Schätzung der Gleichungen (4.15)-(4.17) mit ADF-Term für den gesamten Zeitraum.

	$\hat{\mu}$	$\hat{\theta}$	$\hat{\eta}$	$\hat{\delta}$	$\hat{\gamma}$	$\hat{\sigma}$	k
DAFOX	-22.286	-0.00168	0.00064	1.321	1.134*	74.988	1, 4
	(20.935)	(0.00186)	(0.00046)	(0.034)	(0.039)	(2.337)	
	-4.784		0.00025	1.322	1.129*	75.228	1, 4
	(5.628)		(0.00010)	(0.034)	(0.034)	(2.269)	
			0.00017	1.324	1.121*	75.569	1, 4
			(0.00002)	(0.035)	(0.034)	(2.279)	
DAX	9.986	0.00169	-0.00007	1.388	1.118*	98.181	1, 6
	(26.294)	(0.00183)	(0.00046)	(0.036)	(0.036)	(2.886)	
	-13.353		0.00035	1.388	1.120*	98.050	1, 6
	(9.297)		(0.00013)	(0.034)	(0.034)	(2.866)	
			0.00015	1.392	1.110*	98.761	1, 6
			(0.00003)	(0.038)	(0.036)	(2.931)	
BAS	16.423	0.00287	-0.00105	1.280	0.978	117.025	1
	(7.628)	(0.00145)	(0.00047)	(0.035)	(0.028)	(3.509)	
	4.160		-0.00014	1.280	0.982	116.834	1
	(5.190)		(0.00019)	(0.031)	(0.028)	(3.541)	
			0.00003	1.279	0.984	116.620	1
			(0.00009)	(0.031)	(0.030)	(3.456)	
BAY	14.628	0.00201	-0.00079	1.247	1.001	116.198	1
	(8.254)	(0.00163)	(0.00052)	(0.033)	(0.029)	(3.622)	
	6.081		-0.00017	1.246	1.000	116.207	1
	(4.823)		(0.00019)	(0.034)	(0.028)	(3.639)	
			0.00007	1.245	1.002	115.957	1
			(0.00009)	(0.033)	(0.030)	(3.638)	
CON	-4.879	0.00019	-0.00016	1.363	0.920*	171.067	1
	(4.210)	(0.00092)	(0.00006)	(0.039)	(0.028)	(5.011)	
	-5.214		-0.00011	1.363	0.920*	171.097	1
	(5.906)		(0.00024)	(0.035)	(0.028)	(4.833)	
			-0.00029	1.363	0.929*	170.368	1
			(0.00013)	(0.040)	(0.026)	(5.081)	
HYP	5.494	0.00026	-0.00021	1.071	1.000	107.775	1
	(10.494)	(0.00098)	(0.00042)	(0.027)	(0.027)	(3.791)	
	1.001		-0.00003	1.066	1.001	107.081	1
	(3.096)		(0.00005)	(0.026)	(0.024)	(3.746)	
			0.00000	1.064	1.001	106.780	1
			(0.00006)	(0.026)	(0.026)	(3.772)	

Fortsetzung auf der nächsten Seite

MAN	38.211	0.00315	-0.00202	1.200	0.962	136.540	1
	(12.737)	(0.00133)	(0.00060)	(0.030)	(0.029)	(4.368)	
	17.788		-0.00086	1.202	0.947*	137.834	1
	(8.210)		(0.00028)	(0.032)	(0.022)	(4.440)	
			-0.00017	1.203	0.951	137.688	1
			(0.00012)	(0.033)	(0.030)	(4.673)	
SCH	10.051	0.00464	-0.00139	1.160	0.901*	110.183	1
	(5.434)	(0.00464)	(0.00057)	(0.031)	(0.040)	(4.292)	
	1.525		-0.00029	1.157	0.904*	109.786	1
	(3.706)		(0.00014)	(0.031)	(0.025)	(3.660)	
			-0.00023	1.158	0.903*	109.981	1
			(0.00008)	(0.028)	(0.025)	(3.649)	
VOW	18.673	0.00433	-0.00120	1.422	0.974	168.794	1
	(9.797)	(0.00181)	(0.00053)	(0.040)	(0.030)	(4.851)	
	1.166		-0.00004	1.426	0.968	169.851	1
	(7.027)		(0.00023)	(0.039)	(0.029)	(4.967)	
			-0.00000	1.426	0.967	169.828	1
			(0.00011)	(0.036)	(0.029)	(4.718)	

Mit * sind signifikant ($\alpha = 0.05$) Schiefe bedeutende Werte von $\hat{\gamma}$ gekennzeichnet.

Tabelle D.49: ML-Schätzung der Gleichungen (4.15)-(4.17) mit ADF-Term für den gesamten Zeitraum.

ML-Schätzung der Gleichungen (4.15)-(4.17) mit ADF-Term für den ersten Zeitraum.

	$\hat{\mu}$	$\hat{\theta}$	$\hat{\eta}$	$\hat{\delta}$	$\hat{\gamma}$	$\hat{\sigma}$	k
DAFOX	58.993	0.00327	-0.00122	1.451	0.960	62.906	1
	(21.053)	(0.00101)	(0.00039)	(0.058)	(0.046)	(2.723)	
	11.809		-0.00020	1.448	0.959	62.825	1
	(23.890)		(0.00046)	(0.061)	(0.041)	(2.632)	
			0.00003	1.448	0.958	62.830	1
			(0.00004)	(0.058)	(0.047)	(2.743)	
DAX	87.954	0.00165	-0.00146	1.595	0.934	90.074	1
	(14.772)	(0.00200)	(0.00029)	(0.063)	(0.046)	(3.737)	
	63.033		-0.00103	1.594	0.931	90.183	1
	(68.243)		(0.00108)	(0.063)	(0.044)	(3.750)	
			-0.00003	1.589	0.929	90.061	1
			(0.00004)	(0.062)	(0.046)	(3.758)	

Fortsetzung auf der nächsten Seite

BAS	40.932	-0.00181	-0.00241	1.254	0.834*	93.151	1
	(31.816)	(0.00229)	(0.00155)	(0.054)	(0.036)	(4.662)	
	31.474		-0.00207	1.254	0.834*	93.091	1
	(26.465)		(0.00135)	(0.053)	(0.037)	(4.462)	
			-0.00048	1.250	0.835*	92.755	1
			(0.00017)	(0.053)	(0.045)	(4.739)	
BAY	14.729	-0.00071	-0.00110	1.299	0.860*	96.288	1
	(20.769)	(0.00217)	(0.00116)	(0.050)	(0.039)	(4.336)	
	14.767		-0.00115	1.299	0.863*	96.173	1
	(15.765)		(0.00093)	(0.050)	(0.034)	(4.317)	
			-0.00038	1.296	0.861*	96.037	1
			(0.00013)	(0.049)	(0.036)	(4.509)	
BMW	-2.946	-0.00001	-0.00022	1.167	0.867*	105.969	1, 2, 5
	(10.830)	(0.00254)	(0.00073)	(0.047)	(0.031)	(5.616)	
	-2.963		-0.00022	1.167	0.867*	105.972	1, 2, 5
	(10.854)		(0.00069)	(0.047)	(0.038)	(5.529)	
			-0.00041	1.168	0.869*	105.841	1, 2, 5
			(0.00018)	(0.047)	(0.036)	(5.478)	
CBK	49.967	-0.00890	-0.00187	1.173	0.937	97.302	1, 2
	(30.431)	(0.00313)	(0.00123)	(0.047)	(0.042)	(5.133)	
	-9.191		-0.00024	1.174	0.943	97.206	1, 2
	(22.209)		(0.00098)	(0.047)	(0.043)	(5.135)	
			-0.00017	1.175	0.948	97.131	1, 2
			(0.00013)	(0.045)	(0.042)	(4.832)	
CON	-35.092	0.00322	0.00098	1.355	0.824*	171.827	1, 2
	(15.692)	(0.00410)	(0.00095)	(0.065)	(0.042)	(8.490)	
	-31.368		0.00109	1.355	0.825*	171.700	1, 2
	(13.896)		(0.00097)	(0.060)	(0.040)	(8.337)	
			-0.00093	1.360	0.865*	168.790	1, 2
			(0.00036)	(0.065)	(0.039)	(8.129)	
HOE	26.546	-0.00083	-0.00146	1.156	0.907*	79.587	1, 2
	(20.591)	(0.00197)	(0.00106)	(0.045)	(0.040)	(4.177)	
	23.158		-0.00133	1.156	0.911*	79.408	1, 2
	(5.611)		(0.00040)	(0.045)	(0.039)	(4.160)	
			-0.00013	1.155	0.911*	79.366	1, 2
			(0.00012)	(0.045)	(0.040)	(4.167)	
LIN	174.360	0.02214	-0.00802	1.134	0.892*	87.436	1, 2
	(68.199)	(0.00857)	(0.00301)	(0.054)	(0.042)	(5.066)	
	26.840		-0.00112	1.136	0.914*	86.815	1, 2
	(19.548)		(0.00073)	(0.046)	(0.040)	(4.692)	
			-0.00011	1.135	0.910*	86.896	1, 2
			(0.00006)	(0.048)	(0.033)	(4.865)	

Fortsetzung auf der nächsten Seite

MAN	85.222	-0.00377	-0.00372	1.108	0.944	96.089	1
	(33.966)	(0.00258)	(0.00143)	(0.046)	(0.042)	(5.239)	
	68.353		-0.00323	1.107	0.943	96.024	1
	(31.159)		(0.00143)	(0.043)	(0.054)	(5.095)	
			-0.00028	1.116	0.924*	98.094	1
			(0.00008)	(0.046)	(0.033)	(5.333)	
SCH	-12.668	0.00323	0.00009	1.133	0.902*	87.016	1
	(13.707)	(0.00222)	(0.00079)	(0.047)	(0.039)	(4.748)	
	-4.134		-0.00017	1.136	0.897*	87.563	1
	(6.608)		(0.00027)	(0.047)	(0.038)	(4.750)	
			-0.00042	1.136	0.899	87.408	1
			(0.00035)	(0.048)	(0.071)	(6.641)	
TUI	1.941	0.00226	-0.00074	1.119	0.843*	103.118	1, 2
	(7.468)	(0.00581)	(0.00087)	(0.046)	(0.037)	(5.686)	
	0.122		-0.00045	1.119	0.841*	103.223	1, 2
	(0.673)		(0.00015)	(0.045)	(0.035)	(5.580)	
			-0.00045	1.119	0.841*	103.257	1, 2
			(0.00015)	(0.045)	(0.035)	(5.582)	
VOW	-2.904	-0.00220	-0.00018	1.297	0.874*	133.525	1
	(12.553)	(0.00282)	(0.00037)	(0.054)	(0.042)	(6.371)	
	-0.344		-0.00042	1.300	0.880*	133.312	1
	(18.637)		(0.00078)	(0.056)	(0.043)	(6.546)	
			-0.00044	1.300	0.880*	133.297	1
			(0.00018)	(0.054)	(0.040)	(6.365)	

Mit * sind signifikant ($\alpha = 0.05$) Schiefe bedeutende Werte von $\hat{\gamma}$ gekennzeichnet.

Tabelle D.50: ML-Schätzung der Gleichungen (4.15)-(4.17) mit ADF-Term für den ersten Zeitraum.

ML-Schätzung der Gleichungen (4.15)-(4.17) mit ADF-Term für den zweiten Zeitraum.

	$\hat{\mu}$	$\hat{\theta}$	$\hat{\eta}$	$\hat{\delta}$	$\hat{\gamma}$	$\hat{\sigma}$	k
DAFOX	92.478	-0.00138	-0.00114	1.519	1.198*	86.954	1
	(43.124)	(0.00298)	(0.00083)	(0.066)	(0.061)	(3.880)	
	108.390		-0.00149	1.518	1.190*	87.259	1
	(36.917)		(0.00058)	(0.066)	(0.059)	(3.757)	
			0.00021	1.519	1.170*	88.249	1
			(0.00005)	(0.060)	(0.058)	(3.818)	
DAX	163.096	0.00358	-0.00228	1.557	1.131	110.092	1, 4
	(53.028)	(0.00295)	(0.00066)	(0.070)	(0.067)	(5.115)	
	108.593		-0.00132	1.558	1.139*	109.692	1, 4
	(50.949)		(0.00070)	(0.069)	(0.060)	(4.746)	
			0.00017	1.563	1.133*	110.398	1, 4
			(0.00005)	(0.070)	(0.051)	(4.652)	
ALV	105.914	0.00341	-0.00257	1.200	0.989	124.168	1, 3
	(34.108)	(0.00089)	(0.00068)	(0.049)	(0.042)	(6.296)	
	87.899		-0.00185	1.197	0.996	123.482	1, 3
	(34.878)		(0.00075)	(0.049)	(0.043)	(6.266)	
			0.00004	1.187	0.990	122.727	1, 3
			(0.00018)	(0.252)	(0.068)	(30.746)	
BAS	87.538	-0.00057	-0.00303	1.398	1.071	119.217	1
	(30.518)	(0.00231)	(0.00123)	(0.066)	(0.044)	(5.220)	
	88.999		-0.00317	1.398	1.074	119.086	1
	(30.496)		(0.00117)	(0.061)	(0.051)	(5.448)	
			0.00025	1.398	1.065*	119.832	1
			(0.00014)	(0.062)	(0.047)	(5.313)	
BAY	94.665	0.00071	-0.00340	1.338	1.054	117.663	1
	(28.734)	(0.00124)	(0.00099)	(0.057)	(0.045)	(5.439)	
	92.757		-0.00322	1.338	1.054	117.642	1
	(29.616)		(0.00110)	(0.056)	(0.047)	(5.510)	
			0.00024	1.346	1.050	118.784	1
			(0.00014)	(0.057)	(0.048)	(5.505)	
BMW	20.785	0.00411	-0.00183	1.215	0.923*	128.336	1
	(22.353)	(0.00369)	(0.00115)	(0.050)	(0.039)	(6.425)	
	17.684		-0.00096	1.214	0.927	128.095	1
	(24.782)		(0.00103)	(0.049)	(0.039)	(6.387)	
			-0.00022	1.213	0.926	128.031	1
			(0.00015)	(0.049)	(0.039)	(6.373)	

Fortsetzung auf der nächsten Seite

CBK	70.606	0.00935	-0.00429	1.305	0.968	138.849	1
	(29.568)	(0.00343)	(0.00134)	(0.055)	(0.045)	(6.652)	
	47.972		-0.00178	1.308	1.002	136.844	1
	(29.148)		(0.00110)	(0.054)	(0.044)	(6.644)	
			0.00004	1.302	0.996	136.721	1
			(0.00016)	(0.055)	(0.045)	(6.670)	
CON	32.242	-0.00367	-0.00106	1.333	0.905*	163.275	1
	(24.562)	(0.00324)	(0.00093)	(0.059)	(0.042)	(7.423)	
	23.696		-0.00133	1.338	0.907*	163.714	1
	(25.009)		(0.00098)	(0.056)	(0.043)	(7.586)	
			-0.00040	1.336	0.900*	164.073	1
			(0.00017)	(0.059)	(0.038)	(7.137)	
HOE	105.852	-0.00188	-0.00367	1.291	1.003	118.611	1
	(32.030)	(0.00273)	(0.00135)	(0.052)	(0.049)	(5.941)	
	108.646		-0.00407	1.294	1.007	118.730	1
	(31.935)		(0.00122)	(0.053)	(0.044)	(5.573)	
			0.00008	1.309	0.998	120.813	1
			(0.00003)	(0.053)	(0.027)	(5.268)	
HYP	72.549	0.00320	-0.00282	1.202	1.001	125.542	1, 2
	(32.864)	(0.00189)	(0.00082)	(0.049)	(0.042)	(6.376)	
	62.759		-0.00202	1.202	1.012	124.916	1, 2
	(49.045)		(0.00164)	(0.070)	(0.030)	(9.638)	
			0.00006	1.190	1.014	123.466	1, 2
			(0.00008)	(0.049)	(0.034)	(6.223)	
KAR	25.468	0.00699	-0.00178	1.194	0.958	120.960	1, 4
	(23.348)	(0.00393)	(0.00103)	(0.052)	(0.042)	(6.398)	
	9.617		-0.00034	1.197	0.969	120.711	1, 4
	(21.858)		(0.00067)	(0.052)	(0.042)	(6.380)	
			-0.00002	1.196	0.973	120.394	1, 4
			(0.00011)	(0.052)	(0.042)	(6.331)	
MAN	43.547	0.00267	-0.00210	1.293	0.959	153.936	1
	(18.561)	(0.00489)	(0.00107)	(0.058)	(0.045)	(7.545)	
	43.355		-0.00167	1.293	0.960	153.822	1
	(18.663)		(0.00067)	(0.058)	(0.044)	(7.558)	
			-0.00016	1.300	0.932	157.094	1
			(0.00015)	(0.056)	(0.039)	(7.570)	

Fortsetzung auf der nächsten Seite

SCH	46.142	0.01006	-0.00365	1.168	0.922	105.753	1
	(8.911)	(0.00502)	(0.00048)	(0.050)	(0.081)	(8.176)	
	21.728		-0.00096	1.168	0.916*	106.188	1
	(15.402)		(0.00062)	(0.049)	(0.038)	(5.618)	
			-0.00006	1.167	0.919*	105.892	1
			(0.00012)	(0.049)	(0.038)	(5.574)	
VOW	54.795	0.00187	-0.00168	1.566	1.104	174.813	1
	(29.127)	(0.00354)	(0.00097)	(0.072)	(0.057)	(7.706)	
	57.424		-0.00149	1.569	1.106*	174.964	1
	(28.175)		(0.00094)	(0.071)	(0.052)	(7.635)	
			0.00040	1.566	1.089	176.265	1
			(0.00020)	(0.071)	(0.054)	(7.524)	

Mit * sind signifikant ($\alpha = 0.05$) Schiefe bedeutende Werte von $\hat{\gamma}$ gekennzeichnet.

Tabelle D.51: ML-Schätzung der Gleichungen (4.15)-(4.17) mit ADF-Term für den zweiten Zeitraum.

ML-Schätzung der Gleichungen (4.15)-(4.17) mit ADF-Term für den vierten Zeitraum.

	$\hat{\mu}$	$\hat{\theta}$	$\hat{\eta}$	$\hat{\delta}$	$\hat{\gamma}$	$\hat{\sigma}$	k
CON	1063.699	-0.08127	-0.01710	1.465	1.013	193.127	1
	(326.030)	(0.03256)	(0.00504)	(0.146)	(0.090)	(16.441)	
	326.611		-0.01159	1.459	1.030	191.718	1
	(119.513)		(0.00415)	(0.145)	(0.112)	(18.107)	
			-0.00034	1.487	0.955	202.981	1
			(0.00046)	(0.125)	(0.097)	(18.000)	
HYP	1504.407	-0.17775	-0.00662	1.711	0.947	250.392	4
	(699.547)	(0.07875)	(0.00385)	(0.148)	(0.121)	(21.998)	
	-69.703		0.00112	1.705	0.926	253.566	4
	(65.803)		(0.00163)	(0.174)	(0.095)	(22.264)	
			-0.00052	1.709	0.969	248.566	4
			(0.00040)	(0.168)	(0.097)	(19.475)	

Tabelle D.52: ML-Schätzung der Gleichungen (4.15)-(4.17) mit ADF-Term für den vierten Zeitraum.

Zeitreihe	$\hat{\theta}$	$\hat{\delta}$	$\hat{\gamma}$	$\hat{\sigma}$
DAFOX	0.00020 (0.00020)	1.461* (0.060)	0.958 (0.048)	0.00646* (0.00028)
DAX	-0.00007 (0.00030)	1.581* (0.063)	0.943 (0.050)	0.00899* (0.00038)
ALV	keine Konvergenz			
ALT	keine Konvergenz			
BAS	-0.00078* (0.00027)	1.271* (0.054)	0.851* (0.039)	0.00943* (0.00047)
BAY	-0.00073* (0.00026)	1.298* (0.051)	0.852* (0.038)	0.00972* (0.00044)
BMW	-0.00000 (0.00027)	1.128* (0.065)	0.926 (0.124)	0.00990* (0.00052)
CBK	-0.00006 (0.00040)	1.163 (1.254)	0.979 (0.080)	0.00955* (0.01148)
CON	-0.00153* (0.00035)	1.366* (0.067)	0.847* (0.033)	0.01735* (0.00083)
HOE	-0.00000 (0.00008)	1.141* (0.044)	0.941 (0.030)	0.00775* (0.00041)
HYP	-0.00000 (0.00003)	1.192* (0.042)	0.983 (0.033)	0.00859* (0.00040)
KAR	keine Konvergenz			
LIN	0.00000 (0.00003)	1.097* (0.044)	0.952 (0.027)	0.00825* (0.00044)
MAN	0.00000 (0.00003)	1.041* (0.042)	0.997 (0.029)	0.00872* (0.00049)
MUV	keine Konvergenz			
SCH	-0.00000 (0.00033)	1.078* (0.023)	0.983 (0.113)	0.00791* (0.00063)
TUI	keine Konvergenz			
VOW	-0.00093* (0.00019)	1.299* (0.060)	0.878* (0.032)	0.01348* (0.00062)

Die mit * gekennzeichneten Werte sind signifikant ($\alpha = 0.05$) von Null (für $\hat{\theta}$, $\hat{\delta}$, $\hat{\sigma}$) bzw. von Eins (für $\hat{\gamma}$) verschieden. In Klammern stehen die Standardabweichungen.

Tabelle D.53: Schätzung der SEP-Parameter für Renditen - 1. Zeitraum.

Zeitreihe	$\hat{\theta}$	$\hat{\delta}$	$\hat{\gamma}$	$\hat{\sigma}$
DAFOX	0.00153* (0.00029)	1.495* (0.060)	1.190* (0.057)	0.00874* (0.00036)
DAX	0.00145* (0.00039)	1.561* (0.062)	1.158* (0.058)	0.01104* (0.00047)
ALV	0.00036* (0.00029)	1.155* (0.048)	1.003 (0.037)	0.01213* (0.00063)
ALT	-0.00000 (0.00003)	1.071* (0.070)	0.961 (0.026)	0.01039* (0.00116)
BAS	0.00068 (0.00035)	1.383* (0.060)	1.050 (0.046)	0.01210* (0.00053)
BAY	-0.00070 (0.00036)	1.332* (0.052)	1.045 (0.047)	0.01191* (0.00054)
BMW	-0.00033 (0.00034)	1.202* (0.049)	0.944 (0.038)	0.01274* (0.00065)
CBK	0.00005 (0.00030)	1.293* (0.056)	0.986 (0.036)	0.01381* (0.00063)
CON	-0.00077* (0.00051)	1.311* (0.059)	0.915 (0.043)	0.01625* (0.00076)
HOE	0.00038 (0.00036)	1.309* (0.053)	1.006 (0.044)	0.01215* (0.00056)
HYP	0.00000 (0.00004)	1.163* (0.104)	1.002 (0.032)	0.01229* (0.00100)
KAR	keine Konvergenz			
LIN	keine Konvergenz			
MAN	0.00000 (0.00005)	1.288* (0.058)	0.958 (0.025)	0.01563* (0.00071)
MUV	keine Konvergenz			
SCH	keine Konvergenz			
TUI	-0.00000 (0.00004)	1.143* (0.048)	0.982 (0.026)	0.01258* (0.00064)
VOW	0.00139* (0.00061)	1.563* (0.065)	1.103 (0.058)	0.01761* (0.00075)

Die mit * gekennzeichneten Werte sind signifikant ($\alpha = 0.05$) von Null (für $\hat{\theta}$, $\hat{\delta}$, $\hat{\sigma}$) bzw. von Eins (für $\hat{\gamma}$) verschieden. In Klammern stehen die Standardabweichungen.

Tabelle D.54: Schätzung der SEP-Parameter für Renditen - 2. Zeitraum.

Zeitreihe	$\hat{\theta}$	$\hat{\delta}$	$\hat{\gamma}$	$\hat{\sigma}$
DAFOX	0.00302* (0.00051)	1.416* (0.087)	1.264* (0.097)	0.00926* (0.00065)
DAX	0.00370* (0.00066)	1.383* (0.086)	1.323* (0.109)	0.01049* (0.00075)
ALV	-0.00025 (0.00088)	1.600* (0.119)	0.924 (0.065)	0.02077* (0.00124)
ALT	-0.00079 (0.00003)	1.256* (0.070)	0.909* (0.026)	0.01715* (0.00116)
BAS	0.00174 (0.00035)	1.867* (0.060)	1.097 (0.046)	0.01963* (0.00053)
BAY	0.00145 (0.00114)	1.772* (0.130)	1.075 (0.099)	0.01951* (0.00138)
BMW	0.00140 (0.00083)	1.363* (0.109)	1.065 (0.072)	0.01835* (0.00148)
CBK	0.00000 (0.00013)	1.235* (0.088)	0.966 (0.040)	0.01470* (0.00109)
CON	0.00057* (0.00089)	1.412* (0.109)	1.012 (0.076)	0.01814* (0.00141)
HOE	0.00160 (0.00133)	1.942* (0.137)	1.072 (0.103)	0.02232* (0.00140)
HYP	0.00003 (0.00075)	1.359* (0.095)	0.944 (0.064)	0.01871* (0.01222)
KAR	-0.00134 (0.00112)	1.665* (0.115)	0.911 (0.080)	0.02201* (0.00146)
LIN	-0.00078 (0.00068)	1.388* (0.109)	0.980 (0.066)	0.01653* (0.00125)
MAN	0.00081 (0.00140)	1.432* (0.104)	1.052 (0.086)	0.01807* (0.00140)
MUV	0.00000 (0.00010)	1.400* (0.104)	0.956 (0.037)	0.02022* (0.00129)
SCH	-0.00103 (0.00088)	1.525* (0.100)	0.855* (0.070)	0.01791* (0.00115)
TUI	-0.00096 (0.00079)	1.335* (0.096)	0.903 (0.065)	0.01765* (0.00130)
VOW	0.00078 (0.00103)	1.628* (0.112)	0.978 (0.075)	0.02136* (0.00138)

Die mit * gekennzeichneten Werte sind signifikant ($\alpha = 0.05$) von Null (für $\hat{\theta}$, $\hat{\delta}$, $\hat{\sigma}$) bzw. von Eins (für $\hat{\gamma}$) verschieden. In Klammern stehen die Standardabweichungen.

Tabelle D.55: Schätzung der SEP-Parameter für Renditen - 3. Zeitraum.

Zeitreihe	$\hat{\theta}$	$\hat{\delta}$	$\hat{\gamma}$	$\hat{\sigma}$
DAFOX	0.00056 (0.00124)	2.179* (0.198)	1.197 (0.161)	0.01444* (0.00126)
DAX	-0.00301* (0.00182)	2.911* (0.409)	0.854 (0.116)	0.02507* (0.00182)
ALV	-0.00085 (0.00150)	1.661* (0.162)	1.035 (0.107)	0.02302* (0.00183)
ALT	0.00134 (0.00242)	2.140* (0.229)	1.016 (0.143)	0.02927* (0.00260)
BAS	0.00042 (0.00156)	1.914* (0.211)	1.028 (0.132)	0.02017* (0.00168)
BAY	0.00055 (0.00193)	2.237* (0.240)	1.124 (0.152)	0.02326* (0.00214)
BMW	-0.00189 (0.00223)	2.179* (0.212)	0.874 (0.122)	0.02950* (0.00246)
CBK	-0.00165 (0.00139)	1.535* (0.143)	0.988 (0.105)	0.02074* (0.00176)
CON	-0.00082 (0.00089)	1.506* (0.109)	0.966 (0.076)	0.02066* (0.00141)
HOE	keine Konvergenz			
HYP	-0.00212 (0.00168)	1.801* (0.189)	0.980 (0.101)	0.02636* (0.0207)
KAR	-0.00230 (0.00140)	2.385* (0.233)	0.898 (0.074)	0.02919* (0.00053)
LIN	-0.00000 (0.00083)	1.561* (0.155)	0.968 (0.081)	0.01754* (0.00141)
MAN	-0.00116 (0.00202)	1.965* (0.210)	0.995 (0.128)	0.02648* (0.00233)
MUV	-0.00379 (0.00153)	1.494* (0.129)	0.802* (0.085)	0.02584* (0.00217)
SCH	-0.00108 (0.00127)	1.916* (0.219)	0.965 (0.092)	0.02289* (0.00160)
TUI	-0.00339 (0.00214)	2.090* (0.211)	0.819 (0.109)	0.03041* (0.00254)
VOW	-0.00230 (0.00215)	2.085* (0.235)	0.840 (0.112)	0.02988* (0.00234)

Die mit * gekennzeichneten Werte sind signifikant ($\alpha = 0.05$) von Null (für $\hat{\theta}$, $\hat{\delta}$, $\hat{\sigma}$) bzw. von Eins (für $\hat{\gamma}$) verschieden. In Klammern stehen die Standardabweichungen.

Tabelle D.56: Schätzung der SEP-Parameter für Renditen - 4. Zeitraum.

Zeitreihe	$\widehat{E}(R)$	$\widehat{S}(R)$	$\widehat{\gamma}_a(R)$	$\widehat{\gamma}_b(R)$
DAFOX	-0.00057	0.00800	-0.254	1.100
DAX	-0.00075	0.00988	-0.259	0.870
BAS	0.00019	0.00774	0.093	1.483
BAY	0.00013	0.01217	0.041	1.564
BMW	0.00041	0.01423	0.121	2.165
CON	0.00088	0.01563	0.216	1.331
HOE	0.00031	0.01222	0.106	2.277
KAR	0.00000	0.01357	0.000	2.123
LIN	0.00024	0.01183	0.087	2.276
MAN	0.00012	0.01479	0.033	1.841
SCH	0.00036	0.01206	0.124	2.124
TUI	0.00034	0.01445	0.100	2.271
VOW	0.00039	0.01520	0.093	1.006

Tabelle D.57: Erwartungswert, Standardabweichung, Schiefe und Wölbung für die an die Renditen des gesamten Untersuchungszeitraums angepassten SEP-Verteilungen.

Zeitreihe	$\widehat{E}(R)$	$\widehat{S}(R)$	$\widehat{\gamma}_a(R)$	$\widehat{\gamma}_b(R)$
DAFOX	0.00018	0.00556	0.118	0.946
DAX	0.00033	0.00719	0.156	0.710
BAS	0.00105	0.00887	0.488	1.939
BAY	0.00106	0.00893	0.480	1.823
BMW	0.00063	0.01123	0.239	2.340
CBK	0.00017	0.01068	0.063	1.978
CON	0.00185	0.01506	0.488	1.597
HOE	0.00039	0.00872	0.186	2.213
HYP	0.00012	0.00932	0.050	1.823
LIN	0.00035	0.00986	0.153	2.439
MAN	0.00002	0.01154	0.009	2.683
SCH	0.00012	0.00985	0.053	2.465
VOW	0.00120	0.01254	0.385	1.709

Tabelle D.58: Erwartungswert, Standardabweichung, Schiefe und Wölbung für die an die Renditen des ersten Untersuchungszeitraums angepassten SEP-Verteilungen.

Zeitreihe	$\widehat{E}(R)$	$\widehat{S}(R)$	$\widehat{\gamma}_a(R)$	$\widehat{\gamma}_b(R)$
DAFOX	-0.00108	0.00827	-0.413	0.568
DAX	-0.00110	0.00992	-0.349	0.450
BAS	-0.00003	0.01385	-0.008	1.957
BAY	0.00037	0.01292	0.125	2.581
BMW	-0.00042	0.01149	-0.128	0.979
CBK	-0.00040	0.01172	-0.122	1.142
CON	0.00057	0.01342	0.172	1.888
HOE	0.00014	0.01363	0.040	1.394
HYP	0.00100	0.01524	0.258	1.528
LIN	-0.00005	0.01195	-0.016	1.292
MAN	-0.00002	0.01390	-0.006	1.918
SCH	0.00049	0.01528	0.124	1.483
VOW	0.00019	0.01441	0.055	2.076

Tabelle D.59: Erwartungswert, Standardabweichung, Schiefe und Wölbung für die an die Renditen des zweiten Untersuchungszeitraums angepassten SEP-Verteilungen.

Zeitreihe	$\widehat{E}(R)$	$\widehat{S}(R)$	$\widehat{\gamma}_a(R)$	$\widehat{\gamma}_b(R)$
DAFOX	-0.00165	0.00954	-0.545	0.730
DAX	-0.00234	0.01136	-0.637	0.807
ALV	0.00099	0.01630	0.213	0.720
ALT	0.00118	0.01683	0.283	1.765
BAS	-0.00107	0.01513	-0.213	0.034
BAY	-0.00084	0.01536	-0.170	0.174
BMW	-0.00082	0.01782	-0.164	1.016
CBK	0.00039	0.01514	0.101	1.978
CON	-0.00014	0.01657	-0.030	0.674
HOE	-0.00088	0.01661	-0.159	-0.027
HYP	0.00075	0.01715	0.164	1.275
KAR	0.00118	0.01665	0.246	0.634
LIN	0.00022	0.01511	0.053	1.095
MAN	-0.00063	0.01661	-0.131	0.842
MUV	0.00062	0.01810	0.126	1.117
SCH	0.00167	0.01410	0.441	1.109
TUI	0.00122	0.01614	0.295	1.483
VOW	0.00031	0.01700	0.062	0.542

Tabelle D.60: Erwartungswert, Standardabweichung, Schiefe und Wölbung für die an die Renditen des dritten Untersuchungszeitraums angepassten SEP-Verteilungen.

Zeitreihe	$\widehat{E}(R)$	$\widehat{S}(R)$	$\widehat{\gamma}_a(R)$	$\widehat{\gamma}_b(R)$
DAFOX	-0.00155	0.01078	-0.385	-0.308
DAX	0.00178	0.01431	0.367	-0.266
ALV	-0.00052	0.01857	-0.091	0.388
ALT	-0.00022	0.02019	-0.032	-0.149
BAS	-0.00032	0.01481	-0.066	0.052
BAY	-0.00155	0.01659	-0.259	-0.321
BMW	0.00198	0.01878	0.336	0.103
CBK	0.00013	0.01737	0.026	0.707
CON	0.00044	0.01739	0.091	0.819
HYP	0.00026	0.01959	0.043	0.266
KAR	0.00152	0.01813	0.255	-0.113
LIN	0.00036	0.01435	0.087	0.693
MAN	0.00004	0.01885	0.007	0.044
MUV	0.00329	0.02016	0.634	1.427
SCH	0.00044	0.01628	0.085	0.150
TUI	0.00295	0.01917	0.514	0.369
VOW	0.00259	0.01907	0.448	0.296

Tabelle D.61: Erwartungswert, Standardabweichung, Schiefe und Wölbung für die an die Renditen des vierten Untersuchungszeitraums angepassten SEP-Verteilungen.

Anhang E

Graphische Betrachtung spezieller Finanzmarktdaten

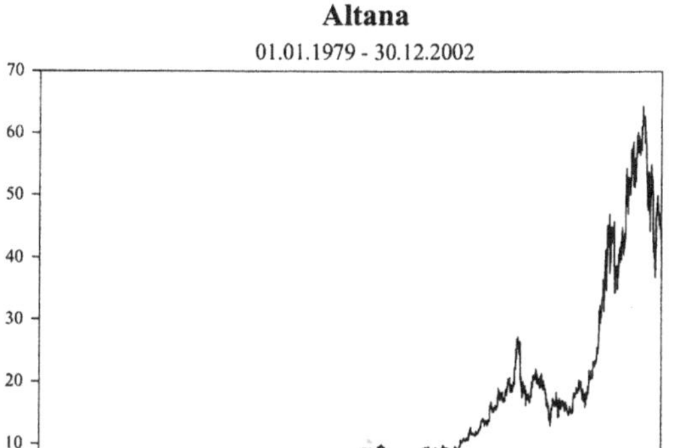

Abbildung E.1: Die Aktienkursreihe der Altana AG.

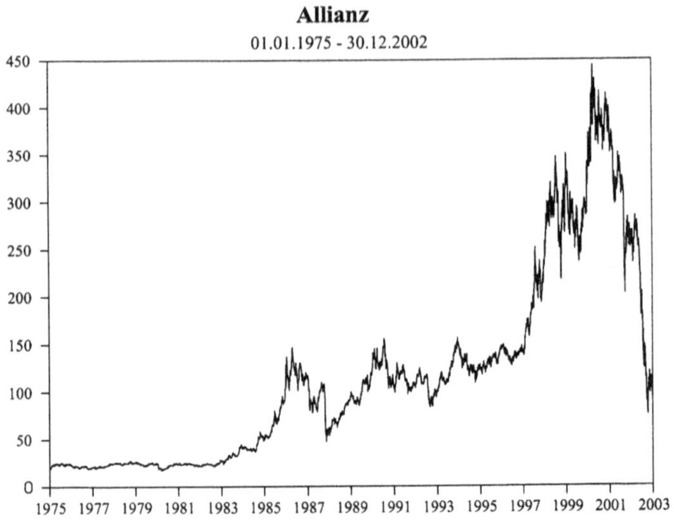

Abbildung E.2: Die Aktienkursreihe der Allianz AG.

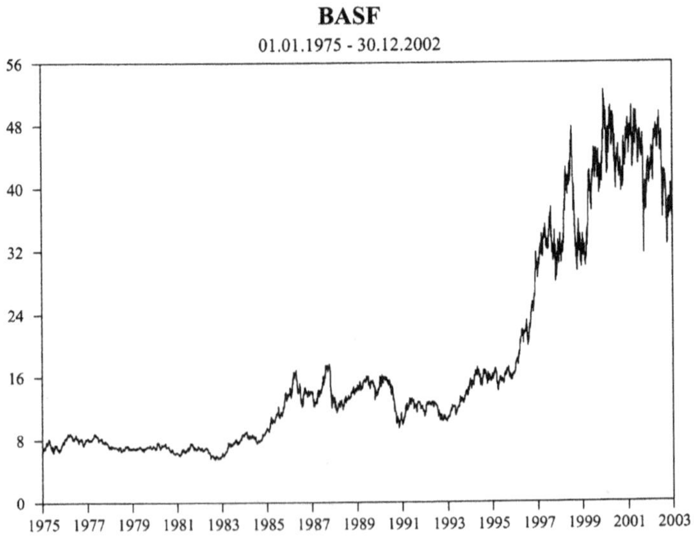

Abbildung E.3: Die Aktienkursreihe der BASF AG.

Abbildung E.4: Die Aktienkursreihe der Bayer AG.

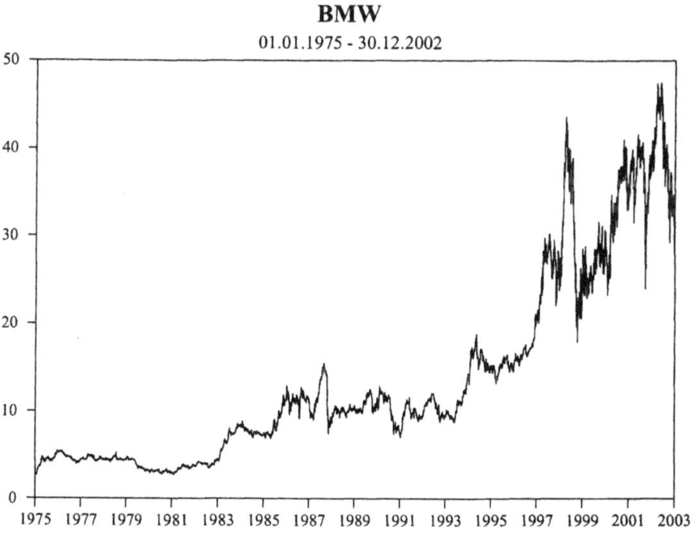

Abbildung E.5: Die Aktienkursreihe der BMW AG.

Abbildung E.6: Die Aktienkursreihe der Commerzbank AG.

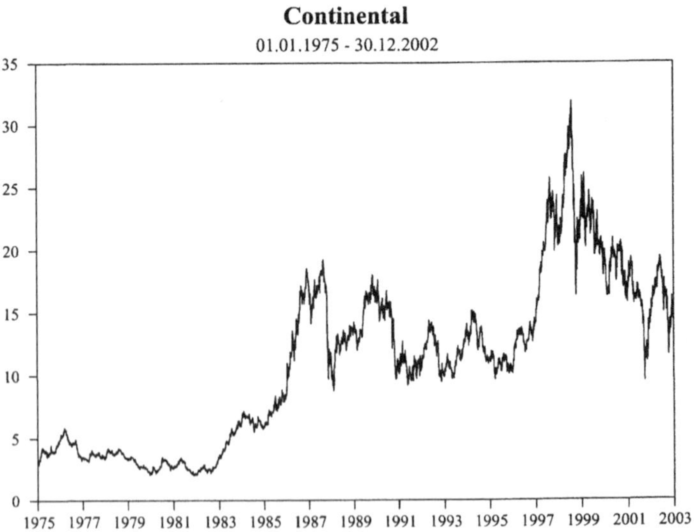

Abbildung E.7: Die Aktienkursreihe der Continental AG.

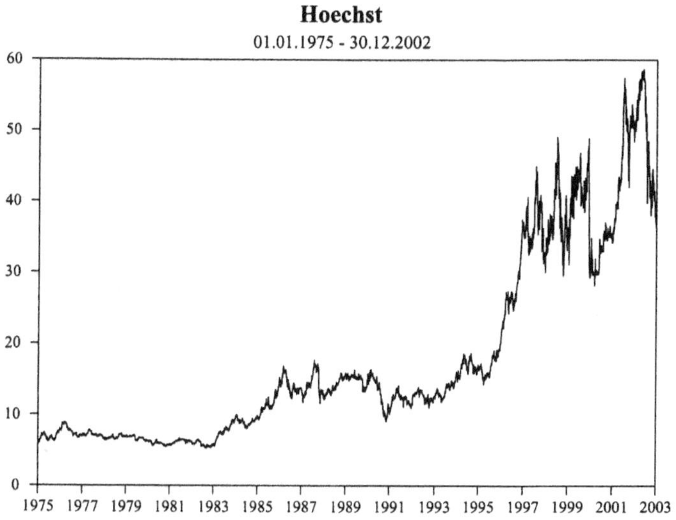

Abbildung E.8: Die Aktienkursreihe der Hoechst AG.

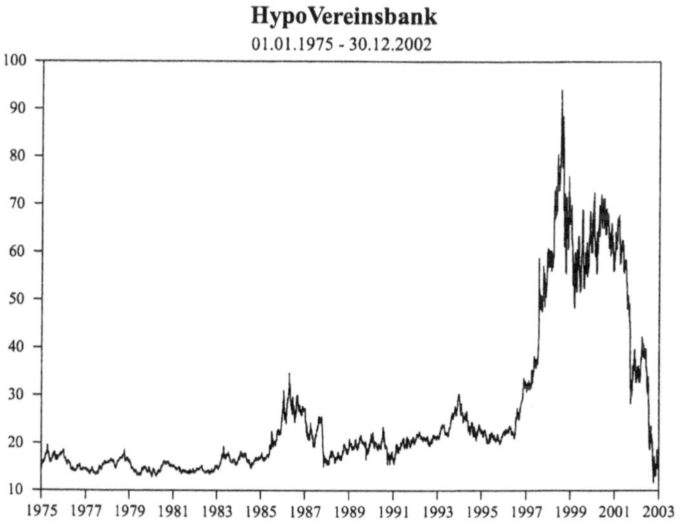

Abbildung E.9: Die Aktienkursreihe der HypoVereinsbank AG.

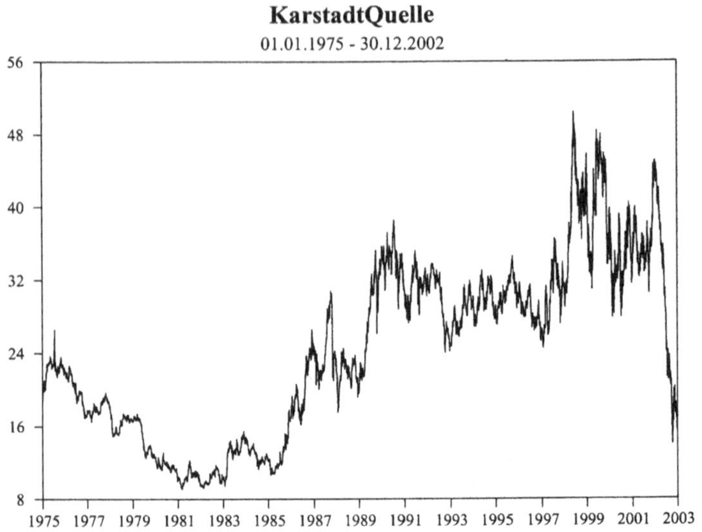

Abbildung E.10: Die Aktienkursreihe der KarstadtQuelle AG.

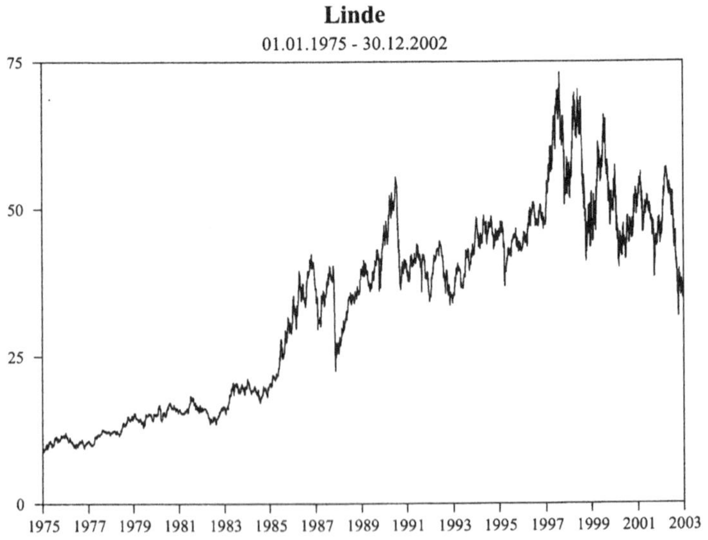

Abbildung E.11: Die Aktienkursreihe der Linde AG.

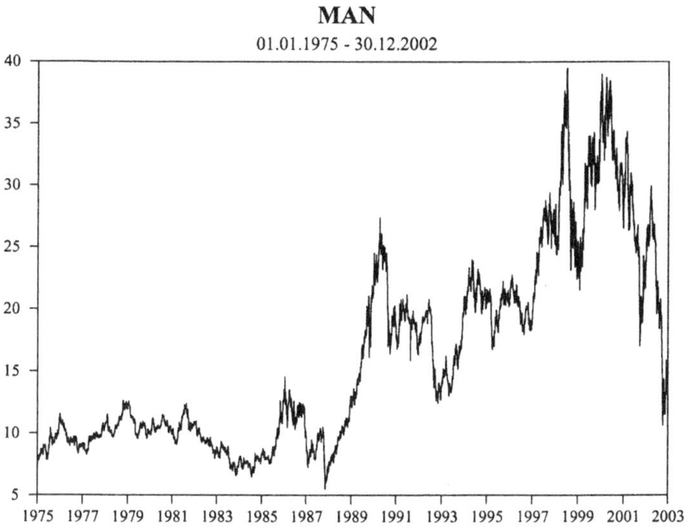

Abbildung E.12: Die Aktienkursreihe der MAN AG.

Abbildung E.13: Die Aktienkursreihe der Münchener Rück AG.

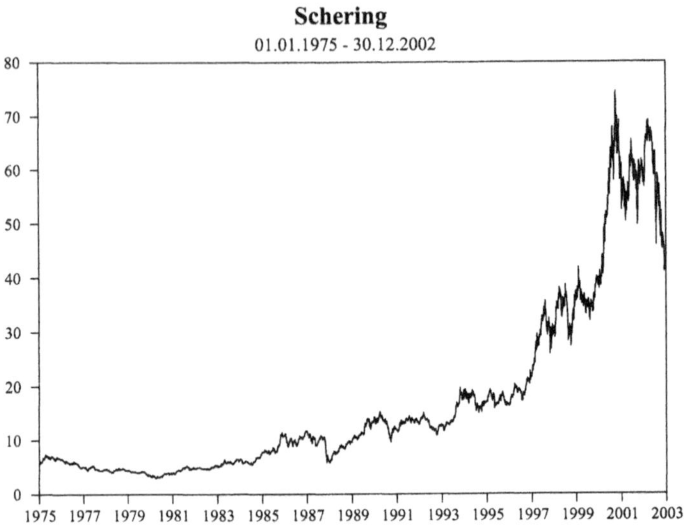

Abbildung E.14: Die Aktienkursreihe der Schering AG.

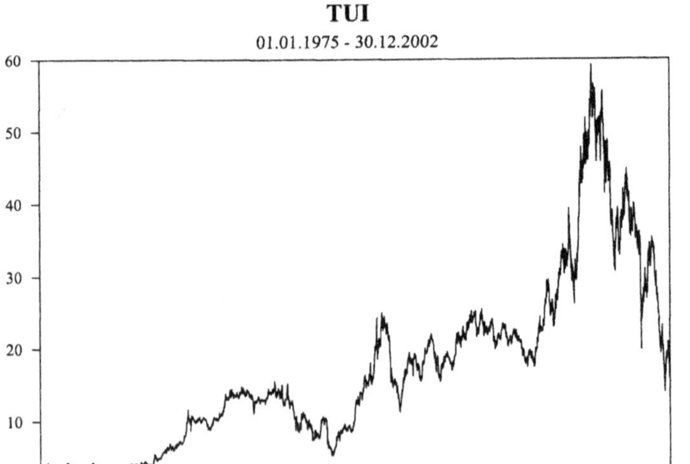

Abbildung E.15: Die Aktienkursreihe der TUI AG.

Abbildung E.16: Die Aktienkursreihe der Volkswagen AG.

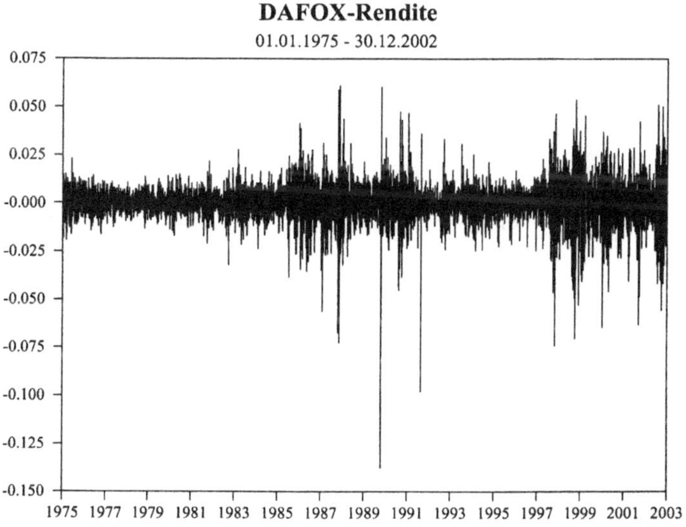

Abbildung E.17: Tägliche Rendite des DAFOX.

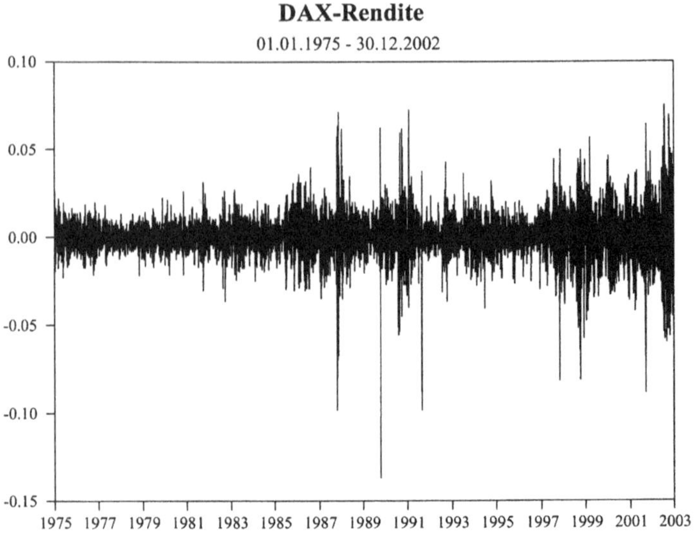

Abbildung E.18: Tägliche Rendite des DAX.

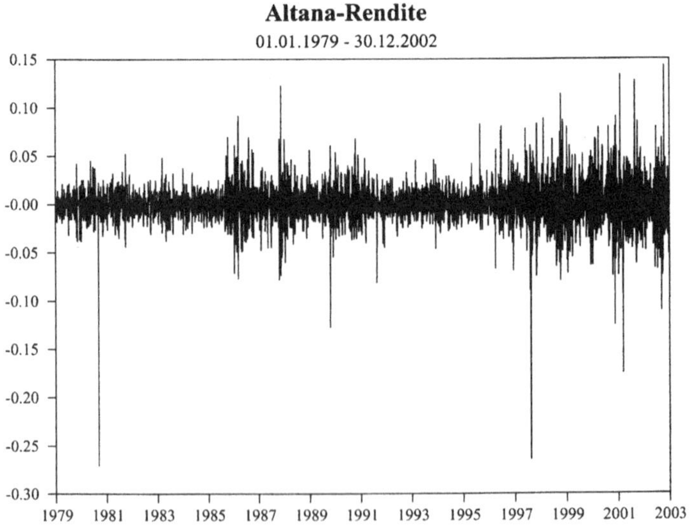

Abbildung E.19: Tägliche Renditen für die Altana AG.

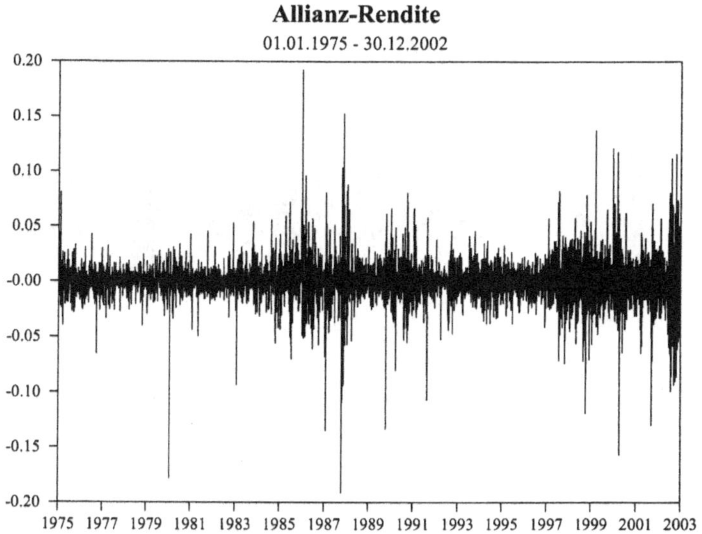

Abbildung E.20: Tägliche Renditen für die Allianz AG.

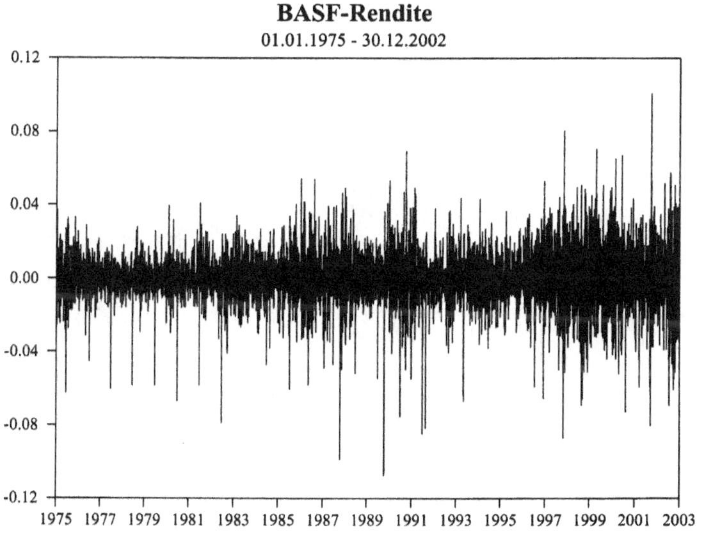

Abbildung E.21: Tägliche Renditen für die BASF AG.

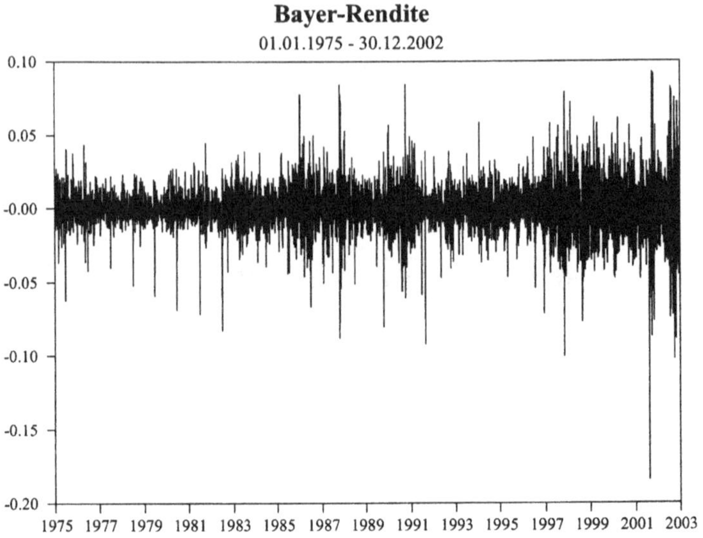

Abbildung E.22: Tägliche Renditen für die Bayer AG.

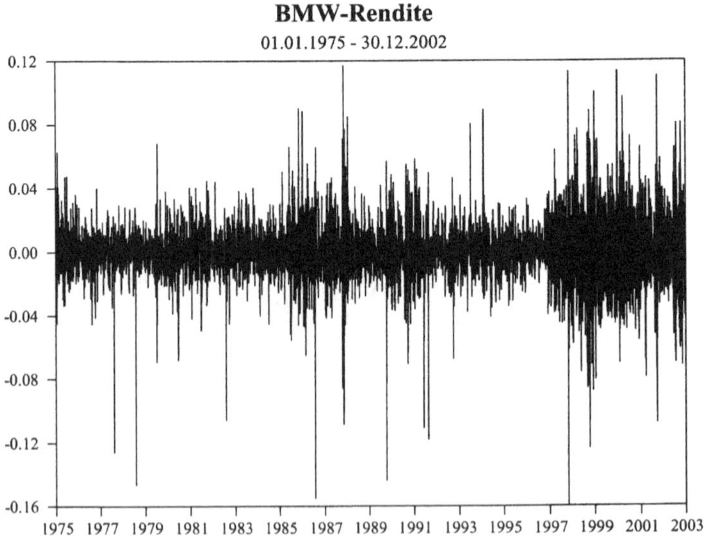

Abbildung E.23: Tägliche Renditen für die BMW AG.

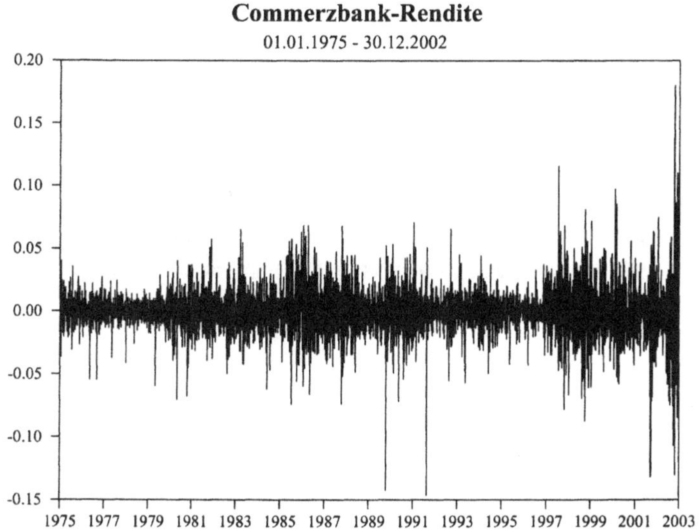

Abbildung E.24: Tägliche Renditen für die Commerzbank AG.

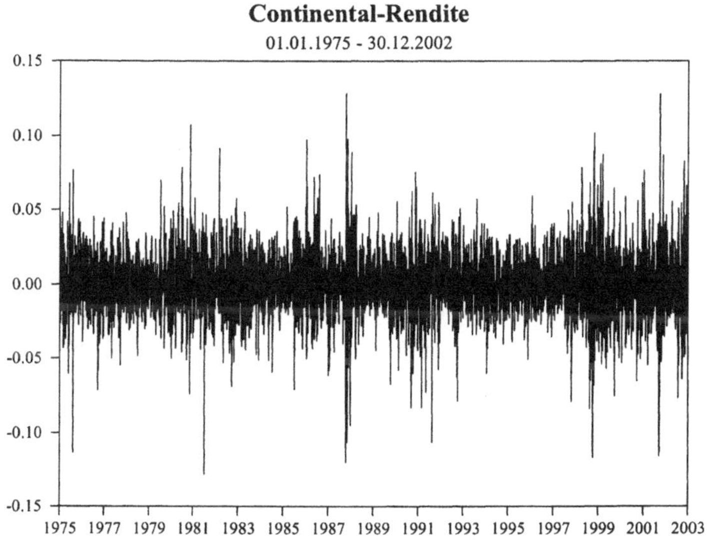

Abbildung E.25: Tägliche Renditen für die Continental AG.

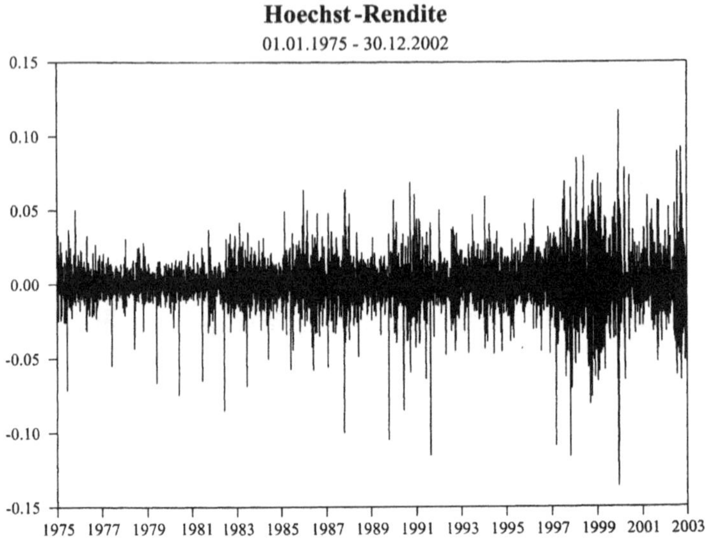

Abbildung E.26: Tägliche Renditen für die Hoechst AG.

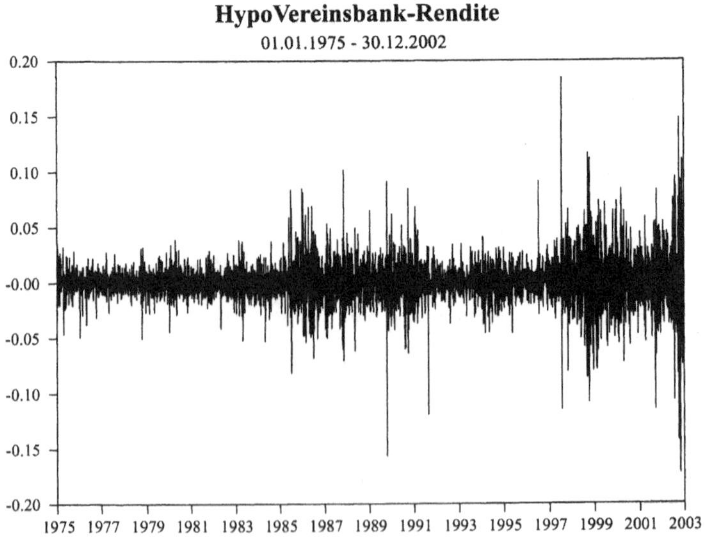

Abbildung E.27: Tägliche Renditen für die HypoVereinsbank AG.

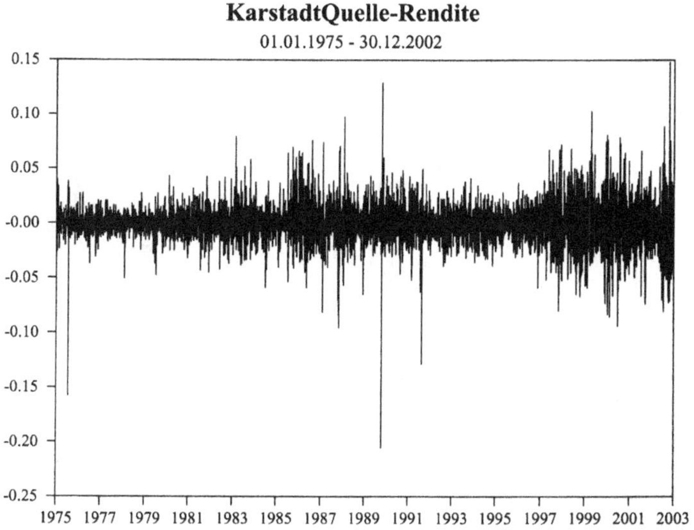

Abbildung E.28: Tägliche Renditen für die KarstadtQuelle AG.

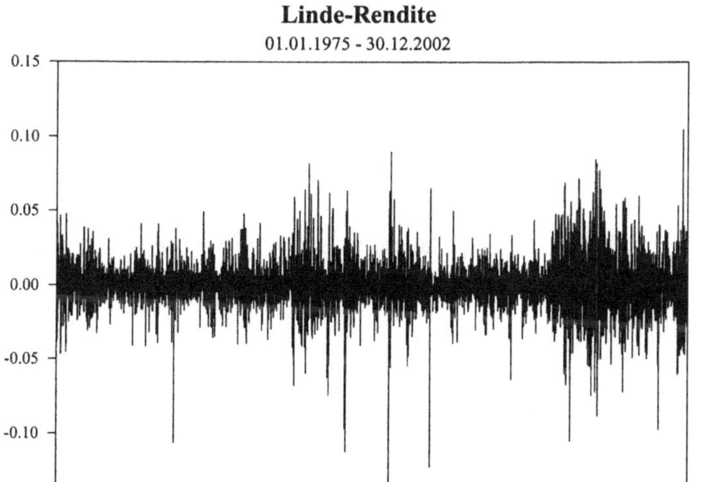

Abbildung E.29: Tägliche Renditen für die Linde AG.

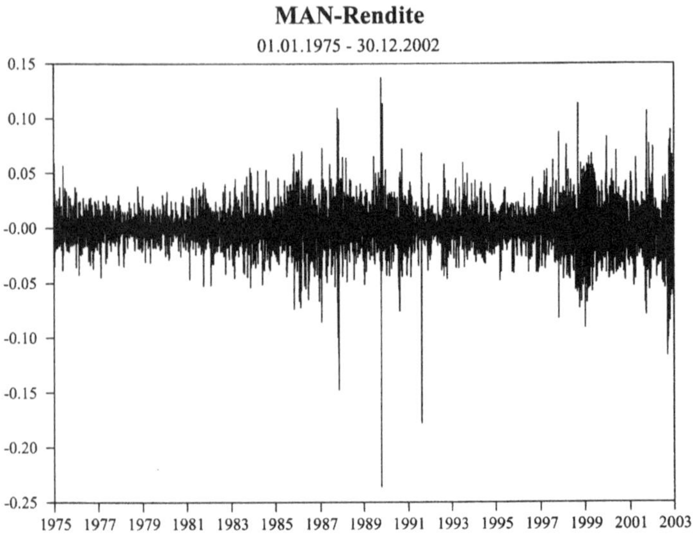

Abbildung E.30: Tägliche Renditen für die MAN AG.

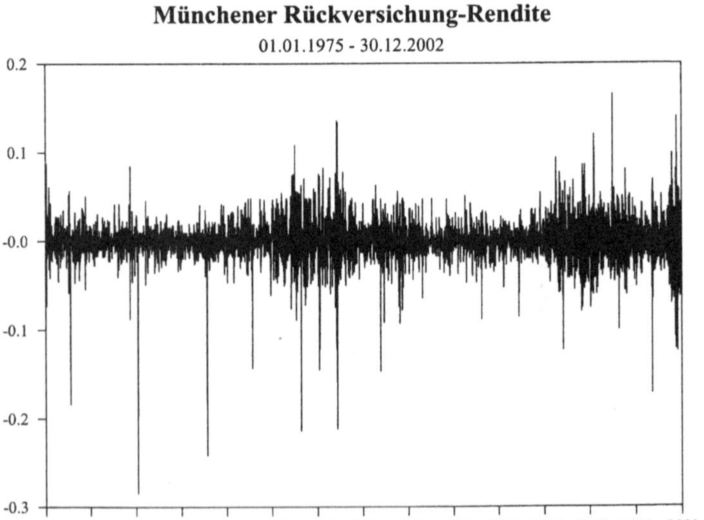

Abbildung E.31: Tägliche Renditen für die Münchener Rück AG.

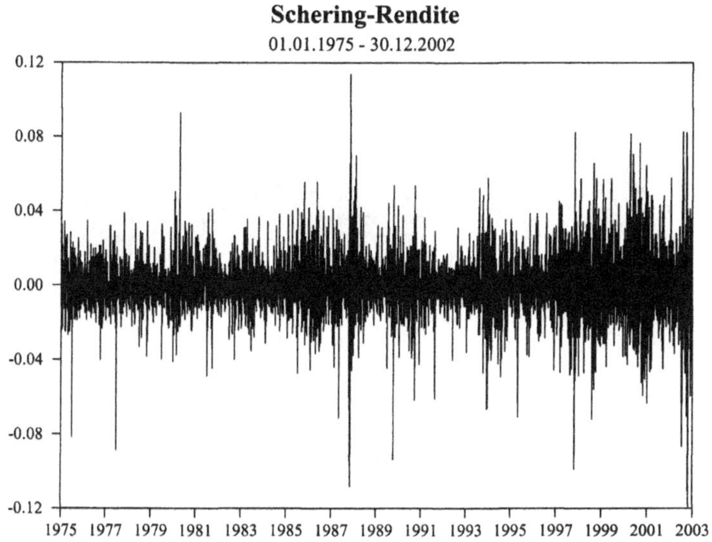

Abbildung E.32: Tägliche Renditen für die Schering AG.

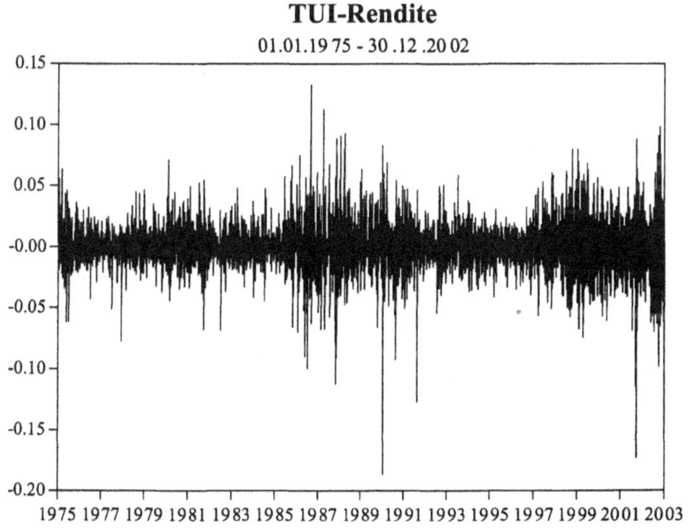

Abbildung E.33: Tägliche Renditen für die TUI AG.

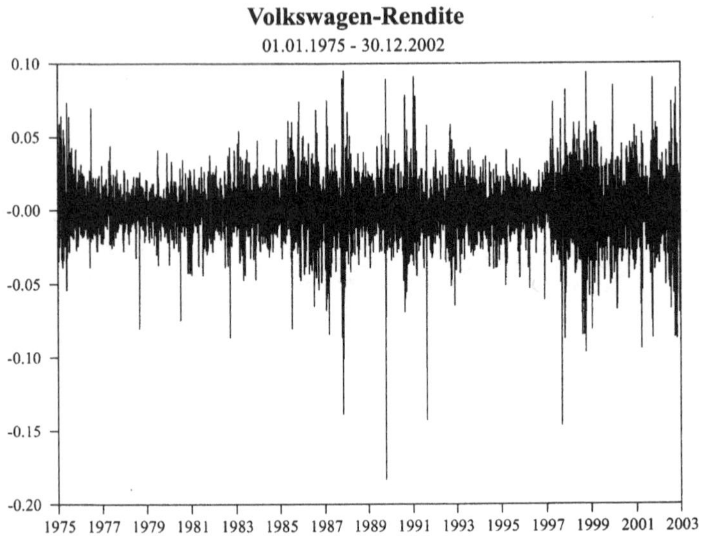

Abbildung E.34: Tägliche Renditen für die Volkswagen AG.

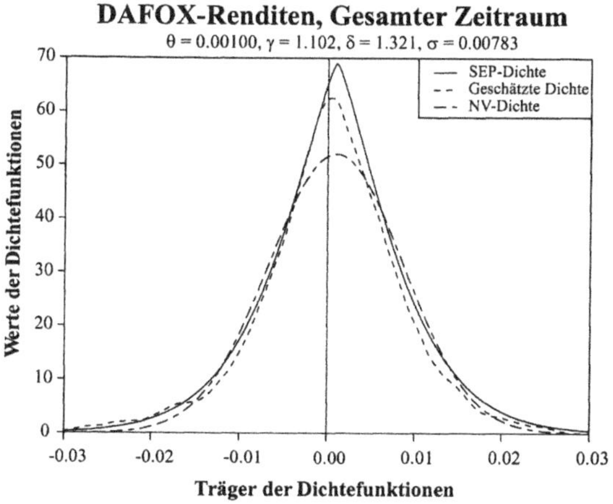

Abbildung E.35: Vergleich der Kerndichteschätzung mit der SEP-Verteilung für den gesamten Zeitraum der DAFOX-Renditen.

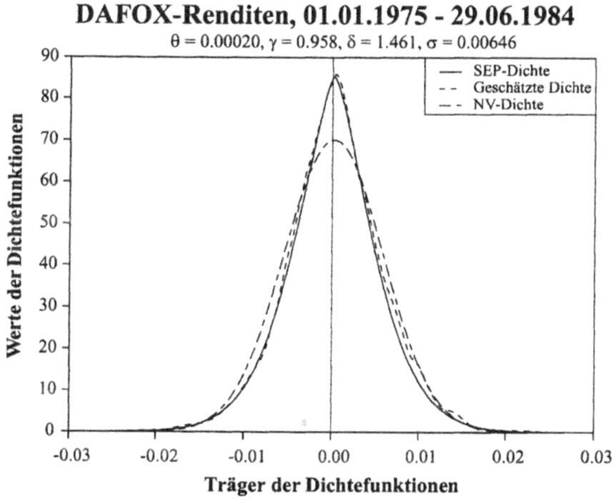

Abbildung E.36: Vergleich der Kerndichteschätzung mit der SEP-Verteilung für den ersten Zeitraum der DAFOX-Renditen.

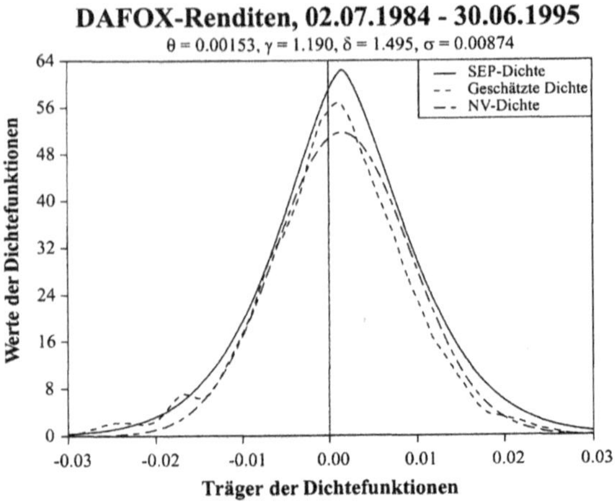

Abbildung E.37: Vergleich der Kerndichteschätzung mit der SEP-Verteilung für den zweiten Zeitraum der DAFOX-Renditen.

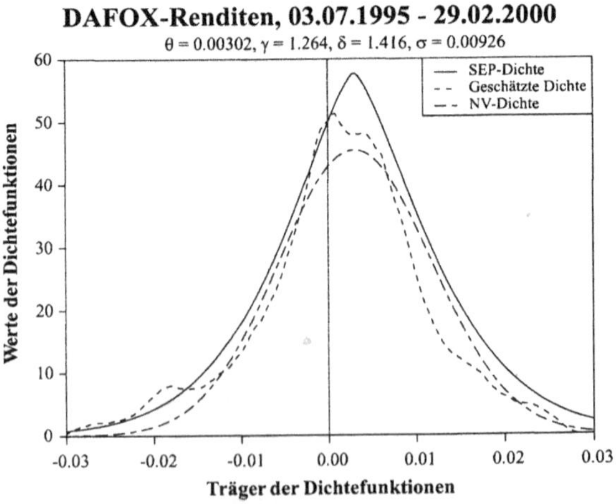

Abbildung E.38: Vergleich der Kerndichteschätzung mit der SEP-Verteilung für den dritten Zeitraum der DAFOX-Renditen.

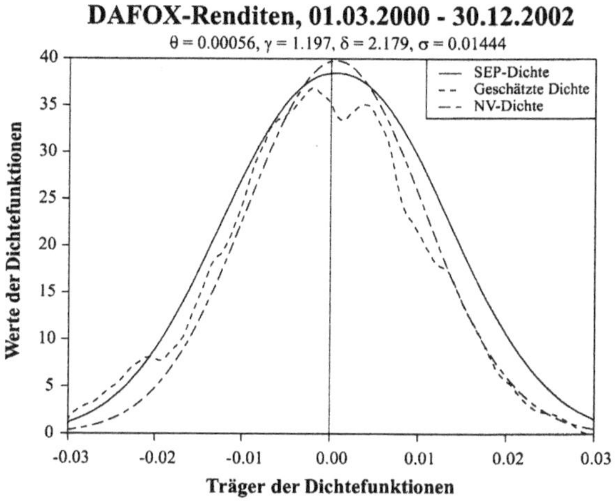

Abbildung E.39: Vergleich der Kerndichteschätzung mit der SEP-Verteilung für den vierten Zeitraum der DAFOX-Renditen.

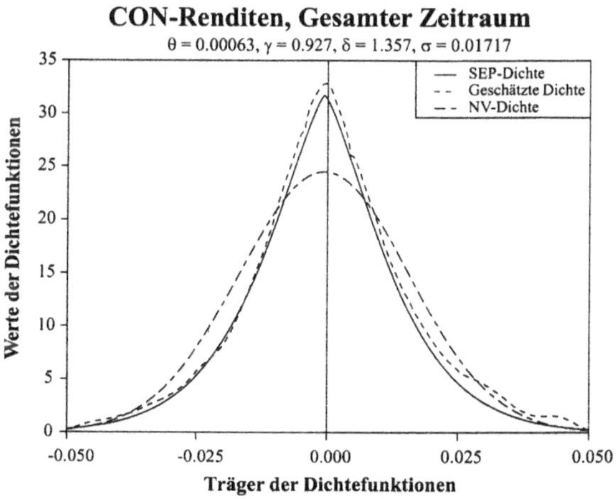

Abbildung E.40: Vergleich der Kerndichteschätzung mit der SEP-Verteilung für den gesamten Zeitraum der CON-Renditen.

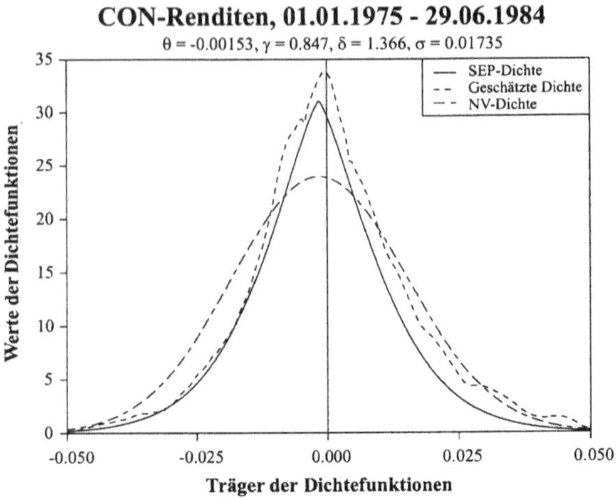

Abbildung E.41: Vergleich der Kerndichteschätzung mit der SEP-Verteilung für den ersten Zeitraum der CON-Renditen.

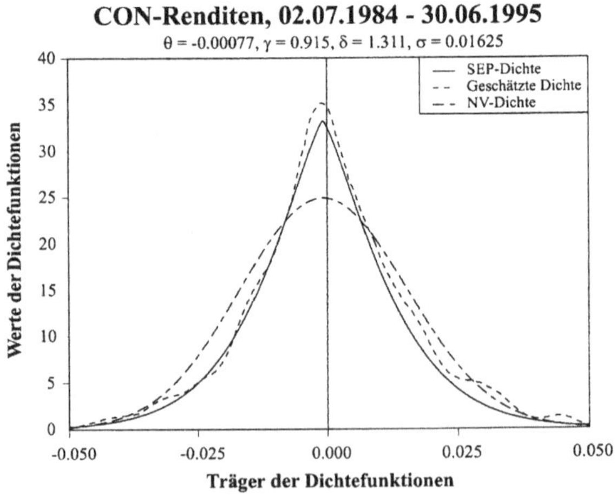

Abbildung E.42: Vergleich der Kerndichteschätzung mit der SEP-Verteilung für den zweiten Zeitraum der CON-Renditen.

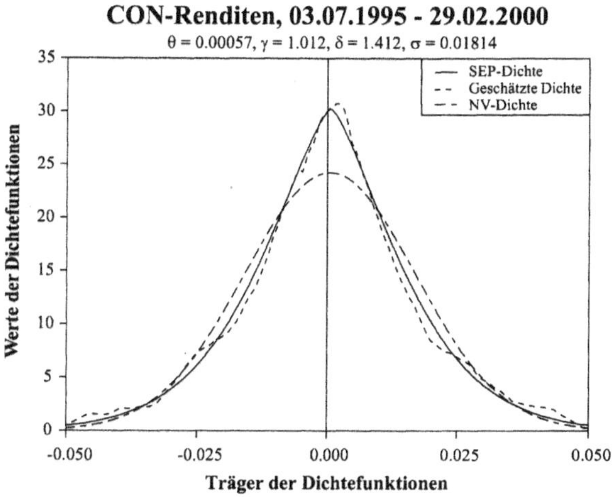

Abbildung E.43: Vergleich der Kerndichteschätzung mit der SEP-Verteilung für den dritten Zeitraum der CON-Renditen.

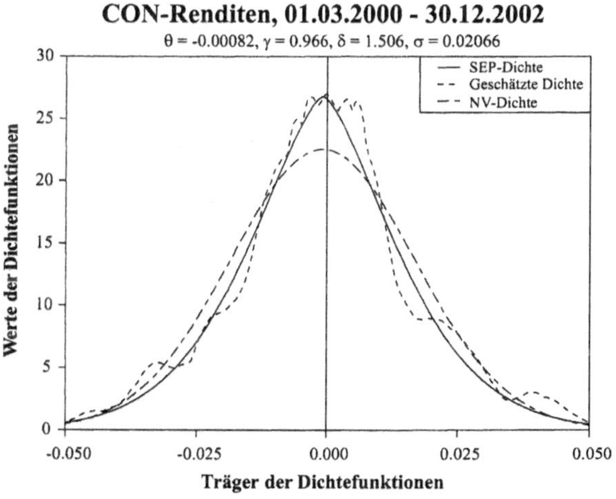

Abbildung E.44: Vergleich der Kerndichteschätzung mit der SEP-Verteilung für den vierten Zeitraum der CON-Renditen.

Literaturverzeichnis

[1] ANDREWS, DONALD W. K. (1994): „Empirical Process Methods in Econometrics", in *Handbook of Econometrics*, Bd. 4, Teil 9: Econometric Theory, Kap. 37, S. 2247 - 2294, hrsg. v. ENGLE, ROBERT F. und MCFADDEN, DANIEL L., i. d. Reihe: *Handbooks in Economics 2*, hrsg. v. INTRILLIGATOR, MICHAEL D. und ARROW, KENNETH J., North Holland, Elsevier Science, Amsterdam [u. a.].

[2] AZZALINI, ADELCHI (1985): „A Class of Distributions which Includes the Normal Ones", *Scandinavian Journal of Statistics*, Bd. 12, S. 171-178.

[3] BALZ, CHRISTOPH (1999): „Multivariate Überprüfung von Hysteresiseffekten: eine empirische Analyse ausgewählter Arbeitsmärkte", Lang, Frankfurt am Main [u. a.], Reihe: *Schriften zur empirischen Wirtschaftsforschung*, Bd. 1, hrsg. von SCHULZE, PETER M., Zugl.: Mainz, Universität, Diss., 1999.

[4] BANDELOW, CHRISTOPH (1989): „Einführung in die Wahrscheinlichkeitstheorie", 2., vollst. überarb. Aufl., B.I.-Hochschultaschenbuch, Mannheim.

[5] BERNDT, ERNST K.; HALL, BROWNWYN H.; HALL, ROBERT E. und HAUSMAN, JERRY A. (1974): „Estimation and Inference in Nonlinear Structural Models", *Annals of Economic and Social Measurement*, Bd. 3, Nr. 4 (Oktober), S. 653-665.

[6] BEVERIDGE, STEPHEN und NELSON, CHARLES R. (1981): „A New Approach to Decomposition of Economic Time Series into Permanent and Transitory Components with Particular Attention to Measurement of the 'Business Cycle'", *Journal of Monetary Economics*, Bd. 7, S. 151-174.

[7] BLACK, FISCHER und SCHOLES, MYRON (1973): „The Pricing of Options and Corporate Liabilities", *Journal of Political Economy*, Bd. 81, S. 637-654.

[8] BÖNTE, GUNNAR (1997): „Analyse deutscher Aktien und Optionsscheine mittels ARCH-Modellen unter der besonderen Berücksichtigung von Verteilungen der robusten Statistik", Erlangen, Nürnberg, Universität, Diss.

[9] BOX, GEORGE E. P. und LJUNG, GRETA M. (1978): „On a Measure of Lack of Fit in Time Series Models", *Biometrika*, Bd. 65, Nr. 2 (August), S. 297-303.

[10] BOX, GEORGE E. P. und TIAO, GEORGE C. (1992): „Baysian Inference in Statistical Analysis", Wiley, New York [u. a.], Original veröffentlicht 1973, Addison-Wesley, Reading, Massachusetts.

[11] BRONŠTEIN, IL'JA N. und SEMENDJAEV, KONSTANTIN A. (1991): „Taschenbuch der Mathematik", [Hauptbd.] - 25. Aufl., GROSCHE, G. (Hrsg.), u. a. [Autoren bzw. Bearb. der neuen Fassung des Taschenbuches: BECKMANN, P., u. a.], Teubner, Stuttgart.

[12] BÜNING, HERBERT und TRENKLER, GÖTZ (1994): „Nichtparametrische statistische Methoden", 2., erw. und völlig überarb. Auflage, de Gruyter, Berlin.

[13] CAMPBELL, JOHN Y. und PERRON, PIERRE (1991): „Pitfalls and Opportunities: What Macroeconomists Should Know About Unit Roots", *NBER Macroeconomics Annual 1991*, S. 141-201.

[14] CHISSOM, BRAD S. (1970): „Interpretation of the Kurtosis Statistics", *The American Statistician*, Bd. 24, Nr. 4, S. 19-23.

[15] CROWDER, MARTIN J. (1976): „Maximum Likelihood Estimation for Dependent Observations“, *Journal of the Royal Statistical Society: Series B (Statistical Methodology)*, Bd. 38, Nr. 1, S. 45-53.

[16] DICKEY, DAVID A. (1976): „Estimation and Hypothesis Testing in Nonstationary Time Series “, Ph.D. dissertation, Iowa State University.

[17] DICKEY, DAVID A. und FULLER, WAYNE A. (1979): „Distribution of the Estimators for Autoregressive Time Series With a Unit Root“, *Journal of the American Statistical Association*, Bd. 74, Nr. 366, Theory and Methods Section, S. 427-431.

[18] DICKEY, DAVID A. und FULLER, WAYNE A. (1981): „Likelihood Ratio Statistics for Autoregressive Time Series with a Unit Root“, *Econometrica*, Bd. 49, Nr. 4 (Juli), S. 1057-1072.

[19] DOLADO, JUAN J., JENKINSON, TIM und SOSVILLA-RIVERO, SIMON (1990): „Cointegration and Unit Roots“, *Journal of Economic Surveys*, Bd. 4, S. 249-273.

[20] ENDERS, WALTER (1995): „Applied Econometric Time Series“, Wiley, New York [u. a.], Reihe: *Wiley Series in Probability and Mathematical Statistics*, gegr. von SHEWHART, WALTER A. und WILKS, SAMUEL S., hrsg. von BARNETT, VIC et al.

[21] ESTIMA (2000): „RATS Version 5 - Reference Manual“, Illinois.

[22] ESTIMA (2000): „RATS Version 5 - User's Guide“, Illinois.

[23] FERNÁNDEZ, CARMEN; OSIEWALSKI, JACEK und STEEL, MARK F. J. (1995): „Modeling and Inference With v-Spherical Distributions“, *Journal of the American Statistical Association*, Bd. 90, Nr. 432, Theory and Methods Section, S. 1331-1340.

[24] FERNÁNDEZ, CARMEN; STEEL, MARK F. (1998): „On Baysian Modeling of Fat Tails and Skewness“, *Journal of the American Statistical Association*, Bd. 93, Nr. 441, Theory and Methods, S. 359-371.

[25] FINUCAN, HENRY M. (1963): „A Note on Kurtosis“, *Journal of the Royal Statistical Society, Series B*, Nr. 5, S. 360-361.

[26] FISCHER, GERD (1989): „Lineare Algebra“, Vieweg, Braunschweig, 9., durchges. Auflage, Reihe Nr. 17: *Vieweg-Studium; Grundkurs Mathematik.*

[27] FRANKE, JÜRGEN; HÄRDLE, WOLFANG und HAFNER, CHRISTIAN (2001): „Einführung in die Statistik der Finanzmärkte“, Springer Berlin, Heidelberg, New York.

[28] FULLER, WAYNE A. (1976): „Introduction to Statistical Time Series“, Wiley, New York [u. a.], Reihe: *Wiley Series in Probability and Mathematical Statistics: Probability and Mathematical Statistics*, gegr. von SHEWHART, WALTER A. und WILKS, SAMUEL S., hrsg. von BRADLEY, RALPH A. et al.

[29] GALBRAITH, REX F. und GALBRAITH, JANE I. (1974): „On the Inverses of Some Patterned Matrices Arising in the Theory of Stationary Time Series“, *Journal of Applied Probability*, Bd. 11, S. 63-71.

[30] GIBBONS, JAMES F. und MYLROIE, STEVE W. (1973): „Estimation of Impurit Profiles in Ion-Implanted Amorphous Targets Using Joined Half-Gaussian distributions“, *Applied Physical Letters*, Bd. 22, Nr. 11 (Juni), S. 568-569.

[31] GÖPPL, HERMANN und SCHÜTZ, HEINRICH (1995): „Die Konzeption eines Deutschen Aktienindex für Forschungszwecke (DAFOX)“, *Diskussionspapier: Institut für Entscheidungstheorie und Unternehmensforschung*, Universität Karlsruhe, Nr. 162, Kurzfassung für das WorldWideWeb.
http://finance.wiwi.uni-karlsruhe.de/Forschung/Dafox/dafox.pdf, Stand Januar 1995, Abruf 01.10.2003.

[32] GREENE, WILLIAM (2000): „Econometric Analysis“, 4th ed., Prentice-Hall, Upper Saddle River, New Jersey.

[33] GROTTKE, MARTIN (2002): „Die t-Verteilung und ihre Verallgemeinerungen als Modell für Finanzmarktdaten“, Eul, Lohmar, Reihe: *Quantitative Ökonomie*, Bd. 122, hrsg. von BOMSDORF, ECKART; KÖSTERS, WIM und MATTHES, WINFRIED, Zugl.: Erlangen, Nürnberg, Universität, Diss., 2001.

[34] HAMILTON, JAMES D. (1994): „Time Series Analysis“, Princeton University Press, Princeton, New Jersey.

[35] HANDL, ANDREAS (1985): „Maßzahlen zur Klassifizierung von Verteilungen bei der Konstruktion adaptiver verteilungsfreier Tests im unverbundenen Zweistichproben-Problem“, Berlin, Universität, Diss.

[36] HARTUNG, JOACHIM; ELPELT, BÄRBEL und KLÖSNER, KARL-HEINZ (1999): „Statistik: Lehr- und Handbuch der angewandten Statistik“, 12. unwes. veränd. Aufl., Oldenbourg, München, Wien.

[37] HASSLER, UWE (1994): „Einheitswurzeltests – Ein Überblick“, *Allgemeines Statistisches Archiv*, Bd. 78, S. 207-228.

[38] HOGG, ROBERT V. und LENTH, RUSSELL V. (1984): „A Review of Some Adaptive Statistical Techniques“, *Communications in Statistics - Theory and Methods*, Bd. 13, Nr. 13, S. 1551-1579.

[39] HOGG, ROBERT V. und YUH, LIANNG (1988): „On Adaptive M-Regression“, *Biometrics*, Bd. 44, Nr. 2 (Juni), S. 433-445.

[40] HOSKING, JONATHAN R. M. (1981): „Fractional Differencing“, *Biometrika*, Bd. 68, S. 165-176.

[41] HÜBLER, OLAF (1989): „Ökonometrie“, *UTB für Wissenschaft: Uni-Taschenbücher*, Nr. 1538, Gustav Fischer Verlag, Stuttgart.

[42] JARQUE, CARLOS M. und BERA, ANIL K. (1987): „A Test for Normality of Observations and Regression Residuals“, *International Statistical Review*, Bd. 55, Nr. 2, S. 163-172.

[43] JOHN, S. (1982): „The Three-Parameter Two-Piece Normal Family of Distributions and its Fitting“, *Communications in Statistics - Theory and Methods*, Bd. 11, Nr. 8, S. 879-885.

[44] JOHNSON, MARK E.; TIETJEN, GARY L. und BECKMAN, RICHARD J. (1980): „A New Family of Probability Distributions With Applications to Monte Carlo Studies“, *Journal of the American Statistical Association*, Bd. 75, S. 276-279.

[45] JOHNSON, NORMAN L.; KOTZ, SAMUEL und BALAKRISHNAN, NARAYANASWAMY (1994): „Continuous Univariate Distributions“, Vol. 1, 2nd ed., Wiley, New York [u. a.], Reihe: *Wiley Series in Probability and Mathematical Statistics: Applied Probability and Statistics*, gegr. von SHEWHART, WALTER A. und WILKS, SAMUEL S., hrsg. von BARNETT, VIC et al.

[46] JUDGE, GEORGE G. et al. (1988): „Introduction to the Theory and Practice of Econometrics“, 2nd ed., Wiley, New York [u. a.].

[47] KENDALL, SIR MAURICE G. (1954): „Note on Bias in the Estimation of Autocorrelation“, *Biometrika*, Bd. 41, Nr. 3/4 (Dezember), S. 403-404.

[48] KIMBER, ALAN C. (1985): „Methods for the Two-Piece Normal Distribution“, *Communications in Statistics - Theory and Methods*, Bd. 114, Nr. 1, S. 235-245.

[49] KOMUNJER, IVANA (2003): „Asymmetric Power Distributions: Theory and Applications to Risk Measurement“, California Institute of Technology, Unveröffentlichte Internetausgabe eines Manuskripts, http://www.hss.caltech.edu/~komunjer/files/apd.pdf, Stand September 2003, Abruf am 18.11.2003.

[50] KOTZ, SAMUEL; BALAKRISHNAN, NARAYANASWAMY und JOHNSON, NORMAN L.; (1995): „Continuous Multivariate Distributions", Vol. 1: Models and Applications, 2nd ed., Wiley, New York [u. a.], Reihe: *Wiley Series in Probability and Statistics: Applied Probability and Statistics*, gegr. von SHEWHART, WALTER A. und WILKS, SAMUEL S., hrsg. von BARNETT, VIC et al.

[51] KRÄMER, WALTER (1985): „Trend in ökonometrischen Modellen: Eine Untersuchung statistischer Konsequenzen für ausgewählte Schätzverfahren", Hain, Königsstein im Taunus, Reihe: *Mathematical Systems in Economics*, Bd. 93, hrsg. von EICHHORN, WOLFGANG et. al.

[52] KRÄMER, WALTER (2002): „Statistische Besonderheiten von Finanzzeitreihen", *Jahrbücher für Nationalökonomie und Statistik*, Bd. 222, Nr. 2, S. 210-229.

[53] KRÄMER, WALTER und RUNDE, RALF (1991): „Testing for Autocorrelation Among Common Stock Returns", *Statistical Papers*, Bd. 32, S. 311-320.

[54] KRÄMER, WALTER und RUNDE, RALF (1993): „Kalendereffekte auf Kapitalmärkten: Eine empirische Untersuchung für deutsche Aktien und den DAX", in: *Schmalenbachs Zeitschrift für betriebswirtschaftliche Forschung*, Sonderheft Nr. 31, Empirische Kapitalmarktforschung, hrsg. von BÜHLER, WOLFGANG, u. a., Verlagsgruppe Handelsblatt, Düsseldorf, S. 87-99.

[55] LECAM, LUCIEN (1970): „On the Assumptions Used to Prove Asymptotic Normality of Maximum Likelihood Estimates", *The Annals of Mathematical Statistics*, Bd. 41, Nr. 3 (Juni), S. 802 - 828.

[56] MAGNUS, JAN R. und NEUDECKER, HEINZ (1988): „Matrix Differential Calculus with Applications in Statistics and Econometrics", Nachdruck (1997), Wiley, New York [u. a.], Reihe: *Wiley Series in Probability and Mathematical Statistics*, gegr. von SHEWHART, WALTER A. und WILKS, SAMUEL S., hrsg. v. BARNETT, VIC et al.

[57] MANDELBROT, BENOIT (1963): „The Variation of Certain Speculative Prices, *Journal of Business*, Bd. 36, Nr. 4 (Oktober), S. 394-419.

[58] MARRIOTT, FRANCIS H. C. und POPE, J. A. (1954): „Bias in the Estimation of Autocorrelations“, *Biometrika*, Bd. 41, Nr. 3/4 (Dezember), S. 390-402.

[59] MCDONALD, J. B. und NEWEY, WHITNEY K. (1988): „Partially Adaptive Estimation of Regression Models Via the Generalized T Distribution“, *Econometric Theory*, Bd. 4, S. 428-457.

[60] MCGILL, WILLIAM J. (1962): „Random Fluctuations of Response Rate“, *Psychometrika*, Bd. 27, S. 3-17.

[61] MERTON, ROBERT C. (1973): „Theory of Rational Option Pricing“, *Bell Journal of Economics and Management Science*, Bd. 4, S. 141-183.

[62] MICHELS, SONJA (1996): „Heteroskedastie- und Autokorrelationsresistente Kovarianzmatrixschätzung im linearen Regressionsmodell“, Eul, Lohmar, Reihe: *Quantitative Ökonomie*, Bd. 74, hrsg. von BOMSDORF, ECKART; KÖSTERS, WIM und MATTHES, WINFRIED, Zugl.: Dortmund, Universität, Diss., 1995.

[63] MOERS, WALTER (2003): „RUMO & Die Wunder im Dunkeln“, 2. Aufl., Piper Verlag GmbH, München.

[64] MOONEY, CHRISTOPHER Z. und DUVAL, ROBERT D. (1993): „Bootstrapping: A Nonparametric Approach to Statistical Inference“, *Sage University Papers Series: Quantitative Applications in the Social Sciences* Nr. 95, hrsg. von LEWIS-BECK, MICHAEL S., Sage Publications, Thousand Oaks, California.

[65] MOONEY, CHRISTOPHER Z. (1997): „Monte Carlo Simulation“, *Sage University Papers Series: Quantitative Applications in the Social Sciences* Nr. 116, hrsg. von LEWIS-BECK, MICHAEL S., Sage Publications, Thousand Oaks, California.

[66] NELSON, CHARLES R. und PLOSSER, CHARLES I. (1982): „Trends and Random Walks in Macroeconomic Time Series“, *Journal of Monetary Economics*, Bd. 10, S. 139-162.

[67] NEWEY, WHITNEY K. und MCFADDEN, DANIEL L. (1994): „Large Sample Estimation and Hypothesis Testing“, in *Handbook of Econometrics*, Bd. 4, Teil 9: Econometric Theory, Kapitel 36, S. 2111 - 2245, hrsg. von ENGLE, ROBERT F. und MCFADDEN, DANIEL L., in der Reihe: *Handbooks in Economics 2*, hrsg. von INTRILLIGATOR, MICHAEL D. und ARROW, KENNETH J., North Holland, Elsevier Science, Amsterdam [u. a.].

[68] OJA, HANNU (1981): „On Location, Scale, Skewness and Kurtosis of Univariate Distributions“, *Scandinavian Journal of Statistics - Theory and Applications*, Bd. 8, S. 154-168.

[69] ORCUTT, GUY H. und WINOKUR, HERBERT S. JR. (1969): „First Order Autoregression: Inference, Estimation, and Prediction“, *Econometrica*, Bd. 37, Nr. 1 (Januar), S. 1-14.

[70] PEARSON, EGON S. und HARTLEY, HERMAN O. (1970): „Biometrica Tables for Statisticians“, Bd. 1, University Press, Cambridge.

[71] PERRON, PIERRE (1989): „The Great Crash, the Oil Price Shock, and the Unit Root Hypothesis, *Econometrica*, Bd. 57, Nr. 6 (November), S. 1361-1401.

[72] PHILLIPS, PETER C. B. und PERRON, PIERRE (1988): „Testing for a Unit Root in Time Series Regression“, *Biometrika*, Bd. 75, Nr. 2, S. 335-346.

[73] PREMARATNE, GAMINI und BERA, ANIL K. (2001): „Modeling Asymmetry and Excess Kurtosis in Stock Return Data“, *Office of Research Working Paper*, Nr. 01-0118, University of Illinois, Champaign.

[74] RAO, CALYAMPUDY RADHAKRISHNA (1973): „Linear Statistical Inference and its Applications“, 2. Aufl., Wiley, New York.

[75] RAO, MALEMPATI MADHUSUDANA (1961): „Consistency and Limit Distributions of Estimators of Parameters in Explosive Stochastic Difference Equations“, *The Annals of Mathematical Statistics*, Bd. 32, Nr. 1 (März), S. 195-218.

[76] RYDBERG, TINA H. (2000): „Realistic Statistical Modeling of Financial Data “, *International Statistical Review*, Bd. 68, Nr. 3, S. 233-258.

[77] SAID, SAID E. und DICKEY, DAVID A. (1984): „Testing for Unit Roots in ARMA(p,q)-Models with Unkown p and q“, *Biometrika*, Bd. 71, S. 599-607.

[78] SCHAICH, EBERHARD und MÜNNICH, RALF (2001): „Mathematische Statistik für Ökonomen“, Vahlen, München.

[79] SCHLITTGEN, RAINER und STREITBERG, BERND H. J. (2001): „Zeitreihenanalyse“, 9., unwesentlich veränderte Auflage, Oldenbourg, München, Wien, Reihe: *Lehr- und Handbücher der Statistik*, hrsg. von SCHLITTGEN, RAINER.

[80] SCHULZE, PETER M. (2003): „Beschreibende Statistik“, 5., erweiterte und aktualisierte Auflage, Oldenbourg, München, Wien.

[81] SCHWERT, G. WILLIAM (1989): „Tests for Unit Roots: A Monte Carlo Investigation“, *Journal of Business and Economic Statistics*, Bd. 7, S. 147-160.

[82] SÜSELBECK, BENNO (1997): „S-PLUS Help“,
http://www.uni-muenster.de/ZIV/Mitarbeiter/BennoSueselbeck/
s-html/helpfiles/nlminb.html,
Stand 08.01.1997, Abruf am 26.11.2003.

[83] THEODOSSIOU, PANAYIOTIS (1998): „Financial Data and the Skewed Generalized T Distribution“, *Management Science*, Bd. 44, Nr. 12, S. 1650-1661.

[84] ZIMMERMANN, PETER (1997): „Schätzung und Prognose von Betawerten – Eine Untersuchung am deutschen Aktienmarkt “, Uhlenbruch Verlag, Bad Soden, Reihe: *Portfoliomanagement*, hrsg. von STEINER, MANFRED.

[85] ZWET, WILLEM R. VAN (1970): „Convex Transformations of Random Variables“, 2. ed., Mathematisch Centrum, Amsterdam.

Schriften zur empirischen Wirtschaftsforschung

Herausgegeben von Peter M. Schulze

Band 1 Christoph Balz: Multivariate Überprüfung von Hysteresiseffekten. Eine empirische Analyse ausgewählter Arbeitsmärkte. 1999.

Band 2 Daniel Porath: Fiskalische Beurteilung der Staatsverschuldung mit ökonometrischen Methoden. Eine empirische Studie für die Bundesrepublik Deutschland. 1999.

Band 3 Martina Johannsen: Theorie und Empirie von Arbeitsmärkten. Eine ökonometrische Analyse für Rheinland-Pfalz. 2000.

Band 4 Peter M. Schulze: Regionales Wachstum und Strukturwandel. Quantitative Analyse mit Regionaldaten für die Bundesrepublik Deutschland. Unter Mitarbeit von Christoph Balz. 2001.

Band 5 Nora Lauterbach: Tertiarisierung und Informatisierung in Europa. Eine empirische Analyse des Strukturwandels in Deutschland, Frankreich, Italien und Großbritannien. 2004.

Band 6 Robert Skarupke: Renditen von Bildungsinvestitionen. Paneldaten-Schätzungen für die Bundesrepublik Deutschland. 2005.

Band 7 Manfred Scharein: Zur Theorie skalenparametergesplitteter Verteilungen und ihrer Anwendung auf den deutschen Aktienmarkt. 2005.

www.peterlang.de

FSC
www.fsc.org
MIX
Papier | Fördert gute Waldnutzung
FSC® C083411

Kolibri 360 GmbH
Ferdinand-Jühlke-Straße 7
99095 Erfurt, Deutschland
produktsicherheit@kolibri360.de

Druck:
CPI Druckdienstleistungen GmbH
im Auftrag der
Kolibri 360 GmbH
Ferdinand-Jühlke-Str. 7
99095 Erfurt